Excel + Power BI 数据分析

唐永华 著

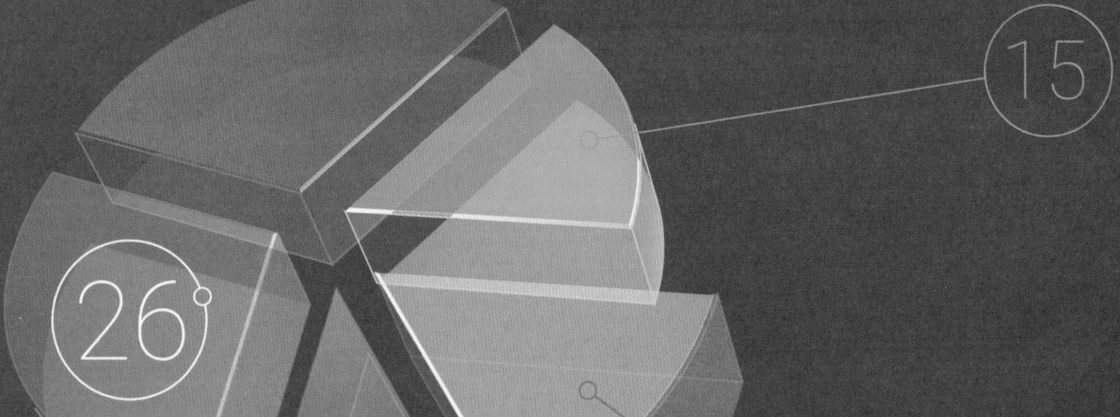

清華大學出版社
北京

内 容 简 介

数据分析、数据可视化是如今极为重要的话题之一，只有让数据易于理解，人们才能真正发现其中的价值。Excel+Power BI 数据分析是一条踏实的捷径，如果您想从事数据相关工作，一本详尽、易学、易用的 Excel+Power BI 数据分析图书，则能让您快速掌握高效的信息沟通技能。

全书共分为 8 章，主要内容包括各类数据的获取、数据的清洗及美化、经典函数让你战无不胜、专业大气的可视化图表、数据透视表汇总海量数据、数据透视图汇总和图表一举两得、数据看板集中展示多种数据、Power BI 商务数据智能分析工具等。本书适用于希望提高数据分析应用技能的各层次读者。

本书配套的电子课件和实例源文件可以到 http://www.tupwk.com.cn/downpage 网站下载，也可以扫描前言中的二维码获取。

图书在版编目(CIP)数据

Excel+Power BI数据分析 / 唐永华著. —北京：清华大学出版社，2023.8

ISBN 978-7-302-64533-7

Ⅰ. ①E… Ⅱ. ①唐… Ⅲ. ①表处理软件②可视化软件—数据分析 Ⅳ. ①TP391.13②TP317.3

中国国家版本馆CIP数据核字(2023)第157555号

责任编辑：胡辰浩
封面设计：高娟妮
版式设计：妙思品位
责任校对：成凤进
责任印制：丛怀宇
出版发行：清华大学出版社

网　　址：http://www.tup.com.cn， http://www.wqbook.com
地　　址：北京清华大学学研大厦A座　　邮　　编：100084
社 总 机：010-83470000　　邮　　购：010-62786544
投稿与读者服务：010-62776969，c-service@tup.tsinghua.edu.cn
质 量 反 馈：010-62772015，zhiliang@tup.tsinghua.edu.cn

印 装 者：三河市铭诚印务有限公司
经　　销：全国新华书店
开　　本：185mm×260mm　　**印　　张：**17.25　　**字　　数：**430千字
版　　次：2023年9月第1版　　**印　　次：**2023年9月第1次印刷
定　　价：98.00元

产品编号：102534-01

前言 PREFACE

随着大数据时代的来临，数据分析已经渗透到各个行业和领域。如何有效传达数据背后隐藏的重要信息，让客户、领导、同伴能快速洞悉繁杂数据的特征和规律，提取其中最有价值的信息，已成为很多人关注的一个话题，且由此应运而生了各种数据分析和可视化软件。在众多的数据分析和可视化软件中，Excel 是基础，很多与数据分析相关的文件都建立在 Excel 基础之上，如果不熟悉 Excel，则很难使用其他的分析工具。而 Power BI 被称为第三代商业智能工具，使用该工具不需要掌握复杂的技术就能进行数据分析和可视化呈现。Power BI 和 Excel 是相通的，只要熟悉 Excel 表格就很容易使用 Power BI。将 Power BI 与 Excel 交互操作，可以高效地提升数据分析效率。由于 Excel 和 Power BI 两种数据分析工具简单、通用、易于操作，短时间内可以高效地提高数据分析能力，故而本书介绍使用这两种工具进行数据分析的方法，使用户快速具备一定的数据分析能力，以适应瞬息万变的大数据时代。

本书以 Excel+Power BI 为主线，按照数据获取、数据整理、数据分析、数据呈现的思路，由浅入深地讲解了使用 Excel ＋ Power BI 进行数据分析的基础知识，对快速实现数据的智能分析与可视化进行了详细的介绍，并利用多个实例让读者融会贯通。通过本书的学习，读者将从过去繁杂的数据处理、报表制作中解脱出来，迅速做出专业美观的动态交互式商业报表，实现数据可视化分析与分享，从而洞察数据的意义。

进行数据分析除了要具备相应的商业背景知识来理解数据信息，还需要掌握一定的分析技巧。本书不仅传授数据分析的技能，更注重分享数据分析的思路与方法，教会读者如何运用数据并通过可视化的方式使每个人都能够理解它。即使读者没有数据分析的专业技术背景，即便是零基础的新手，只要认真通读全书，也能通过短时间的学习来进行相对复杂的数据分析，并输出可视化效果。

数据可视化已成为信息沟通趋势，应学会让原始数据变得更直观，掌握更高效的信息沟通方式，而 Excel+Power BI 数据分析就是一条踏实的捷径。

本书具有以下主要特色。

- 实例实战，高效学习。本书内容结合实例进行讲解，通过浅显易懂的文字和清晰直观的截图来展示操作过程。读者可以按照书中的讲解，在实例素材上轻松愉快地一步步动手实践，学习效果立竿见影。

- ❑ 内容全面，通俗易懂。本书从数据分析的准备工作及基础知识的讲解出发，将数据分析的流程以实例的方式一步一图地进行清晰的介绍，使读者能够轻松掌握 Excel+Power BI 数据分析的全过程，从而快速高效地完成对数据的加工和处理。
- ❑ 贴合实际，即学即用。本书的内容注重与实际工作需求相结合，如第 7 章和第 8 章介绍的当前广为流行的动态数据看板，集中展现多个关键指标并且可以联动更新数据。读者可以跟随书中的实例进行学习，全程没有复杂的公式，只需点点鼠标即可学会，能从中获取实际的商业智能分析经验，从而在自己所处的领域加以发挥应用。

本书适用于希望提高数据分析应用技能的各层次读者。

笔者在编写本书的过程中参考了相关文献，在此向这些文献的作者深表感谢。由于时间较紧，书中难免有不足之处，恳请专家和广大读者批评指正。我们的电话是 010-62796045，邮箱是 992116@qq.com。

本书配套的电子课件和实例源文件可以到 http://www.tupwk.com.cn/downpage 网站下载，也可以扫描下方的二维码获取。

扫码推送配套资源到邮箱

唐永华

2023 年 7 月

目录

CONTENTS

第 1 章 各类数据的获取

第 2 章 数据的清洗及美化

第 3 章 经典函数让你战无不胜

第 4 章 专业大气的可视化图表

第 5 章 数据透视表汇总海量数据

第 6 章 数据透视图汇总和图表一举两得

第 7 章 数据看板集中展示多种数据

第 8 章 Power BI 商务数据智能分析工具

第1章　各类数据的获取

Excel可以对数值型、文本型、日期型等多种类型的数据进行分析，这些类型的数据来源于不同渠道。为了使Excel能高效便捷地完成数据分析，从不同渠道获取的数据必须是规范的。本章主要介绍各类规范数据获取的快捷操作，帮助读者掌握批量导入、提取、合并、一键汇总等基本方法，为提高数据分析奠定必备基础。

1.1　快速输入各类数据

用户经常会在Excel中输入各种类型的数据，根据数据的特点，可以采取不同的输入方法，以提高输入的效率。下面介绍一些快速输入数据的方法。

实例1　快速输入超长数字

用户经常需要在Excel中输入超长数字，当输入的数字位数不超过11位时，数字在单元格中完整显示；当输入的数字位数超过11位时，Excel自动用科学记数法表示。例如，输入12位数字135782945708，则显示为1.35783E+11，代表1.35783×10^{11}。若将科学记数法表示的数字“1.35783E+11”转换为常规数字格式“135,782,945,708”，按快捷键Ctrl＋Shift＋1即可实现转换，如图1-1所示。借助此快捷键可将大量科学记数法表示的数字批量转换为常规数值格式。

	A	B	C
1	数字位数	输入内容	科学记数法转换为常规格式
2	11位	12345678911	
3	12位	1.35783E+11	135,782,945,708
4	15位	2.37896E+14	237,895,632,411,598

图1-1　超长数字的表示及转换

实例2　快速输入超长文本

在工作中若要重复输入多个超长文本，如图1-2所示的各商品名称(B2:B9)，手工逐个输入既费时又容易出现错误，此时则可通过以下3种方法快速输入超长文本。

	A	B
1	品牌	商品名称
2	Apple	MacBook Pro MF840CH/A 13.3英寸笔记本电脑
3	Apple	MacBook Pro MGXC2CH/A 15.4英寸笔记本电脑
4	戴尔	Dell Ins15CR-4528B 15.6英寸笔记本电脑
5	戴尔	Dell Vostro 5480R-3528SS 14英寸笔记本电脑
6	联想	ThinkPad E450C-20EHA01-7CD 14英寸笔记本电脑
7	联想	ThinkPad X250-20CLA26-1CD 12.5英寸笔记本电脑
8	三星	SAMSUNG Galaxy TAB3 P5200 10.1英寸智能平板电脑
9	Apple	iPad mini 4 MK9J2CH/A 7.9英寸平板电脑 金色

图1-2　超长文本

方法 1：利用下拉菜单选择输入

首先将包含超长文本的单元格设置为下拉菜单，如图1-3所示。单击单元格右侧的下拉按钮▾，在打开的下拉菜单中，直接选择即可输入所需的文本。设置下拉菜单及选择输入内容的方法如下。

01 将各商品名称预先输入Excel中，如D2:D9区域，如图1-4所示。

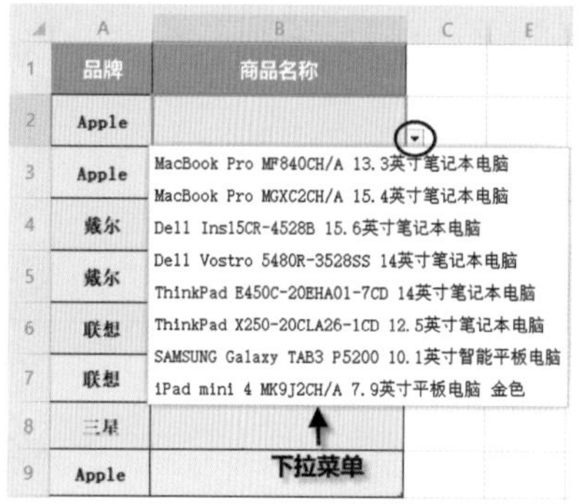
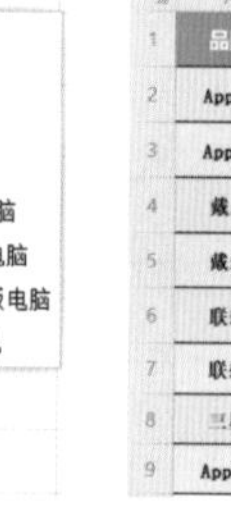

图1-3　下拉菜单

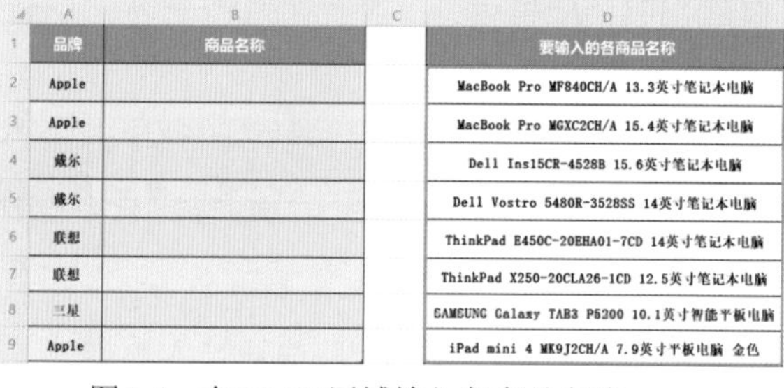

图1-4　在D2:D9区域输入各商品名称

02 选中B2:B9区域，设置下拉菜单的操作步骤如图1-5所示(注：在图1-5中的步骤5中，将光标定位在文本框中，然后用鼠标选中工作表中的D2:D9区域即可)。

03 下拉菜单设置结束后，为了使表格美观易读，可将D列数据隐藏，B列已设置完成的下拉菜单效果如图1-6所示。

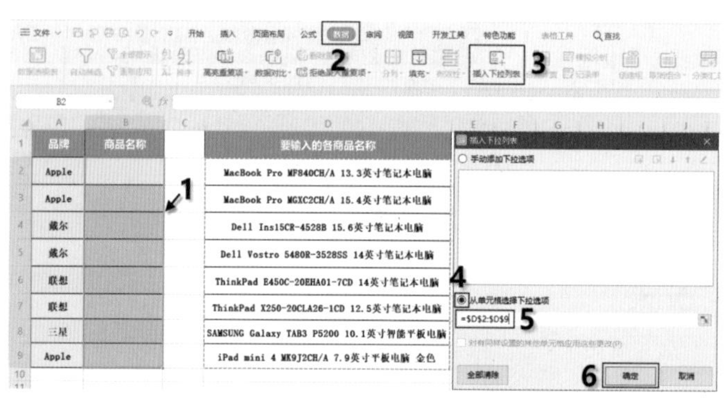

图1-5　设置下拉菜单的操作步骤

图1-6　设置的下拉菜单效果

04 单击单元格右侧下拉按钮▾，在打开的下拉菜单中即可便捷地选择要输入的超长商品名称。

使用该方法的前提是首先预先输入指定的商品名称(如D列)，然后将要输入超长文本的单元格区域(如B列)设置为下拉菜单，即可在下拉菜单中快捷地选择要输入的内容。

方法 2：利用自动更正功能输入

若要重复输入某个超长文本，如商品名称“Dell Ins15CR-4528B 15.6英寸笔记本电脑”，可利用自动更正功能将容易输入的某一或某几个字母、数字等设置为要输入的商品名称，设置结束后，在工作表中输入已设置的字母或数字即可输入商品名称，操作步骤如下。

01 利用自动更正功能将某一字母(如b)设置为商品名称“Dell Ins15CR-4528B 15.6英寸笔记本

电脑”，设置方法如图 1-7 所示(注：输入的字母或数字不能与工作表中的其他内容重复，以免误替换)。

02 设置结束后，在工作表中输入字母b，按Enter键，即可输入商品名称“Dell Ins15CR-4528B 15.6英寸笔记本电脑”，如图 1-8 所示。

图 1-7　利用自动更正功能将字母b设置为商品名称

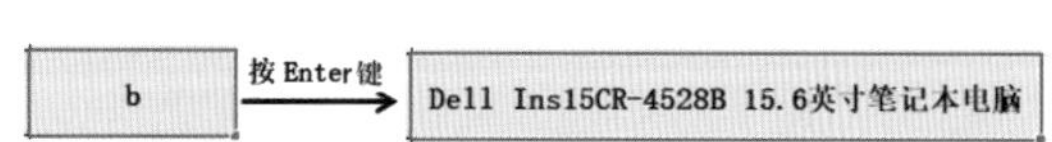

图 1-8　输入字母b即输入商品名称

方法 3：利用替换功能输入

在工作表中先输入某一个或某几个字母、数字等代替超长文本(如商品名称)，输入结束后，利用替换功能将该字母或数字替换为超长文本即可，操作步骤如下。

01 在需要输入超长文本的单元格中输入字母b(该字母不能与工作表中的其他内容重复，以免误替换)。

02 按快捷键Ctrl+H，打开“查找和替换”对话框，在“替换”选项卡中，进行如图 1-9 所示的设置，即可将工作表中的所有字母b替换为超长文本“Dell Ins15CR-4528B 15.6英寸笔记本电脑”。

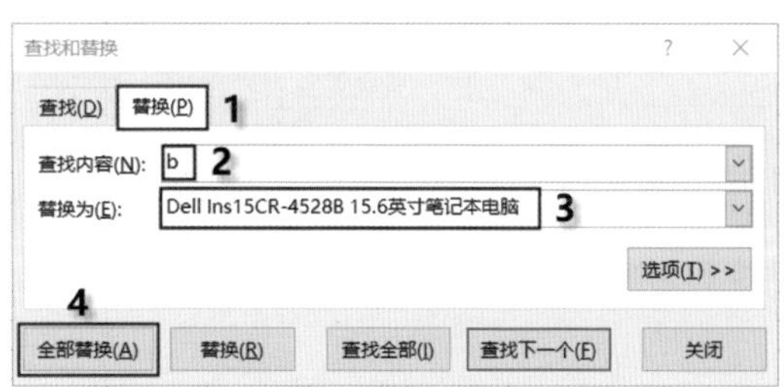

图 1-9　将字母b替换为商品名称

实例 3　批量添加前缀和后缀

若为已有的数据批量添加前缀或后缀，可使用文本连接符号&将前缀或后缀与已有数据进行连接，实现批量添加前缀或后缀的效果，如图 1-10 所示为批量添加前缀后的效果。操作方法如下。

1. 批量添加前缀

方法 1：前缀直接连接已有数据

01 在C2单元格中输入公式“="研发部-"&A2”，如图1-11所示，按Enter键确认输入。

02 将鼠标指向C2单元格右下角的填充柄，按住鼠标左键拖动填充柄至C15单元格，即可批量添加前缀。

03 若要更改前缀信息，则需要更改C2单元格中的公式，然后拖动填充柄至指定位置即可。

	A	B	C
1	已有数据		添加前缀的效果
2	邓丽丽		研发部-邓丽丽
3	陈波		研发部-陈波
4	甘宝梅		研发部-甘宝梅
5	乾公冶		研发部-乾公冶
6	王婉清		研发部-王婉清
7	曾天亮		研发部-曾天亮
8	吴语嫣		研发部-吴语嫣
9	刘大军		研发部-刘大军
10	包崖子		研发部-包崖子
11	田云主		研发部-田云主
12	石中鹤		研发部-石中鹤
13	亢止清		研发部-亢止清
14	章世镜		研发部-章世镜
15	毛不同		研发部-毛不同

图1-10　批量输入前缀效果

SUM　="研发部-"&A2

	A	B	C
1	已有数据		添加前缀的效果
2	邓丽丽		="研发部-"&A2
3	陈波		
4	甘宝梅		
5	乾公冶		
6	王婉清		
7	曾天亮		
8	吴语嫣		
9	刘大军		
10	包崖子		
11	田云主		
12	石中鹤		
13	亢止清		
14	章世镜		
15	毛不同		

图1-11　在C2单元格中输入公式

方法 2：将前缀指定在某一单元格中

01 在E2单元格中输入前缀信息“研发部-”，如图1-12所示。

02 在C2单元格中输入公式“=$E$2&A2”，如图1-13所示。公式中的$E$2是绝对引用，其作用是当拖动填充柄向下填充时，公式中的$E$2单元格地址始终保持不变。

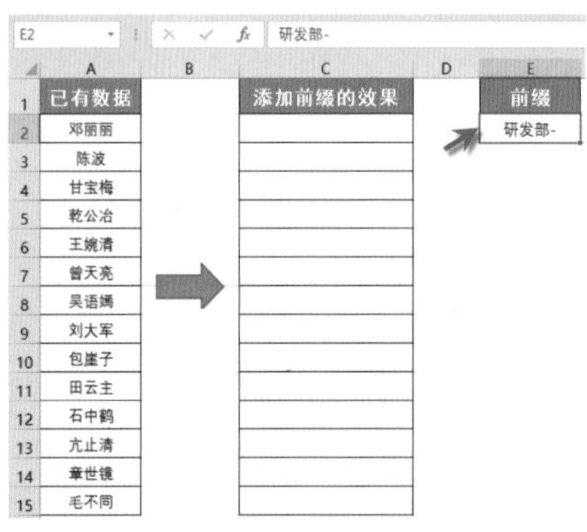

E2　研发部-

	A	B	C	D	E
1	已有数据		添加前缀的效果		前缀
2	邓丽丽				研发部-
3	陈波				
4	甘宝梅				
5	乾公冶				
6	王婉清				
7	曾天亮				
8	吴语嫣				
9	刘大军				
10	包崖子				
11	田云主				
12	石中鹤				
13	亢止清				
14	章世镜				
15	毛不同				

图1-12　在E2单元格中输入前缀信息

图1-13　在C2单元格中输入公式

03 按Enter键确认输入，将鼠标指向C2单元格右下角的填充柄，按住鼠标左键拖动填充柄至C15单元格，即可批量添加前缀，效果如图1-14所示。

04 若要更改前缀信息，只需更改E2单元格中的信息即可，C列所有前缀信息将自动批量同步更新，如图1-15所示。

C2　=$E$2&A2

	A	B	C	D	E
1	已有数据		添加前缀的效果		前缀
2	邓丽丽		研发部-邓丽丽		研发部-
3	陈波		研发部-陈波		
4	甘宝梅		研发部-甘宝梅		
5	乾公冶		研发部-乾公冶		
6	王婉清		研发部-王婉清		
7	曾天亮		研发部-曾天亮		
8	吴语嫣		研发部-吴语嫣		
9	刘大军		研发部-刘大军		
10	包崖子		研发部-包崖子		
11	田云主		研发部-田云主		
12	石中鹤		研发部-石中鹤		
13	亢止清		研发部-亢止清		
14	章世镜		研发部-章世镜		
15	毛不同		研发部-毛不同		

图1-14　拖动C2单元格右下角填充柄批量添加前缀信息

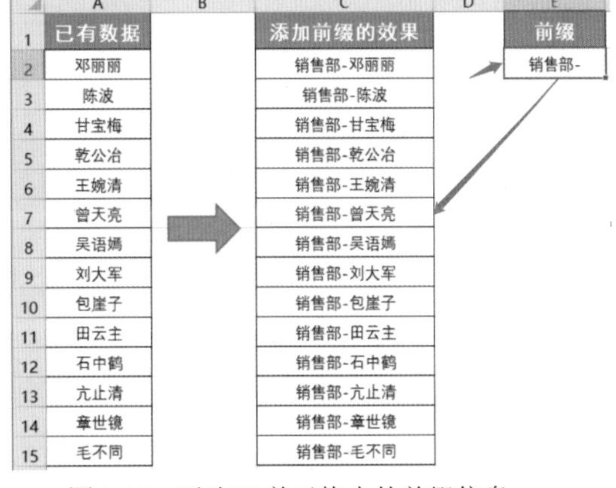

	A	B	C	D	E
1	已有数据		添加前缀的效果		前缀
2	邓丽丽		销售部-邓丽丽		销售部-
3	陈波		销售部-陈波		
4	甘宝梅		销售部-甘宝梅		
5	乾公冶		销售部-乾公冶		
6	王婉清		销售部-王婉清		
7	曾天亮		销售部-曾天亮		
8	吴语嫣		销售部-吴语嫣		
9	刘大军		销售部-刘大军		
10	包崖子		销售部-包崖子		
11	田云主		销售部-田云主		
12	石中鹤		销售部-石中鹤		
13	亢止清		销售部-亢止清		
14	章世镜		销售部-章世镜		
15	毛不同		销售部-毛不同		

图1-15　更改E2单元格中的前缀信息，C列前缀同步更新

综上所述，两种方法都可以实现批量添加前缀的效果，区别是：第一种方法修改前缀需要修改公式，再将公式填充到指定位置；第二种方法修改前缀只需修改放置前缀信息的指定单元格，即可同步更新公式中的所有前缀。因此，若要经常修改前缀，采用第二种方法更为便捷。

2. 批量添加后缀

批量添加后缀的方法与添加前缀的方法相似，可按照添加前缀的方法添加后缀，方法如下。

方法 1：用已有数据直接连接后缀

01 在C2单元格中输入公式“=A2&"-博士"”，如图1-16所示，按Enter键确认输入。

02 将鼠标指向C2单元格右下角的填充柄，按住鼠标左键拖动填充柄至C15单元格，即可批量添加后缀，效果如图1-17所示。

VLOOKUP　=A2&"-博士"

	A	B	C
1	已有数据		添加后缀的效果
2	邓丽丽		=A2&"-博士"
3	陈波		
4	甘宝梅		
5	乾公冶		
6	王婉清		
7	曾天亮		
8	吴语嫣		
9	刘大军		
10	包崖子		
11	田云主		
12	石中鹤		
13	亢止清		
14	章世镜		
15	毛不同		

图1-16　在C2单元格中输入公式

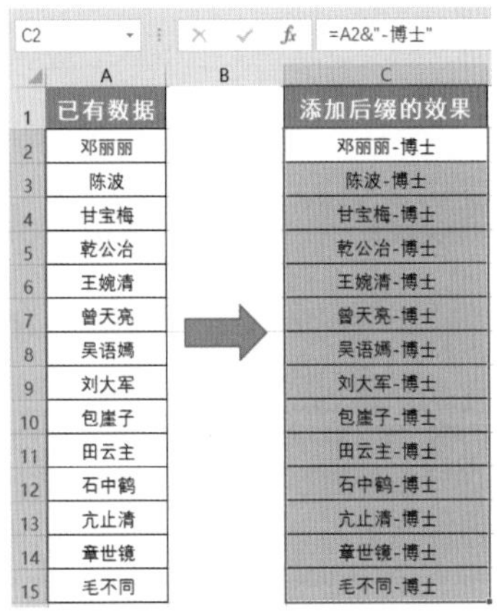

C2　=A2&"-博士"

	A	B	C
1	已有数据		添加后缀的效果
2	邓丽丽		邓丽丽-博士
3	陈波		陈波-博士
4	甘宝梅		甘宝梅-博士
5	乾公冶		乾公冶-博士
6	王婉清		王婉清-博士
7	曾天亮		曾天亮-博士
8	吴语嫣		吴语嫣-博士
9	刘大军		刘大军-博士
10	包崖子		包崖子-博士
11	田云主		田云主-博士
12	石中鹤		石中鹤-博士
13	亢止清		亢止清-博士
14	章世镜		章世镜-博士
15	毛不同		毛不同-博士

图1-17　批量添加后缀的效果

03 若要更改后缀信息，则需要更改C2单元格中的公式，然后拖动填充柄至指定位置即可。

方法 2：将后缀指定在某一单元格中

01 单击E2单元格，将其设置为文本格式，然后在E2单元格中输入后缀信息“-博士”，如图1-18所示。

图1-18　将E2单元格设置为文本格式并输入后缀信息

02 在C2单元格中输入公式“= A2&$E$2”，如图1-19所示。公式中的$E$2是绝对引用，其作用是当拖动填充柄向下填充时，公式中的$E$2单元格地址始终保持不变。

03 按Enter键确认输入，将鼠标指向C2单元格右下角的填充柄，按住鼠标左键拖动填充柄至C15单元格，即可批量添加后缀，效果如图1-20所示。

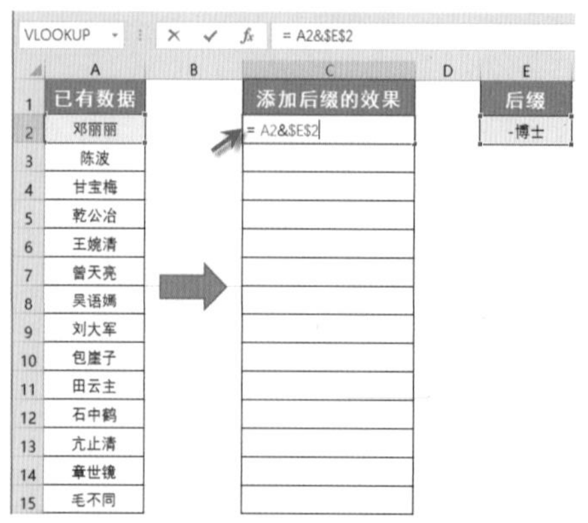

图1-19　在C2单元格中输入公式

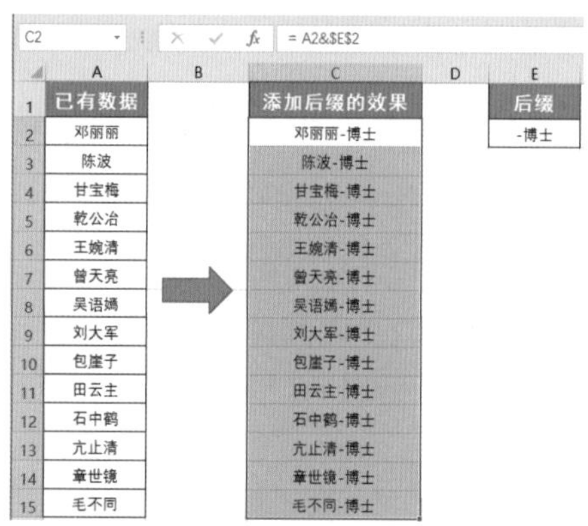

图1-20　拖动C2单元格右下角填充柄批量添加后缀信息

04 若要更改后缀信息，只需更改E2单元格中的信息即可，C列所有后缀信息将批量同步更新。

实例 4　输入以 0 开头的编号

在实际工作中经常会输入以0开头的编号，如001、002等。输入此类编号时，不能直接在单元格中输入001，否则，按Enter键确认后会显示为1，如图1-21所示。此时可通过设置“自定义”单元格格式将输入的001显示为001，设置步骤如下。

2023年1月上旬销售数据

编号	日期	产品类型	数量
001	1/1	A1	1651
	1/1	B2	1012
输入	1/1	C3	916
	1/2	B1	840
	1/2	C1	1732
	1/3	A3	1650
	1/3	C2	1500
	1/4	A2	1380
	1/4	B3	920

按 Enter 键

2023年1月上旬销售数据

编号	日期	产品类型	数量
1	1/1	A1	1651
	1/1	B2	1012
显示	1/1	C3	916
	1/2	B1	840
	1/2	C1	1732
	1/3	A3	1650
	1/3	C2	1500
	1/4	A2	1380
	1/4	B3	920

图1-21　在单元格中输入001，按Enter键后显示为1

01 选中A列并右击，在弹出的快捷菜单中，选择“设置单元格格式”命令，如图1-22所示。

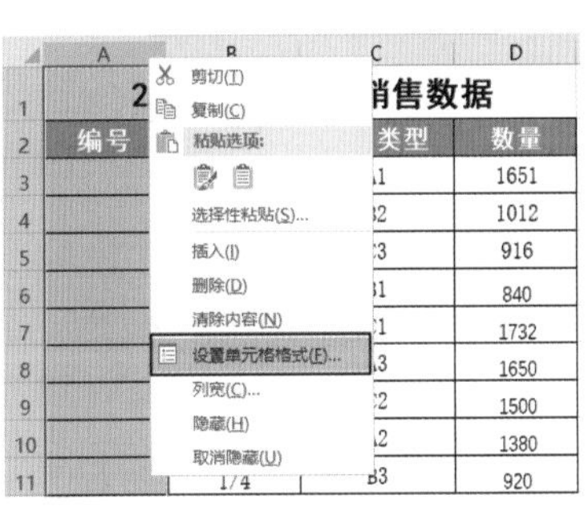

图1-22　在快捷菜单中选择“设置单元格格式”命令

02 弹出“设置单元格格式”对话框，在“数字”选项卡中进行如图1-23所示的设置(注：在图1-23的步骤3中，将光标定位在“类型”文本框中，删除默认格式“G/通用格式”，并输入“000”)。

03 在A3单元格中输入001，按住Ctrl键拖动填充柄至A11，即可输入以0开头的编号，效果如图1-24中的A列所示。

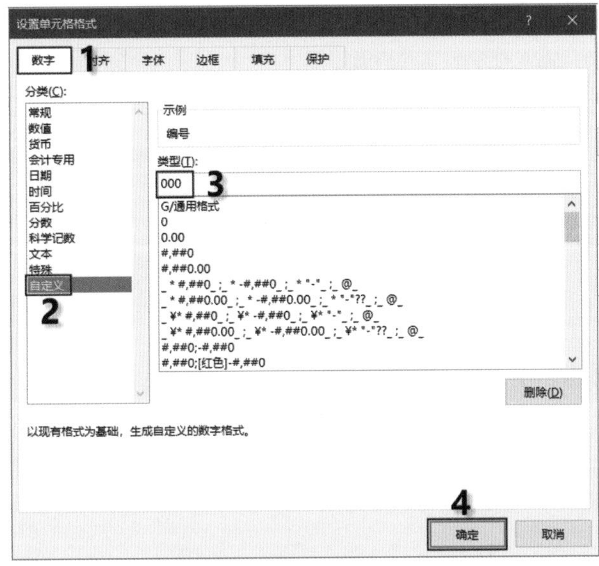

图1-23　“自定义”单元格格式

2023年1月上旬销售数据			
编号	日期	产品类型	数量
001	1/1	A1	1651
002	1/1	B2	1012
003	1/1	C3	916
004	1/2	B1	840
005	1/2	C1	1732
006	1/3	A3	1650
007	1/3	C2	1500
008	1/4	A2	1380
009	1/4	B3	920

图1-24　在A列输入以0开头的编号

实例5　输入各种常用符号

在Excel中输入数据时，经常需要输入一些常用符号，如√、×、※、≠、≥、±、℃等。输入这些常用符号有多种方法，下面介绍一种快捷的输入方法，即通过输入法(以搜狗输入法为例)输入常用符号。

图1-25是一些常用的符号，使用输入法输入这些符号的方法如下。

01 将光标定位在B3单元格中，使用搜狗输入法输入A3单元格中的符号名称“人民币”的拼音，如图1-26所示，第5个选项即为“人民币”对应的符号“¥”。

使用搜狗输入法快速输入部分常用符号	
符号名称	符号
人民币	¥
美元	$
省略号	……
大于或等于	≥
除	÷
百分号	%
星号	※
平方	²
平方米	m²
对	√
错	×
上	↑
左	←

图1-25　部分常用符号

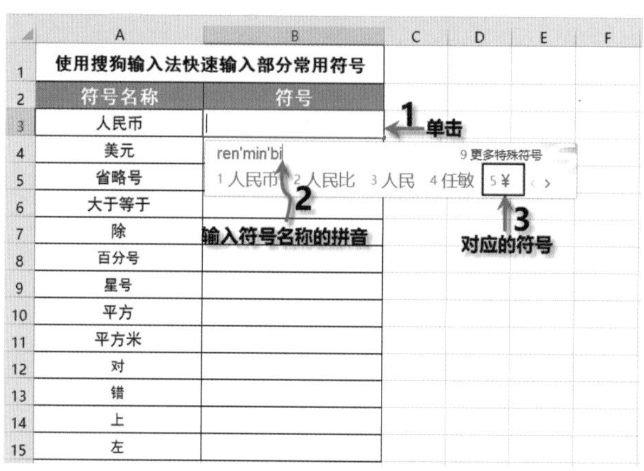

图1-26　输入符号名称的拼音

02 单击符号“¥”或按数字5键，即可将该符号输入B3单元格中。

03 按照步骤01和02，使用输入法依次输入其他符号，并保存在相应的单元格中。

实例 6　在多个单元格中同时输入数据

若要在多个连续或不连续的单元格中同时输入相同的数据，可以使用批量输入数据的方法快速输入数据。

例如，在如图1-27所示的不连续的单元格区域A2:B3、D2:E3、C5:D7中同时输入相同内容“Execl数据分析”，输入方法如下。

01 选中A2:B3单元格区域，按住Ctrl键，依次选中D2:E3、C5:D7两个单元格区域，如图1-28所示。

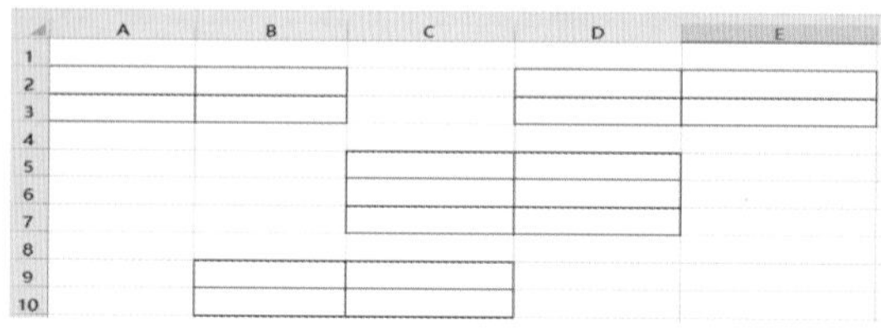

图1-27　不连续的单元格区域

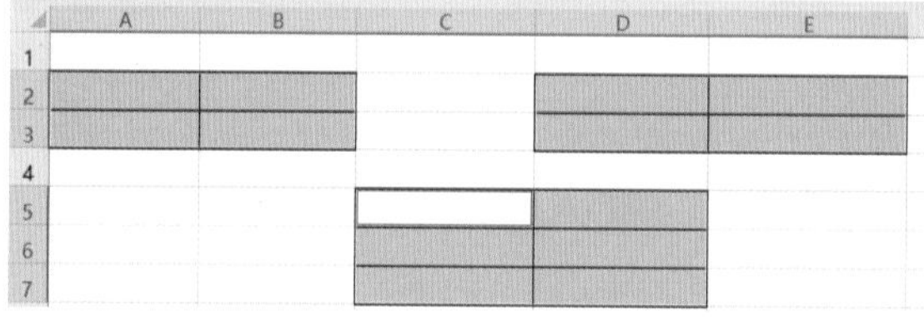

图1-28　选中不连续的单元格区域

02 输入“Execl数据分析”(注意，此时不要按Ente键)，如图1-29所示。

03 按Ctrl+Enter键，在选中的3个不连续的单元格区域中同时输入相同内容“Execl数据分析”，如图1-30所示。

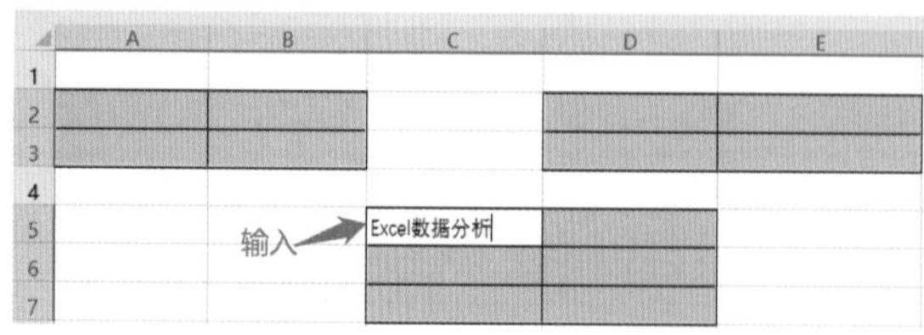

图1-29　输入“Execl数据分析”

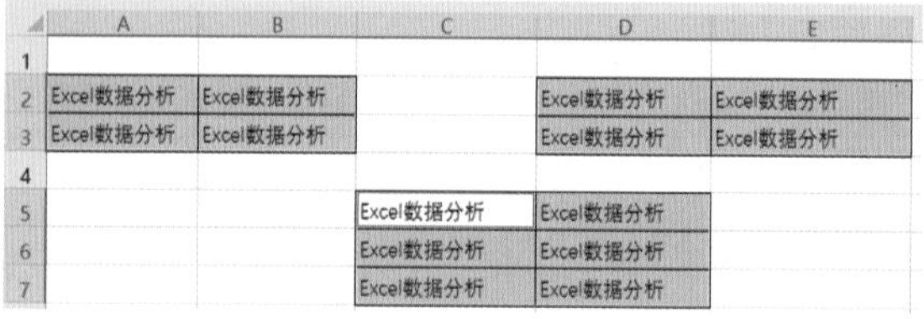

图1-30　按Ctrl+Enter键在选中的不连续单元格区域中同时输入相同内容

实例 7　在多张工作表中同时输入数据

若要在多张工作表中同时输入数据，应首先选中要同时输入数据的多张工作表，然后输入数据，此时即可一次性为选中的多张工作表同时输入数据。

例如，图 1-31 所示的工作簿包含了 4 张工作表，现在要在 3 张工作表“北区”“南区”“西区”中同时输入列标题“图书名称”“单价”“销量”，并进行相应格式的设置。操作步骤如下。

	A	B	C
1			
2	《C语言程序设计》		
3	《Java语言程序设计》		
4	《操作系统原理》		
5	《嵌入式系统开发技术》		
6	《软件测试技术》		
7	《软件工程》		
8	《数据库技术》		
9	《数据库原理》		
10	《网络技术》		
11	《信息安全技术》		

北区　南区　西区　东区

图 1-31　工作簿中的 4 张工作表

01 单击“北区”工作表标签，按住Shift键，再单击“西区”工作表标签，将3张工作表同时选中，此时工作簿标题栏的文件名后会出现“[工作组]”字样，表示将3张工作表组合为一个组，如图 1-32 所示。

02 输入列标题，并设置其格式，如图 1-33 所示。因为 3 张工作表在一个组中，在这组中的任何操作都会同步应用到该组的每一张工作表，所以可以一次性在 3 张工作表“北区”“南区”“西区”中同时输入内容和设置相同格式，“北区”和“南区”工作表的效果如图 1-34 所示。

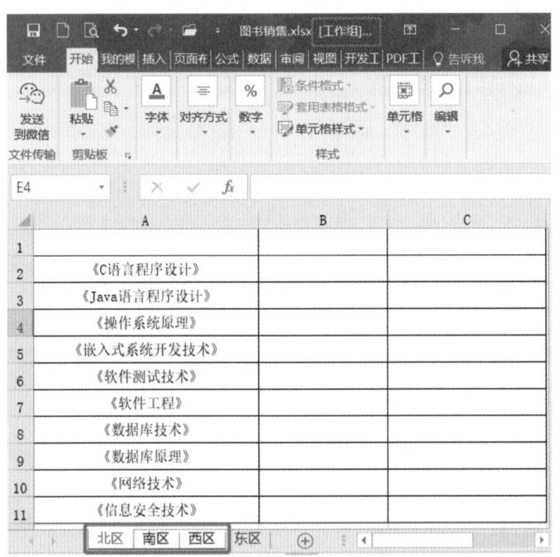

	A	B	C
1			
2	《C语言程序设计》		
3	《Java语言程序设计》		
4	《操作系统原理》		
5	《嵌入式系统开发技术》		
6	《软件测试技术》		
7	《软件工程》		
8	《数据库技术》		
9	《数据库原理》		
10	《网络技术》		
11	《信息安全技术》		

北区　南区　西区　东区

图 1-32　将 3 张工作表组合为一个组

	A	B	C
1	图书名称	单价	销量
2	《C语言程序设计》		
3	《Java语言程序设计》		
4	《操作系统原理》		
5	《嵌入式系统开发技术》		
6	《软件测试技术》		
7	《软件工程》		
8	《数据库技术》		
9	《数据库原理》		
10	《网络技术》		
11	《信息安全技术》		

北区　南区　西区　东区

图 1-33　输入列标题并设置其格式

	A	B	C
1	图书名称	单价	销量
2	《C语言程序设计》		
3	《Java语言程序设计》		
4	《操作系统原理》		
5	《嵌入式系统开发技术》		
6	《软件测试技术》		
7	《软件工程》		
8	《数据库技术》		
9	《数据库原理》		
10	《网络技术》		
11	《信息安全技术》		

北区　南区　西区　东区

	A	B	C
1	图书名称	单价	销量
2	《C语言程序设计》	201	
3	《Java语言程序设计》	287	
4	《操作系统原理》	90	
5	《嵌入式系统开发技术》	128	
6	《软件测试技术》	124	
7	《软件工程》	177	
8	《数据库技术》	169	
9	《数据库原理》	371	
10	《网络技术》	112	
11	《信息安全技术》	378	

北区　南区　西区　东区

图 1-34　“北区”和“南区”2 张工作表同时输入数据和设置格式的效果

03 在工作表标签上右击，在弹出的快捷菜单中选择“取消组合工作表”命令，取消已组合的工作表。

此例中的3张工作表是连续的，所以按住Shift键，单击首尾工作表标签，会选中连续的3张工作表。若要选中不连续的多张工作表，则先单击某张工作表标签，然后按住Ctrl键，再分别单击要选中的工作表标签。

1.2 批量导入各类数据

Excel中的数据除直接输入外，也可以导入来自不同渠道的数据。本节主要从以下3个方面介绍批量导入数据的方法。

- 导入 TXT 文件中的数据。
- 导入数据库中的数据。
- 从多个字段中导入部分字段。

实例 8 导入文本文件中的数据

文本文件主要是从平台或系统导出的数据，如图1-35所示。下面以将“学生档案.txt”文本文件导入“成绩”工作簿“Sheet1”工作表中为例，介绍将文本文件中的数据导入Excel中的方法，操作步骤如下。

01 打开“成绩”工作簿，在“Sheet1”工作表中单击用于存放数据的起始单元格A1。

02 打开“数据”选项卡，单击“自文本”按钮，弹出“导入文本文件”对话框，选择要导入的文本文件“学生档案.txt”，单击“导入”按钮，如图1-36所示。

图1-35 文本文件(部分)

图1-36 导入文本文件“学生档案.txt”

03 弹出“文本导入向导-第1步，共3步”对话框，进行如图1-37所示的设置。

04 在“文本导入向导-第2步，共3步”对话框中，进行如图1-38所示的设置。

05 在“文本导入向导-第3步，共3步”对话框中，进行如图1-39所示的设置。

06 弹出“导入数据”对话框，设置数据的放置位置，如图1-40所示。

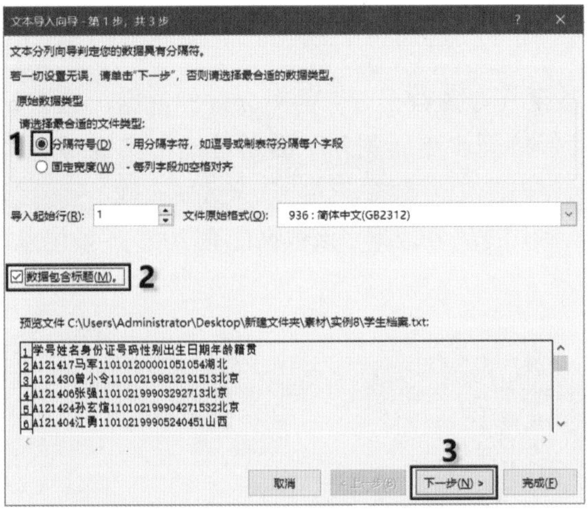

图1-37　文本导入向导-第1步

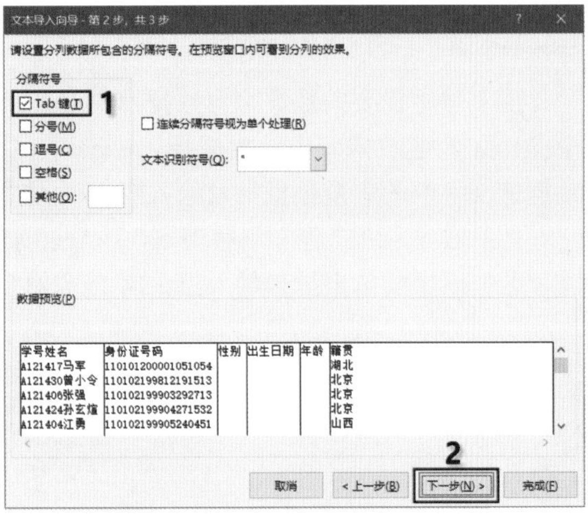

图1-38　文本导入向导-第2步

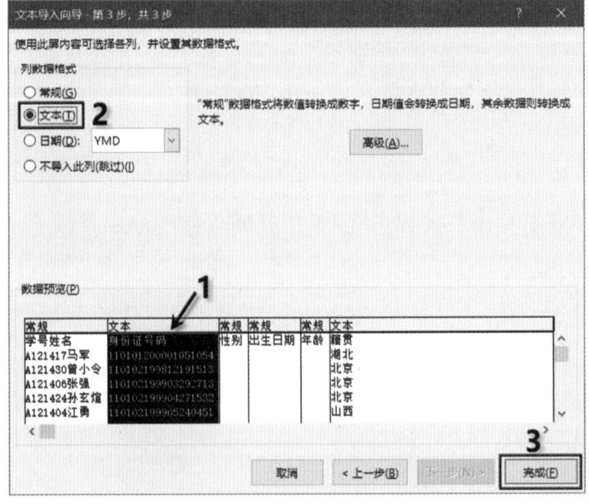

图1-39　文本导入向导-第3步

图1-40　设置数据的放置位置

07 文本文件数据导入Excel中的效果如图1-41所示。

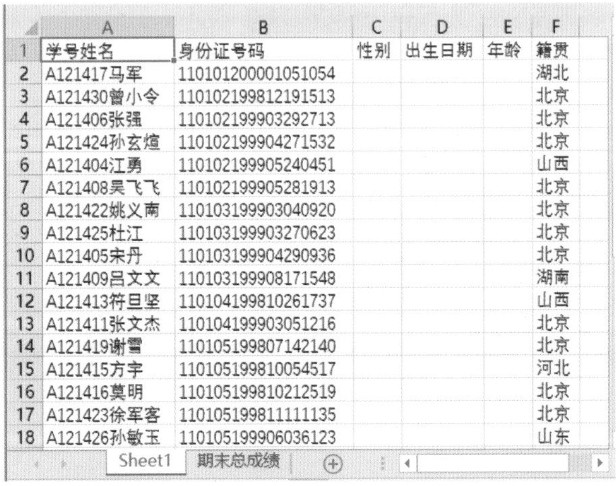

	A	B	C	D	E	F
1	学号姓名	身份证号码	性别	出生日期	年龄	籍贯
2	A121417马军	110101200001051054				湖北
3	A121430曾小令	110102199812191513				北京
4	A121406张强	110102199903292713				北京
5	A121424孙玄煊	110102199904271532				北京
6	A121404江勇	110102199905240451				山西
7	A121408吴飞飞	110102199905281913				北京
8	A121422姚义南	110103199903040920				北京
9	A121425杜江	110103199903270623				北京
10	A121405宋丹	110103199904290936				北京
11	A121409吕文文	110103199908171548				湖南
12	A121413符旦坚	110104199810261737				山西
13	A121411张文杰	110104199903051216				北京
14	A121419谢雪	110105199807142140				北京
15	A121415方宇	110105199810054517				河北
16	A121416莫明	110105199810212519				北京
17	A121423徐军客	110105199811111135				北京
18	A121426孙敏玉	110105199906036123				山东

Sheet1　期末总成绩

图1-41　文本文件数据导入Excel中的效果(部分)

实例 9 导入数据库中的数据

当工作中需要的数据来自数据库中的几十条甚至几万条数据时，面对大量的数据，应该如何操作才能把数据库中的数据导入Excel中，并且保持同步更新呢？下面通过一个实例讲解将数据库文件中的大量数据批量导入Excel中的方法。

图1-42所示的“停车场收费表”是Access数据库中的部分数据，该数据库有2000多条记录，将该数据库中的数据批量导入Excel中的方法如下。

Sheet1

ID	车颜色	收费标准	进场日期	进场时间	出场日期	出场时间	停放时间	收费金额
1	深蓝色	1.50	2023/2/15	0:06:00	2023/2/15	14:27:04	14:21:04	87.00
2	银灰色	2.50	2023/2/15	0:15:00	2023/2/15	5:29:02	5:14:02	52.50
3	白色	2.00	2023/2/15	0:28:00	2023/2/15	1:02:00	0:34:00	6.00
4	黑色	2.50	2023/2/15	0:37:00	2023/2/15	4:46:01	4:09:01	42.50
5	黑色	1.50	2023/2/15	10:43:03	2023/2/15	17:49:05	7:06:02	43.50
6	黑色	1.50	2023/2/15	10:48:03	2023/2/15	16:47:05	5:59:02	36.00
7	银灰色	2.00	2023/2/15	10:50:03	2023/2/15	12:48:04	1:58:01	16.00
8	黑色	1.50	2023/2/15	11:17:03	2023/2/15	23:40:07	12:23:04	75.00
9	银灰色	2.00	2023/2/15	12:47:04	2023/2/15	20:31:06	7:44:02	62.00
10	黑色	2.00	2023/2/15	12:58:04	2023/2/15	17:52:05	4:54:01	40.00
11	白色	2.50	2023/2/15	13:16:04	2023/2/15	18:48:05	5:32:02	57.50

图1-42 Access数据库中的部分数据

方法 1：通过获取外部数据导入

01 打开要导入数据的Excel工作簿，选中A1单元格，单击“数据”选项卡中的“自Access”按钮，弹出“选取数据源”对话框，进行如图1-43所示的设置。

02 在“导入数据”对话框中进行如图1-44所示的设置，即可将Access数据库文件“停车场收费表”中的数据批量导入Excel中，效果如图1-45所示。

03 当数据库中的数据更新后，只需单击“设计”选项卡中的“刷新”按钮(或按快捷键Alt+F5)，如图1-46所示，即可同步更新Excel中的数据。

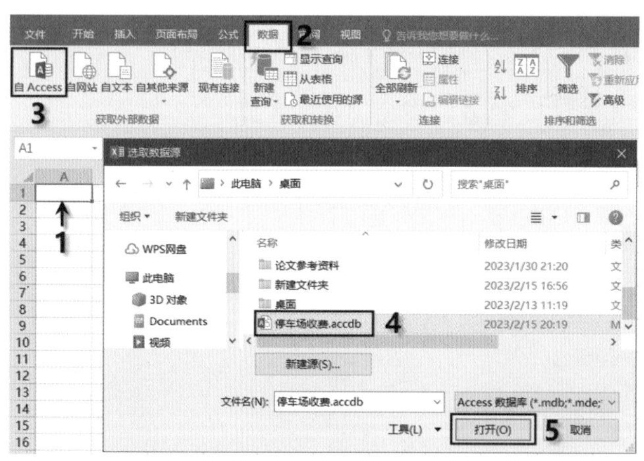

图1-43 打开要导入的Access数据库文件

图1-44 “导入数据”对话框

	ID	车颜色	收费标准	进场日期	进场时间	出场日期	出场时间	停放时间	收费金额
2	1	深蓝色	1.5	2023/2/15	0:06:00	2023/2/15	14:27:04	14:21:04	87
3	2	银灰色	2.5	2023/2/15	0:15:00	2023/2/15	5:29:02	5:14:02	52.5
4	3	白色	2	2023/2/15	0:28:00	2023/2/15	1:02:00	0:34:00	6
5	4	黑色	2.5	2023/2/15	0:37:00	2023/2/15	4:46:01	4:09:01	42.5
6	5	黑色	1.5	2023/2/15	10:43:03	2023/2/15	17:49:05	7:06:02	43.5
7	6	黑色	1.5	2023/2/15	10:48:03	2023/2/15	16:47:05	5:59:02	36
8	7	银灰色	2	2023/2/15	10:50:03	2023/2/15	12:48:04	1:58:01	16
9	8	黑色	1.5	2023/2/15	11:17:03	2023/2/15	23:40:07	12:23:04	75
10	9	银灰色	2	2023/2/15	12:47:04	2023/2/15	20:31:06	7:44:02	62
11	10	黑色	2	2023/2/15	12:58:04	2023/2/15	17:52:05	4:54:01	40

图1-45　Access数据库中的数据导入Excel中的效果(部分)

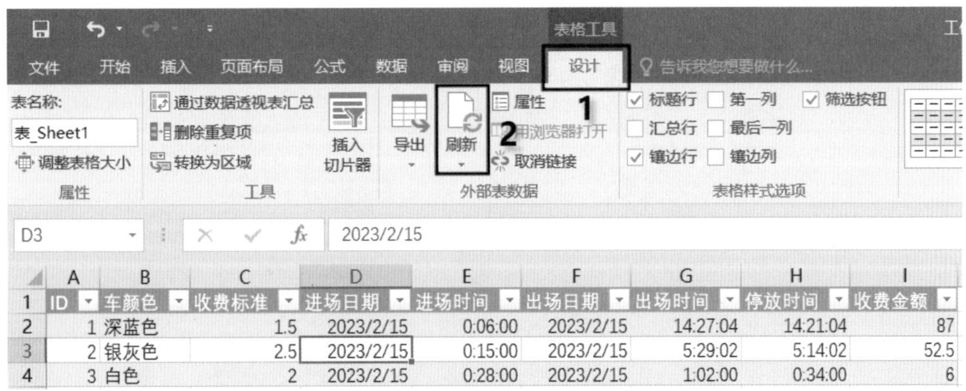

图1-46　Excel中的数据与数据库中的数据同步更新

方法2：通过查询功能导入数据

01 打开要导入数据的Excel工作簿，选中A1单元格，单击“数据”选项卡中的“新建查询”按钮，在打开的下拉菜单中选择“从数据库”|“从Microsoft Access数据库”命令，如图1-47所示。

02 弹出“导入数据”对话框，选择要导入的数据库文件，单击“导入”按钮，如图1-48所示。

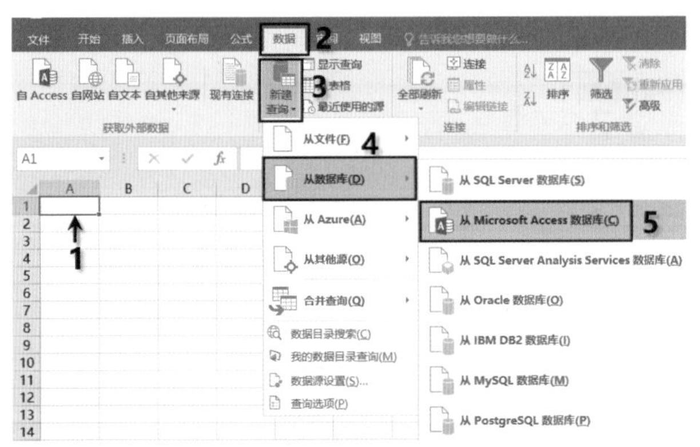

图1-47　从数据库中新建查询

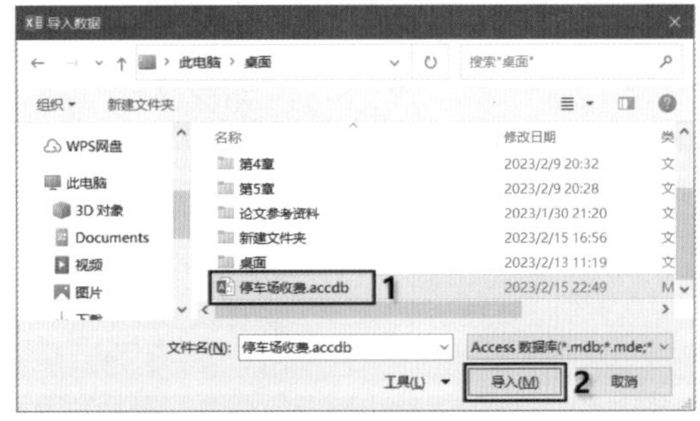

图1-48　“导入数据”对话框

03 Excel启动查询与数据源连接，连接过程中弹出如图1-49所示的提示框。数据量越大，连接过程所需要的时间越长。

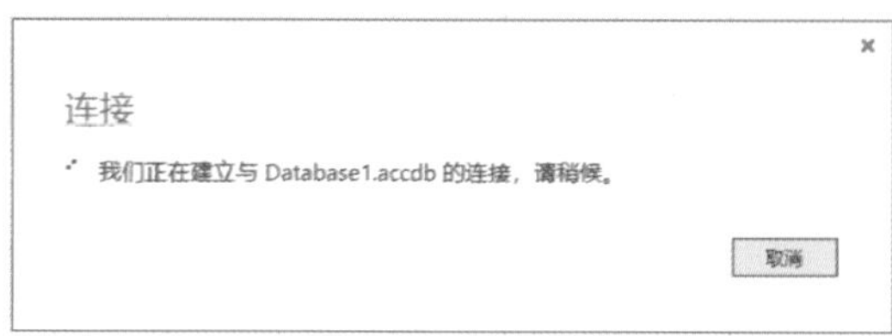

图1-49　Excel启动查询与数据源连接提示框

04 在“导航器”对话框中，进行如图1-50所示的设置。

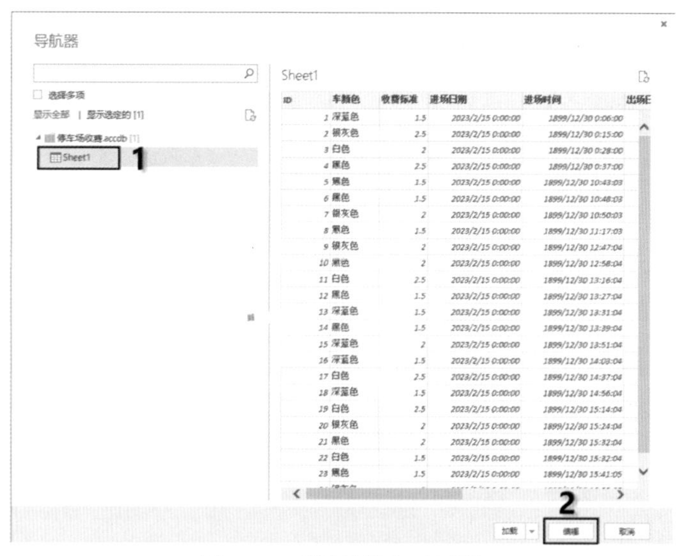

图1-50　“导航器”对话框

05 在“查询编辑器”窗口中，需要对数据格式进行转换以符合后续数据处理要求，如选中“进场日期”列，将其设置为“日期”格式，如图1-51所示。按照相同的方法，依次将“进场时间”列设置为“时间”格式，“出场日期”列设置为“日期”格式，“出场时间”列设置为“时间”格式，“停放时间”列设置为“时间”格式，更改格式后的效果如图1-52所示。

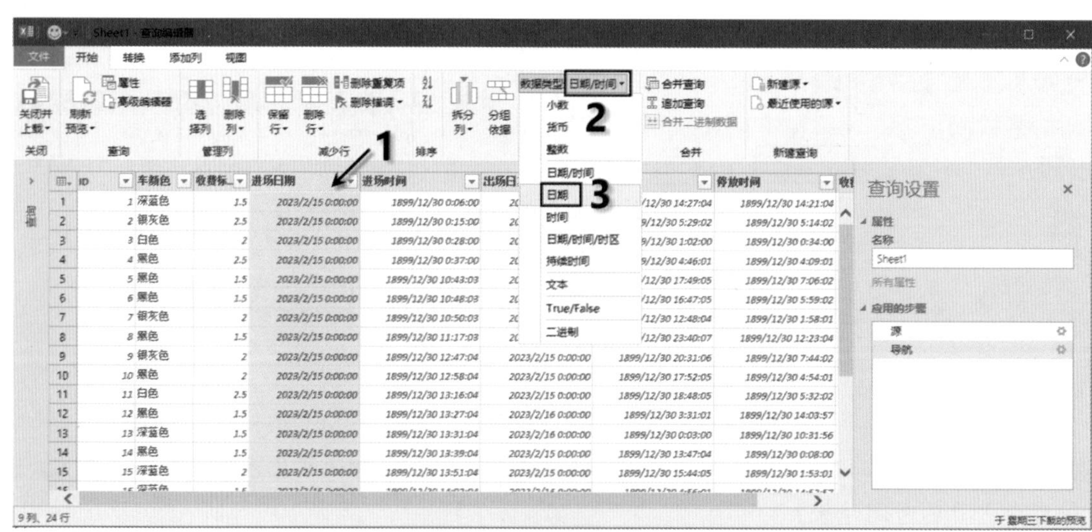

图1-51　“查询编辑器”窗口

	ID	车颜色	收费标...	进场日期	进场时间	出场日期	出场时间	停放时间	收费金...
1	1	深蓝色	1.5	2023/2/15	0:06:00	2023/2/15	14:27:04	14:21:04	87
2	2	银灰色	2.5	2023/2/15	0:15:00	2023/2/15	5:29:02	5:14:02	52.5
3	3	白色	2	2023/2/15	0:28:00	2023/2/15	1:02:00	0:34:00	6
4	4	黑色	2.5	2023/2/15	0:37:00	2023/2/15	4:46:01	4:09:01	42.5
5	5	黑色	1.5	2023/2/15	10:43:03	2023/2/15	17:49:05	7:06:02	43.5
6	6	黑色	1.5	2023/2/15	10:48:03	2023/2/15	16:47:05	5:59:02	36
7	7	银灰色	2	2023/2/15	10:50:03	2023/2/15	12:48:04	1:58:01	16
8	8	黑色	1.5	2023/2/15	11:17:03	2023/2/15	23:40:07	12:23:04	75
9	9	银灰色	2	2023/2/15	12:47:04	2023/2/15	20:31:06	7:44:02	62
10	10	黑色	2	2023/2/15	12:58:04	2023/2/15	17:52:05	4:54:01	40
11	11	白色	2.5	2023/2/15	13:16:04	2023/2/15	18:48:05	5:32:02	57.5
12	12	黑色	1.5	2023/2/15	13:27:04	2023/2/16	3:31:01	14:03:57	85.5
13	13	深蓝色	1.5	2023/2/15	13:31:04	2023/2/16	0:03:00	10:31:56	64.5
14	14	黑色	1.5	2023/2/15	13:39:04	2023/2/15	13:47:04	0:08:00	1.5
15	15	深蓝色	2	2023/2/15	13:51:04	2023/2/15	15:44:05	1:53:01	16
16	16	深蓝色	1.5	2023/2/15	14:03:04	2023/2/16	4:56:01	14:52:57	90

图1-52　更改格式后的效果

06 单击图1-52中的“关闭并上载”按钮，将“查询编辑器”窗口中转换的结果导入Excel中，如图1-53所示。

	A	B	C	D	E	F	G	H	I
1	ID	车颜色	收费标准	进场日期	进场时间	出场日期	出场时间	停放时间	收费金额
2	1	深蓝色	1.5	2023/2/15	0:06:00	2023/2/15	14:27:04	14:21:04	87
3	2	银灰色	2.5	2023/2/15	0:15:00	2023/2/15	5:29:02	5:14:02	52.5
4	3	白色	2	2023/2/15	0:28:00	2023/2/15	1:02:00	0:34:00	6
5	4	黑色	2.5	2023/2/15	0:37:00	2023/2/15	4:46:01	4:09:01	42.5
6	5	黑色	1.5	2023/2/15	10:43:03	2023/2/15	17:49:05	7:06:02	43.5
7	6	黑色	1.5	2023/2/15	10:48:03	2023/2/15	16:47:05	5:59:02	36
8	7	银灰色	2	2023/2/15	10:50:03	2023/2/15	12:48:04	1:58:01	16
9	8	黑色	1.5	2023/2/15	11:17:03	2023/2/15	23:40:07	12:23:04	75
10	9	银灰色	2	2023/2/15	12:47:04	2023/2/15	20:31:06	7:44:02	62
11	10	黑色	2	2023/2/15	12:58:04	2023/2/15	17:52:05	4:54:01	40
12	11	白色	2.5	2023/2/15	13:16:04	2023/2/15	18:48:05	5:32:02	57.5
13	12	黑色	1.5	2023/2/15	13:27:04	2023/2/16	3:31:01	14:03:57	85.5
14	13	深蓝色	1.5	2023/2/15	13:31:04	2023/2/16	0:03:00	10:31:56	64.5
15	14	黑色	1.5	2023/2/15	13:39:04	2023/2/15	13:47:04	0:08:00	1.5
16	15	深蓝色	2	2023/2/15	13:51:04	2023/2/15	15:44:05	1:53:01	16
17	16	深蓝色	1.5	2023/2/15	14:03:04	2023/2/16	4:56:01	14:52:57	90
18	17	白色	2.5	2023/2/15	14:37:04	2023/2/15	19:32:06	4:55:01	50

工作簿查询

1 个查询

Sheet1

已加载 24 行。

图1-53　导入Excel中的效果

07 当数据库中的数据更新后，只需单击“设计”选项卡中的“刷新”按钮或按快捷键Alt+F5，即可同步更新Excel中的数据。

实例 10　从多个字段中导入部分字段

前两个实例是将文本文件或数据库文件中的所有字段数据批量导入Excel中，如果只导入文件中的部分字段数据，可将文件中多余的字段删除后再导入。

如图1-54所示的“商贸销售统计.txt”是文本文件，将文件中的“序号”“商品代码”“品牌”“销量”字段导入Excel中，其余字段无须导入，导入方法有如下2种。

方法 1：通过获取外部数据导入部分字段

01 打开要导入数据的Excel工作簿，选中A1单元格，单击“数据”选项卡中的“自文本”按钮，在弹出的对话框中选择要导入的文本文件，如图 1-55 所示。

02 在文本导入向导第 1 步和第 2 步对话框中选择默认设置，依次单击“下一步”按钮。

序号	商品代码	品牌	商品名称	商品类别	销售渠道	销量
0001	NC001	Apple	Air 13.3英寸笔记本电脑	计算机	网店	12
0002	NC013	戴尔	3528SS 14英寸笔记本电脑	计算机	实体店	20
0003	PC004	Apple	iMac 27英寸一体机	计算机	实体店	43
0004	TC001	Apple	iPad Air 2 11英寸平板电脑	计算机	网店	35
0005	TC013	联想	8.3英寸触控平板电脑	计算机	实体店	29
0006	TV005	海信	42英寸智能网络3D电视	电视	实体店	11
0007	TV016	TCL	3D平板电视	电视	实体店	25
0008	AC005	TCL	DE22空调	空调	实体店	36
0009	AC015	海信	26GW/ER01N2空调	空调	实体店	48
0010	RF007	海尔	06STPA 206升冰箱	冰箱	实体店	23
0011	RF016	容声	202M/TX6-GF61-C冰箱	冰箱	实体店	49
0012	WH005	海尔	-Q6 50升电热水器	热水器	网店	4
0013	WH014	美的	15WB5(Y)电热水器	热水器	网店	19
0014	WM003	安仕	131S双层干衣机	洗衣机	网店	48
0015	WM011	华光	双层干衣机	洗衣机	网店	39
0016	WM018	小鸭	08S双缸洗衣机	洗衣机	网店	48

图 1-54 “商贸销售统计.txt”文本文件

图 1-55 原始TXT文本文件

03 在文本导入向导第 3 步对话框中，依次选中无须导入的字段所在列，然后选中“不导入此列(跳过)”单选按钮，单击“完成”按钮，如图 1-56 所示。

04 在弹出的对话框中设置数据的放置位置，单击“确定”按钮，即可跳过无须导入的列，将需要列的数据导入Excel中，如图 1-57 所示。

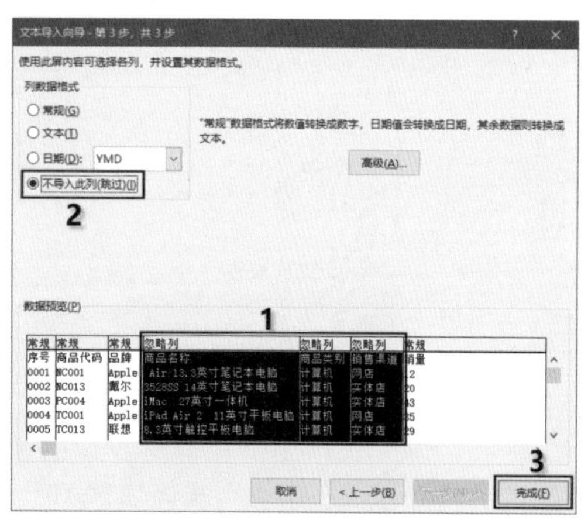

图 1-56 设置无须导入的列

	A	B	C	D
1	序号	商品代码	品牌	销量
2	1	NC001	Apple	12
3	2	NC013	戴尔	20
4	3	PC004	Apple	43
5	4	TC001	Apple	35
6	5	TC013	联想	29
7	6	TV005	海信	11
8	7	TV016	TCL	25
9	8	AC005	TCL	36
10	9	AC015	海信	48
11	10	RF007	海尔	23
12	11	RF016	容声	49
13	12	WH005	海尔	4
14	13	WH014	美的	19
15	14	WM003	安仕	48
16	15	WM011	华光	39
17	16	WM018	小鸭	48

Sheet1

图 1-57 导入Excel中的数据

方法 2：通过查询功能导入部分字段

01 打开要导入数据的Excel工作簿，选中A1单元格，单击“数据”选项卡中的“新建查询”按钮，在打开的下拉菜单中选择“从文件”|“从文本”命令，如图 1-58 所示。

02 在弹出的对话框中选择要导入的文本文件“商贸销售统计.txt”，单击“导入”按钮，进入“查询编辑器”窗口，按住Ctrl键依次选中无须导入的3列，单击“删除列”按钮，如图1-59所示。

图1-58　导入Excel中的数据

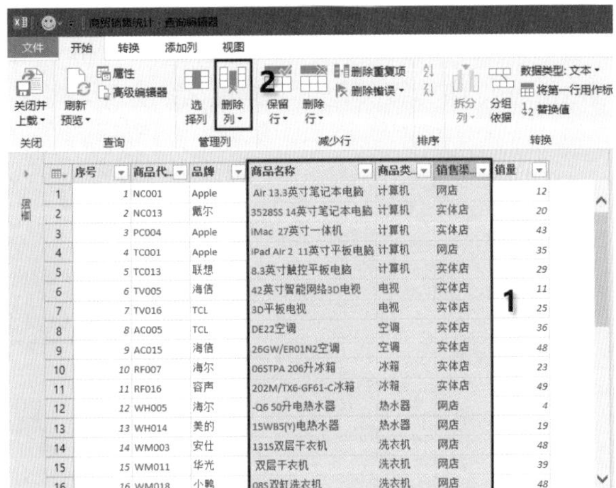

图1-59　删除无须导入的列

03 单击“关闭并上载”按钮，如图1-60所示，将查询编辑器中的数据导入Excel中，效果如图1-61所示。

图1-60　单击“关闭并上载”按钮

	A	B	C	D
1	序号	商品代码	品牌	销量
2	1	NC001	Apple	12
3	2	NC013	戴尔	20
4	3	PC004	Apple	43
5	4	TC001	Apple	35
6	5	TC013	联想	29
7	6	TV005	海信	11
8	7	TV016	TCL	25
9	8	AC005	TCL	36
10	9	AC015	海信	48
11	10	RF007	海尔	23
12	11	RF016	容声	49
13	12	WH005	海尔	4
14	13	WH014	美的	19
15	14	WM003	安仕	48
16	15	WM011	华光	39
17	16	WM018	小鸭	48

Sheet1　Sheet3

图1-61　导入Excel中的效果

1.3　智能提取各类数据

Excel中的数据复杂多样，很多重复的数据或繁杂的数据可以通过快速填充功能智能提取，这样既简化了操作又极大地提高了工作效率，下面介绍其具体操作方法。

实例 11 从登记表中提取姓名

在图1-62中，左侧表格是员工登记表，现在需要从登记表中的A列提取姓名信息，并将其放置在C列。操作方法是：首先在C2单元格中输入第一个员工的姓名“王一涵”，然后按快捷键Ctrl＋E，即可将其他员工的姓名填充到C列对应位置，如图1-62右侧表格所示。

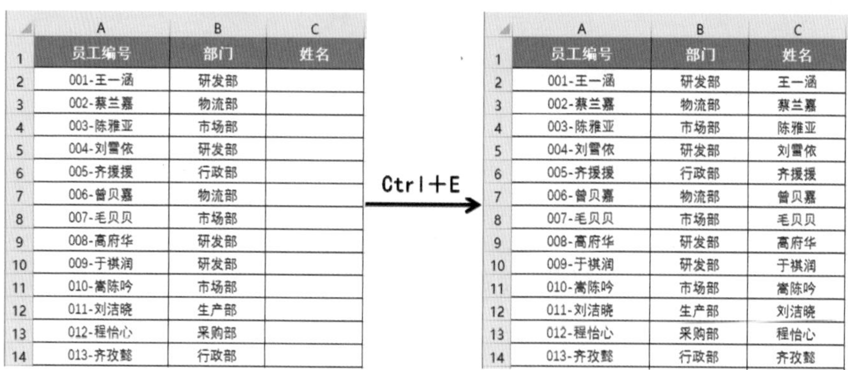

	A	B	C
1	员工编号	部门	姓名
2	001-王一涵	研发部	
3	002-蔡兰嘉	物流部	
4	003-陈雅亚	市场部	
5	004-刘雪依	研发部	
6	005-齐援援	行政部	
7	006-曾贝嘉	物流部	
8	007-毛贝贝	市场部	
9	008-高府华	研发部	
10	009-于祺润	研发部	
11	010-嵩陈吟	市场部	
12	011-刘洁晓	生产部	
13	012-程怡心	采购部	
14	013-齐孜懿	行政部	

	A	B	C
1	员工编号	部门	姓名
2	001-王一涵	研发部	王一涵
3	002-蔡兰嘉	物流部	蔡兰嘉
4	003-陈雅亚	市场部	陈雅亚
5	004-刘雪依	研发部	刘雪依
6	005-齐援援	行政部	齐援援
7	006-曾贝嘉	物流部	曾贝嘉
8	007-毛贝贝	市场部	毛贝贝
9	008-高府华	研发部	高府华
10	009-于祺润	研发部	于祺润
11	010-嵩陈吟	市场部	嵩陈吟
12	011-刘洁晓	生产部	刘洁晓
13	012-程怡心	采购部	程怡心
14	013-齐孜懿	行政部	齐孜懿

图1-62 登记表提取姓名前/后的表格

在C2单元格先输入姓名后使用快捷键的原因是：先给Excel做出一个示范，明确提取规则，然后按照规则使用快捷键进行一键填充。如果填充的数据较复杂，为了保证填充数据的准确性，可以多输入几个数据(一般不超过4个)作为示范规则，再使用快捷键Ctrl＋E填充。

实例 12 从身份证号码中提取出生日期

在实际工作中，经常会遇到从身份证号码中提取出生日期的情况，既可以使用函数、公式提取，也可以使用快捷键Ctrl＋E批量提取。下面通过实例介绍使用快捷键Ctrl＋E从身份证号码中提取出生日期的方法。

图1-63左侧表格A列表示身份证号码，其中红色数字(8位)代表出生日期，将出生日期提取出来并放置在B列对应单元格中。方法是：首先在B2单元格中输入第一个出生日期“19910902”，然后按快捷键Ctrl＋E，即可从A列批量提取出生日期填充到B列对应的单元格中。

	A	B
1	身份证号码	出生日期
2	110101199109021589	
3	110105197812120522	
4	410205198412278010	
5	110102198305128520	
6	551018198907291123	
7	372208198310070079	
8	310205198808278230	
9	110108198504240631	
10	370108197808213289	
11	110108198311020086	
12	420316197909283245	
13	327018199211123891	
14	110105196910124687	
15	110107198711096023	
16	210118197912031896	

Ctrl+E

	A	B
1	身份证号码	出生日期
2	110101199109021589	19910902
3	110105197812120522	19781212
4	410205198412278010	19841227
5	110102198305128520	19830512
6	551018198907291123	19890729
7	372208198310070079	19831007
8	310205198808278230	19880827
9	110108198504240631	19850424
10	370108197808213289	19780821
11	110108198311020086	19831102
12	420316197909283245	19790928
13	327018199211123891	19921112
14	110105196910124687	19691012
15	110107198711096023	19871109
16	210118197912031896	19791203

图1-63 出生日期提取前/后的表格

实例 13　提取姓名和地点信息并分行显示

在图1-64所示的表格中，A列每个单元格的内容较长，为了方便排版，将A列中的内容提取并分两行显示，一行为报销人姓名，另一行为活动地点信息，如图1-64中的B列所示。操作步骤如下。

	A	B
1	报销信息	分行显示
2	报销人：谢秋丽 活动地点：四川省成都市城市名人酒店	报销人：谢秋丽 活动地点：四川省成都市城市名人酒店
3	报销人：刘崇江 活动地点：山西省大同市南城墙永泰西门	报销人：刘崇江 活动地点：山西省大同市南城墙永泰西门
4	报销人：关定胜 活动地点：浙江省杭州市西湖区香格里拉饭店	报销人：关定胜 活动地点：浙江省杭州市西湖区香格里拉饭店
5	报销人：唐文林 活动地点：浙江省杭州市西湖区紫金港路21号	报销人：唐文林 浙江省杭州市西湖区紫金港路21号
6	报销人：钱卓顺 活动地点：北京市西城区阜成门外大街29号	报销人：钱卓顺 北京市西城区阜成门外大街29号
7	报销人：李一梅 活动地点：广东省广州市天河区黄埔大道666号	报销人：李一梅 广东省广州市天河区黄埔大道666号
8	报销人：方成文 活动地点：广州市天河区林和西路国际贸易中心	报销人：方成文 活动地点：广州市天河区林和西路国际贸易中心
9	报销人：王林雅 活动地点：江苏省南京市白下区汉中路89号	报销人：王林雅 江苏省南京市白下区汉中路89号

图1-64　提取姓名和地点信息并分行显示

01 将A2单元格中的内容复制粘贴到B2单元格，如图1-65所示。

	A	B
1	报销信息	分行显示
2	报销人：谢秋丽 活动地点：四川省成都市城市名人酒店	报销人：谢秋丽 活动地点：四川省成都市城市名人酒店
3	报销人：刘崇江 活动地点：山西省大同市南城墙永泰西门	
4	报销人：关定胜 活动地点：浙江省杭州市西湖区香格里拉饭店	粘贴
5	报销人：唐文林 活动地点：浙江省杭州市西湖区紫金港路21号	
6	报销人：钱卓顺 活动地点：北京市西城区阜成门外大街29号	
7	报销人：李一梅 活动地点：广东省广州市天河区黄埔大道666号	
8	报销人：方成文 活动地点：广州市天河区林和西路国际贸易中心	
9	报销人：王林雅 活动地点：江苏省南京市白下区汉中路89号	

图1-65　复制A2单元格中的内容

02 将光标放置在“活动地点”前，按快捷键Alt+Enter，将报销人和活动地点分行显示，如图1-66所示。

03 按快捷键Ctrl+E，即可批量提取A列中的姓名和活动地点信息并换行显示在B列对应的单元格中。

	A	B
1	报销信息	分行显示
2	报销人：谢秋丽 活动地点：四川省成都市城市名人酒店	报销人：谢秋丽 活动地点：四川省成都市城市名人酒店
3	报销人：刘崇江 活动地点：山西省大同市南城墙永泰西门	
4	报销人：关定胜 活动地点：浙江省杭州市西湖区香格里拉饭店	按Alt + Enter换行
5	报销人：唐文林 活动地点：浙江省杭州市西湖区紫金港路21号	
6	报销人：钱卓顺 活动地点：北京市西城区阜成门外大街29号	
7	报销人：李一梅 活动地点：广东省广州市天河区黄埔大道666号	
8	报销人：方成文 活动地点：广州市天河区林和西路国际贸易中心	
9	报销人：王林雅 活动地点：江苏省南京市白下区汉中路89号	

图1-66　按快捷键Alt＋Enter换行显示效果

1.4　智能合并各类数据

合并数据是将多列数据合并为一列数据，操作方法与提取数据的方法相似，即先在一个单元格中输入示范规则，然后借助快捷键Ctrl＋E完成智能合并。

实例 14　合并市、区、街道多列信息

将图1-67左侧表格中A、B、C三列的市、区、街道进行合并，在C列街道名称的后面添加“街道”二字，再进行全部合并，合并效果如图1-67右侧表格所示。

合并方法：在D2单元格输入“南京市玄武区红山街道”，然后按快捷键Ctrl＋E，即可将A、B、C三列批量合并并填充到D列对应的单元格中。

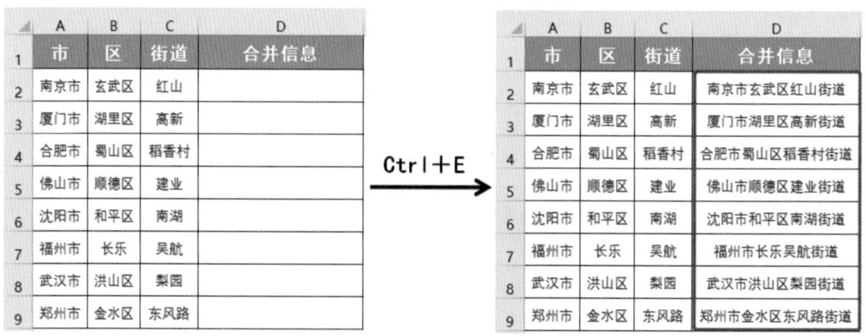

	A	B	C	D
1	市	区	街道	合并信息
2	南京市	玄武区	红山	
3	厦门市	湖里区	高新	
4	合肥市	蜀山区	稻香村	
5	佛山市	顺德区	建业	
6	沈阳市	和平区	南湖	
7	福州市	长乐	吴航	
8	武汉市	洪山区	梨园	
9	郑州市	金水区	东风路	

	A	B	C	D
1	市	区	街道	合并信息
2	南京市	玄武区	红山	南京市玄武区红山街道
3	厦门市	湖里区	高新	厦门市湖里区高新街道
4	合肥市	蜀山区	稻香村	合肥市蜀山区稻香村街道
5	佛山市	顺德区	建业	佛山市顺德区建业街道
6	沈阳市	和平区	南湖	沈阳市和平区南湖街道
7	福州市	长乐	吴航	福州市长乐吴航街道
8	武汉市	洪山区	梨园	武汉市洪山区梨园街道
9	郑州市	金水区	东风路	郑州市金水区东风路街道

图1-67　信息合并前后对照表

实例 15　合并姓氏和职位信息

在图1-68中，将A列姓氏与B列职务组合，将结果存放在C列，组合后的效果如图1-69所示。组合方法：首先在C2单元格中输入“张院长”，然后按快捷键Ctrl＋E即可将A列姓氏与B列职务组合，并填充到C列对应的单元格中。

	A	B	C
1	姓名	职务	姓氏与职务
2	张毅	院长	
3	孙丹	处长	
4	李建	部长	
5	董宏	院长	
6	张著	馆长	
7	刘洋	主任	

图1-68　原数据表格

	A	B	C
1	姓名	职务	姓氏与职务
2	张毅	院长	张院长
3	孙丹	处长	孙处长
4	李建	部长	李部长
5	董宏	院长	董院长
6	张著	馆长	张馆长
7	刘洋	主任	刘主任

图1-69　姓氏与职务效果

1.5　一键汇总数据

汇总数据是Excel数据处理中常用的操作，我们经常使用函数、公式汇总数据，这种方法需要进行复杂的操作，而有一些汇总可通过一键操作快速实现。下面介绍一键汇总数据的方法。

实例 16　一键汇总多列数据

某电力公司各销售员1至4月销售某种商品的情况如图1-70所示，现要求汇总每个月的销售总量，即对每列数据进行求和。此类求和问题，可以在汇总行中使用SUM函数先求出B列数据的总和，然后拖动填充柄至E列求出其他各列的总和。这种方法虽然正确，但操作相对麻烦，更为便捷的汇总方法是使用快捷键Alt+=进行一键汇总。操作方法如下。

选中B2:E14单元格区域，如图1-71左图所示，按快捷键Alt+=，即可瞬间完成对多列数据的汇总，如图1-71右图所示。

	A	B	C	D	E	F
1	姓名	1月	2月	3月	4月	总销售量
2	刘艳	72	45	60	87	
3	李成	92	35	77	73	
4	李丽敏	58	90	88	97	
5	许小辉	75	60	85	57	
6	张红军	93	71	92	96	
7	程小丽	66	92	95	98	
8	卢红燕	84	71	99	89	
9	李诗	97	75	73	81	
10	张成	82	78	81	96	
11	张恬	68	97	61	57	
12	张恬	56	77	85	83	
13	田丽	81	55	61	91	
14	汇总					

图1-70　某商品销售表

	A	B	C	D	E	F
1	姓名	1月	2月	3月	4月	总销售量
2	刘艳	72	45	60	87	
3	李成	92	35	77	73	
4	李丽敏	58	90	88	97	
5	许小辉	75	60	85	57	
6	张红军	93	71	92	96	
7	程小丽	66	92	95	98	
8	卢红燕	84	71	99	89	
9	李诗	97	75	73	81	
10	张成	82	78	81	96	
11	张恬	68	97	61	57	
12	张恬	56	77	85	83	
13	田丽	81	55	61	91	
14	汇总					

Alt + =

	A	B	C	D	E	F
1	姓名	1月	2月	3月	4月	总销售量
2	刘艳	72	45	60	87	
3	李成	92	35	77	73	
4	李丽敏	58	90	88	97	
5	许小辉	75	60	85	57	
6	张红军	93	71	92	96	
7	程小丽	66	92	95	98	
8	卢红燕	84	71	99	89	
9	李诗	97	75	73	81	
10	张成	82	78	81	96	
11	张恬	68	97	61	57	
12	张恬	56	77	85	83	
13	田丽	81	55	61	91	
14	汇总	924	846	957	1,005	

图1-71　按快捷键Alt+=对多列数据进行汇总

实例 17　一键汇总多行数据

某电力公司要查看各销售员的销售情况，要求汇总出每位销售员1至4月的总销售量，如图1-72所示，即对每行数据进行求和，同样可以使用快捷键Alt+=，瞬间得到汇总结果。

选中B2:F13单元格区域，按快捷键Alt+=，即可瞬间完成对多行数据的汇总，如图1-73所示。

	A	B	C	D	E	F
1	姓名	1月	2月	3月	4月	总销售量
2	刘艳	72	45	60	87	
3	李成	92	35	77	73	
4	李丽敏	58	90	88	97	
5	许小辉	75	60	85	57	
6	张红军	93	71	92	96	
7	程小丽	66	92	95	98	
8	卢红燕	84	71	99	89	
9	李诗	97	75	73	81	
10	张成	82	78	81	96	
11	张恬	68	97	61	57	
12	张恬	56	77	85	83	
13	田丽	81	55	61	91	
14	汇总	924	846	957	1,005	

图1-72　汇总各销售员1至4月的总销售量

	A	B	C	D	E	F
1	姓名	1月	2月	3月	4月	总销售量
2	刘艳	72	45	60	87	264
3	李成	92	35	77	73	277
4	李丽敏	58	90	88	97	333
5	许小辉	75	60	85	57	277
6	张红军	93	71	92	96	352
7	程小丽	66	92	95	98	351
8	卢红燕	84	71	99	89	343
9	李诗	97	75	73	81	326
10	张成	82	78	81	96	337
11	张恬	68	97	61	57	283
12	张恬	56	77	85	83	301
13	田丽	81	55	61	91	288
14	汇总	924	846	957	1,005	

图1-73　按快捷键Alt+=对多行数据进行汇总

实例 18　一键汇总多行和多列数据

在图1-74所示的某商品的销售表中，要求同时对3部分数据进行汇总：一是在每列下方汇总出每个月的销售总量；二是在每行的右侧汇总出每位销售员1至4月的总销售量；三是在右下角单元格中汇总出所有销售员的总销售量。

本例既要对每列数据求和，又要对每行数据求和，最后还要在右下角单元格中对整个区域的数据求和。尽管是对3部分数据分别求和，但同样可以使用快捷键Alt+=，瞬间完成对多行、多列、整个区域数据的汇总，比使用SUM函数逐个汇总更便捷、更高效。

	A	B	C	D	E	F
1	姓名	1月	2月	3月	4月	总销售量
2	刘艳	72	45	60	87	
3	李成	92	35	77	73	
4	李丽敏	58	90	88	97	
5	许小辉	75	60	85	57	
6	张红军	93	71	92	96	
7	程小丽	66	92	95	98	
8	卢红燕	84	71	99	89	
9	李诗	97	75	73	81	
10	张成	82	78	81	96	
11	张恬	68	97	61	57	
12	张恬	56	77	85	83	
13	田丽	81	55	61	91	
14	汇总					

图1-74　某商品销售表

方法：选中B2:F14单元格区域，按快捷键Alt+=，瞬间得到多行、多列、整个区域数据的汇总结果，如图1-75所示。

	A	B	C	D	E	F
1	姓名	1月	2月	3月	4月	总销售量
2	刘艳	72	45	60	87	
3	李成	92	35	77	73	
4	李丽敏	58	90	88	97	
5	许小辉	75	60	85	57	
6	张红军	93	71	92	96	
7	程小丽	66	92	95	98	
8	卢红燕	84	71	99	89	
9	李诗	97	75	73	81	
10	张成	82	78	81	96	
11	张恬	68	97	61	57	
12	张恬	56	77	85	83	
13	田丽	81	55	61	91	
14	汇总					

Alt + =

	A	B	C	D	E	F
1	姓名	1月	2月	3月	4月	总销售量
2	刘艳	72	45	60	87	264
3	李成	92	35	77	73	277
4	李丽敏	58	90	88	97	333
5	许小辉	75	60	85	57	277
6	张红军	93	71	92	96	352
7	程小丽	66	92	95	98	351
8	卢红燕	84	71	99	89	343
9	李诗	97	75	73	81	326
10	张成	82	78	81	96	337
11	张恬	68	97	61	57	283
12	张恬	56	77	85	83	301
13	田丽	81	55	61	91	288
14	汇总	924	846	957	1,005	3,732

图1-75　按快捷键Alt+=瞬间完成对多行、多列、整个区域的数据汇总

实例 19　一键汇总多表多行和多列数据

某电力公司各销售员1至12月销售某商品的数据分别存放在Sheet1至Sheet3工作表中，如图1-76所示。每张工作表中存放的是各销售员与某商品的销售数据，现要求对3张工作表中的数据进行汇总。

一是在每列下方汇总出每个月的销售总量，汇总结果存放在第14行。

二是在每行的右侧汇总出每位销售员1至4月的总销售量，汇总结果存放在F列。

三是在右下角单元格中汇总出所有销售员的总销售量，结果存放在F14单元格。

Sheet1

	A	B	C
1	姓名	1月	2月
2	刘艳	72	45
3	李成	92	35
4	李丽敏	58	90
5	许小辉	75	60
6	张红军	93	71
7	程小丽	66	92
8	卢红燕	84	71
9	李诗	97	75
10	张成	82	78
11	张恬	68	97
12	张恬	56	77
13	田丽	81	55
14	汇总		

Sheet1　Sheet2　Sheet3

Sheet2

	A	B	C
1	姓名	5月	6月
2	刘艳	50	70
3	李成	102	54
4	李丽敏	50	90
5	许小辉	85	75
6	张红军	73	73
7	程小丽	76	100
8	卢红燕	64	84
9	李诗	102	63
10	张成	92	81
11	张恬	59	110
12	张恬	76	83
13	田丽	90	68
14	汇总		

Sheet1　Sheet2　Sheet3

Sheet3

	A	B	C	D	E	F
1	姓名	9月	10月	11月	12月	总销售量
2	刘艳	70	93	70	71	
3	李成	80	75	61	90	
4	李丽敏	74	95	63	110	
5	许小辉	90	89	72	70	
6	张红军	83	85	64	89	
7	程小丽	66	105	82	91	
8	卢红燕	78	93	78	88	
9	李诗	88	80	75	93	
10	张成	81	92	69	96	
11	张恬	69	101	64	86	
12	张恬	61	94	59	94	
13	田丽	81	85	70	99	
14	汇总					

Sheet1　Sheet2　Sheet3

图1-76　某电力公司某选中商品1至12月销售数据

操作步骤如下。

01 单击Sheet1工作表标签，按住Shift键，再单击Sheet3工作表标签，此时，3张工作表Sheet1、Sheet2、Sheet3被组合为一个组，然后选中B2:F14单元格区域，如图1-77所示。

02 按快捷键Alt+=，一次性完成对3张工作表数据的快速汇总，此时，3张工作表Sheet1、Sheet2、Sheet3都完成了行、列及整个区域的数据汇总，如图1-78所示。

姓名	1月	2月	3月	4月	总销售量
刘艳	72	45	60	87	
李成	92	35	77	73	
李丽敏	58	90	88	97	
许小辉	75	60	85	57	
张红军	93	71	92	96	
程小丽	66	92	95	98	
卢红燕	84	71	99	89	
李诗	97	75	73	81	
张成	82	78	81	96	
张恬	68	97	61	57	
张恬	56	77	85	83	
田丽	81	55	61	91	
汇总					

Sheet1 Sheet2 Sheet3

图1-77　依次选中工作表和数据区域

姓名	1月	2月	3月	4月	总销售量
刘艳	72	45	60	87	264
李成	92	35	77	73	277
李丽敏	58	90	88	97	333
许小辉	75	60	85	57	277
张红军	93	71	92	96	352
程小丽	66	92	95	98	351
卢红燕	84	71	99	89	343
李诗	97	75	73	81	326
张成	82	78	81	96	337
张恬	68	97	61	57	283
张恬	56	77	85	83	301
田丽	81	55	61	91	288
汇总	924	846	957	1,005	3,732

Sheet1 Sheet2 Sheet3

图1-78　按快捷键Alt+=，一次性完成3张工作表汇总

03 单击任意一个工作表标签，取消工作表的组合。

04 单击工作表标签即可看到该工作表的汇总结果，如图1-79是工作表Sheet2的汇总结果。

姓名	5月	6月	7月	8月	总销售量
刘艳	50	70	85	53	258
李成	102	54	70	82	308
李丽敏	50	90	78	103	321
许小辉	85	75	80	50	290
张红军	73	73	76	81	303
程小丽	76	100	100	79	355
卢红燕	64	84	90	80	318
李诗	102	63	93	89	347
张成	92	81	80	86	339
张恬	59	110	73	66	308
张恬	76	83	70	80	309
田丽	90	68	84	85	327
汇总	919	951	979	934	3,783

Sheet1 Sheet2 Sheet3

图1-79　工作表Sheet2的汇总结果

综上所述，使用快捷键Alt+=可以对一表或多表中选中的多列、多行、整个数据区域瞬间汇总，极大地简化了汇总操作，使汇总更为便捷和高效。因此在进行汇总操作时，优先推荐使用快捷键Alt+=。

第 2 章　数据的清洗及美化

Excel中的很多数据都是由文件或系统导出的，在导出的数据中，不规范的数据会直接影响数据分析结果，因此需要将不规范的数据进行清洗并转换为规范的数据后才能使用。为了使数据易读、美观，可美化表格，提升表格的品质，让数据更具说服力。

2.1　数据清洗

日常工作中经常会遇到不规范的数据，如表格中有多余的行、重复的记录、无法正常统计的数字等。这些不规范的数据会影响后续操作和分析，需要进行必要的清洗。下面介绍几种常见的数据清洗方法。

实例 20　批量删除多余的行

从系统中导出的数据经常会出现多余的行，包括多余的标题行和空白行。多余的行会影响数据统计和分析，需要将其删除，删除方法如下。

1. 删除多余的标题行

从系统导出的员工登记表如图2-1所示，其中有3个标题行，要求只保留第一个标题行，删除其余的2个多余标题行，操作步骤如下。

01 在任意标题行上右击，在弹出的快捷菜单中选择“筛选”|“按所选单元格的值筛选”命令，如图2-2所示，筛选出所有的标题行，如图2-3所示。

	A	B	C	D	E	F	G
1	工号	姓名	部门	职务	学历	工龄	签约月工资
2	TYY001	陈来福	销售	员工	大专	3	5000
3	TYY002	苏摩	销售	员工	大专	3	5000
4	TYY003	宋江	销售	福经理	大专	3	16000
5	工号	姓名	部门	职务	学历	工龄	签约月工资
6	TYY004	刘重阳	销售	员工	本科	3	6000
7	TYY005	吴小风	销售	员工	本科	3	5000
8	TYY006	王光胜	管理	员工	硕士	3	8000
9	工号	姓名	部门	职务	学历	工龄	签约月工资
10	TYY007	毛领军	管理	员工	硕士	3	8000
11	TYY008	姜双清	管理	员工	本科	2	6000
12	TYY009	严一词	管理	员工	本科	2	5000
13	TYY010	余外外	行政	员工	大专	2	5000

图2-1　员工登记表

图2-2　按所选单元格的值筛选

	A	B	C	D	E	F	G
1	工号	姓名	部门	职务	学历	工龄	签约月工资
5	工号	姓名	部门	职务	学历	工龄	签约月工资
9	工号	姓名	部门	职务	学历	工龄	签约月工资

图2-3　筛选出所有标题行

02 选中第2个和第3个标题行，在选中的标题行上右击，在弹出的快捷菜单中选择“删除行”命令，如图2-4所示，即可将多余的标题行删除，效果如图2-5所示，此时标题行处于筛选状态。

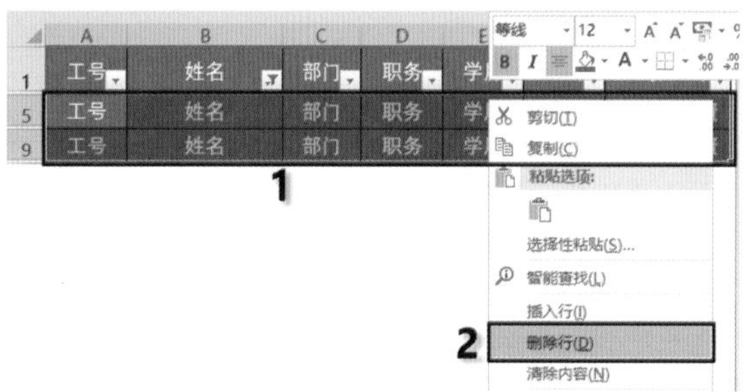

图2-4　删除选中的标题行

图2-5　删除多余标题行后的效果

03 单击B列右侧的按钮，在打开的列表框中选中“全选”复选框，如图2-6所示，单击“确定”按钮，显示全部数据，如图2-7所示，此时每个字段名的右侧仍有按钮。

图2-6　筛选全部数据

工号	姓名	部门	职务	学历	工龄	签约月工资
TYY001	陈来福	销售	员工	大专	3	5000
TYY002	苏摩	销售	员工	大专	3	5000
TYY003	宋江	销售	福经理	大专	3	16000
TYY004	刘重阳	销售	员工	本科	3	6000
TYY005	吴小风	销售	员工	本科	3	5000
TYY006	王光胜	管理	员工	硕士	3	8000
TYY007	毛领军	管理	员工	硕士	3	8000
TYY008	姜双清	管理	员工	本科	2	6000
TYY009	严一调	管理	员工	本科	2	5000
TYY010	余外外	行政	员工	大专	2	5000

图2-7　全部数据显示的效果

04 打开“数据”选项卡，单击“筛选”按钮，取消字段名右侧的按钮，得到规范数据表，如图2-8所示。

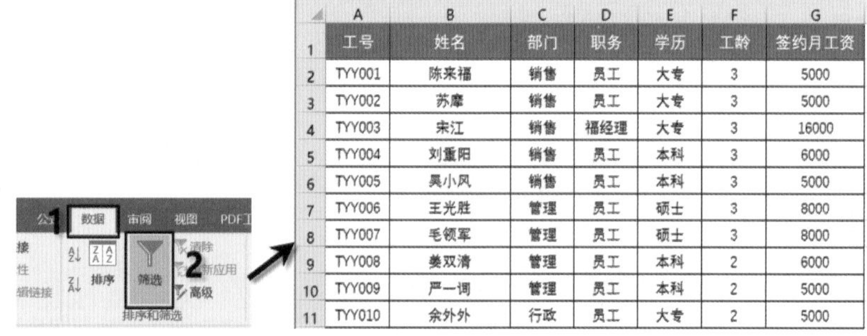

工号	姓名	部门	职务	学历	工龄	签约月工资
TYY001	陈来福	销售	员工	大专	3	5000
TYY002	苏摩	销售	员工	大专	3	5000
TYY003	宋江	销售	福经理	大专	3	16000
TYY004	刘重阳	销售	员工	本科	3	6000
TYY005	吴小风	销售	员工	本科	3	5000
TYY006	王光胜	管理	员工	硕士	3	8000
TYY007	毛领军	管理	员工	硕士	3	8000
TYY008	姜双清	管理	员工	本科	2	6000
TYY009	严一调	管理	员工	本科	2	5000
TYY010	余外外	行政	员工	大专	2	5000

图2-8　取消筛选后得到的规范数据表

2. 删除多余的空白行

如果系统导出的数据包含多余的空白行，如图2-9所示，将数据区域间隔为多个区域，则不利于数据的分析。现要求删除多余的空白行，将数据存放在连续的区域中。操作步骤如下。

01 选中任何一列，如C列，打开“数据”选项卡，单击“筛选”按钮，如图2-10所示。此时，该列处于筛选状态。

	A	B	C	D	E	F	G
1	工号	姓名	部门	职务	学历	工龄	签约月工资
2	TYY001	陈来福	销售	员工	大专	3	5000
3	TYY002	苏摩	销售	员工	大专	3	5000
4							
5	TYY003	宋江	销售	副经理	大专	3	16000
6	TYY004	刘重阳	销售	员工	本科	3	6000
7							
8	TYY005	吴小风	销售	员工	本科	3	5000
9	TYY006	王光胜	管理	员工	硕士	3	8000
10							
11	TYY007	毛领军	管理	员工	硕士	3	8000
12	TYY008	姜双清	管理	员工	本科	2	6000
13							
14	TYY009	严一词	管理	员工	本科	2	5000
15	TYY010	余外外	行政	员工	大专	2	5000

图2-9　包含多余空白行的表格

	A	B	C	D	E	F	G
1	工号	姓名	部门	职务	学历	工龄	签约月工资
2	TYY001	陈来福	销售	员工	大专	3	5000
3	TYY002	苏摩	销售	员工	大专	3	5000
4							
5	TYY003	宋江	销售	副经理	大专	3	16000
6	TYY004	刘重阳	销售	员工	本科	3	6000
7							
8	TYY005	吴小风	销售	员工	本科	3	5000
9	TYY006	王光胜	管理	员工	硕士	3	8000
10							
11	TYY007	毛领军	管理	员工	硕士	3	8000
12	TYY008	姜双清	管理	员工	本科	2	6000
13							
14	TYY009	严一词	管理	员工	本科	2	5000
15	TYY010	余外外	行政	员工	大专	2	5000

图2-10　选择C列并使其处于筛选状态

02 单击C1单元格右侧的▾按钮，在打开的下拉列表中，只选中“空白”复选框，如图2-11所示，单击“确定”按钮，即可筛选出所有的空白行，如图2-12所示。

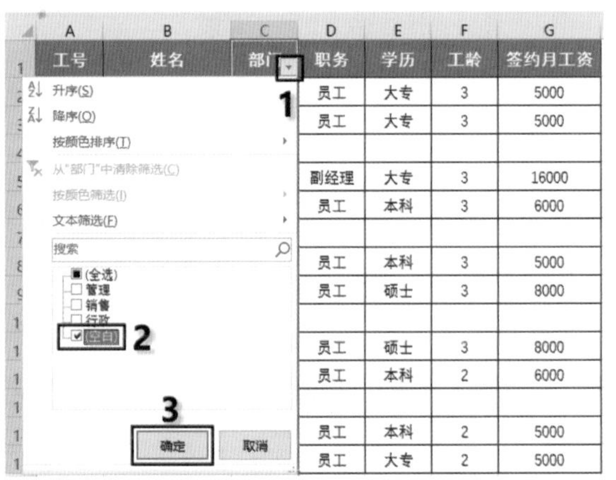

图2-11　选中“空白”复选框

	A	B	C	D	E	F	G
1	工号	姓名	部门	职务	学历	工龄	签约月工资
4							
7							
10							
13							

图2-12　筛选出空白行

03 选中所有空白行并右击，在弹出的快捷菜单中选择“删除行”命令，如图2-13所示，删除所有空白行。

04 单击C1单元格右侧的▾按钮，在打开的下拉列表中选中“全选”复选框，如图2-14所示，单击“确定”按钮，将全部数据进行显示，如图2-15所示。

05 按快捷键Ctrl＋Shift＋L或者单击“数据”选项卡中的“筛选”按钮，取消C1右侧的▾按钮，得到规范数据表，如图2-16所示。

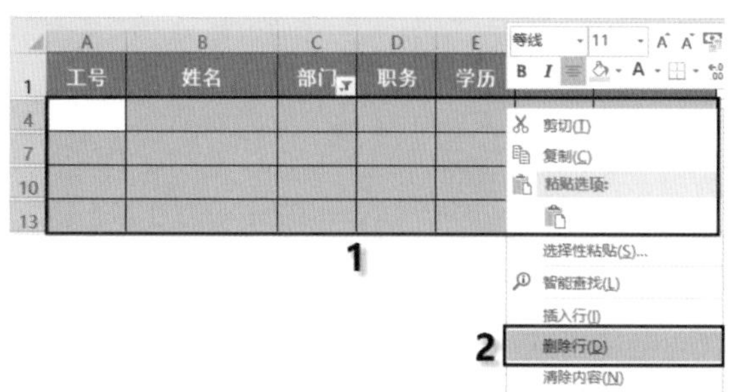

图2-13　删除空白行

图2-14　筛选全部数据

	A	B	C	D	E	F	G
1	工号	姓名	部门	职务	学历	工龄	签约月工资
2	TYY001	陈来福	销售	员工	大专	3	5000
3	TYY002	苏摩	销售	员工	大专	3	5000
4	TYY003	宋江	销售	副经理	大专	3	16000
5	TYY004	刘重阳	销售	员工	本科	3	6000
6	TYY005	吴小风	销售	员工	本科	3	5000
7	TYY006	王光胜	管理	员工	硕士	3	8000
8	TYY007	毛领军	管理	员工	硕士	3	8000
9	TYY008	姜双清	管理	员工	本科	2	6000
10	TYY009	严一词	管理	员工	本科	2	5000
11	TYY010	余外外	行政	员工	大专	2	5000

图2-15　显示全部数据

	A	B	C	D	E	F	G
1	工号	姓名	部门	职务	学历	工龄	签约月工资
2	TYY001	陈来福	销售	员工	大专	3	5000
3	TYY002	苏摩	销售	员工	大专	3	5000
4	TYY003	宋江	销售	副经理	大专	3	16000
5	TYY004	刘重阳	销售	员工	本科	3	6000
6	TYY005	吴小风	销售	员工	本科	3	5000
7	TYY006	王光胜	管理	员工	硕士	3	8000
8	TYY007	毛领军	管理	员工	硕士	3	8000
9	TYY008	姜双清	管理	员工	本科	2	6000
10	TYY009	严一词	管理	员工	本科	2	5000
11	TYY010	余外外	行政	员工	大专	2	5000

图2-16　规范数据表

实例 21　批量删除重复记录

如果数据源中有重复的记录，如图2-17所示，可利用Excel提供的删除重复项功能，将重复的记录删除。操作步骤如下。

01 选中A1:A10单元格区域，打开“数据”选项卡，单击“删除重复项”按钮，如图2-18所示。

	A	B	C
1	学历		
2	大专		
3	本科		
4	大专		
5	本科		
6	大专		
7	硕士		
8	硕士		
9	本科		
10	硕士		

图2-17　有重复记录的数据源

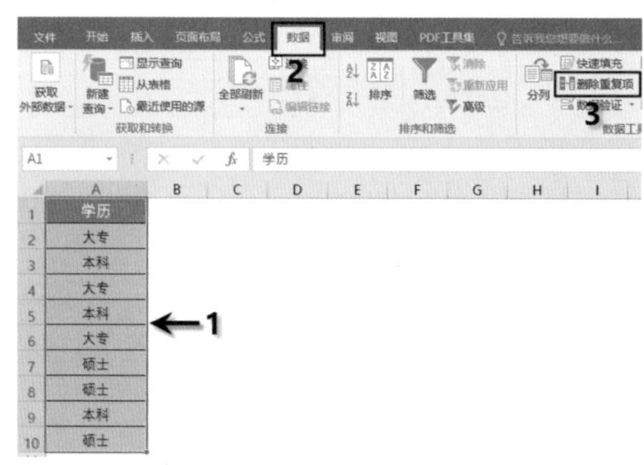

图2-18　选中区域并单击“删除重复项”按钮

02 在弹出的对话框中，若要删除标题行中的重复值，则选中“数据包含标题”复选框，反之，则不选，单击“确定”按钮，如图 2-19 所示。

03 在弹出的提示框中显示删除的数据，单击“确定”按钮，完成删除，效果如图 2-20 所示。

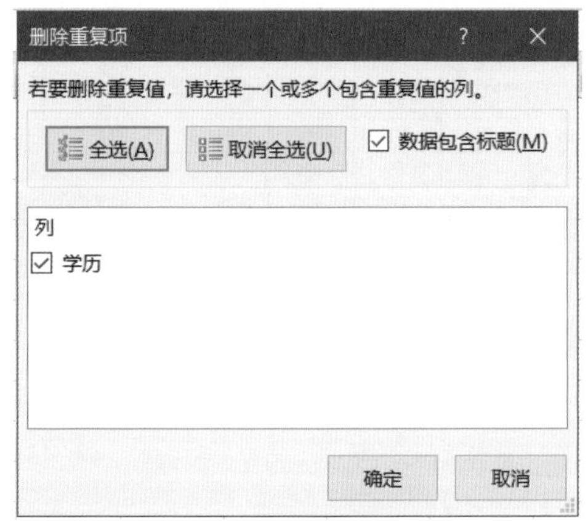

图 2-19　设置删除重复项

图 2-20　删除重复项后的效果

实例 22　批量转换无法正常统计的数字

数据源中有些数字在使用SUM函数进行汇总运算时，结果为0，如图2-21所示，原因是这些数字是文本格式，所以在使用SUM函数汇总运算时结果为0。若要对这些数字进行汇总，首先要将文本格式的数字转换为数值，转换方法有2种。

F2　=SUM(B2:E2)

	A	B	C	D	E	F
1	姓名	1月	2月	3月	4月	总销售量
2	刘艳	72	45	60	87	0
3	李成	92	35	77	73	0
4	李丽敏	58	90	88	97	0
5	许小辉	75	60	85	57	0
6	张红军	93	71	92	96	0
7	程小丽	66	92	95	98	0
8	卢红燕	84	71	99	89	0
9	李诗	97	75	73	81	0
10	张成	82	78	81	96	0
11	张恬	68	97	61	57	0
12	张恬	56	77	85	83	0
13	田丽	81	55	61	91	0
14	汇总	0	0	0	0	0

图 2-21　文本格式数字汇总结果为0

方法 1：利用“转换为数字”命令转换

01 选中数字所在的单元格区域，在单元格区域的左侧会出现一个黄色的提示符号◈，单击此符号，在打开的下拉列表中选择“转换为数字”命令，如图 2-22 所示。

02 将文本格式的数字转换为数值后，汇总结果随之发生变化，如图 2-23 所示。

	A	B	C	D	E	F
1	姓名	1月	2月	3月	4月	总销售量
2	刘艳	72	45	60	87	
3	李成			77	73	
4	李丽			88	97	
5	许小			85	57	
6	张红			92	96	
7	程小			95	98	
8	卢红			99	89	
9	李诗	97	75	73	81	
10	张成	82	78	81	96	
11	张恬	68	97	61	57	
12	张恬	56	77	85	83	
13	田丽	81	55	61	91	
14	汇总					

以文本形式存储的数字
转换为数字(C) 3
关于此错误的帮助(H)
忽略错误(I)
在编辑栏中编辑(F)
错误检查选项(O)...

图2-22 将文本格式数字转换为数值

	A	B	C	D	E	F
1	姓名	1月	2月	3月	4月	总销售量
2	刘艳	72	45	60	87	264
3	李成	92	35	77	73	277
4	李丽敏	58	90	88	97	333
5	许小辉	75	60	85	57	277
6	张红军	93	71	92	96	352
7	程小丽	66	92	95	98	351
8	卢红燕	84	71	99	89	343
9	李诗	97	75	73	81	326
10	张成	82	78	81	96	337
11	张恬	68	97	61	57	283
12	张恬	56	77	85	83	301
13	田丽	81	55	61	91	288
14	汇总	924	846	957	1,005	3,732

图2-23 文本格式数字转换为数值后的汇总结果

方法2：利用选择性粘贴功能

01 在任意一个空白单元格上右击，在弹出的快捷菜单中选择“复制”命令，然后选中数字区域并右击，在弹出快捷菜单中选择“选择性粘贴”命令，如图2-24所示。

图2-24 选择“选择性粘贴”命令

02 在弹出的对话框中，依次选中“数值”和“加”单选按钮，如图2-25所示，单击“确定”按钮，将选中区域的文本格式数字转换为数值，汇总结果随之发生变化，如图2-26所示。

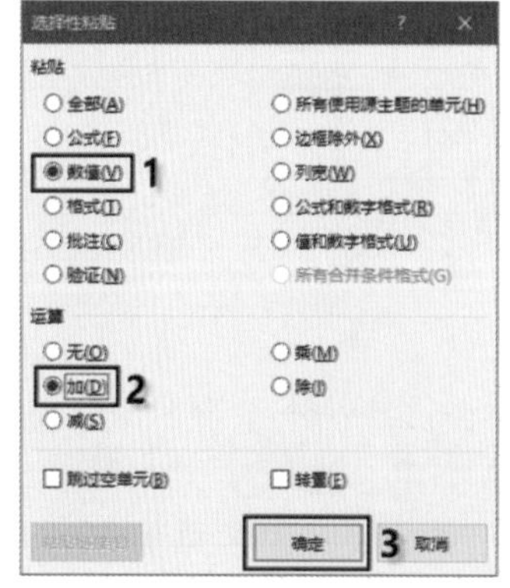

	A	B	C	D	E	F
1	姓名	1月	2月	3月	4月	总销售量
2	刘艳	72	45	60	87	264
3	李成	92	35	77	73	277
4	李丽敏	58	90	88	97	333
5	许小辉	75	60	85	57	277
6	张红军	93	71	92	96	352
7	程小丽	66	92	95	98	351
8	卢红燕	84	71	99	89	343
9	李诗	97	75	73	81	326
10	张成	82	78	81	96	337
11	张恬	68	97	61	57	283
12	张恬	56	77	85	83	301
13	田丽	81	55	61	91	288
14	汇总	924	846	957	1,005	(Ctrl)

图2-25 设置“选择性粘贴”选项 图2-26 文本格式数字转换为数值后汇总结果随之变化

若将大量文本格式数字转换为数值，优先推荐使用方法2进行转换。相比于方法1先行后列逐个转换，方法2能高效快捷地瞬间完成转换。

实例 23　智能拆分合并单元格并填充数据

在实际工作中，如果数据源中含有合并单元格，如图2-27所示，则会导致排序、筛选、创建数据透视表等无法进行，给数据处理工作带来一系列麻烦。解决此类问题的方法是先取消单元格的合并，填上相关数据后再进行后续的数据处理。

01 选中合并单元格区域C2:C13，打开“开始”选项卡，单击“合并后居中”按钮，如图2-28所示，取消单元格的合并。

	A	B	C	D	E
1	学号	姓名	班级	C语言	高数
2	120106	杜一江	1班	103	110
3	120102	齐易扬		90	80
4	120101	苏方放		88	92
5	120103	谢方康		110	95
6	120202	刘万地	2班	93	89
7	120204	陈大北		103	100
8	120203	吴康锋		95	100
9	120205	刘鹏鹏		94	107
10	120301	毛宏伟	3班	94	85
11	120303	陈一合		99	98
12	120304	吴吉祥		102	94
13	120305	李依依		88	95

图2-27　数据源中含有合并单元格

	A	B	C	D	E
1	学号	姓名	班级	C语言	高数
2	120106	杜一江	1班	103	110
3	120102	齐易扬		90	80
4	120101	苏方放		88	92
5	120103	谢方康		110	95
6	120202	刘万地	2班	93	89
7	120204	陈大北		103	100
8	120203	吴康锋		95	100
9	120205	刘鹏鹏		94	107
10	120301	毛宏伟	3班	94	85
11	120303	陈一合		99	98
12	120304	吴吉祥		102	94
13	120305	李依依		88	95

图2-28　取消合并单元格

02 按快捷键Ctrl＋G或F5键，弹出“定位”对话框，单击“定位条件”按钮，如图2-29所示。

	A	B	C	D	E
1	学号	姓名	班级	C语言	高数
2	120106	杜一江	1班	103	110
3	120102	齐易扬		90	80
4	120101	苏方放		88	92
5	120103	谢方康		110	95
6	120202	刘万地	2班	93	89
7	120204	陈大北		103	100
8	120203	吴康锋		95	100
9	120205	刘鹏鹏		94	107
10	120301	毛宏伟	3班	94	85
11	120303	陈一合		99	98
12	120304	吴吉祥		102	94
13	120305	李依依		88	95

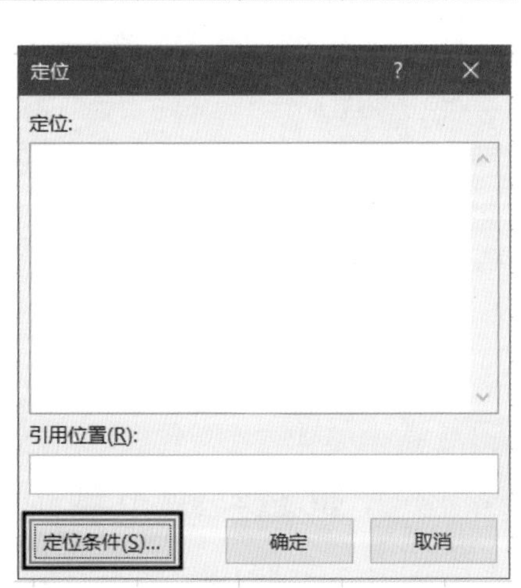

图2-29　打开“定位”对话框

03 在弹出的对话框中，选中“空值”复选框，如图2-30所示，单击“确定”按钮，效果如图2-31所示。

04 此时，当前活动单元格为C3，在编辑栏中输入公式“=C2”(即活动单元格上方的单元格)，然后按快捷键Ctrl+Enter批量填充公式，填充效果如图2-32所示，完成拆分合并单元格并填充数据。

05 批量填充是通过公式完成的，为了避免后续的操作(如排序等)破坏填充结果，需要将公式结果转为实际值。选中C2:C13单元格区域并右击，在弹出的快捷菜单中选择“复制”命令，然后在选中的区域上再次右击，在弹出的快捷菜单中选择粘贴选项中的“值”，如图2-33所示，即可将选中区域中的公式清除，并将公式结果转为实际值，效果如图2-34所示。

定位条件 ? ×
选择
批注(C) 行内容差异单元格(W)
常量(O) 列内容差异单元格(M)
公式(F) 引用单元格(P)
数字(U) 从属单元格(D)
文本(X) 直属(I)
逻辑值(G) 所有级别(L)
错误(E) 最后一个单元格(S)
空值(K) 1 可见单元格(Y)
当前区域(R) 条件格式(T)
当前数组(A) 数据验证(V)
对象(B) 全部(L)
相同(E)
2 确定 取消

图2-30 设置定位条件为空值

	A	B	C	D	E
1	学号	姓名	班级	C语言	高数
2	120106	杜一江	1班	103	110
3	120102	齐易扬		90	80
4	120101	苏方放		88	92
5	120103	谢方康		110	95
6	120202	刘万地	2班	93	89
7	120204	陈大北		103	100
8	120203	吴康锋		95	100
9	120205	刘鹏鹏		94	107
10	120301	毛宏伟	3班	94	85
11	120303	陈一合		99	98
12	120304	吴吉祥		102	94
13	120305	李依依		88	95

图2-31 定位为空值效果

	A	B	C	D	E
1	学号	姓名	班级	C语言	高数
2	120106	杜一江	1班	103	110
3	120102	齐易扬	1班	90	80
4	120101	苏方放	1班	88	92
5	120103	谢方康	1班	110	95
6	120202	刘万地	2班	93	89
7	120204	陈大北	2班	103	100
8	120203	吴康锋	2班	95	100
9	120205	刘鹏鹏	2班	94	107
10	120301	毛宏伟	3班	94	85
11	120303	陈一合	3班	99	98
12	120304	吴吉祥	3班	102	94
13	120305	李依依	3班	88	95

图2-32 拆分合并单元格并填充数据效果

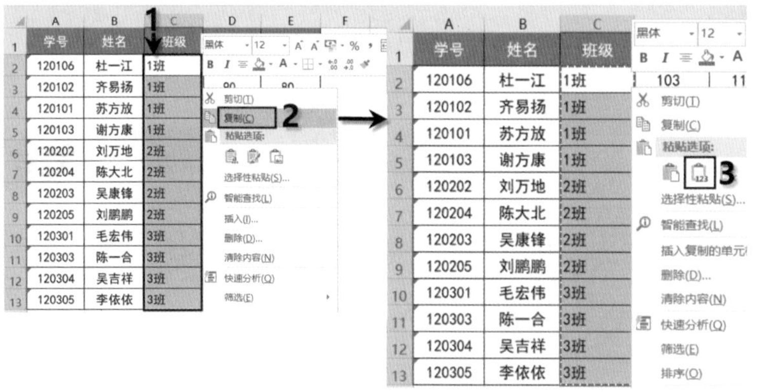

图2-33 清除公式并将公式结果转为值

	A	B	C	D	E
1	学号	姓名	班级	C语言	高数
2	120106	杜一江	1班	103	110
3	120102	齐易扬	1班	90	80
4	120101	苏方放	1班	88	92
5	120103	谢方康	1班	110	95
6	120202	刘万地	2班	93	89
7	120204	陈大北	2班	103	100
8	120203	吴康锋	2班	95	100
9	120205	刘鹏鹏	2班	94	107
10	120301	毛宏伟	3班	94	85
11	120303	陈一合	3班	99	98
12	120304	吴吉祥	3班	102	94
13	120305	李依依	3班	88	95

图2-34 公式结果转为值的效果

实例24 批量转换不规范的日期数据

在Excel中，日期的规范格式是2023/3/15或2023-3-15，而图2-35中的日期格式不规范，需

要将其转换为规范格式，才能进行后续的数据处理，如使用函数进行计算或者创建数据透视表等。下面通过实例介绍将不规范日期批量转换为规范日期的方法。

01 选中日期所在的列A列，打开“数据”选项卡，单击“分列”按钮，在弹出的对话框中单击“下一步”按钮，如图2-36所示。

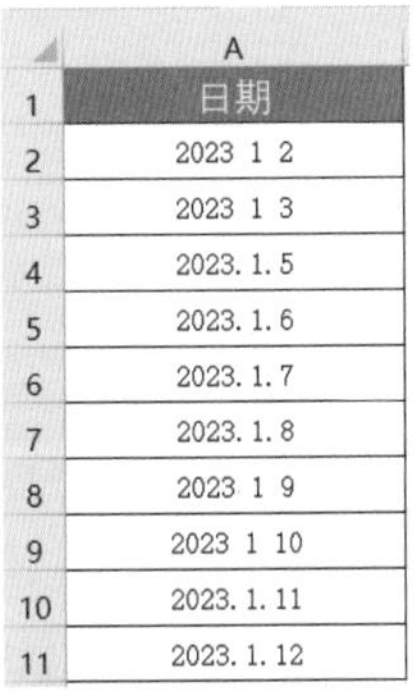

	A
1	日期
2	2023 1 2
3	2023 1 3
4	2023.1.5
5	2023.1.6
6	2023.1.7
7	2023.1.8
8	2023 1 9
9	2023 1 10
10	2023.1.11
11	2023.1.12

图2-35 不规范日期

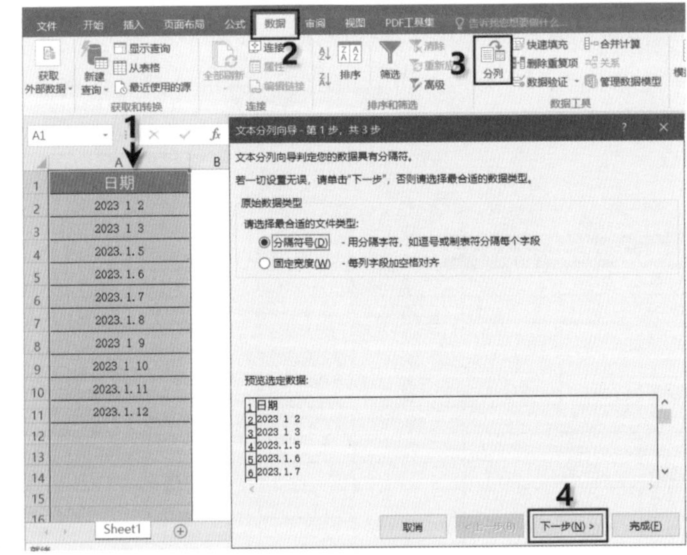

图2-36 设置分列

02 在弹出的对话框中单击“下一步”按钮，进入文本分列向导第3步，选中“日期”单选按钮，如图2-37所示，单击“完成”按钮，效果如图2-38所示。

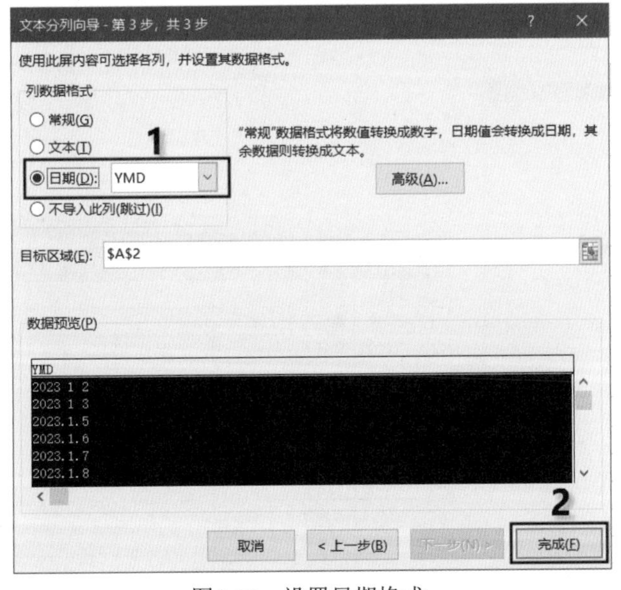

图2-37 设置日期格式

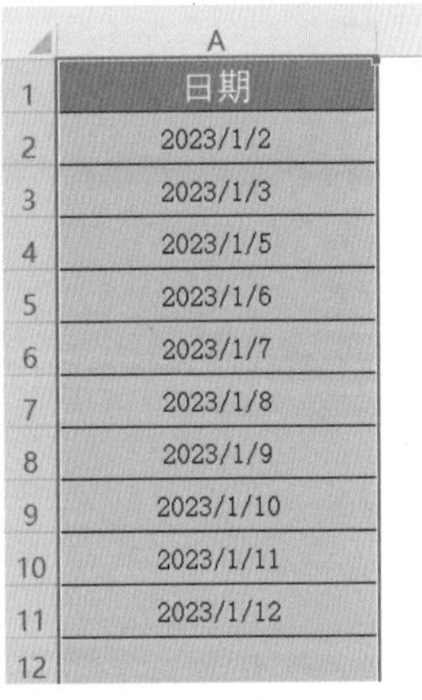

图2-38 日期格式效果

本例中使用了分列功能将不规范日期批量转换为规范日期，操作简单快捷。对于大批量不规范日期的转换，此功能更为便捷。

实例 25 批量隐藏数据

工作表中的某些信息如果不希望被他人看到，如价格、工资、成绩等，可将单元格中的这些信息隐藏起来，隐藏的信息同样可以参与计算，不影响计算结果。

图2-39是成绩统计表，现要求将“写作”列的信息隐藏，隐藏方法如下。

01 选中要隐藏信息的单元格区域D2:D12，在选中的单元格上右击，在弹出的快捷菜单中选择“设置单元格格式”命令，如图2-40所示，弹出“设置单元格格式”对话框。

	A	B	C	D	E	F
1	学号	姓名	数学	写作	程序基础	总分
2	10001	刘心怡	91	92	82	
3	10002	韩一珂	85	70	81	
4	10003	刘行涵	66	75	83	
5	10004	王俊佟	91	72	92	
6	10005	刘佳建	79	71	78	
7	10006	孙小舜	78	65	68	
8	10007	陈米文	88	75	76	
9	10008	毛瑜晗	87	61	63	
10	10009	齐瑜梦	91	90	90	
11	10010	余光韬	77	73	78	
12	10011	孙千芊	74	83	84	

图2-39 成绩统计表

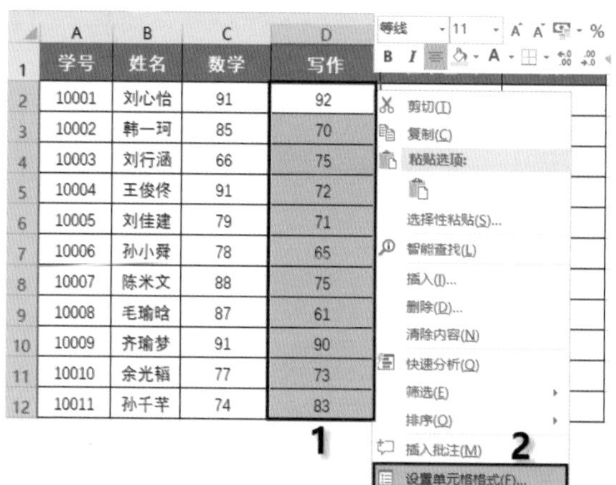

图2-40 选择“设置单元格格式”命令

02 在“数字”选项卡的“分类”列表框中单击“自定义”选项，“类型”由默认字符“G/通用格式”改为“;;;”，如图2-41所示，单击“确定”按钮，选中单元格的信息将被隐藏，效果如图2-42所示。

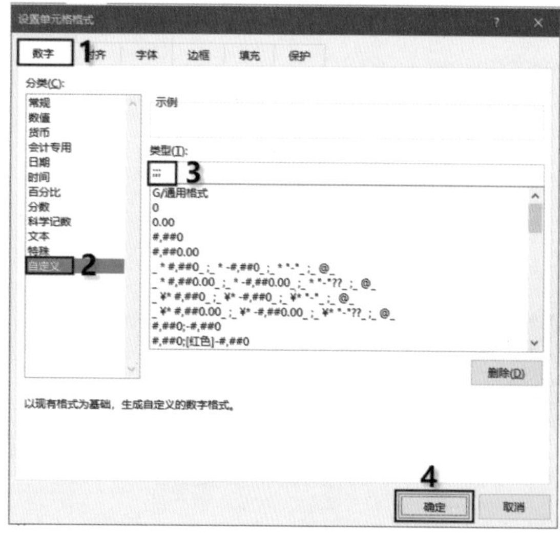

图2-41 将“类型”改为“;;;”

	A	B	C	D	E	F
1	学号	姓名	数学	写作	程序基础	总分
2	10001	刘心怡	91		82	
3	10002	韩一珂	85		81	
4	10003	刘行涵	66		83	
5	10004	王俊佟	91		92	
6	10005	刘佳建	79		78	
7	10006	孙小舜	78		68	
8	10007	陈米文	88		76	
9	10008	毛瑜晗	87		63	
10	10009	齐瑜梦	91		90	
11	10010	余光韬	77		78	
12	10011	孙千芊	74		84	

图2-42 隐藏数据后的效果

注：单元格数字的自定义格式由正数、负数、零和文本四部分组成。这四部分由3个分号“;;;”分隔，若将这四部分都设置为空，则所选的单元格内容不显示。因此，可使用3个分号“;;;”将四部分的内容设置为空，隐藏所选的内容。

若要显示已隐藏的单元格信息，可选中D2:D12单元格区域并右击，在弹出的快捷菜单中选择“设置单元格格式”命令，在弹出的对话框中，将类型由“;;;”改为原来的字符“G/通用格式”，单击“确定”按钮。

实例 26　快速固定标题行

当工作表中的记录有几十条甚至几万条时，窗口不能完全显示，需要向下拖动滚动条才能浏览其他数据，如图2-43所示。在向下拖动滚动条浏览数据时，顶端的标题行会随之滚动而不可见，不利于对数据的理解。为了方便对数据的理解，可让标题行自动置顶，使其在上下移动滚动条浏览数据时始终显示在窗口的顶端。设置标题行自动置顶的方法如下。

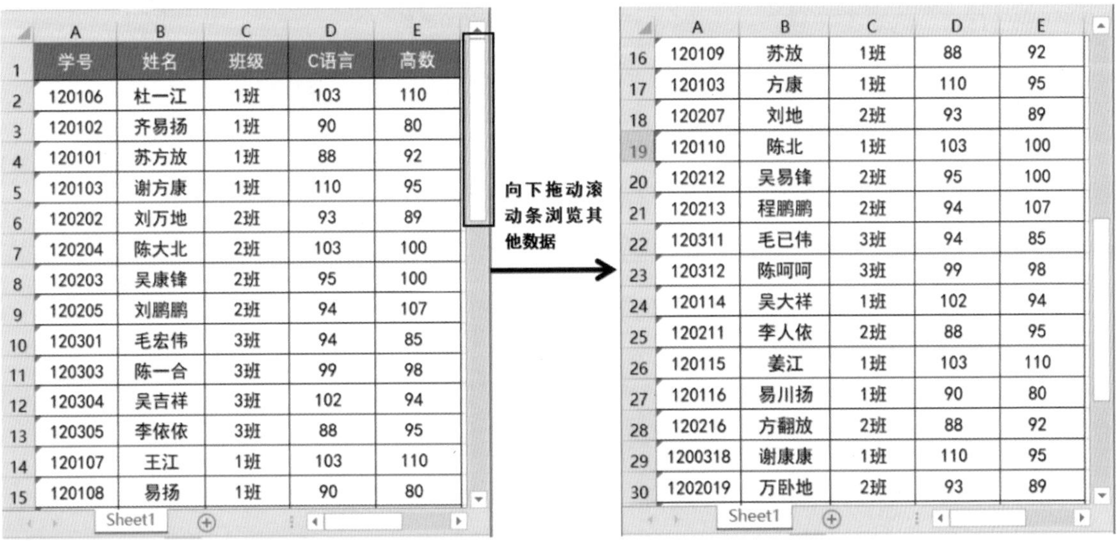

	A	B	C	D	E
1	学号	姓名	班级	C语言	高数
2	120106	杜一江	1班	103	110
3	120102	齐易扬	1班	90	80
4	120101	苏方放	1班	88	92
5	120103	谢方康	1班	110	95
6	120202	刘万地	2班	93	89
7	120204	陈大北	2班	103	100
8	120203	吴康锋	2班	95	100
9	120205	刘鹏鹏	2班	94	107
10	120301	毛宏伟	3班	94	85
11	120303	陈一合	3班	99	98
12	120304	吴吉祥	3班	102	94
13	120305	李依依	3班	88	95
14	120107	王江	1班	103	110
15	120108	易扬	1班	90	80

Sheet1

向下拖动滚动条浏览其他数据

	A	B	C	D	E
16	120109	苏放	1班	88	92
17	120103	方康	1班	110	95
18	120207	刘地	2班	93	89
19	120110	陈北	1班	103	100
20	120212	吴易锋	2班	95	100
21	120213	程鹏鹏	2班	94	107
22	120311	毛已伟	3班	94	85
23	120312	陈呵呵	3班	99	98
24	120114	吴大祥	1班	102	94
25	120211	李人依	2班	88	95
26	120115	姜江	1班	103	110
27	120116	易川扬	1班	90	80
28	120216	方翻放	2班	88	92
29	1200318	谢康康	1班	110	95
30	1202019	万卧地	2班	93	89

Sheet1

图2-43　工作表有众多记录，需要拖动滚动条浏览其他数据

01 选中数据源中的任意一个单元格，按快捷键Ctrl＋T，在弹出的对话框中选择默认设置，单击“确定”按钮，如图所2-44所示。

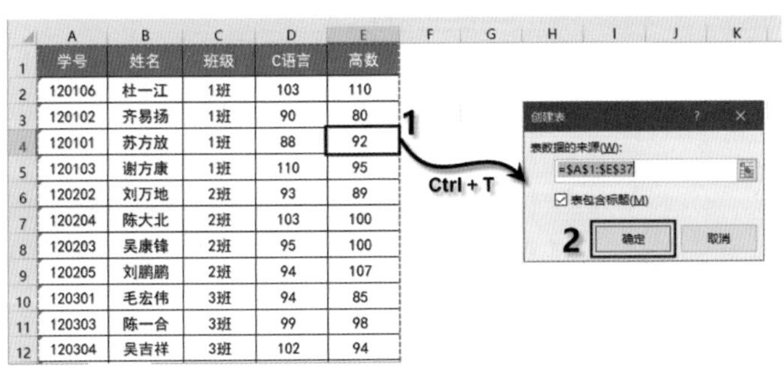

	A	B	C	D	E
1	学号	姓名	班级	C语言	高数
2	120106	杜一江	1班	103	110
3	120102	齐易扬	1班	90	80
4	120101	苏方放	1班	88	92
5	120103	谢方康	1班	110	95
6	120202	刘万地	2班	93	89
7	120204	陈大北	2班	103	100
8	120203	吴康锋	2班	95	100
9	120205	刘鹏鹏	2班	94	107
10	120301	毛宏伟	3班	94	85
11	120303	陈一合	3班	99	98
12	120304	吴吉祥	3班	102	94

图2-44　按快捷键Ctrl＋T创建表

02 此时，上下移动滚动条浏览数据时标题行自动显示在窗口的顶端始终可见，如图2-45所示。

03 若要取消标题行自动置顶，则打开“表格工具”中的“设计”选项卡，单击“转换为区域”按钮，如图2-46所示，将其转换为普通的单元格区域。

	学号	姓名	班级	C语言	高数
18	120207	刘地	2班	93	89
19	120110	陈北	1班	103	100
20	120212	吴易锋	2班	95	100
21	120213	程鹏鹏	2班	94	107
22	120311	毛已伟	3班	94	85
23	120312	陈呵呵	3班	99	98
24	120114	吴大祥	1班	102	94
25	120211	李人依	2班	88	95
26	120115	姜江	1班	103	110
27	120116	易川扬	1班	90	80
28	120216	方翻放	2班	88	92
29	1200318	谢康康	1班	110	95

Sheet1

图2-45　标题行自动显示在窗口顶端

	学号	姓名	班级	C语言	高数
13	120305	李依依	3班	88	95
14	120107	王江	1班	103	110
15	120108	易扬	1班	90	80
16	120109	苏放	1班	88	92
17	120103	方康	1班	110	95
18	120207	刘地	2班	93	89
19	120110	陈北	1班	103	100
20	120212	吴易锋	2班	95	100

图2-46　取消标题行自动置顶

2.2　数据美化

为了增强数据的说服力和易读性，通常要对表格和数据进行美化，以体现工作的专业性。下面通过实例介绍美化数据的常用方法。

实例 27　利用快捷键隔行填充颜色

隔行填充颜色不仅使表格美观、易读，而且醒目、便于区分内容，以免看串行。如在图2-47所示的数据表格中设置隔行填充颜色，操作步骤如下。

	A	B	C	D	E
1	学号	姓名	班级	C语言	高数
2	120106	杜一江	1班	103	110
3	120102	齐易扬	1班	90	80
4	120101	苏方放	1班	88	92
5	120103	谢方康	1班	110	95
6	120202	刘万地	2班	93	89
7	120204	陈大北	2班	102.5	100
8	120203	吴康锋	2班	94.5	100
9	120205	刘鹏鹏	2班	93.5	107
10	120301	毛宏伟	3班	93.5	85
11	120303	陈一合	3班	99	98
12	120304	吴吉祥	3班	102	94
13	120305	李依依	3班	88	95

图2-47　数据表格

01 单击数据区域中的任意一个单元格，然后按快捷键Ctrl+T，在弹出的对话框中，选择默认设置，单击“确定”按钮，如图2-48所示，即可瞬间自动隔行填充颜色，效果如图2-49所示。

学号	姓名	班级	C语言	高数
120106	杜一江	1班	103	110
120102	齐易扬	1班	90	80
120101	苏方放	1班	88	92
120103	谢方康	1班	110	95
120202	刘万地	2班	93	89
120204	陈大北	2班	102.5	100
120203	吴康锋	2班	94.5	100
120205	刘鹏鹏	2班	93.5	107
120301	毛宏伟	3班	93.5	85
120303	陈一合	3班	99	98
120304	吴吉祥	3班	102	94
120305	李依依	3班	88	95

按 Ctrl + T

创建表

表数据的来源(W):

=$A$1:$E$13

表包含标题(M)

确定　取消

图2-48　设置隔行填充颜色

学号	姓名	班级	C语言	高数
120106	杜一江	1班	103	110
120102	齐易扬	1班	90	80
120101	苏方放	1班	88	92
120103	谢方康	1班	110	95
120202	刘万地	2班	93	89
120204	陈大北	2班	102.5	100
120203	吴康锋	2班	94.5	100
120205	刘鹏鹏	2班	93.5	107
120301	毛宏伟	3班	93.5	85
120303	陈一合	3班	99	98
120304	吴吉祥	3班	102	94
120305	李依依	3班	88	95

图2-49　隔行填充颜色效果

02 若对填充的颜色或样式不满意，可打开“表格工具”中的“设计”选项卡，在“表格样式”组中选择其他颜色或样式，如图2-50所示，直到满意为止。

03 隔行填充颜色后，每个字段名右侧会有一个下拉按钮▾，这是因为将填充区域转换为了表。若要取消字段名右侧的下拉按钮▾，可打开“设计”选项卡，单击“工具”组中的“转换为区域”按钮，如图2-51所示。在弹出的提示框中单击“是”按钮，将表转换为普通的单元格区域，转换后的效果如图2-52所示。

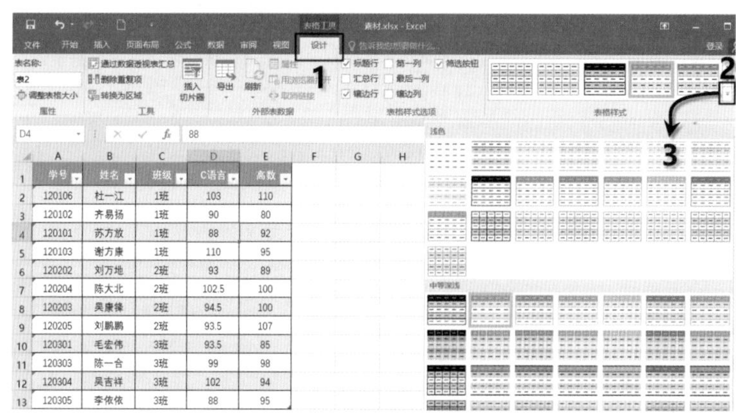

图2-50　选择其他颜色或样式

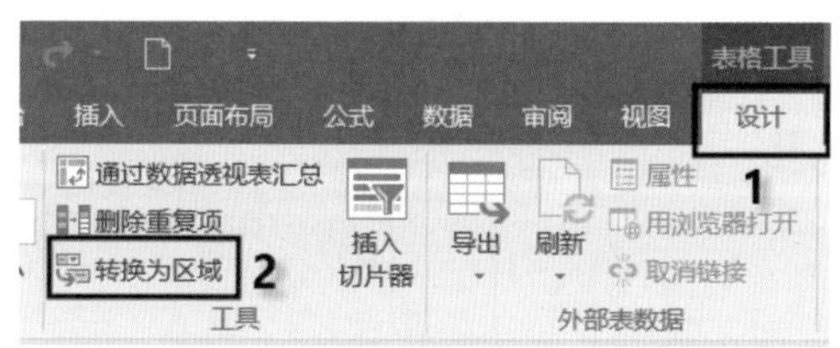

图2-51　选择其他颜色或样式

学号	姓名	班级	C语言	高数
120106	杜一江	1班	103	110
120102	齐易扬	1班	90	80
120101	苏方放	1班	88	92
120103	谢方康	1班	110	95
120202	刘万地	2班	93	89
120204	陈大北	2班	102.5	100
120203	吴康锋	2班	94.5	100
120205	刘鹏鹏	2班	93.5	107
120301	毛宏伟	3班	93.5	85
120303	陈一合	3班	99	98
120304	吴吉祥	3班	102	94
120305	李依依	3班	88	95

图2-52　表转换为普通区域的效果

实例 28 自定义隔行填充颜色

隔行填充颜色除了使用快捷键一键填充，还可以自定义颜色进行填充，此填充方式能使表格颜色更丰富、更具有个性化。下面结合实例讲解自定义隔行填充颜色的方法，具体要求如下。

(1) 标题行设置为深色背景。

(2) 其余数据行用浅色隔行填充。

01 选中标题行所在的单元格区域A1:E1，打开“开始”选项卡，单击“填充颜色”右侧下拉按钮，在打开的下拉列表中单击“其他颜色”，在弹出的对话框中拖动滑块或输入RGB值自定义标题行填充颜色，如图2-53所示。

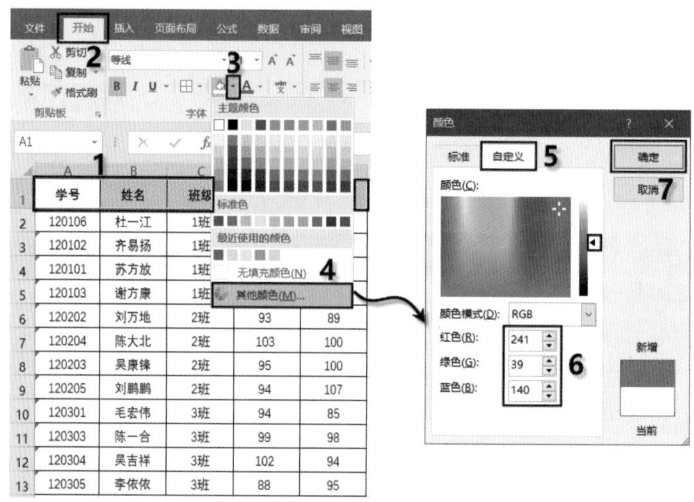

图2-53 自定义标题行填充颜色

02 在第3行中选中A3:E3单元格区域，按照步骤1的设置方法，将其设置为如图2-54所示的填充颜色，效果如图2-55所示。

03 将第2行和第3行填充颜色复制给剩余数据行。选中A2:E3单元格区域，打开“开始”选项卡，单击“格式刷”按钮，如图2-56所示。

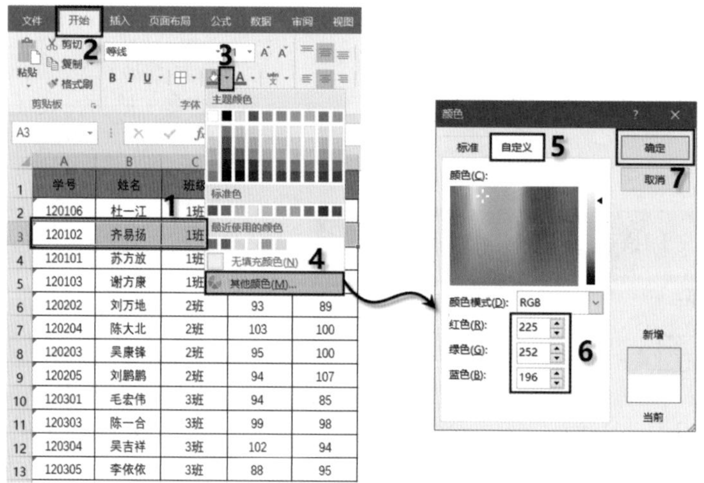

图2-54 自定义数据行填充颜色

	A	B	C	D	E
1	学号	姓名	班级	C语言	高数
2	120106	杜一江	1班	103	110
3	120102	齐易扬	1班	90	80
4	120101	苏方放	1班	88	92
5	120103	谢方康	1班	110	95
6	120202	刘万地	2班	93	89
7	120204	陈大北	2班	103	100
8	120203	吴康锋	2班	95	100
9	120205	刘鹏鹏	2班	94	107
10	120301	毛宏伟	3班	94	85
11	120303	陈一合	3班	99	98
12	120304	吴吉祥	3班	102	94
13	120305	李依依	3班	88	95

图2-55　数据行填充颜色效果

	A	B	C	D	E
1	学号	姓名	班级	C语言	高数
2	120106	杜一江	1班	103	110
3	120102	齐易扬	1班	90	80
4	120101	苏方放	1班	88	92
5	120103	谢方康	1班	110	95
6	120202	刘万地	2班	93	89
7	120204	陈大北	2班	103	100
8	120203	吴康锋	2班	95	100
9	120205	刘鹏鹏	2班	94	107
10	120301	毛宏伟	3班	94	85
11	120303	陈一合	3班	99	98
12	120304	吴吉祥	3班	102	94
13	120305	李依依	3班	88	95

图2-56　使用格式刷复制选中区域格式

04 将鼠标指针指向A4单元格，按住鼠标左键拖动至E13单元格，如图2-57所示，批量复制填充格式，得到隔行填充效果，如图2-58所示。

	A	B	C	D	E
1	学号	姓名	班级	C语言	高数
2	120106	杜一江	1班	103	110
3	120102	齐易扬	1班	90	80
4	120101	苏方放	1班	88	92
5	120103	谢方康	1班	110	95
6	120202	刘万地	2班	93	89
7	120204	陈大北	2班	102.5	100
8	120203	吴康锋	2班	94.5	100
9	120205	刘鹏鹏	2班	93.5	107
10	120301	毛宏伟	3班	93.5	85
11	120303	陈一合	3班	99	98
12	120304	吴吉祥	3班	102	94
13	120305	李依依	3班	88	95

图2-57　按住鼠标左键从单元格A4拖动至E13

	A	B	C	D	E
1	学号	姓名	班级	C语言	高数
2	120106	杜一江	1班	103	110
3	120102	齐易扬	1班	90	80
4	120101	苏方放	1班	88	92
5	120103	谢方康	1班	110	95
6	120202	刘万地	2班	93	89
7	120204	陈大北	2班	102.5	100
8	120203	吴康锋	2班	94.5	100
9	120205	刘鹏鹏	2班	93.5	107
10	120301	毛宏伟	3班	93.5	85
11	120303	陈一合	3班	99	98
12	120304	吴吉祥	3班	102	94
13	120305	李依依	3班	88	95

图2-58　使用格式刷批量复制格式效果

实例 29　设置边框

默认情况下，工作表无边框，工作表中的网格线是为了方便输入、编辑而预设的，打印时网格线并不显示。为了使工作表美观和易读，可通过设置工作表的边框改变其视觉效果，使数据的显示更加清晰与直观。例如，在图2-59中，将左图表格设置为如右图所示的边框，操作方法如下。

设置边框前

学号	姓名	班级	C语言	高数
120106	杜一江	1班	103	110
120102	齐易扬	1班	90	80
120101	苏方放	1班	88	92
120103	谢方康	1班	110	95
120202	刘万地	2班	93	89
120204	陈大北	2班	103	100
120203	吴康锋	2班	95	100
120205	刘鹏鹏	2班	94	107
120301	毛宏伟	3班	94	85
120303	陈一合	3班	99	98
120304	吴吉祥	3班	102	94
120305	李依依	3班	88	95

设置边框后

学号	姓名	班级	C语言	高数
120106	杜一江	1班	103	110
120102	齐易扬	1班	90	80
120101	苏方放	1班	88	92
120103	谢方康	1班	110	95
120202	刘万地	2班	93	89
120204	陈大北	2班	103	100
120203	吴康锋	2班	95	100
120205	刘鹏鹏	2班	94	107
120301	毛宏伟	3班	94	85
120303	陈一合	3班	99	98
120304	吴吉祥	3班	102	94
120305	李依依	3班	88	95

图2-59　设置边框前/后

方法 1：直接添加框线

01 选中A2:E13单元格区域，打开“开始”选项卡，单击“框线”下拉按钮，在打开的下拉列表中单击“无框线”选项，如图2-60所示，删除原有的框线。

02 单击“框线”下拉按钮，在打开的下拉列表中依次单击“上框线”“下框线”选项，如图2-61所示，或者单击“上下框线”选项，为选中区域添加上下边框，效果如图2-62所示。

03 选中A2:A13单元格区域，单击“框线”下拉按钮，在打开的下拉列表中单击“右框线”选项，如图2-63所示，为选中区域添加右框线，最终效果如图2-59右图所示。

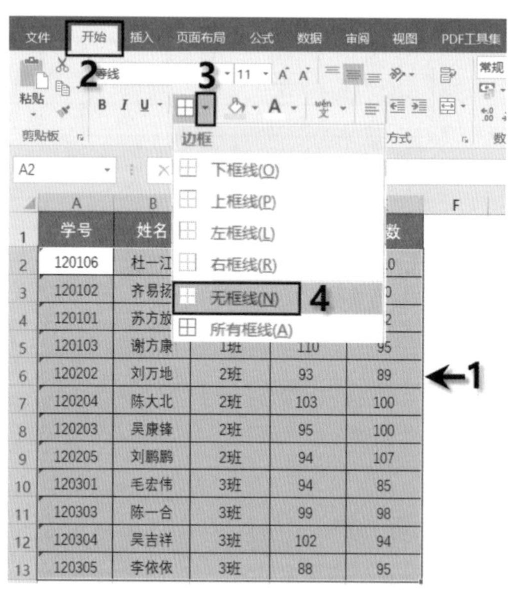

图2-60　将选中区域设置为无框线

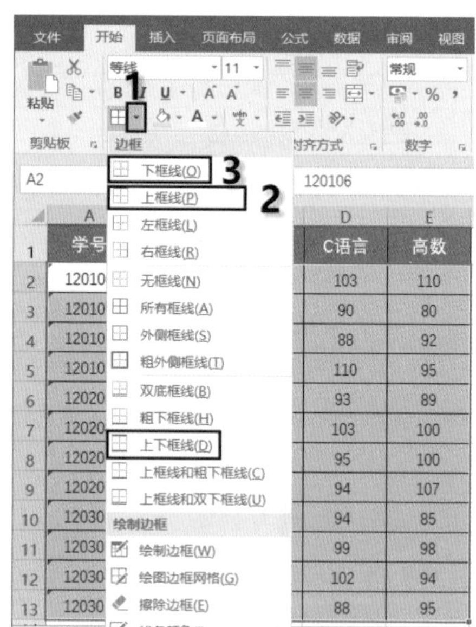

图2-61　设置上下框线

	A	B	C	D	E
1	学号	姓名	班级	C语言	高数
2	120106	杜一江	1班	103	110
3	120102	齐易扬	1班	90	80
4	120101	苏方放	1班	88	92
5	120103	谢方康	1班	110	95
6	120202	刘万地	2班	93	89
7	120204	陈大北	2班	103	100
8	120203	吴康锋	2班	95	100
9	120205	刘鹏鹏	2班	94	107
10	120301	毛宏伟	3班	94	85
11	120303	陈一合	3班	99	98
12	120304	吴吉祥	3班	102	94
13	120305	李依依	3班	88	95

图2-62　添加框线效果

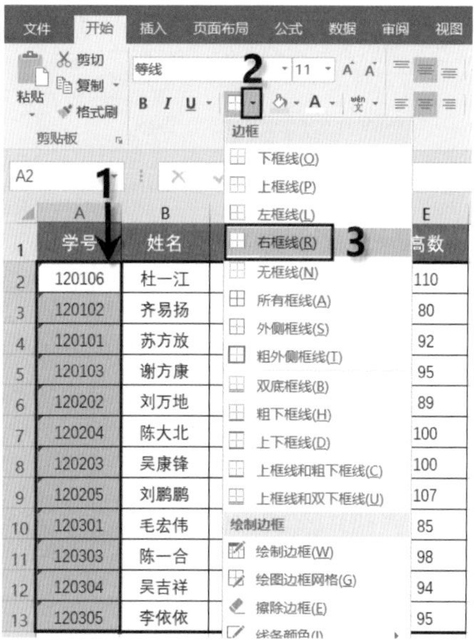

图2-63　添加右框线

若要更改边框线的颜色，可打开“框线”下拉列表，从“线条颜色”中选择需要的颜色，如图2-64所示。

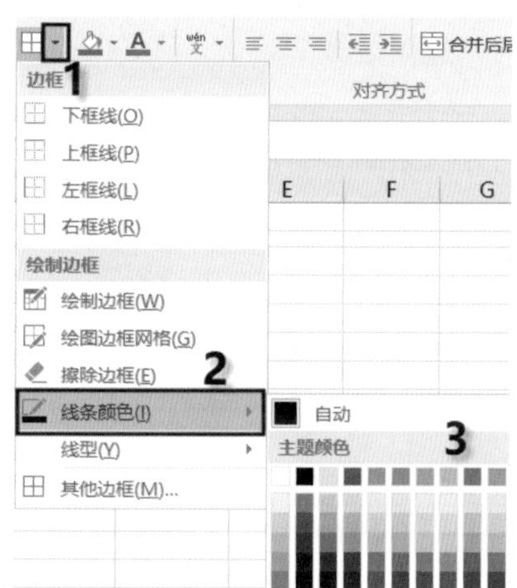

图2-64　更改线条颜色

方法 2：使用笔绘制框线

01 选中A2:E13单元格区域，打开“开始”选项卡，单击“框线”下拉按钮 ⌄，在打开的下拉列表中单击“无框线”，删除原有的框线。

02 单击“框线”下拉按钮 ⌄，在打开的下拉列表中从“线型”中选择一种实线，如图2-65所示。此时光标会变成笔形，在标题行的下方按住鼠标左键进行拖动即可绘制框线。按照相同的方法分别在最后一行的下方、首列的右侧按住鼠标左键拖动绘制框线。

03 框线绘制结束后，单击“开始”选项卡中的“框线”按钮，取消笔形即可。

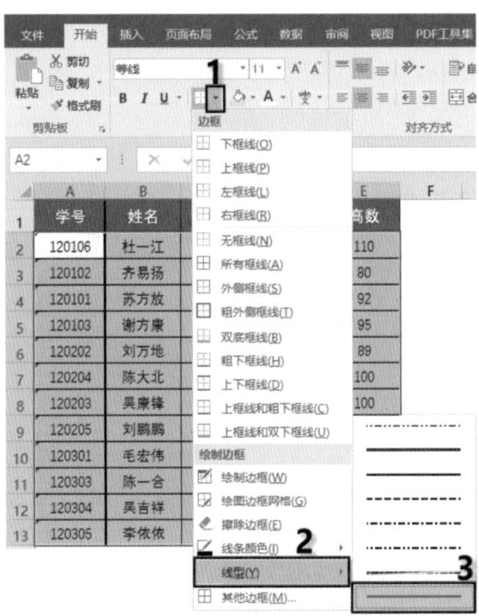

图2-65　选择线型

实例 30　绘制斜线表头

斜线表头是为了说明行、列、数据区域的含义。在Excel工作表中，斜线表头分为2种，一种是单斜线表头，另一种是多斜线表头，如图2-66所示。绘制斜线表头有多种方法，本例主要介绍利用插入直线和文本框的方法绘制多斜线表头，该方法同样适用于单斜线表头的绘制。

单斜线表头

	A	B	C	D
1	月份 书名	1月	2月	3月
2	《Office商务办公》	126	3	33
3	《Word应用案例》	116	133	285
4	《Excel应用案例》	87	116	89
5	《PowerPoint应用》	99	82	16
6	《Outlook邮件应用》	134	40	34
7	《OneNote万用笔记本》	104	108	93
8	《网络开发与应用》	141	54	193
9	《Server安装与开发》	88	74	12

多斜线表头

	A	B	C	D
1	月份 销量 书名	1月	2月	3月
2	《Office商务办公》	126	3	33
3	《Word应用案例》	116	133	285
4	《Excel应用案例》	87	116	89
5	《PowerPoint应用》	99	82	16
6	《Outlook邮件应用》	134	40	34
7	《OneNote万用笔记本》	104	108	93
8	《网络开发与应用》	141	54	193
9	《Server安装与开发》	88	74	12

图2-66　斜线表头

例如，为图2-67左图所示的表格绘制多斜线表头，绘制后的效果如右图所示，操作步骤如下。

01 设置表头的行高和列宽，将第1行的行高设置为50，A列的宽度设置为23，效果如图2-68所示。

02 选中A1单元格，打开“插入”选项卡，单击“形状”按钮，选择“直线”╲，如图2-69所示。

数据表格

	A	B	C	D
1	书名	1月	2月	3月
2	《Office商务办公》	126	3	33
3	《Word应用案例》	116	133	285
4	《Excel应用案例》	87	116	89
5	《PowerPoint应用》	99	82	16
6	《Outlook邮件应用》	134	40	34
7	《OneNote万用笔记本》	104	108	93
8	《网络开发与应用》	141	54	193
9	《Server安装与开发》	88	74	12

绘制多斜线表头效果

	A	B	C	D
1	月份 销量 书名	1月	2月	3月
2	《Office商务办公》	126	3	33
3	《Word应用案例》	116	133	285
4	《Excel应用案例》	87	116	89
5	《PowerPoint应用》	99	82	16
6	《Outlook邮件应用》	134	40	34
7	《OneNote万用笔记本》	104	108	93
8	《网络开发与应用》	141	54	193
9	《Server安装与开发》	88	74	12

图2-67　绘制多斜线表头

	A	B	C	D
1		1月	2月	3月
2	《Office商务办公》	126	3	33
3	《Word应用案例》	116	133	285
4	《Excel应用案例》	87	116	89
5	《PowerPoint应用》	99	82	16
6	《Outlook邮件应用》	134	40	34
7	《OneNote万用笔记本》	104	108	93
8	《网络开发与应用》	141	54	193
9	《Server安装与开发》	88	74	12

图2-68　设置表头的行高和列宽

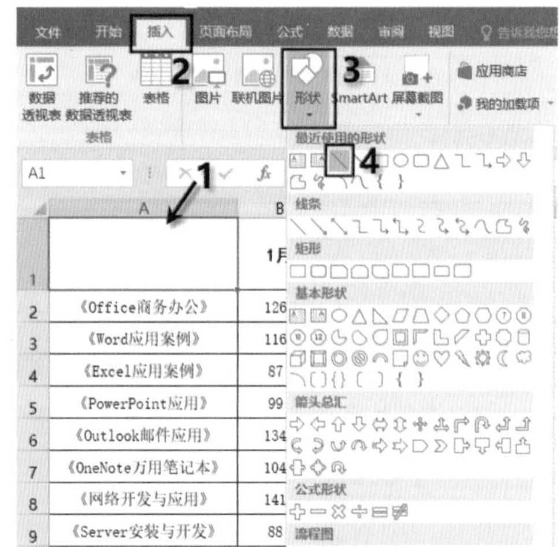

图2-69　选择“直线”形状

03 在A1单元格中按住鼠标左键进行拖动，绘制直线并设置其颜色，如图2-70所示。

04 按照如图2-71所示操作，在A1单元格中再绘制一条直线并设置其颜色。

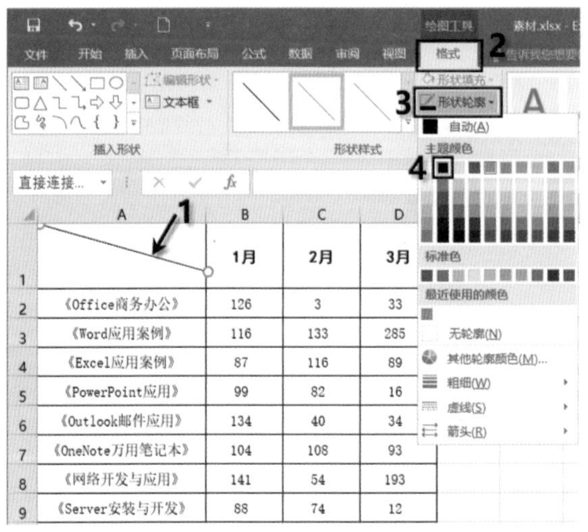

图2-70　绘制直线并设置其颜色

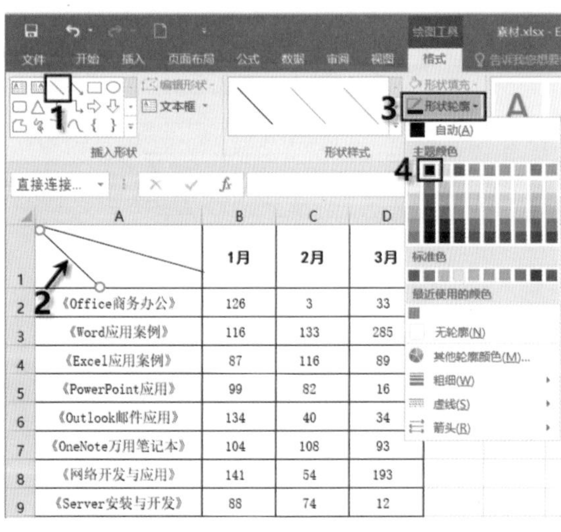

图2-71　再绘制直线并设置其颜色

05 单击“文本框”下拉按钮，在打开的下拉列表中选择“横排文本框”，如图2-72所示。在A1单元格中绘制如图2-73所示的文本框，并输入内容“月份”，调整文本框的大小及位置，设置为无轮廓。

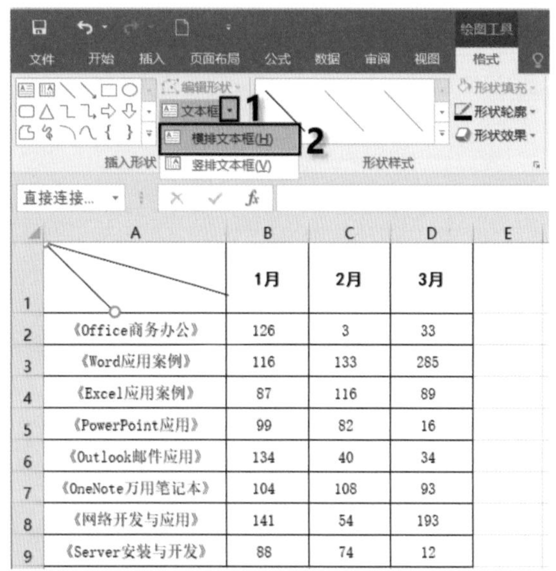

A	B	C	D
	1月	2月	3月
《Office商务办公》	126	3	33
《Word应用案例》	116	133	285
《Excel应用案例》	87	116	89
《PowerPoint应用》	99	82	16
《Outlook邮件应用》	134	40	34
《OneNote万用笔记本》	104	108	93
《网络开发与应用》	141	54	193
《Server安装与开发》	88	74	12

图2-72　选择横排文本框

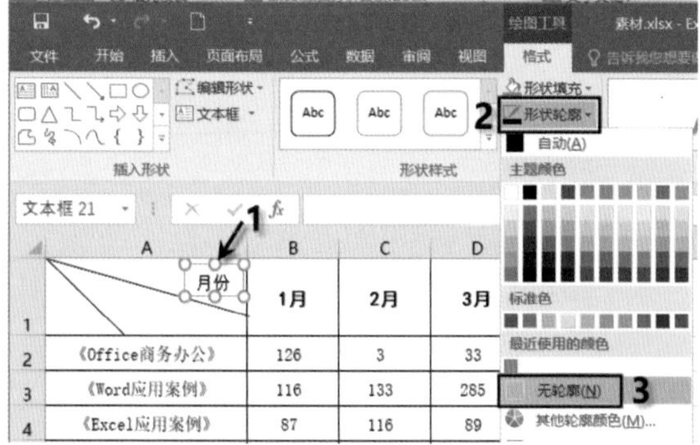

A	B	C	D
月份	1月	2月	3月
《Office商务办公》	126	3	33
《Word应用案例》	116	133	285
《Excel应用案例》	87	116	89

图2-73　绘制文本框

06 选中设置好的“月份”文本框，按复制快捷键Ctrl+C，在如图2-74所示的位置按粘贴快捷键Ctrl+V，将文本框的内容修改为“销量”。

07 按照相同的方法在如图2-75所示的位置创建“书名”文本框。至此，完成多斜线表头的绘制。

文本框 22

A	B	C	D
月份 销量	1月	2月	3月
《Office商务办公》	126	3	33
《Word应用案例》	116	133	285

图2-74　创建“销量”文本框

A	B	C	D
月份 书名 销量	1月	2月	3月
《Office商务办公》	126	3	33
《Word应用案例》	116	133	285
《Excel应用案例》	87	116	89
《PowerPoint应用》	99	82	16
《Outlook邮件应用》	134	40	34
《OneNote万用笔记本》	104	108	93
《网络开发与应用》	141	54	193
《Server安装与开发》	88	74	12

图2-75　创建“书名”文本框

绘制单斜线表头或更多斜线表头的操作方法与此相同，此处不再赘述。

第3章　经典函数让你战无不胜

Excel函数具有强大的功能，它既能对数据进行智能计算，又能对数据进行逻辑判断、查询、引用等多种数据处理，在数据分析中承担着重要的角色。因此，学好Excel函数将为数据分析带来极大的便利，并有效提升工作效率。本章将介绍一些经典函数的使用方法，从而对其他函数的使用做到触类旁通。

3.1　统计函数

统计函数是Excel中的基本函数，它可以统计满足单个条件或多个条件的个数(总和)，也可以统计满足条件的排名等。本节精选了6个经典的统计函数，并针对统计功能进行了详细的介绍，以提高用户应用统计函数的能力和技巧。

实例31　自动计算命令

自动计算命令是指“开始”选项卡“编辑”组中的“自动求和”按钮Σ自动求和 ▾，它能快速地进行一些简单的统计操作，如求和、求平均值、求最大/小值等，既简化了运算又大大提高了工作效率。下面介绍自动计算命令的使用方法。

例如，图3-1是某个商店第2季度的销售记录，使用自动计算命令求出每个月销售的最大值，方法如下。

选定B3:D11单元格区域，打开“开始”选项卡，单击“编辑”组中的“自动求和”按钮Σ自动求和 ▾，在打开的下拉列表中选择“最大值”，如图3-2所示，即可求出每个月销售的最大值，如图3-3所示。

	A	B	C	D
1	某商店第2季度销售记录			
2	商品名称	4月	5月	6月
3	服饰	40	89	70
4	玩具	44	64	59
5	清洁	33	79	99
6	食品	88	120	135
7	水果	130	150	130
8	厨具	38	53	71
9	生鲜	45	61	88
10	户外	39	50	81
11	最大值			

图3-1　销售记录

图3-2　设置求最大值

A	B	C	D
某商店第2季度销售记录			
商品名称	4月	5月	6月
服饰	40	89	70
玩具	44	64	59
清洁	33	79	99
食品	88	120	135
水果	130	150	130
厨具	38	53	71
生鲜	45	61	88
户外	39	50	81
最大值	130	150	135

图3-3　每个月销售的最大值

按照上述方法还可以进行自动求和、求平均值、计数、求最小值等基础计算。此方法简单快捷，因此在进行基础计算时，优先推荐使用自动计算命令进行操作。

实例 32 统计个数：COUNT 函数

COUNT函数用于计算某个区域中包含数字的单元格的个数。例如，在图3-4所示的工作表中使用COUNT函数计算A2:A8区域中数字的个数。单击B2单元格，在B2单元格或编辑栏中输入公式“=count(A2:A8)”，如图3-5所示，按Enter键确认后，即可计算出包含数字的单元格的个数，对文本(A2、A8)、逻辑值(A6)、错误值(A7)不进行计算，如图3-6所示。

	A	B
1	各类型数据	使用Count函数统计个数
2	数据	
3	2008/12/8	
4	19	
5	22.24	
6	TRUE	
7	#DIV/0!	
8	"1"	

图3-4 含有各类型数据的工作表

COUNT　=count(A2:A8)

COUNT(**value1**, [value2], ...)

	A	B
1	各类型数据	使用Count函数统计个数
2	数据	=count(A2:A8)
3	2008/12/8	
4	19	输入公式
5	22.24	
6	TRUE	
7	#DIV/0!	
8	"1"	

图3-5 使用COUNT函数计算区域中数字的个数

	A	B
1	各类型数据	使用Count函数统计个数
2	数据	3
3	2008/12/8	
4	19	
5	22.24	
6	TRUE	
7	#DIV/0!	
8	"1"	

图3-6 计算区域中数字个数的结果

综上可以看出，COUNT函数语法结构如下。

```
COUNT(Value1,[Value2], ...)
```

Value1,Value2…是1～255个参数，可以包含或引用各种不同类型的参数，最多可包含 255个参数，各参数之间用逗号分隔。需要注意的是，函数或公式中的符号都要使用英文半角形式，此处的逗号也不例外。

注意事项如下。

(1) 如果参数为数字、日期或者代表数字的文本(例如，用引号引起的数字，如“1”)，则将被计算在内。

例如，在图3-5中，单击B3单元格，输入公式“=count(A2:A8,"1")”，即在单元格引用(A2:A8)后面添加一个代表数字的文本“1”，按Enter键确认后，即可计算出包含数字(A4、A5)、日期(A3)及代表数字的文本(A8)的单元格个数，如图3-7所示。

(2) 逻辑值和直接输入参数列表中代表数字的文本被计算在内，如果参数为错误值或不能转换为数字的文本，则不会被计算在内。

例如，在图3-5中，单击B4单元格，输入公式“=count(A2:A8,TRUE)”，即在单元格引用(A2:A8)后面添加一个逻辑值TRUE，按Enter键确认后，即可计算出包含数字(A4、A5)、日期(A3)及逻辑值(A6)的单元格个数，如图3-8所示。

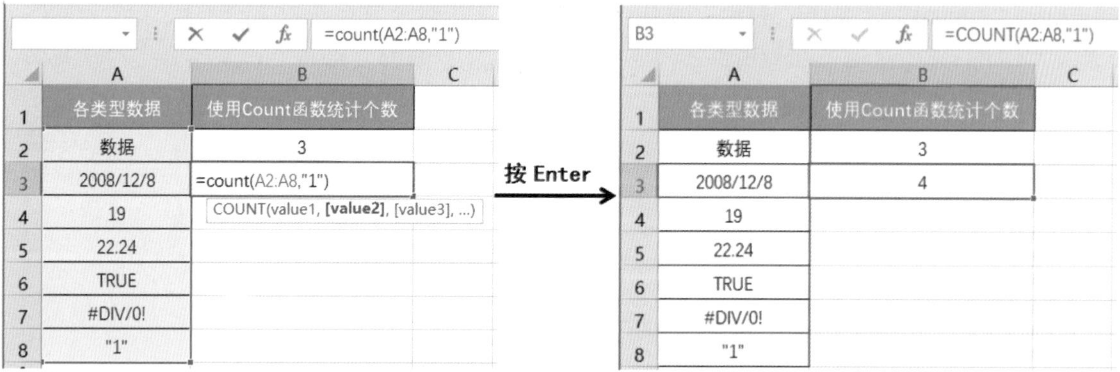

图3-7　计算包含数字、日期及代表数字的文本的单元格个数

图3-8　计算包含数字、日期及逻辑值的单元格个数

(3) 如果参数是一个数组或引用，则只计算其中的数字。数组或引用中的空白单元格、逻辑值、文本或错误值将不计算在内。

(4) 若要计算逻辑值、文本值或错误值的个数，使用 COUNTA 函数。

(5) 若要只计算符合某一条件的数字的个数，使用 COUNTIF 函数或 COUNTIFS 函数。

实例 33　单条件计数：COUNTIF 函数

COUNTIF函数用于计算某个区域中满足给定条件的单元格数目，其语法结构如下。

COUNTIF(range, criteria)，各参数含义如下。

range：查找区域，即在哪个区域查找。

criteria：条件值，即按照什么条件进行查找。

如图3-9所示，使用COUNTIF函数在“请假统计”工作表中对每位员工的请假情况进行统计并以此填入“个人请假情况”工作表的相应单元格，操作步骤如下。

01 单击“个人请假情况”工作表中的B2单元格，打开“公式”选项卡，单击“插入函数”按钮，弹出“插入函数”对话框。在“搜索函数”文本

1月份请假情况统计

序号	部门	职务	姓名	请假日期
1	销售1部	总经理	程成	1月5日
2	销售2部	员工	王银军	1月5日
3	销售3部	员工	毛盛凯	1月5日
4	销售4部	文秘	陈美梅	1月5日
5	销售1部	部门经理	刘大易	1月9日
6	销售2部	员工	王银军	1月9日
7	销售3部	员工	毛盛凯	1月9日
8	销售4部	文秘	陈美梅	1月9日
9	销售1部	总经理	程成	1月16日
10	销售1部	部门经理	刘大易	1月16日

图3-9　“请假统计”工作表

框中输入“countif”，单击“转到”按钮进行查找，查找结果显示在“选择函数”列表框中，此时，COUNTIF已被选中，如图3-10所示，单击“确定”按钮，弹出“函数参数”对话框。

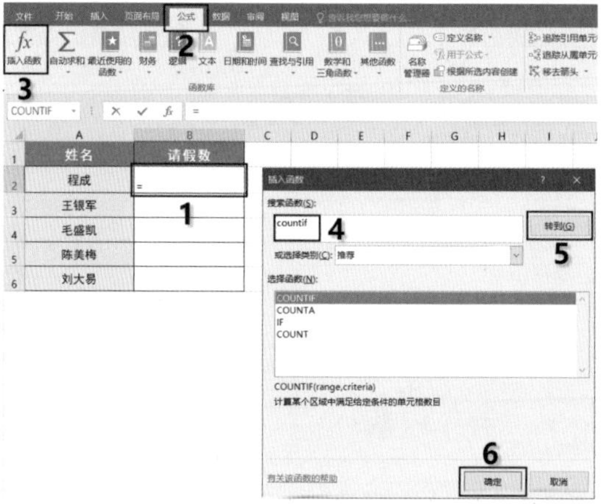

图3-10　搜索并选择“COUNTIF”函数

02 将鼠标光标定位在“函数参数”对话框的“Range”文本框中，单击“请假统计”工作表标签，使用鼠标拖动选中D3:D25单元格区域，如图3-11所示。将鼠标光标定位在“Criteria”文本框，再单击“个人请假情况”工作表中的A2单元格，如图3-12所示，单击“确定”按钮，求出第一位员工的请假次数。

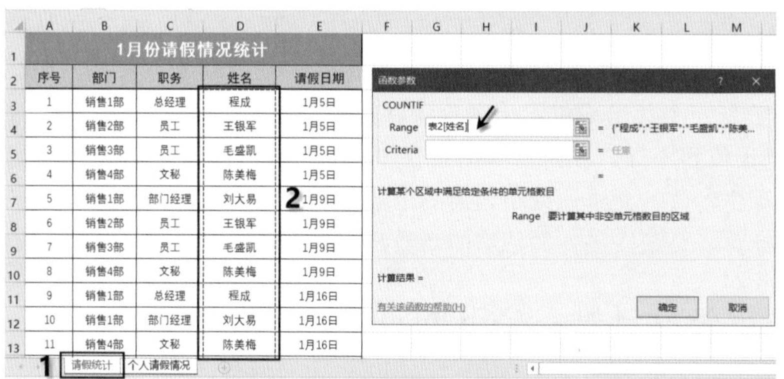

图3-11　设置COUNTIF参数(1)

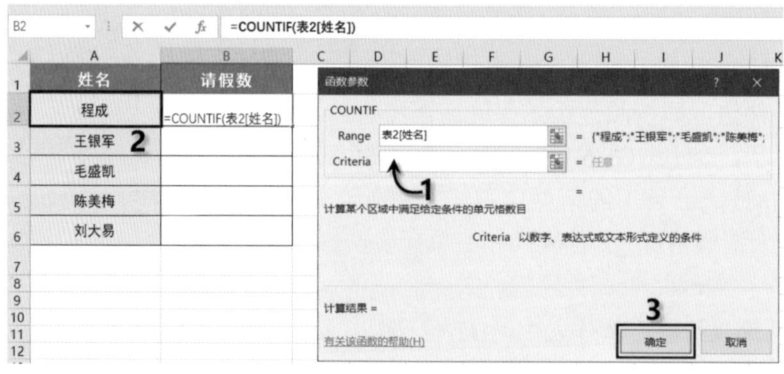

图3-12　设置COUNTIF参数(2)

03 将鼠标指针指向B2单元格填充柄，双击填充柄或者按住鼠标左键进行拖动，自动求出其他员工的请假次数，如图3-13所示。

	A	B
1	姓名	请假数
2	程成	4
3	王银军	5
4	毛盛凯	5
5	陈美梅	5
6	刘大易	4

请假统计　个人请假情况

图3-13　每位员工的请假情况

上述方法是通过插入函数求出每位员工的请假情况，如果公式使用熟练，可以直接输入公式和参数求出每位员工的请假情况，操作步骤如下。

01 单击“个人请假情况”工作表中的B2单元格，在编辑栏中输入公式“=COUNTIF(请假统计!$D$3:$D$25,A2)”，如图3-14所示，按Enter键，求出第一位员工的请假次数。

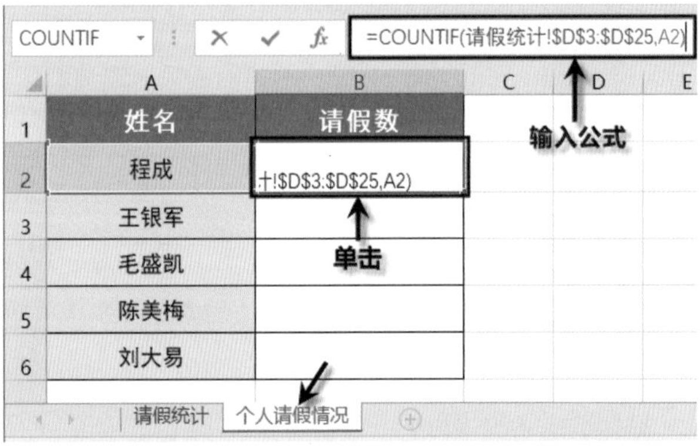

COUNTIF　=COUNTIF(请假统计!$D$3:$D$25,A2)

	A	B	C	D	E
1	姓名	请假数			
2	程成	计!$D$3:$D$25,A2)			
3	王银军				
4	毛盛凯				
5	陈美梅				
6	刘大易				

输入公式　单击

请假统计　个人请假情况

图3-14　单击B2单元格并在编辑栏中输入公式

此步骤中，公式“=COUNTIF(请假统计!$D$3:$D$25,A2)”的各参数解析如下。

第1参数：请假统计!$D$3:$D$25，表示在“请假统计”工作表D3:D25单元格区域中查找姓名。其中，“请假统计”是工作表名称，“!”是连接符，用于连接工作表名称和单元格区域，$D$3:$D$25是单元格区域，行号、列标前加“$”符号的作用是绝对引用该区域。因此，如果在公式中引用其他工作表中的单元格区域，其表达方式如下。

工作表名称！单元格区域

第2参数：A2，要查找的值，此例是按姓名查找，放置第一位员工姓名的单元格是A2，所以第2参数为“A2”。

整个公式的含义是：在“请假统计”工作表D3:D25单元格区域中统计姓名为“程成”的个数，即“程成”的请假次数。

02 将鼠标指针指向B2单元格填充柄，双击填充柄或者按住鼠标左键进行拖动，求出其他员工的请假次数。

实例 34　多条件计数：COUNTIFS 函数

COUNTIFS函数用于计算多个区域中满足给定条件的单元格的个数，给定的条件为2个及以上，其语法结构如下。

```
COUNTIFS(criteria_range1,criteria1,…)
```

criteria_range1：条件区域1；criteria1：条件值1，根据实际需要可以不断增加条件区域和条件值，以实现同时满足多个条件的数据计数。

下面通过实例介绍该函数的使用方法。

在图3-15所示的工作表中，要求根据“顾客资料”工作表中的数据，在“性别和年龄”工作表的B列中计算各年龄段男顾客的人数，如图3-16所示。

顾客编号	性别	年龄段	年消费金额
A001	男	30岁以下	16708
A002	女	30岁以下	18998
A003	女	40-44岁	31814
A004	男	45-49岁	40282
A005	女	55-59岁	20600
A006	男	50-54岁	14648
A007	女	30岁以下	14420
A008	男	30岁以下	18998
A009	男	50-54岁	38223
A010	男	45-49岁	41428
A011	女	45-49岁	17623
A012	男	70-74岁	91781
A013	男	65-69岁	24948

图3-15　数据所在的工作表

年龄段	男顾客人数
30岁以下	
30-34岁	
35-39岁	
40-44岁	
45-49岁	
50-54岁	
55-59岁	
60-64岁	
65-69岁	
70-74岁	

图3-16　查找条件所在的工作表

本例给定2个条件：条件1是各年龄段；条件2是男顾客，所以使用COUNTIFS函数进行求解，操作步骤如下。

01 在“性别和年龄”工作表中，单击B2单元格，然后单击功能区中的“插入函数”按钮 *fx*，在弹出的对话框中，进行如图3-17所示的设置。

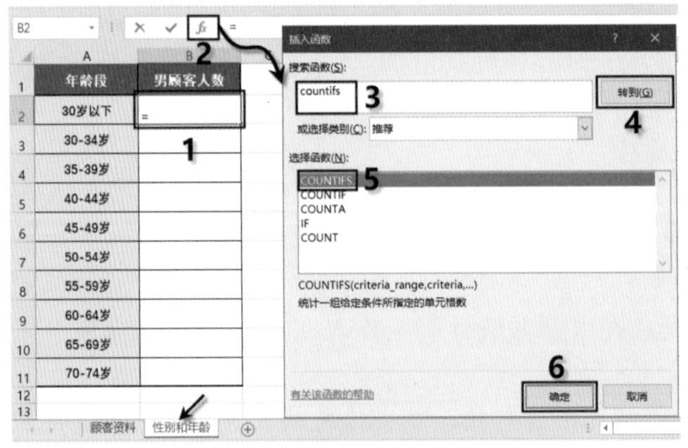

图3-17　搜索并使用COUNTIFS函数

02 弹出“函数参数”对话框，进行如图 3-18 所示的设置。

① 将鼠标光标定位在“Criteria_range1”文本框中，单击“顾客资料”工作表标签，使用鼠标拖动选定C2:C21单元格区域。

② 将鼠标光标定位在“Criteria1”文本框，单击“性别和年龄”工作表标签，单击A2单元格。

③ 将鼠标光标定位在“Criteria_range2”文本框中，单击“顾客资料”工作表标签，使用鼠标拖动选定B2:B21单元格区域。

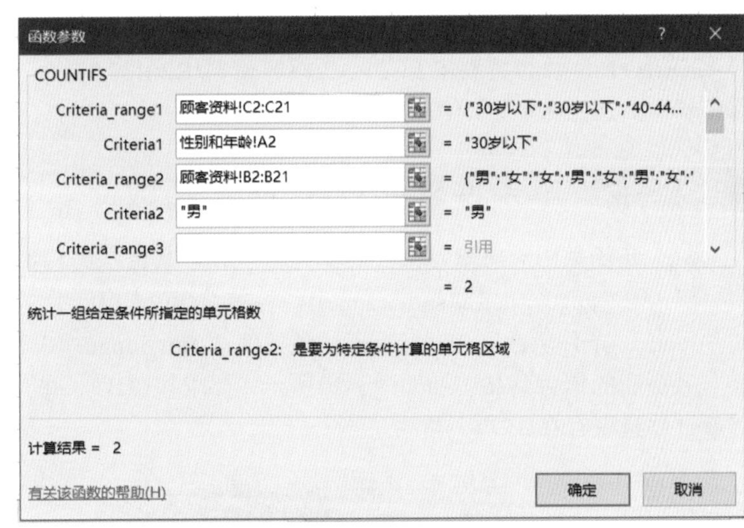

图3-18　设置COUNTIFS函数各参数

④ 将鼠标光标定位在“Criteria2”文本框，输入”男”，需要注意的是，这里的条件是文本格式，所以要在两侧加上英文半角形式的双引号进行引用。

⑤ 单击“确定”按钮，求出30岁以下男顾客的人数。

03 将鼠标指针指向B2单元格填充柄，双击填充柄或者按住鼠标左键进行拖动，自动求出其他年龄段男顾客的人数，如图 3-19 所示。

	A	B
1	年龄段	男顾客人数
2	30岁以下	2
3	30-34岁	0
4	35-39岁	0
5	40-44岁	0
6	45-49岁	1
7	50-54岁	3
8	55-59岁	0
9	60-64岁	0
10	65-69岁	2
11	70-74岁	2

顾客资料　性别和年龄

图3-19　各年龄段男顾客人数

如果公式使用熟练，可以直接输入公式和参数求出各年龄段男顾客的人数，方法如下。

在“性别和年龄”工作表中，单击B2单元格，输入公式“=COUNTIFS(顾客资料!C2:C21,A2,顾客资料!B2:B21,"男")”，按Enter键确认操作，然后利用自动填充功能对其他单元格进行填充。

公式“=COUNTIFS(顾客资料!C2:C21,性别和年龄!A2,顾客资料!B2:B21,"男")”中，各参数解析如下。

第1参数：顾客资料!C2:C21，表示在“顾客资料”工作表C2:C21单元格区域中查找年龄段。其中，“顾客资料”是工作表名称，“!”是连接符，用于连接工作表名称和单元格区域，C2:C21是单元格区域。

第2参数：A2，要查找的值，此例是按年龄段查找，放置第一位年龄段的单元格是当前工作表中的A2，所以第2参数为A2。

第3参数：顾客资料!B2:B21，表示在“顾客资料”工作表B2:B21区域中查找性别。

第4参数："男"，要查找的值，此例是按性别查找男顾客人数，所以第4参数为"男"。

整个公式的含义是：在“顾客资料”工作表C2:C21单元格区域中计算年龄段在“30岁以下”且在B2:B21单元格区域中性别为“男”的个数，即“30岁以下”男顾客的人数。

因为第1参数C2:C21单元格区域在C列，所以C2:C21可以简写C:C，代表整个C列。同理，第3参数B2:B21单元格区域在B列，所以B2:B21可以简写为B:B，代表整个B列。因此公式“=COUNTIFS(顾客资料!C2:C21,A2,顾客资料!B2:B21,"男")”，可以简化为“=COUNTIFS(顾客资料!C:C,A2,顾客资料!B:B,"男")”。

实例 35　单条件求和：SUMIF 函数

SUMIF函数用于对满足条件的单元格求和，其语法结构如下。

SUMIF(range,criteria,[sum_range])，各参数含义如下。

range：条件所在区域；criteria：条件值；sum_range：求和数据所在的区域。

某商店的销售商品明细如图3-20所示，要求按照B列中的类别，统计“日用品”销售总额，将统计结果保存在H5单元格中。

	A	B	C	D	E	F	G	H
1	产品名称	产品类别	单价	数量	金额			
2	酸奶酪	日用品	35	12	420			
3	啤酒	谷类	14	10	140			
4	酸奶酪	日用品	35	5	175		产品类别	总额
5	沙茶	特制品	23	9	207		日用品	
6	猪肉干	特制品	53	40	2120			
7	酸奶酪	日用品	10	10	100			
8	猪肉干	特制品	53	35	1855			
9	海苔酱	调味品	21	15	315			
10	糯米	谷类	21	6	126			
11	小米	谷类	20	15	300			
12	海苔酱	调味品	21	20	420			
13	桂花糕	点心	81	40	3240			
14	浪花奶酪	日用品	2.5	25	62.5			
15	花奶酪	日用品	34	40	1360			
16	酸奶酪	日用品	35	20	700			
17	运动饮料	饮料	18	42	756			
18	薯条	点心	20	40	800			
19	汽水	饮料	5	15	75			
20	酸奶酪	日用品	24	21	504			

图3-20　商品销售明细表

01 单击H2单元格，然后单击编辑栏中的“插入函数”按钮，在弹出的“插入函数”对话框中搜索SUMIF函数，如图3-21所示，单击“确定”按钮，弹出“函数参数”对话框。

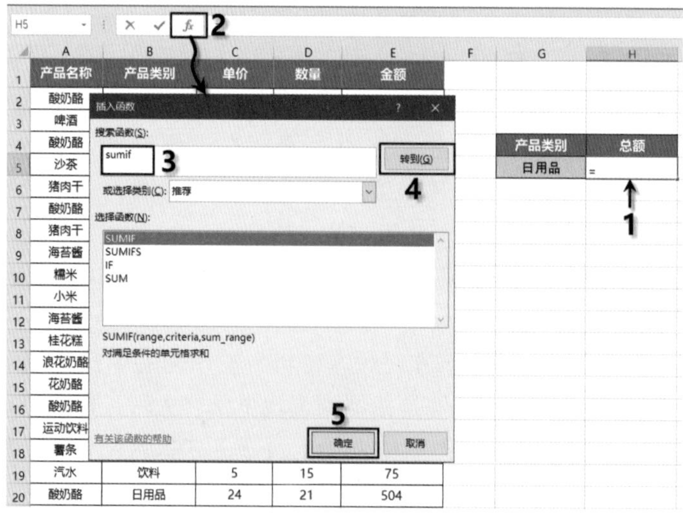

图3-21　搜索SUMIF函数

02 在“Range”文本框中输入条件所在区域。“日用品”在B2:B20区域，因此输入B2:B20，或者通过选中区域的方式输入条件所在区域，方法是：将鼠标光标定位在该文本框中，用鼠标拖动选中工作表中的B2:B20区域，如图3-22所示。

B2　=SUMIF(B2:B20)

	A	B	C	D	E
1	产品名称	产品类别	单价	数量	金额
2	酸奶酪	日用品	35	12	420
3	啤酒	谷类	14	10	140
4	酸奶酪	日用品	35	5	175
5	沙茶	特制品	23	9	207
6	猪肉干	特制品	53	40	2120
7	酸奶酪	日用品	10	10	100
8	猪肉干	特制品	53	35	1855
9	海苔酱	调味品	21	15	315
10	糯米	谷类	21	6	126
11	小米	谷类	20	15	300
12	海苔酱	调味品	21	20	420
13	桂花糕	点心	81	40	3240
14	浪花奶酪	日用品	2.5	25	62.5
15	花奶酪	日用品	34	40	1360
16	酸奶酪	日用品	35	20	700
17	运动饮料	饮料	18	42	756
18	薯条	点心	20	40	800
19	汽水	饮料	5	15	75
20	酸奶酪	日用品	24	21	504

产品类别	总额
日用品	=SUMIF(B2:B20)

函数参数

SUMIF

Range　B2:B20　= {"日用品";"谷类";"日用品";"特制品";"...

Criteria　= 任意

Sum_range　= 引用

=

对满足条件的单元格求和

Range　要进行计算的单元格区域

计算结果 =

有关该函数的帮助(H)　确定　取消

图3-22　输入条件所在区域

03 在“Criteria”文本框中输入查找值。查找值位于G5单元格，因此单击G5单元格或者直接输入G5，如图3-23所示。

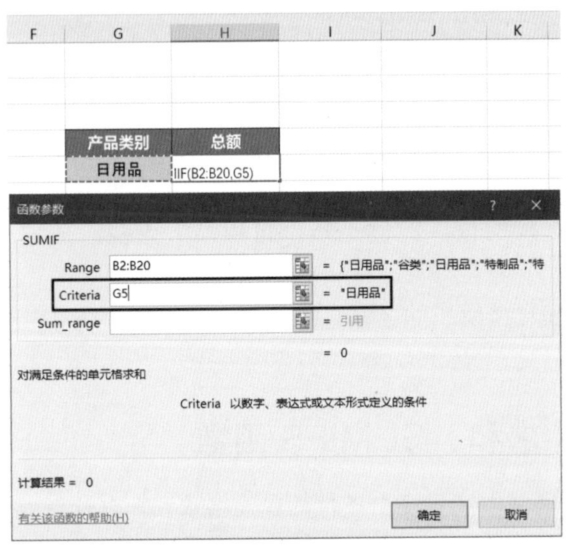

图3-23　输入查找值

04 在“Sum_Range”文本框中输入求和数据所在的区域。本例要对金额进行统计，金额位置在E列，因此输入E2:E20，或者通过选中区域的方式输入求和数据所在区域，方法是：将鼠标光标定位在该文本框中，用鼠标拖动选中工作表中的E2:E20区域，如图3-24所示。

E2 =SUMIF(B2:B20,G5,E2:E20)

	A	B	C	D	E
1	产品名称	产品类别	单价	数量	金额
2	酸奶酪	日用品	35	12	420
3	啤酒	谷类	14	10	140
4	酸奶酪	日用品	35	5	175
5	沙茶	特制品	23	9	207
6	猪肉干	特制品	53	40	2120
7	酸奶酪	日用品	10	10	100
8	猪肉干	特制品	53	35	1855
9	海苔酱	调味品	21	15	315
10	糯米	谷类	21	6	126
11	小米	谷类	20	15	300
12	海苔酱	调味品	21	20	420
13	桂花糕	点心	81	40	3240
14	浪花奶酪	日用品	2.5	25	62.5
15	花奶酪	日用品	34	40	1360
16	酸奶酪	日用品	35	20	700
17	运动饮料	饮料	18	42	756
18	薯条	点心	20	40	800
19	汽水	饮料	5	15	75
20	酸奶酪	日用品	24	21	504

产品类别	总额
日用品	20,G5,E2:E20)

函数参数

SUMIF

Range B2:B20 = {"日用品";"谷类";"日用品";"特制品";"...

Criteria G5 = "日用品"

Sum_range E2:E20 = {420;140;175;207;2120;100;1855;3...

= 3321.5

对满足条件的单元格求和

Range 要进行计算的单元格区域

计算结果 = 3321.5

有关该函数的帮助(H)

确定 取消

图3-24　输入求和数据所在的区域

05 单击“确定”按钮，“日用品”销售总额显示在H2单元格，如图3-25所示。

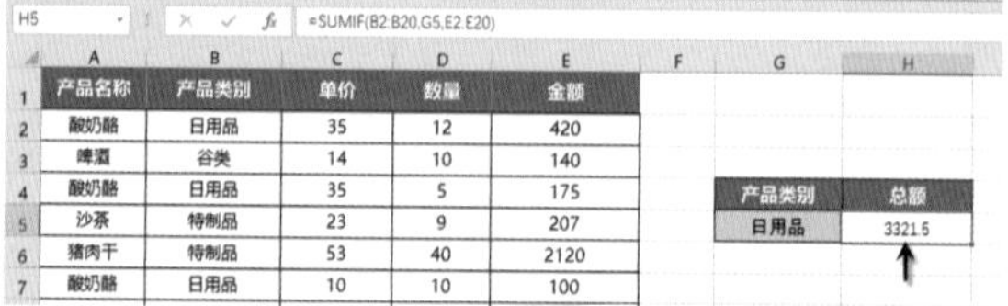

H5 =SUMIF(B2:B20,G5,E2:E20)

	A	B	C	D	E
1	产品名称	产品类别	单价	数量	金额
2	酸奶酪	日用品	35	12	420
3	啤酒	谷类	14	10	140
4	酸奶酪	日用品	35	5	175
5	沙茶	特制品	23	9	207
6	猪肉干	特制品	53	40	2120
7	酸奶酪	日用品	10	10	100

产品类别	总额
日用品	3321.5

图3-25　“日用品”销售总额

如果公式使用熟练，可以直接输入公式和参数求出“日用品”销售总额，方法如下。

单击H5单元格，输入公式“=SUMIF(B:B,G5,E:E)”或者“=SUMIF(B2:B20,G5,E2:E20)”，按Enter键确认输入，即可统计出“日用品”销售总额。

在公式“=SUMIF(B:B,G5,E:E)”中，各参数解析如下。

第1参数：B:B，条件所在区域。此例按“日用品”统计销售总额，条件数据所在位置是B列，所以第1参数为B:B。

第2参数：G5，要查找的值。此例是按“日用品”查找，放置“日用品”的单元格是G5，所以第2参数为G5。

第3参数：E:E，求和数据所在的区域。此例要对金额进行统计，金额位置在E列，所以第3参数为E:E。

实例36　多条件求和：SUMIFS函数

SUMIFS函数用于对区域中满足多个条件的单元格求和，其语法结构如下。

SUMIFS(sum_range,criteria_range1,criteria1,…)，各参数含义如下。

sum_range：求和数据所在的区域；criteria_range1：条件所在区域；criteria：条件值，根

据实际需要可以不断增加条件区域和条件值，以实现同时满足多个条件的数据汇总。

在图3-26中，要求统计“日用品”中“酸奶酪”的销售总额，将统计结果保存在I5单元格中。

产品名称	产品类别	单价	数量	金额
酸奶酪	日用品	35	12	420
啤酒	谷类	14	10	140
酸奶酪	日用品	35	5	175
沙茶	特制品	23	9	207
猪肉干	特制品	53	40	2120
酸奶酪	日用品	10	10	100
猪肉干	特制品	53	35	1855
海苔酱	调味品	21	15	315
糯米	谷类	21	6	126
小米	谷类	20	15	300
海苔酱	调味品	21	20	420
桂花糕	点心	81	40	3240
浪花奶酪	日用品	2.5	25	62.5
花奶酪	日用品	34	40	1360
酸奶酪	日用品	35	20	700
运动饮料	饮料	18	42	756
薯条	点心	20	40	800
汽水	饮料	5	15	75
酸奶酪	日用品	24	21	504

产品类别	产品名称	总额
日用品	酸奶酪	

图3-26　统计“日用品”中“酸奶酪”的销售总额

01 单击I5单元格，然后单击编辑栏中的“插入函数”按钮，在弹出的“插入函数”对话框中搜索SUMIFS函数，如图3-27所示，单击“确定”按钮，弹出“函数参数”对话框。

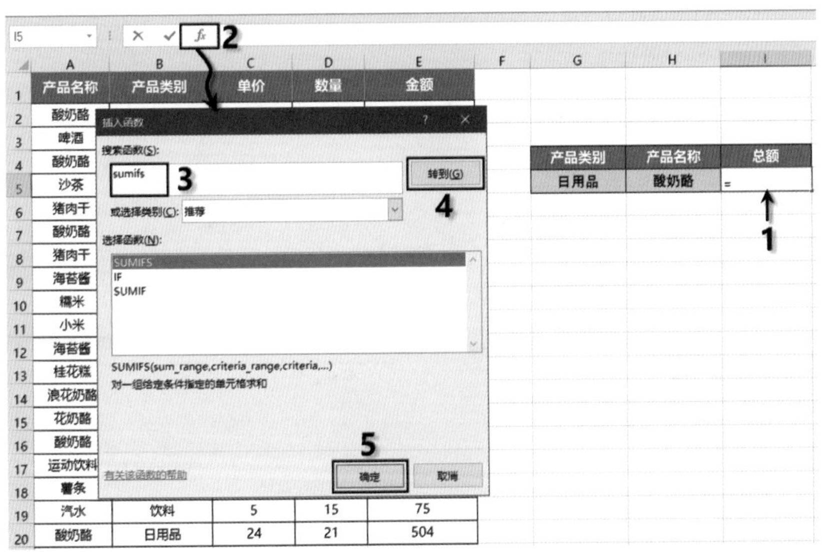

图3-27　搜索SUMIFS函数

02 在“Sum_Range”文本框中输入求和数据所在的区域。此例要对金额进行统计，金额位置在E列，因此输入E2:E20，如图3-28所示，或者通过选中区域的方式输入条件所在区域，方法是：将鼠标光标定位在该文本框中，用鼠标拖动选中工作表中的E2:E20区域。

图3-28　输入求和数据所在的区域

03 在"Criteria_Range1"文本框中输入条件1所在区域。此例首先按"日用品"进行统计，条件1所在位置是B列，因此输入B2:B20，如图3-29所示，或者通过选中区域的方式输入条件1所在区域，方法是：将鼠标光标定位在该文本框中，用鼠标拖动选中工作表中的B2:B20区域。

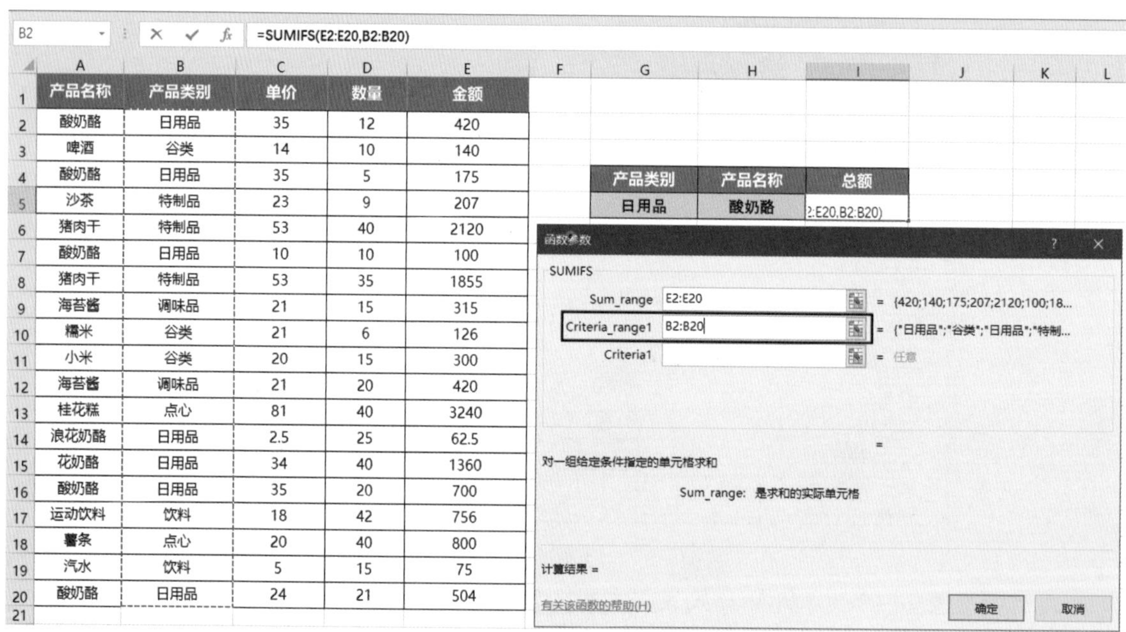

图3-29　输入条件1所在的区域

04 在"Criteria1"文本框中输入查找值1。查找值1位于G5单元格，因此单击G5单元格或者直接输入G5，如图3-30所示。

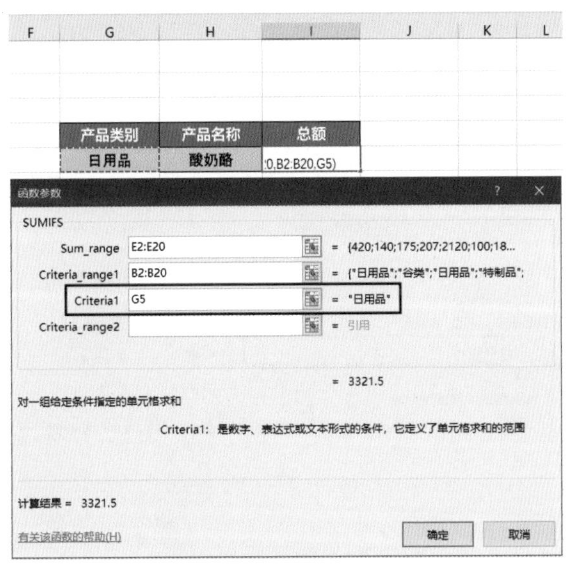

图3-30　输入查找值1

05 在“Criteria_Range2”文本框中输入条件2所在区域。条件2“酸奶酪”所在位置是A列，因此输入A2:A20，如图3-31所示，或者通过选中区域的方式输入条件2所在区域，方法是：将鼠标光标定位在该文本框中，用鼠标拖动选中工作表中的A2:A20区域。

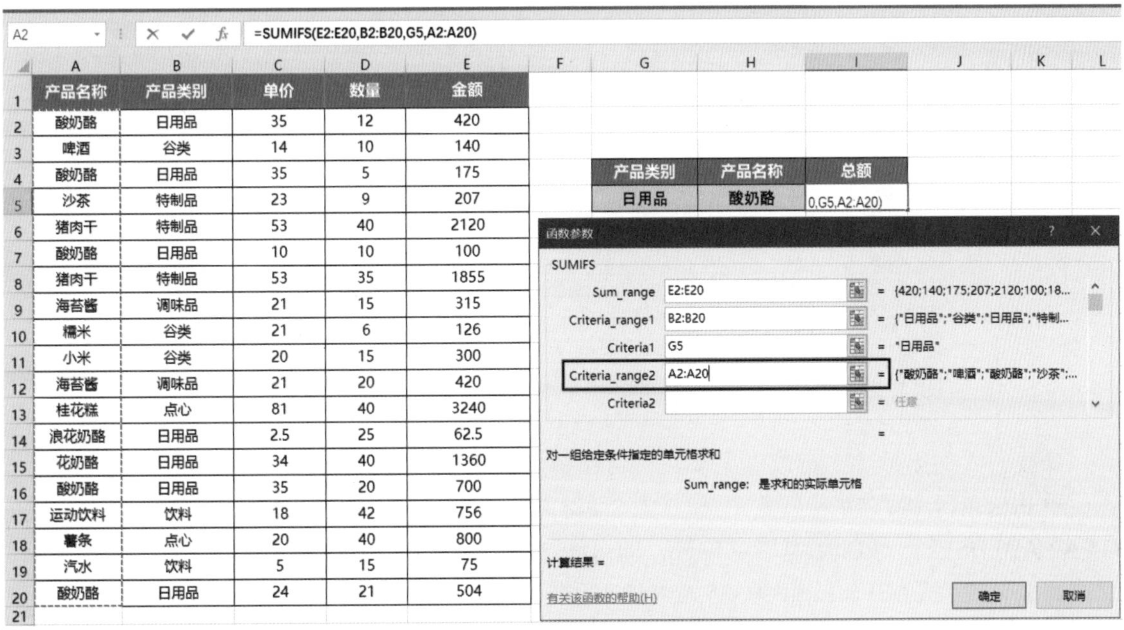

A2　=SUMIFS(E2:E20,B2:B20,G5,A2:A20)

	A	B	C	D	E
1	产品名称	产品类别	单价	数量	金额
2	酸奶酪	日用品	35	12	420
3	啤酒	谷类	14	10	140
4	酸奶酪	日用品	35	5	175
5	沙茶	特制品	23	9	207
6	猪肉干	特制品	53	40	2120
7	酸奶酪	日用品	10	10	100
8	猪肉干	特制品	53	35	1855
9	海苔酱	调味品	21	15	315
10	糯米	谷类	21	6	126
11	小米	谷类	20	15	300
12	海苔酱	调味品	21	20	420
13	桂花糕	点心	81	40	3240
14	浪花奶酪	日用品	2.5	25	62.5
15	花奶酪	日用品	34	40	1360
16	酸奶酪	日用品	35	20	700
17	运动饮料	饮料	18	42	756
18	薯条	点心	20	40	800
19	汽水	饮料	5	15	75
20	酸奶酪	日用品	24	21	504

产品类别	产品名称	总额
日用品	酸奶酪	0,G5,A2:A20)

函数参数
SUMIFS
Sum_range　E2:E20　= {420;140;175;207;2120;100;18...
Criteria_range1　B2:B20　= {"日用品";"谷类";"日用品";"特制...
Criteria1　G5　= "日用品"
Criteria_range2　A2:A20　= {"酸奶酪";"啤酒";"酸奶酪";"沙茶";...
Criteria2　= 任意
对一组给定条件指定的单元格求和
Sum_range：是求和的实际单元格
计算结果 =
有关该函数的帮助(H)　确定　取消

图3-31　输入条件2所在的区域

06 在“Criteria2”文本框中输入查找值2。查找值2位于H5单元格，因此单击H5单元格或者直接输入H5，如图3-32所示。

07 单击“确定”按钮，“日用品”中“酸奶酪”的销售总额显示在I5单元格，如图3-33所示。

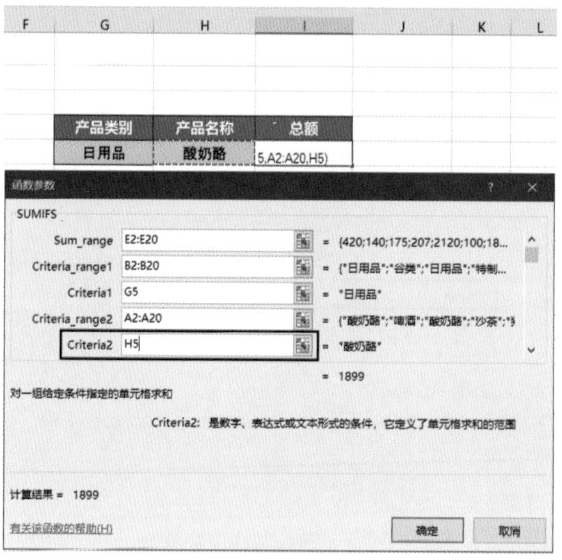

图3-32 输入查找值2

=SUMIFS(E2:E20,B2:B20,G5,A2:A20,H5)

产品名称	产品类别	单价	数量	金额
酸奶酪	日用品	35	12	420
啤酒	谷类	14	10	140
酸奶酪	日用品	35	5	175
沙茶	特制品	23	9	207
猪肉干	特制品	53	40	2120
酸奶酪	日用品	10	10	100
猪肉干	特制品	53	35	1855
海苔酱	调味品	21	15	315
糯米	谷类	21	6	126
小米	谷类	20	15	300
海苔酱	调味品	21	20	420
桂花糕	点心	81	40	3240
浪花奶酪	日用品	2.5	25	62.5
花奶酪	日用品	34	40	1360
酸奶酪	日用品	35	20	700
运动饮料	饮料	18	42	756
薯条	点心	20	40	800
汽水	饮料	5	15	75
酸奶酪	日用品	24	21	504

产品类别	产品名称	总额
日用品	酸奶酪	1899

图3-33 “日用品”中“酸奶酪”的销售总额

如果公式使用熟练，可以直接输入公式和参数求出“日用品”销售总额，方法如下。

单击I5单元格，输入公式“=SUMIFS(E:E,B:B,G5,A:A,H5)或者=SUMIFS(E2:E20,B2:B20,G5,A2:A20,H5)”，按Enter键确认输入，即可统计出“日用品”中“酸奶酪”的销售总额。

在公式“=SUMIFS(E:E,B:B,G5,A:A,H5)”中，各参数解析如下。

第1参数：E:E，求和数据所在的区域。此例要对金额进行统计，金额位置在E列，所以第1参数为E:E。

第2参数：B:B，条件所在区域。此例按“日用品”进行统计，条件数据所在位置是B列，所以第2参数为B:B。

第3参数：G5，要查找的值。此例是按“日用品”查找，放置“日用品”的单元格是G5，所以第3参数为G5。

第4参数：A:A，条件所在区域。此例按“酸奶酪”统计，条件数据所在位置是A列，所以第4参数为A:A。

第5参数：H5，要查找的值。此例是按“酸奶酪”查找，放置“酸奶酪”的单元格是H5，所以第5参数为H5。

公式“=SUMIFS(E:E,B:B,G5,A:A,H5)”也可以表达为“=SUMIFS(E2:E20,B2:B20,G5,A2:A20,H5)”。

实例 37　获取排名：RANK 函数

RANK函数用于对指定区域内的数据进行排名，其语法结构如下。

RANK(number,ref,[order])，各参数含义如下。

number：要排名的数据；ref：指定排名所在的区域；order：排位方式，如果为0或忽略，则降序，如果为非零值，则升序。

在图3-34中，按照由高到低的顺序统计每种产品的“销量”排名，以第1名、第2名、第3名……的形式标识名次并填入“销量排名”列中。操作步骤如下。

01 单击D2单元格，然后单击编辑栏中的“插入函数”按钮，弹出“插入函数”对话框，搜索RANK函数，如图3-35所示，单击“确定”按钮，弹出“函数参数”对话框。

	A	B	C	D
1	订单编码	产品名称	销量	销量排名
2	10240	啤酒	12	
3	10241	麦片	10	
4	10242	饼干	5	
5	10243	沙茶	9	
6	10244	牛奶	35	
7	10245	果酱	16	
8	10246	糯米	6	
9	10247	海苔	20	
10	10248	奶酪	25	
11	10249	饮料	42	
12	10250	薯条	40	
13	10251	汽水	15	
14	10252	小米	21	

图3-34　产品销售表

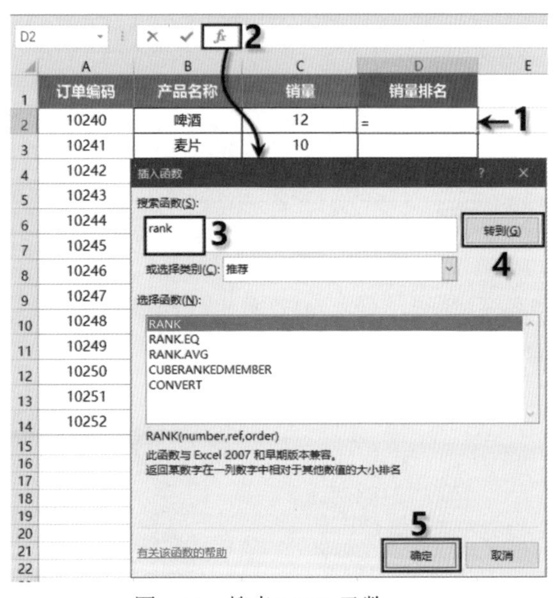

图3-35　搜索RANK函数

02 在“Number”文本框中输入要排名的单元格。因要对“销量”进行排名，所以单击工作表中的第一个“销量”单元格C2。

03 在“Ref”文本框中指定排名所在的区域。本例要对C2:C14区域的数据排名，因此将光标定位在该文本框中，用鼠标拖动选定工作表中的C2:C14区域。然后按F4键在行号和列标前面加上绝对引用符号$，固定排名区域，如图3-36所示。

04 在“Order”文本框中设置排位方式。从大到小排序为降序，用0表示或省略不写，默认降序；从小到大排序为升序，用非零值(如1)表示。本例省略不写，降序排名。

05 设置完成后，单击“确定”按钮，第一个“销量”排名显示在D2单元格中，如图3-37所示。

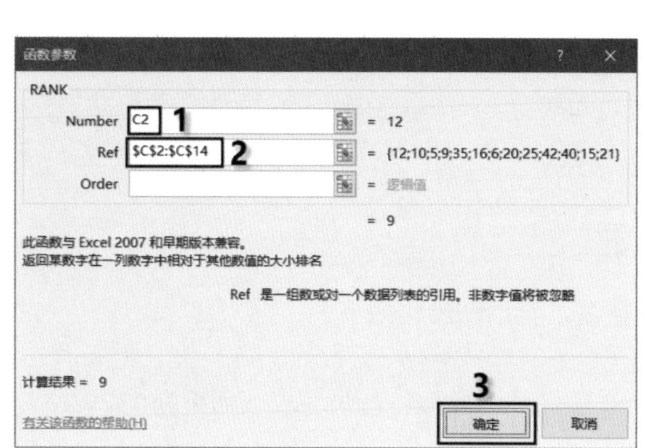

图3-36　设置RANK参数值

D2　=RANK(C2,$C$2:$C$14)

	A	B	C	D
1	订单编码	产品名称	销量	销量排名
2	10240	啤酒	12	9
3	10241	麦片	10	
4	10242	饼干	5	
5	10243	沙茶	9	
6	10244	牛奶	35	
7	10245	果酱	16	
8	10246	糯米	6	
9	10247	海苔	20	
10	10248	奶酪	25	
11	10249	饮料	42	
12	10250	薯条	40	
13	10251	汽水	15	
14	10252	小米	21	

图3-37　第一个“销量”排名

06 将光标定位在编辑栏“=”后面，输入“"第"&”，在公式末尾“)”后输入“&"名"”，如图3-38所示，&是连接符号，将“第”“RANK(E2,$E$2:$E$26)”“名”三者联系起来。按Enter键，效果如图3-39所示。

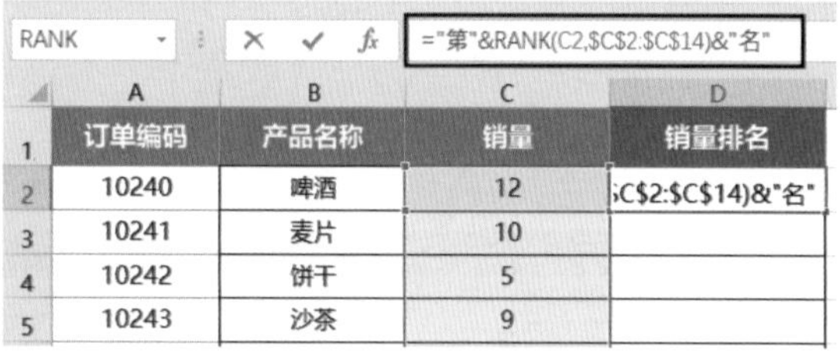

RANK　="第"&RANK(C2,$C$2:$C$14)&"名"

	A	B	C	D
1	订单编码	产品名称	销量	销量排名
2	10240	啤酒	12	;C$2:$C$14)&"名"
3	10241	麦片	10	
4	10242	饼干	5	
5	10243	沙茶	9	

图3-38　使用&连接符号

D2　="第"&RANK(C2,$C$2:$C$14)&"名"

	A	B	C	D
1	订单编码	产品名称	销量	销量排名
2	10240	啤酒	12	第9名
3	10241	麦片	10	
4	10242	饼干	5	
5	10243	沙茶	9	

图3-39　字符连接后的效果

07 将鼠标指针指向D2单元格的填充柄，双击填充柄或按住鼠标左键向下拖动，按照“销量”自动排名，如图3-40所示。

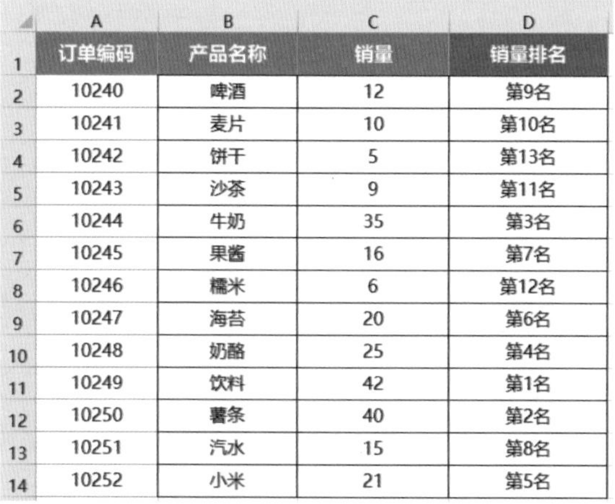

	A	B	C	D
1	订单编码	产品名称	销量	销量排名
2	10240	啤酒	12	第9名
3	10241	麦片	10	第10名
4	10242	饼干	5	第13名
5	10243	沙茶	9	第11名
6	10244	牛奶	35	第3名
7	10245	果酱	16	第7名
8	10246	糯米	6	第12名
9	10247	海苔	20	第6名
10	10248	奶酪	25	第4名
11	10249	饮料	42	第1名
12	10250	薯条	40	第2名
13	10251	汽水	15	第8名
14	10252	小米	21	第5名

图3-40　排名后的效果

如果公式使用熟练，可以直接输入公式和参数求出各年龄段男顾客的人数，方法如下。

单击D2单元格，输入公式“="第"&RANK(C2,$C$2:$C$14)&"名"”，按Enter键确认操作，拖动填充柄或双击填充柄对其他单元格进行填充。

3.2　逻辑函数

逻辑函数根据给定的条件自动判断结果，既可以单条件判断，也可以多条件判断或者与其他函数嵌套使用，以实现更复杂的判断要求。常见的逻辑函数主要有IF函数、AND函数、OR函数等，下面介绍逻辑函数从单条件至多条件嵌套的使用方法。

实例 38　单条件逻辑判断：IF 函数

If函数是逻辑判断常用函数，它可以根据给定的条件进行判断，判断条件是否成立，然后返回对应的逻辑值，其语法结构如下。

IF(logical_test,value_if_true,value_if_false)，各参数含义如下。

logical_test：判断条件；value_if_true：条件成立时返回的结果；value_if_false：条件不成立时返回的结果。下面通过实例介绍IF函数的使用方法。

某商店对销售量进行考核评定，要求将销售量>=260的门店评定为“销售之星”，如图3-41所示。

01 单击E2单元格，然后单击编辑栏中的“插入函数”按钮，在弹出的“插入函数”对话框中搜索IF函数，如图3-42所示，单击“确定”按钮，弹出“函数参数”对话框。

	A	B	C	D	E
1	店铺	季度	商品名称	销售量	判断条件 销售量>=260,则“销售之星”
2	西门店	1季度	笔记本	200	
3	西门店	2季度	笔记本	150	
4	西门店	3季度	笔记本	260	
5	西门店	4季度	笔记本	300	
6	中村店	1季度	笔记本	230	
7	中村店	2季度	笔记本	200	
8	中村店	3季度	笔记本	290	
9	中村店	4季度	笔记本	350	
10	上地店	1季度	笔记本	210	
11	上地店	2季度	笔记本	140	
12	上地店	3季度	笔记本	220	
13	上地店	4季度	笔记本	280	

图3-41　某商店的销售表

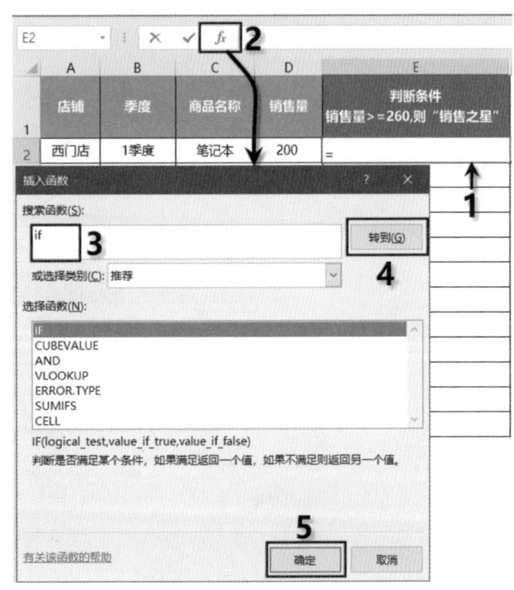

图3-42　搜索IF函数

02 在Logical_test”文本框中输入判断条件。首先对第一个销售量进行判断，判断的条件是>=260，所以输入D2>=260，如图3-43所示。

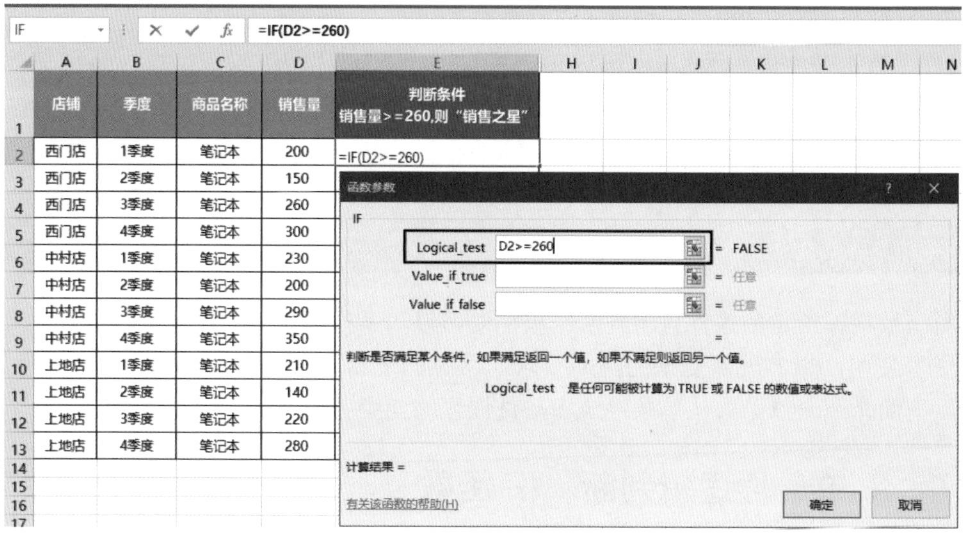

店铺	季度	商品名称	销售量	判断条件 销售量>=260,则“销售之星”
西门店	1季度	笔记本	200	=IF(D2>=260)
西门店	2季度	笔记本	150	
西门店	3季度	笔记本	260	
西门店	4季度	笔记本	300	
中村店	1季度	笔记本	230	
中村店	2季度	笔记本	200	
中村店	3季度	笔记本	290	
中村店	4季度	笔记本	350	
上地店	1季度	笔记本	210	
上地店	2季度	笔记本	140	
上地店	3季度	笔记本	220	
上地店	4季度	笔记本	280	

图3-43 输入判断条件

03 在“Value_if_true”文本框中输入条件成立时返回的结果，即“销售之星”，如图3-44所示。

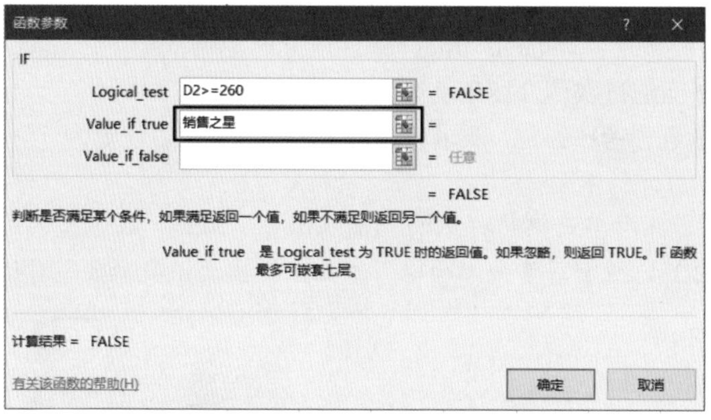

图3-44 输入条件成立时返回的值

04 在“Value_if_false”文本框中输入条件不成立时返回的结果“""”，即空文本，如图3-45所示。

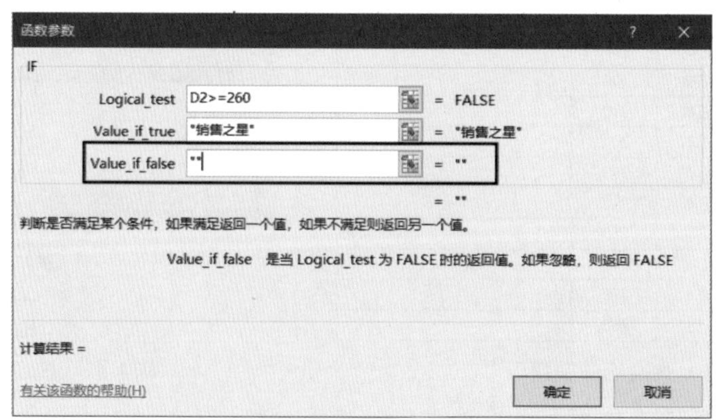

图3-45 输入条件不成立时返回的值

05 单击“确定”按钮，判断结果显示在E2单元格，拖动填充柄或双击填充柄对其他单元格进行填充，效果如图3-46所示。

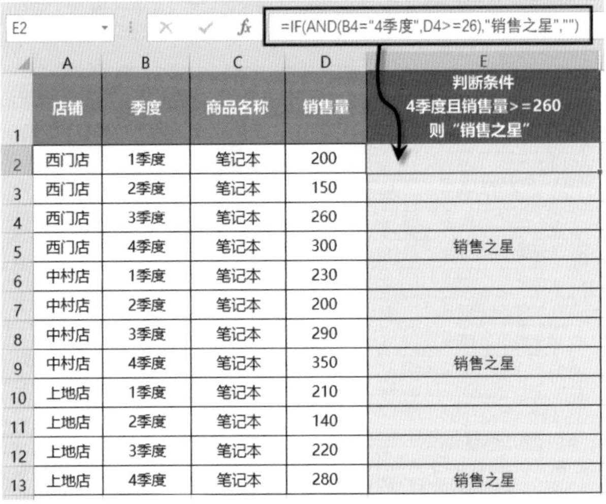

E2 =IF(AND(B4="4季度",D4>=26),"销售之星","")

	A	B	C	D	E
1	店铺	季度	商品名称	销售量	判断条件 4季度且销售量>=260 则“销售之星”
2	西门店	1季度	笔记本	200	
3	西门店	2季度	笔记本	150	
4	西门店	3季度	笔记本	260	
5	西门店	4季度	笔记本	300	销售之星
6	中村店	1季度	笔记本	230	
7	中村店	2季度	笔记本	200	
8	中村店	3季度	笔记本	290	
9	中村店	4季度	笔记本	350	销售之星
10	上地店	1季度	笔记本	210	
11	上地店	2季度	笔记本	140	
12	上地店	3季度	笔记本	220	
13	上地店	4季度	笔记本	280	销售之星

图3-46 条件判断结果

如果公式使用熟练，可以直接输入公式和参数求出“笔记本”销售总额，方法如下。

单击E2单元格，输入公式“=IF(E2>260,"销售之星","")”，按Enter键确认输入，拖动填充柄或双击填充柄对其他单元格进行填充，效果如图3-46所示。

在公式“=IF(E2>=260,"销售之星","")”中，各参数解析如下。

第1参数：E2>=260，判断条件。首先对第一个销售量进行判断，判断的条件是>=260，放置第一个销售量的单元格是E2，所以第1参数为E2>=260。

第2参数："销售之星"，条件成立时返回的结果。如果第1参数E2>=260成立，则返回第2参数，即"销售之星"。需要注意的是，这里的判断结果是文本格式，所以要在文本两侧加上英文半角形式的双引号进行引用。

第3参数：""，条件不成立时返回的结果。如果第1参数E2>=260不成立，则返回第3参数""，即空文本。

使用IF函数进行逻辑判断的方法较为简单，日常工作中经常将IF函数与其他函数组合使用，从而完成更为复杂的逻辑判断。在后面的实例中将介绍使用IF＋AND函数、IF＋OR函数，以及IF函数嵌套解决复制的逻辑判断。

实例39 多条件逻辑判断：IF + AND函数

IF＋AND函数是对多个条件同时判断，当所有条件全部满足时则条件成立，返回逻辑真值TRUE；当有一个或多个条件不满足时则条件不成立，返回逻辑假值FALSE。

某商店仅对第4季度进行销售考核评定，要求将季度定为“4季度”且销售量>=260评定为“销售之星”，如图3-47所示。

	A	B	C	D	E
1	店铺	季度	商品名称	销售量	判断条件 4季度且销售量>=260 则“销售之星”
2	西门店	1季度	笔记本	200	
3	西门店	2季度	笔记本	150	
4	西门店	3季度	笔记本	260	
5	西门店	4季度	笔记本	300	
6	中村店	1季度	笔记本	230	
7	中村店	2季度	笔记本	200	
8	中村店	3季度	笔记本	290	
9	中村店	4季度	笔记本	350	
10	上地店	1季度	笔记本	210	
11	上地店	2季度	笔记本	140	
12	上地店	3季度	笔记本	220	
13	上地店	4季度	笔记本	280	

图3-47　数据表及判断条件

此例中有两个条件：一是季度等于“4季度”；二是销售量>=260，这两个条件之间是“且”的关系，要求按照这两个条件同时进行判断，如果使用IF函数只能进行单条件判断，此时，需要使用IF＋AND组合函数进行双条件同时判断。

单击E2单元格，输入公式“=IF(AND(B2="4季度",D2>=26),"销售之星","")”，按Enter键确认输入，拖动填充柄对其他单元格进行填充，评定结果如图3-48所示。

E2　=IF(AND(B4="4季度",D4>=26),"销售之星","")

	A	B	C	D	E
1	店铺	季度	商品名称	销售量	判断条件 4季度且销售量>=260 则“销售之星”
2	西门店	1季度	笔记本	200	
3	西门店	2季度	笔记本	150	
4	西门店	3季度	笔记本	260	
5	西门店	4季度	笔记本	300	销售之星
6	中村店	1季度	笔记本	230	
7	中村店	2季度	笔记本	200	
8	中村店	3季度	笔记本	290	
9	中村店	4季度	笔记本	350	销售之星
10	上地店	1季度	笔记本	210	
11	上地店	2季度	笔记本	140	
12	上地店	3季度	笔记本	220	
13	上地店	4季度	笔记本	280	销售之星

图3-48　双条件同时评定结果

AND函数用于判断是否同时满足“且”关系的多个条件。如果多个条件同时都满足则返回逻辑值TRUE，否则，只要有一个条件不满足则返回逻辑值FALSE。AND函数语法结构如下。

```
AND(条件1,条件2…条件255)
```

此例中的AND(B2="4季度",D2>=26)也可以表示为AND(D2>=26,B2="4季度")，即参数的顺序不影响判断结果。

在公式“=IF(AND(B2="4季度",D2>=26),"销售之星","")”中，AND(B2="4季度",D2>=26)

是第1参数，如果这两个条件同时满足，则返回第2参数“销售之星”，否则返回第3参数空文本。

这样便使用IF＋AND组合函数实现了同时满足双条件的判断，同理，使用该组合函数也可以同时进行多条件判断，最多可以有255个条件。

实例40　多条件逻辑判断：IF + OR 函数

IF＋OR函数是对多个条件进行逻辑判断，只要有一个条件满足则条件成立，返回逻辑真值TRUE；当所有条件都不满足时则条件不成立，返回逻辑假值FALSE。

某商店对销售量和销售额进行考核评定，要求将销售量>=260或者销售额>1200000评定为“销售之星”，如图3-49所示。

	A	B	C	D	E	F
1	店铺	季度	商品名称	销售量	销售额	判断条件 销售量>=260，或者销售额>1200000 则“销售之星”
2	西门店	1季度	笔记本	200	910,462	
3	西门店	2季度	笔记本	150	682,847	
4	西门店	3季度	笔记本	260	1,153,601	
5	西门店	4季度	笔记本	300	1,365,693	
6	中村店	1季度	笔记本	230	1,047,031	
7	中村店	2季度	笔记本	200	910,462	
8	中村店	3季度	笔记本	290	1,320,170	
9	中村店	4季度	笔记本	350	1,593,309	
10	上地店	1季度	笔记本	210	955,985	
11	上地店	2季度	笔记本	140	637,323	
12	上地店	3季度	笔记本	220	1,201,508	
13	上地店	4季度	笔记本	280	1,274,647	

图3-49　数据表及判断条件

此例中有两个条件：一是销售量>=260；二是销售量<200。这两个条件之间是“或”的关系，即要么满足条件一，要么满足条件二，只要满足其中一个条件就评定为“销售之星”。而能实现满足任意其一的“或”关系多条件逻辑判断需要使用IF＋OR组合函数。确定方法后，在E2单元格中输入公式“=IF(OR(D2>=260,E2>1200000),"销售之星","")”，按Enter键确认输入，拖动填充柄对其他单元格进行填充，评定结果如图3-50所示。

F2　=IF(OR(D2>=260,E2>1200000),"销售之星","")

	A	B	C	D	E	F
1	店铺	季度	商品名称	销售量	销售额	判断条件 销售量>=260，或者销售额>1200000 则"销售之星"
2	西门店	1季度	笔记本	200	910,462	
3	西门店	2季度	笔记本	150	682,847	
4	西门店	3季度	笔记本	260	1,153,601	销售之星
5	西门店	4季度	笔记本	300	1,365,693	销售之星
6	中村店	1季度	笔记本	230	1,047,031	
7	中村店	2季度	笔记本	200	910,462	
8	中村店	3季度	笔记本	290	1,320,170	销售之星
9	中村店	4季度	笔记本	350	1,593,309	销售之星
10	上地店	1季度	笔记本	210	955,985	
11	上地店	2季度	笔记本	140	637,323	
12	上地店	3季度	笔记本	220	1,201,508	销售之星
13	上地店	4季度	笔记本	280	1,274,647	销售之星

图3-50　评定结果

OR函数用于实现满足其中之一的多条件判断，根据需要可以指定不同的条件作为参数，最多可以有255个条件，其语法结构如下。

```
OR( 条件 1, 条件 2…条件 255)
```

此例中的OR(D2>=260,E2>1200000)也可以表示为OR(E2>1200000,D2>=260)，即参数的顺序不影响判断结果。

在公式“=IF(OR(D2>=260,E2>1200000),"销售之星","")”中，OR(D2>=260,E2>1200000)是第1参数，只要其中任意一个条件成立，则返回第2参数"销售之星"，如果两个条件都不成立则返回第3参数空文本。

这样便使用IF＋OR组合函数解决了“或”关系多条件逻辑判断。在处理多条件复杂逻辑判断问题时，首先要区分多个条件之间是“或”关系还是“且”关系，“或”关系使用OR函数，“且”关系使用AND函数，确定使用哪个函数后，再输入公式计算结果。

实例 41 多层级条件逻辑判断：IF 函数嵌套

IF函数嵌套是对数值区间多层级关系的条件判断。例如，在图3-51中，对各店铺的销量进行评定，根据销售量评定等级，评定规则如下。

- 销售量 >=260，评定等级为“优秀”。
- 销售量 >=200，评定等级为“良好”。
- 销售量 <200，评定等级为“一般”。

	A	B	C	D	E
1	店铺	季度	商品名称	销售量	判断条件 销售量>=260，“优秀” 销售量>=200，“良好” 销售量<200，“一般”
2	西门店	1季度	笔记本	200	
3	西门店	2季度	笔记本	150	
4	西门店	3季度	笔记本	260	
5	西门店	4季度	笔记本	300	
6	中村店	1季度	笔记本	230	
7	中村店	2季度	笔记本	200	
8	中村店	3季度	笔记本	290	
9	中村店	4季度	笔记本	350	
10	上地店	1季度	笔记本	210	
11	上地店	2季度	笔记本	140	
12	上地店	3季度	笔记本	220	
13	上地店	4季度	笔记本	280	

图3-51　数据表及判断条件

此例中包含了2个层级条件，可以使用IF嵌套函数按照顺序逐个层级进行判断。第1个层级如果销售量>=260，条件成立则为“优秀”，否则，进入第2层级，如果销售量>=200，条件成立则为“良好”，否则“一般”，判断结束。按照层级条件，在E2单元格中输入公式“=IF(D2>=

260,"优秀",IF(D2>=200,"良好","一般"))”，按Enter键确认输入，拖动填充柄对其他单元格进行填充，评定结果如图3-52所示。

E2 =IF(D2>=260,"优秀",IF(D2>=200,"良好","一般"))

	A	B	C	D	E
1	店铺	季度	商品名称	销售量	判断条件 销售量>=260，“优秀” 销售量>=200，“良好” 销售量<200，“一般”
2	西门店	1季度	笔记本	200	良好
3	西门店	2季度	笔记本	150	一般
4	西门店	3季度	笔记本	260	优秀
5	西门店	4季度	笔记本	300	优秀
6	中村店	1季度	笔记本	230	良好
7	中村店	2季度	笔记本	200	良好
8	中村店	3季度	笔记本	290	优秀
9	中村店	4季度	笔记本	350	优秀
10	上地店	1季度	笔记本	210	良好
11	上地店	2季度	笔记本	140	一般
12	上地店	3季度	笔记本	220	良好
13	上地店	4季度	笔记本	280	优秀

图3-52　IF嵌套函数评定结果

在公式“=IF(D2>=260,"优秀",IF(D2>=200,"良好","一般"))”中，D2>=260是第1参数，只要条件成立，则返回第2参数“优秀”，否则返回第3参数IF(D2>=200,"良好","一般")进行第2层级条件判断，即如果D2>=200，条件成立则为“良好”，否则“一般”。

按照上述方法可以对数值区间更多层级条件进行判断。层级条件增加，IF函数嵌套层级也随之增加。在使用IF函数嵌套时要注意按照数值区间的大小顺序依次对每个层级进行判断，可以按照从大到小的顺序，或者从小到大顺序，但不能从中间某个区间开始判断，否则容易出错。

3.3　查找与引用函数

查找与引用函数是根据给定的条件查找特定的数值或引用某个单元格。Excel提供了多个查找函数，本节主要介绍3个常用的查找函数，分别是垂直查找(VLOOKUP函数)、提取单元格数据(INDEX函数)和查找数据相对位置(MATCH函数)，下面结合多个实例介绍3个函数的用法。

实例42　垂直查找：VLOOKUP函数

图3-53是学生的部分成绩表，包含学生的学号，以及对应的各科成绩和总分信息，要求按照给定的学号查找学生的总分。要查找的学号位于在L列，查找结果放置在M列。操作步骤如下。

	A	B	C	D	E	F	G	H	I	J	K	L	M
1	学号	姓名	语文	数学	英语	生物	地理	历史	政治	总分		学号	总分
2	120305	王亦伟	92	89	94	92	91	86	86	630		120304	
3	120203	刘柳地	93	99	92	86	86	73	92	621		120206	
4	120104	陈大江	102	116	113	78	88	86	73	656		120104	
5	120301	如意	99	98	101	95	91	95	78	657		120201	
6	120306	满意	101	94	99	90	87	95	93	659			
7	120206	李以大	101	103	104	88	89	78	90	653			
8	120302	包娜娜	78	95	94	82	90	93	84	616			
9	120204	毛刘锋	96	92	96	84	95	91	92	646			
10	120201	庞程举	94	107	96	100	93	92	93	675			
11	120304	冬亦声	95	97	102	93	95	92	88	662			
12	120103	易扬	95	85	99	98	92	92	88	649			
13	120105	苏北放	88	98	101	89	73	95	91	635			
14	120202	吴玉华	86	107	89	88	92	88	89	639			

成绩

图3-53　学生部分成绩表

01 单击M2单元格，单击编辑栏中的“插入函数”按钮，在“插入函数”对话框中搜索VLOOKUP函数，如图3-54所示，单击“确定”按钮，弹出“函数参数”对话框。

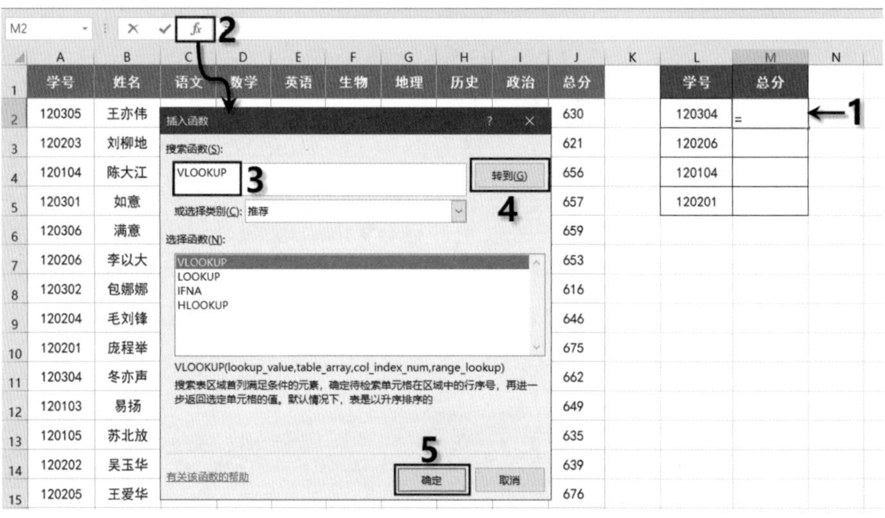

图3-54　搜索VLOOKUP函数

02 在“Lookup_value”文本框中输入查找值。查找值位于L2单元格，因此单击L2单元格或者直接输入L2。

03 在“Table_array”文本框中输入查找区域。本例要在A2:J19区域查找，因此输入$A$2:$J$19，如图3-55所示，或者通过选中区域的方式输入查找区域，方法是：将鼠标光标定位在该文本框中，用鼠标拖动选中工作表中的A2:J19区域。按F4键在行号和列标前面加上绝对引用符号$将选区固定。

04 在“Col_index_num”文本框中输入查找列数。这里的列数从查找范围的第1列作为1，而要查找的总分在第10列，所以在该文本框中输入10，如图3-56所示，表示查找列“总分”是查找范围A2:J19区域的第10列。

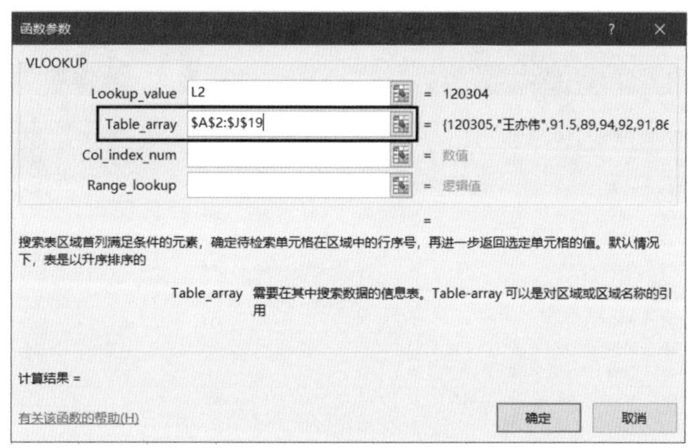

图3-55　输入查找区域

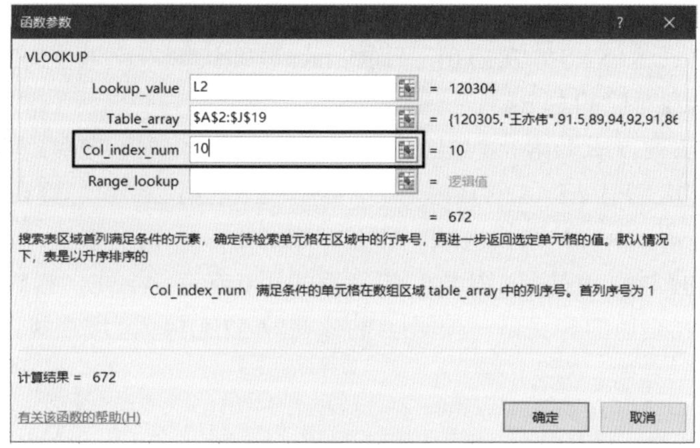

图3-56　输入查找的列数

05 在“Range_lookup”文本框中输入精确匹配的值。此例按照学号精确查找总分，因此参数输入为0或FALSE，如图3-57所示。

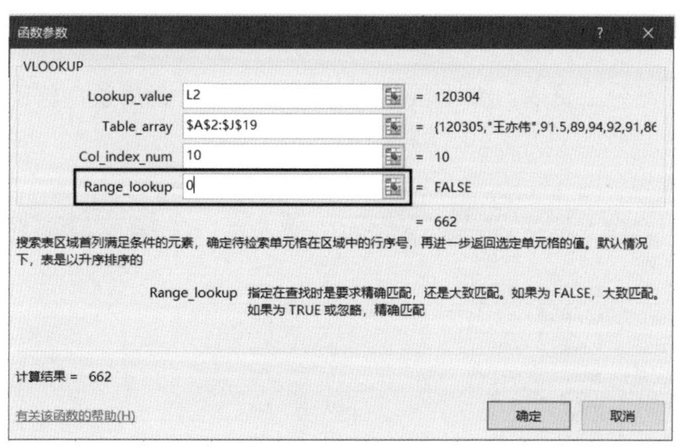

图3-57　输入精确匹配值

06 单击“确定”按钮，学号120304的总分显示在M2单元格，双击M2单元格填充柄，自动填充其他学号的“总分”，效果如图3-58所示。

M2 =VLOOKUP(L2,$A$2:$J$19,10,0)

学号	姓名	语文	数学	英语	生物	地理	历史	政治	总分		学号	总分
120305	王亦伟	92	89	94	92	91	86	86	630		120304	662
120203	刘柳地	93	99	92	86	86	73	92	621		120206	653
120104	陈大江	102	116	113	78	88	86	73	656		120104	656
120301	如意	99	98	101	95	91	95	78	657		120201	675
120306	满意	101	94	99	90	87	95	93	659			
120206	李以大	101	103	104	88	89	78	90	653			
120302	包娜娜	78	95	94	82	90	93	84	616			
120204	毛刘锋	96	92	96	84	95	91	92	646			
120201	庞程举	94	107	96	100	93	92	93	675			
120304	冬亦声	95	97	102	93	95	92	88	662			
120103	易扬	95	85	99	98	92	92	88	649			
120105	苏北放	88	98	101	89	73	95	91	635			
120202	吴玉华	86	107	89	88	92	88	89	639			

图3-58　按照学号查找的总分

如果公式使用熟练，可在M2单元格中直接输入公式“=VLOOKUP(L2,$A$2:$J$19,10,0)”或者“=VLOOKUP(L:L,$A$2:$J$19,10,0)”，按Enter键确认输入，双击M2单元格填充柄即可按照给定的学号查询到对应的总分。

由于查找值位于L列，所以第1参数L2也可以用L:L表达，表示按照L列的值进行查找。

在公式“=VLOOKUP(L2,$A$2:$J$19,10,0)”中，L2是第1参数，查找值，即按照L2的值查找；$A$2:$J$19是第2参数，查找区域，即在$A$2:$J$19区域中查找；10是第3参数，查找列在查找区域所处的列数；0是第4参数，精确查找用0或者FALSE，模糊查询省略不写或用非零值及TRUE。公式表达的含义是：按照L2的值在$A$2:$J$19区域查找，要查找的列在第10列，进行精确查找。

实例43　提取单元格数据：INDEX函数

INDEX函数既可以从单列中提取数据，也可以从单行中提取数据，还可以从行列交叉区域中提取数据，下面结合实例介绍INDEX函数从单列、单行及其交叉区域中提取数据的方法。

1. 从单列中提取单元格数据

图3-59是某单位部分工资表，要求按照工号查找奖金，查找条件位于H2单元格，查找结果放置在I2单元格。

工号	姓名	部门	基础工资	奖金	补贴		工号	奖金
S0140	刘宏伟	市场	3500	100	235		A0031	
M0010	陈已兰	管理	8000	100	255			
R0021	蔡士嘉	研发	11000	0	405			
A0044	毛雅君	行政	9600	400	225			
R0056	曾依依	研发	16400	700	470			
S0057	王齐琪	市场	12900	500	410			
S0046	周贝北	市场	8100	600	360			
R0024	爱以一	研发	8200	800	200			
A0031	陈华茹	行政	4800	300	315			
M0011	兰润紫	管理	4300	700	110			

图3-59　数据及查找条件

此例是按照H2单元格中的查找条件在E列中提取对应的数值，将提取的数值放置在I2单元格。所以在I2单元格中输入公式“=INDEX(E2:E11,9)”，按Enter键确认输入，即可提取查找条件对应的数据，如图3-60所示。

I2　=INDEX(E2:E11,9)

	A	B	C	D	E	F	G	H	I
1	工号	姓名	部门	基础工资	奖金	补贴		工号	奖金
2	S0140	刘宏伟	市场	3500	100	235		A0031	300
3	M0010	陈已兰	管理	8000	100	255			
4	R0021	蔡士嘉	研发	11000	0	405			
5	A0044	毛雅君	行政	9600	400	225			
6	R0056	曾依依	研发	16400	700	470			
7	S0057	王齐琪	市场	12900	500	410			
8	S0046	周贝北	市场	8100	600	360			
9	R0024	爱以一	研发	8200	800	200			
10	A0031	陈华茹	行政	4800	300	315			
11	M0011	兰润紫	管理	4300	700	110			

图3-60　提取工号对应的奖金

公式“=INDEX(E2:E11,9)”表示从E2:E11单元格区域中提取第9行的数据，即300。其中，E2:E11是提取数据(奖金)所在的单元格区域，9是查找条件“A0031”位于数据区域的第9行，所以此例中INDEX函数提取的是单列数据中指定行位置的数据，其语法结构如下。

```
INDEX( 单列区域，第几行 )
```

2. 从单行中提取单元格数据

在图3-61中，要求按照名称查找对应的金额，查找条件位于F2单元格，查找结果放置在G2单元格。

此例是按照F2单元格中的查找条件在第2行中提取对应的数值，将提取的数值放置在G2单元格。所以在G2单元格中输入公式“=INDEX(B2:D2,3)”，按Enter键确认输入，即可提取查找条件对应的数据，如图3-62所示。

M15

	A	B	C	D	E	F	G
1	名称	基础工资	奖金	补贴		名称	金额
2	金额	3500	100	235		补贴	
3							

图3-61　数据及查找条件

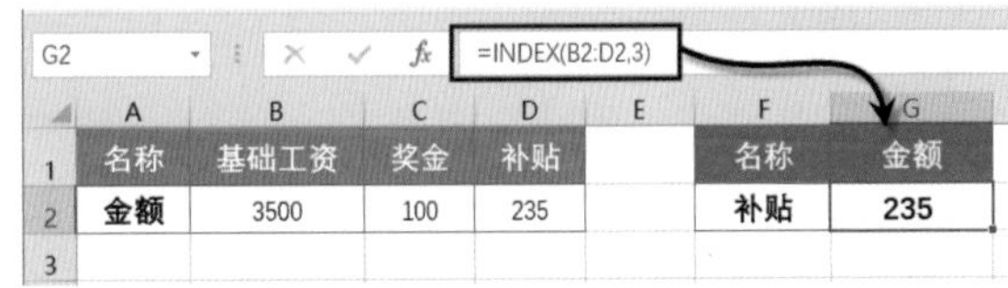

G2　=INDEX(B2:D2,3)

	A	B	C	D	E	F	G
1	名称	基础工资	奖金	补贴		名称	金额
2	金额	3500	100	235		补贴	235
3							

图3-62　提取补贴对应的金额

公式“=INDEX(B2:D2,3)”表示从B2:D2单元格区域中提取第3列的数据，即235。其中，B2:D2是提取数据(金额)所在的单元格区域，3是查找条件“补贴”位于数据区域的第3列，所以此例中INDEX函数提取的是单行数据中指定列位置的数据，其语法结构如下。

```
INDEX( 单行区域，第几列 )
```

3. 从行列交叉区域中提取单元格数据

在图3-63所示的工资表中，要求按照工号和名称双条件查找对应的金额，查找条件分别位于H2和I2单元格，查找结果放置在J2单元格。

	A	B	C	D	E	F	G	H	I	J
1	名称 工号	姓名	部门	基础工资	奖金	补贴		工号	名称	金额
2	S0140	刘宏伟	市场	3500	100	235		A0044	基础工资	
3	M0010	陈已兰	管理	8000	100	255				
4	R0021	蔡士嘉	研发	11000	0	405				
5	A0044	毛雅君	行政	9600	400	225				
6	R0056	曾依依	研发	16400	700	470				
7	S0057	王齐琪	市场	12900	500	410				
8	S0046	周贝北	市场	8100	600	360				
9	R0024	爱以一	研发	8200	800	200				
10	A0031	陈华茹	行政	4800	300	315				
11	M0011	兰润紫	管理	4300	700	110				

图3-63　数据及查找条件

此例是按照H2和I2单元格中的查找条件在第4行第3列(D列)交叉处单元格中提取数据，将提取的数据放置在J2单元格。所以在J2单元格中输入公式“=INDEX(B2:F11,4,3)”，按Enter键确认输入，即可提取查找条件对应的数据，如图3-64所示。

J2　=INDEX(B2:F11,4,3)

	A	B	C	D	E	F	G	H	I	J
1	名称 工号	姓名	部门	基础工资	奖金	补贴		工号	名称	金额
2	S0140	刘宏伟	市场	3500	100	235		A0044	基础工资	9600
3	M0010	陈已兰	管理	8000	100	255				
4	R0021	蔡士嘉	研发	11000	0	405				
5	A0044	毛雅君	行政	9600	400	225				
6	R0056	曾依依	研发	16400	700	470				
7	S0057	王齐琪	市场	12900	500	410				
8	S0046	周贝北	市场	8100	600	360				
9	R0024	爱以一	研发	8200	800	200				
10	A0031	陈华茹	行政	4800	300	315				
11	M0011	兰润紫	管理	4300	700	110				

图3-64　提取行列交叉区域中的数值

公式“=INDEX(B2:F11,4,3)”表示从B2:F11单元格区域中提取第4行第3列交叉处单元格的数据，即9600。其中，B2:F11是提取数据所在的单元格区域，4是查找条件“A0044”位于数据区域的第4行，3是查找条件“基础工资”位于数据区域的第3列，所以此例中INDEX函数提取的是指定行列交叉处单元格的数据，其语法结构如下。

```
INDEX(单元格区域，第几行，第几列)
```

以上是INDEX函数的3种基本用法。无论哪种用法，INDEX函数中的行、列参数数字都是手动输入的，若要使行、列参数数字随查找条件而变化，则可以使用MATCH函数获取行、列的位置，下面介绍MATCH函数的基本用法。

实例44　查找数据位置：MATCH函数

MATCH函数用于查找指定数据在指定区域中的位置，例如，在图3-65中，查找“R0056”在“工号”区域中的位置，将查找结果放置在E2单元格，操作步骤如下。

01 单击E2单元格，单击编辑栏中的“插入函数”按钮，在“插入函数”对话框中搜索MATCH函数，如图3-66所示，单击“确定”按钮，弹出“函数参数”对话框。

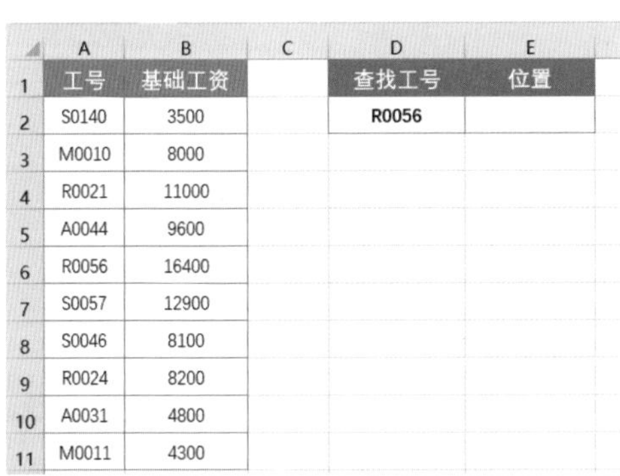

图3-65　数据及查找条件

图3-66　搜索MATCH函数

02 在“Lookup_value”文本框中输入查找值。查找值位于D2单元格，因此单击D2单元格或者直接输入D2，如图3-67所示。

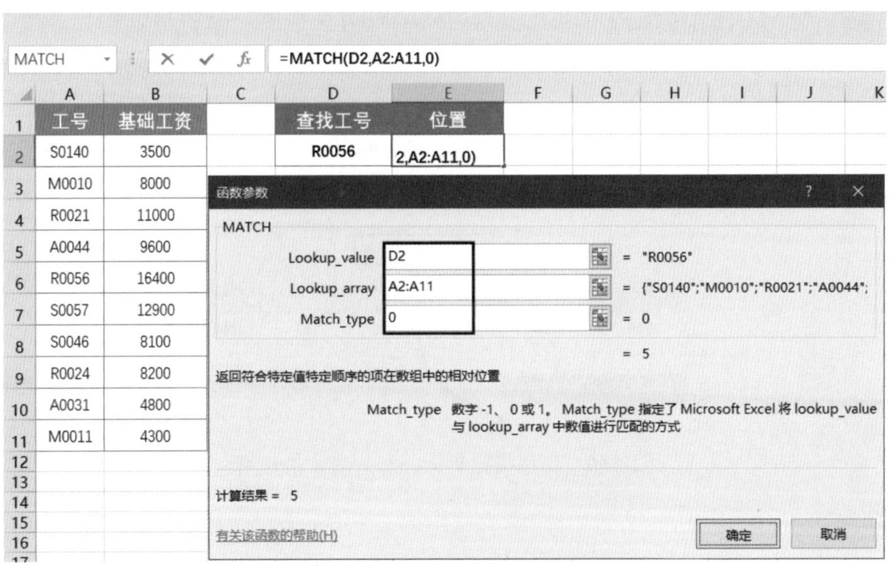

图3-67　设置MATCH函数的参数

03 在“Lookup_array”文本框中输入查找区域。本例要在A2:A11区域查找，因此输入A2:A11，或者将鼠标光标定位在该文本框中，用鼠标拖动选中工作表中的A2:A11区域。

04 在“Match_type”文本框中输入匹配类型的值。通常输入0，表示精确匹配。

05 设置完成后，单击“确定”按钮，工号“R0056”的相对位置显示在E2单元格，如图3-68所示，这里的5表示工号“R0056”在A2:A11区域中的位置是第5位。

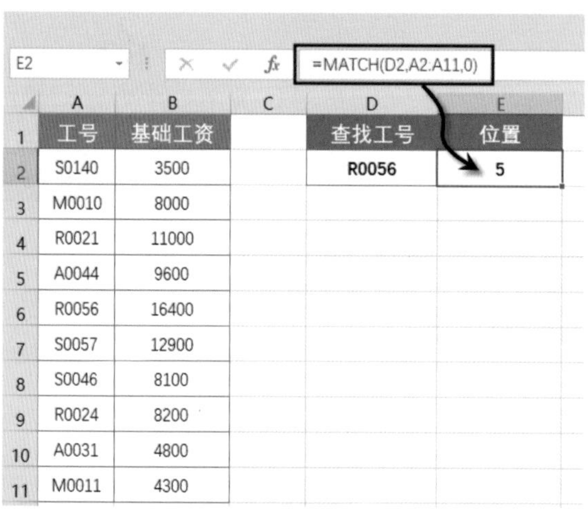

E2 =MATCH(D2,A2:A11,0)

	A	B	C	D	E
1	工号	基础工资		查找工号	位置
2	S0140	3500		R0056	5
3	M0010	8000			
4	R0021	11000			
5	A0044	9600			
6	R0056	16400			
7	S0057	12900			
8	S0046	8100			
9	R0024	8200			
10	A0031	4800			
11	M0011	4300			

图3-68　查找结果

如果公式使用熟练，可在E2单元格中直接输入公式“=MATCH(D2,A2:A11,0)”，按Enter键，即可查找到“R0056”在A2:A11区域中的位置为第5位，返回结果为5。

在公式“=MATCH(D2,A2:A11,0)”中，D2是第1参数，查找值，即按照D2的值查找；A2:A11是第2参数，查找区域，即在A2:A11区域中查找；0是第3参数，表示精确查找。公式的含义是按照D2的值在A2:A11区域中精确查找D2的位置，返回结果是数字。

综上所述，MATCH函数结构可以表示为：MATCH(查找值，查找区，0)。

MATCH函数不仅能查找指定数据在列区域中的位置，还可以查找指定数据在行区域中的位置。

在图3-69中，查找名称为“公积金”在第1行中的位置，在B5单元格中输入公式“=MATCH(A5,B1:F1,0)”，按Enter键，结果为4，表示“公积金”在B1:F1区域中位置是第4位。

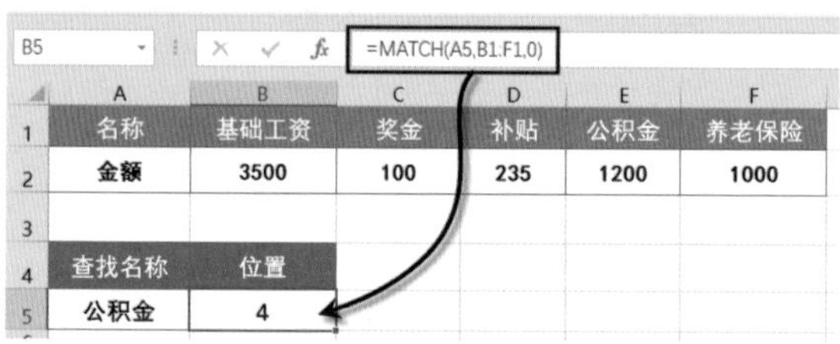

B5 =MATCH(A5,B1:F1,0)

	A	B	C	D	E	F
1	名称	基础工资	奖金	补贴	公积金	养老保险
2	金额	3500	100	235	1200	1000
3						
4	查找名称	位置				
5	公积金	4				

图3-69　查找指定数据在行区域中的位置

第 4 章　专业大气的可视化图表

在进行数据分析时，除了可以使用函数进行高效计算，还可以使用图表将数据直观、形象地展示出来。精心设计的图表不仅可以展示信息，还可以通过强大的展现方式增加影响力，帮助用户更好地对数据中所包含的意义进行分析，是数据可视化的重要形式，并且能够很好地体现数据分析的专业化。

实例 45　用折线图查看数据趋势

折线图是用多条直线段将各数据点连接起来的图形。使用折线图可以按照时间或类别显示数据的变化趋势。所以，若要展示数据随时间(每年、每月、每日、每季等间隔相等)产生的变化趋势，折线图最为适合。下面通过实例介绍数据趋势分析的经典图表折线图的创建及基础规范和美化。

某电商在京东店铺销售某一品牌服饰，全年各月销售数据如图4-1所示，要求根据该数据源创建如图4-2所示的折线图，目的是通过折线图查看全年各月的销售趋势变化情况，以便进一步调整销售策略。创建步骤如下。

	A	B
1	月份	销量
2	1月	345
3	2月	1300
4	3月	790
5	4月	589
6	5月	331
7	6月	590
8	7月	1100
9	8月	600
10	9月	710
11	10月	520
12	11月	310
13	12月	1000

图4-1　数据源

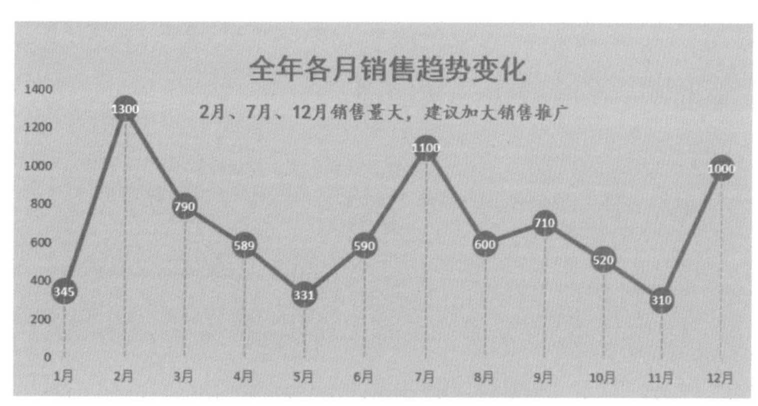

图4-2　折线图查看数据趋势

01 单击数据源中的任意单元格(如B4)，打开“插入”选项卡，进行如图4-3所示的设置，插入折线图，效果如图4-4所示。

02 此时的折线图是一张普通的图表，需要对其进行一些基础的规范和美化，使其既生动又美观。首先，设置图表背景。双击图表的外边框，弹出“设置图表区格式”窗格，选择图表背景颜色，如图4-5所示。

03 取消网格线。双击网格线，弹出“设置主要网格线格式”窗格，选中“无线条”单选按钮，如图4-6所示。

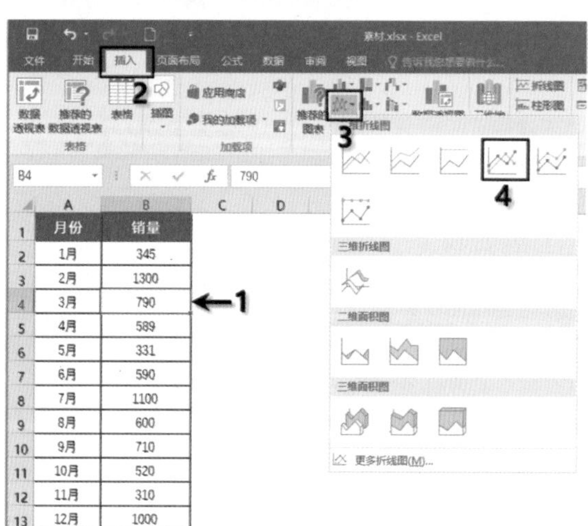

图4-3　设置插入折线图

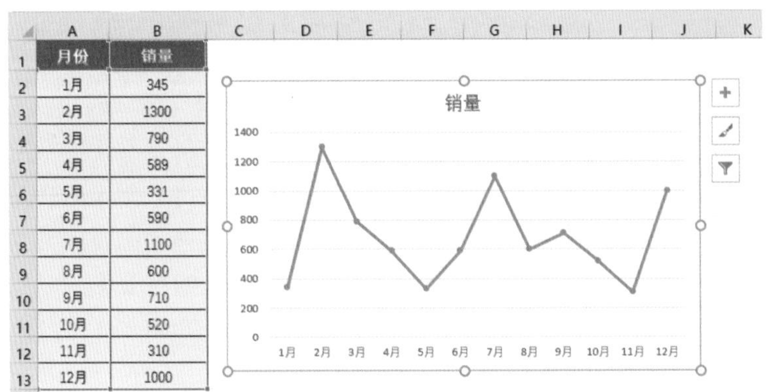

图4-4　插入折线图的效果

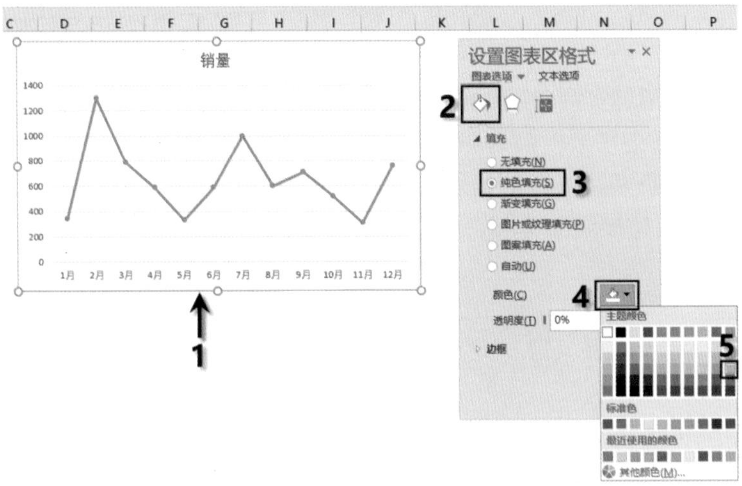

图4-5　设置图表背景颜色

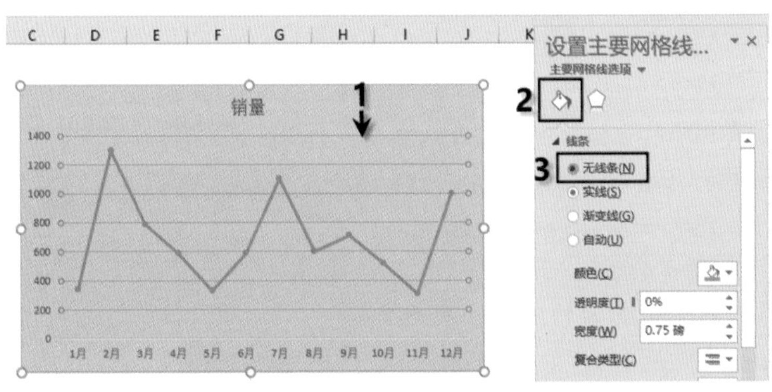

图4-6　取消网格线

04 设置折线图线条颜色。双击折线图的线条，弹出“设置数据系列格式”窗格，将折线图线条设置为如图4-7所示的颜色。

05 设置折线图线条粗细。在“设置数据系列格式”窗格中，将线条宽度设置为3磅，如图4-8所示。

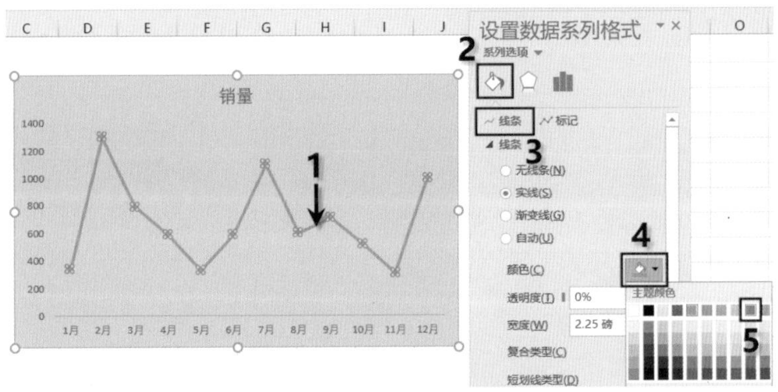

图4-7　设置折线图线条颜色

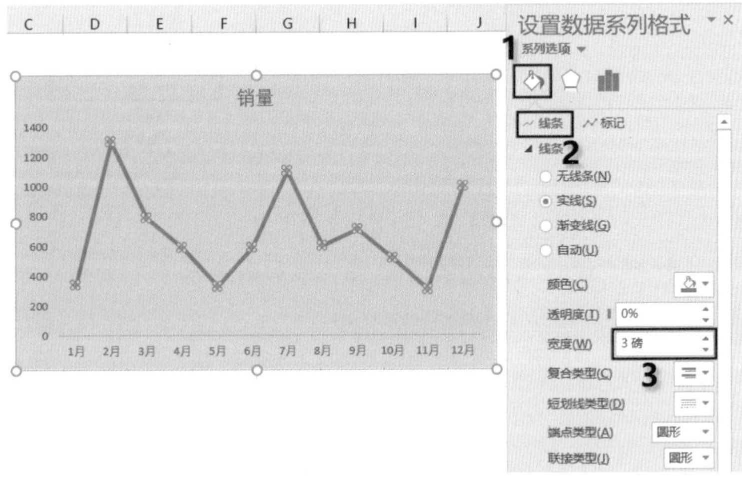

图4-8　设置折线图线条粗细

06 设置标记选项。将每个时间拐点的标记设置为如图4-9所示的内置类型、大小和填充颜色。标记边框设置为无线条，如图4-10所示，将标记颜色和连接的直线颜色完美融为一体。

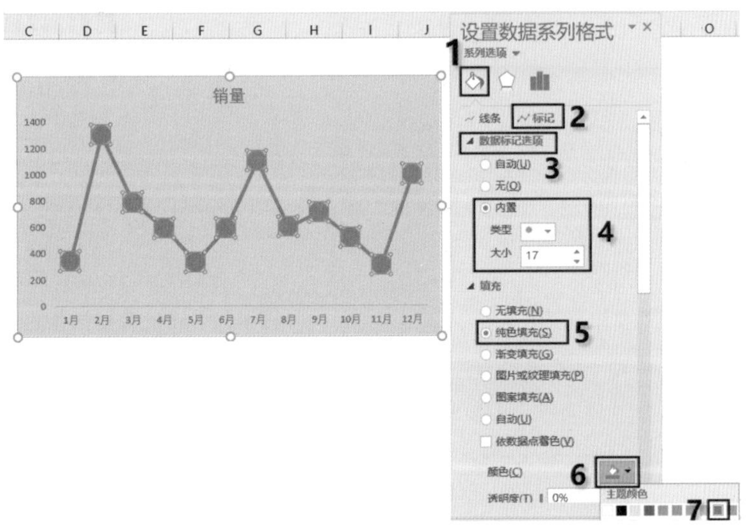

图4-9　设置标记选项

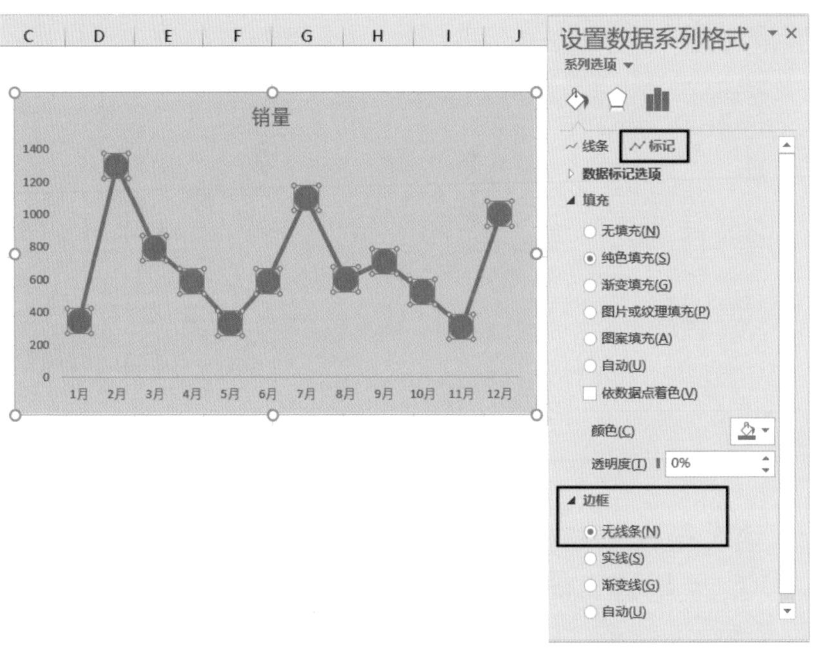

图4-10　设置标记无边框

07 添加数据标签。打开“设计”选项卡，单击“添加图表元素”按钮，在打开的下拉列表中单击“数据标签”|“居中”选项，如图4-11所示。

08 设置数据标签字体格式。打开“开始”选项卡，将字体颜色设置为“白色，背景1”，并加粗，如图4-12所示。

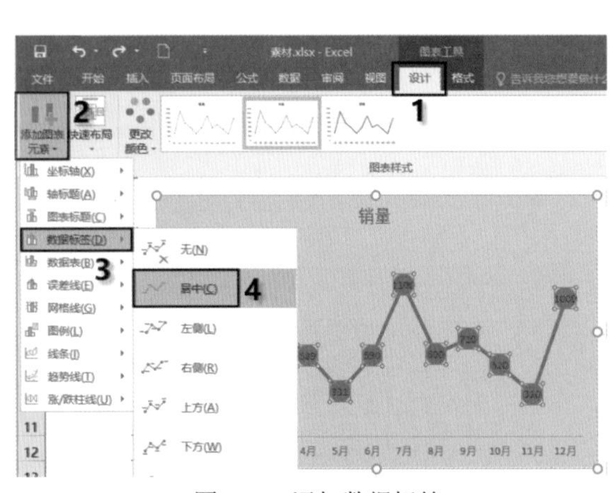

图4-11　添加数据标签

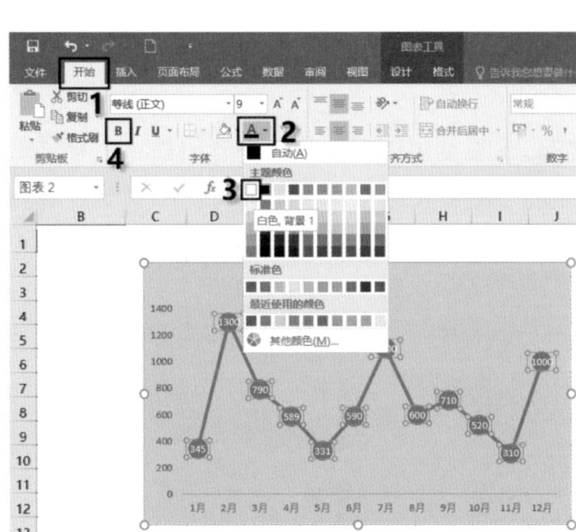

图4-12　设置数据标签的字体格式

09 为图表添加垂直线以增加视觉感受。打开“设计”选项卡，单击“添加图表元素”按钮，在打开的下拉列表中单击“线条”|“垂直线”选项，如图4-13所示。

10 设置垂直线的格式。双击垂直线，弹出“设置垂直线格式”窗格，将其设置为如图4-14所示的格式。

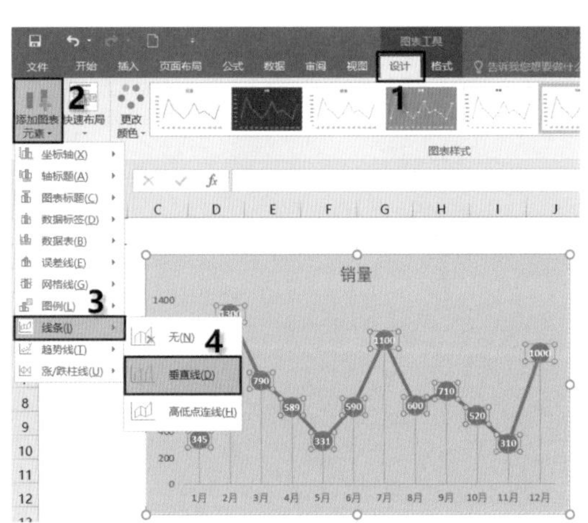

图4-13 为图表添加垂直线

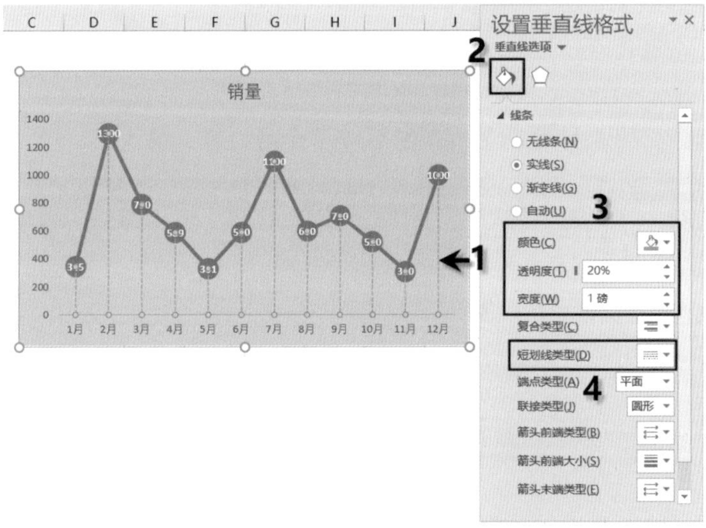

图4-14 设置垂直线格式

11 设置坐标轴的刻度与折线图上的数据标记一一对应。双击坐标轴，弹出“设置坐标轴格式”窗格，进行如图4-15所示的设置。

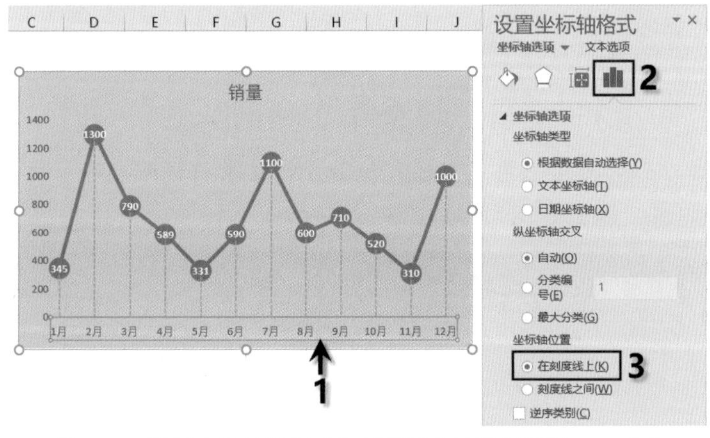

图4-15 设置坐标轴的刻度与折线图上的数据标记一一对应

12 取消坐标轴上的横线增强视觉的通透感。在“设置坐标轴格式”窗格中，将线条设置为“无线条”，如图4-16所示。

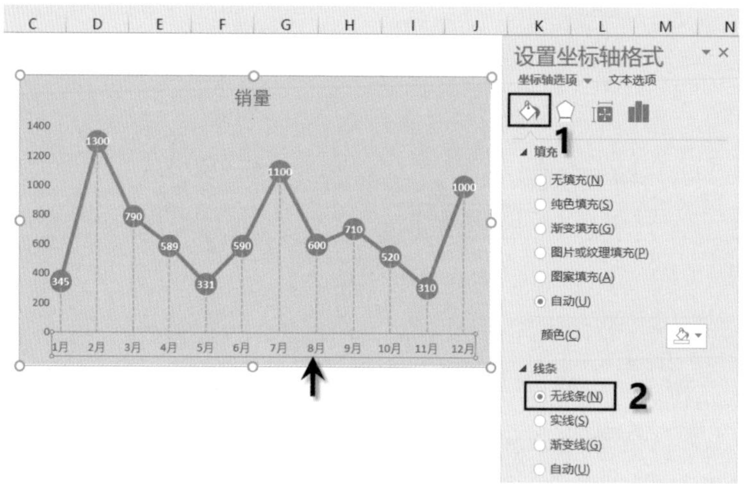

图4-16　取消坐标轴上的横线

13 添加图表标题。将图表标题设置为如图4-17所示的内容和格式。

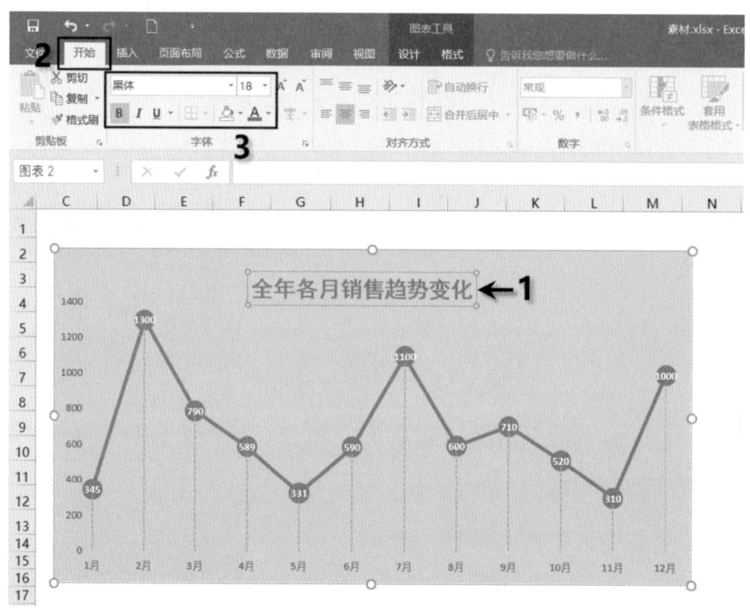

图4-17　添加图表标题并设置其格式

14 添加必要说明。在图表标题的下方插入趋势分析结果的说明文字，可以借助插入文本框自定义说明文字的内容，如图4-18所示。

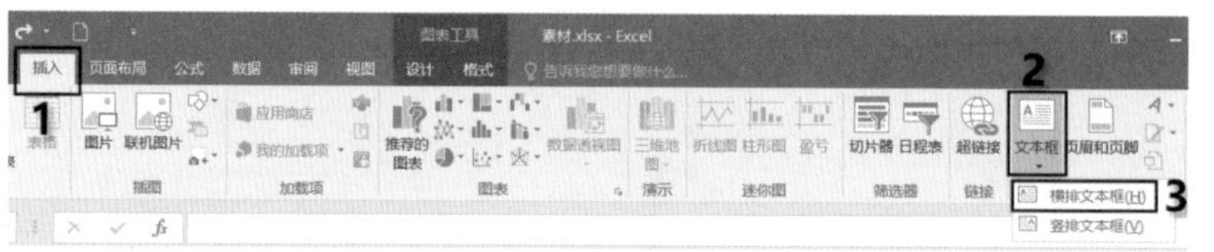

图4-18　插入文本框

15 在文本框中输入说明文字，然后在文本框边框上右击，在弹出的快捷菜单中选择“设置形状格式”选项，弹出“设置形状格式”窗格，将文本框设置为无填充、无线条，如图 4-19 所示。

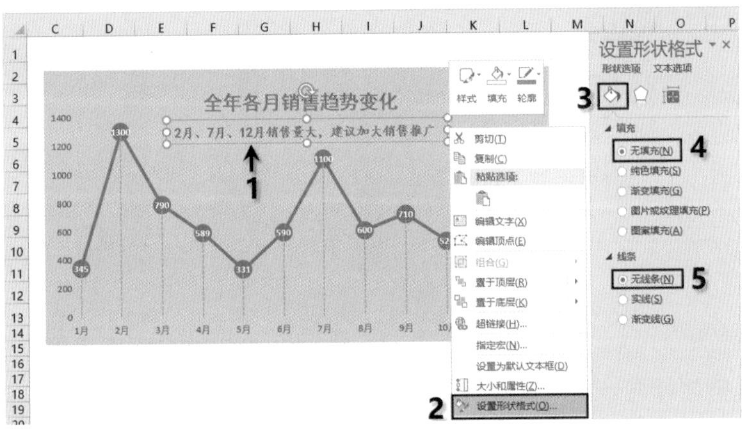

图4-19　设置文本框为无填充、无线条

16 如果要添加其他说明，使用同样的方法进行添加即可，最终效果如图 4-20 所示。

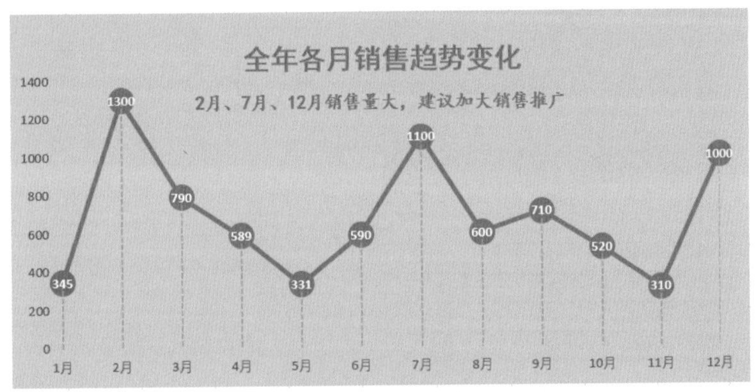

图4-20　最终效果

此折线图可以清晰地展现全年各月的销售变化趋势，如哪个月份销量高，哪个月份销量低，哪些月份销售持续低迷，哪些月份销售持续涨高，等等；还可以通过折线图找出隐藏在数据之间的销售规律，为日后的经营、决策提供重要依据，也为预测未来的销售情况提供数据依据。

实例 46　用柱形图展示数据对比

柱形图是Excel默认的图表类型，通常使用柱形图展示各项数据之间的对比关系。下面通过实例介绍数据对比分析常用图表柱形图的创建、基础规范和美化。

图4-21是各车间在第一季度生产的两种产品产量，要求根据该数据源对两种产品的产量进行对比分析。使用柱形图进行对比分析的效果如图4-22所示，具体操作步骤如下。

车间	笔记本/万台	台式机/万台
一车间	93	55
二车间	91	45
三车间	145	98
四车间	130	100
五车间	79	69
六车间	68	105

图4-21　数据源

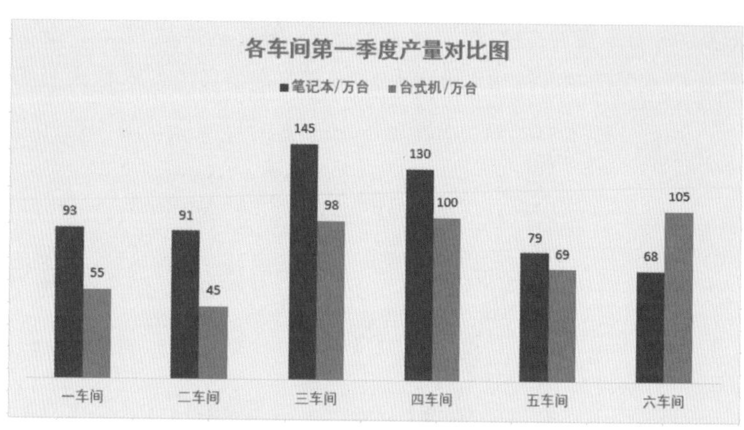

图4-22　柱形图对比分析效果图

01 单击数据源中的任意一个单元格(如C3单元格)，打开“插入”选项卡，单击“插入柱形图或条形图”按钮，在打开的列表中单击“簇状柱形图”，如图4-23所示，插入柱形图。

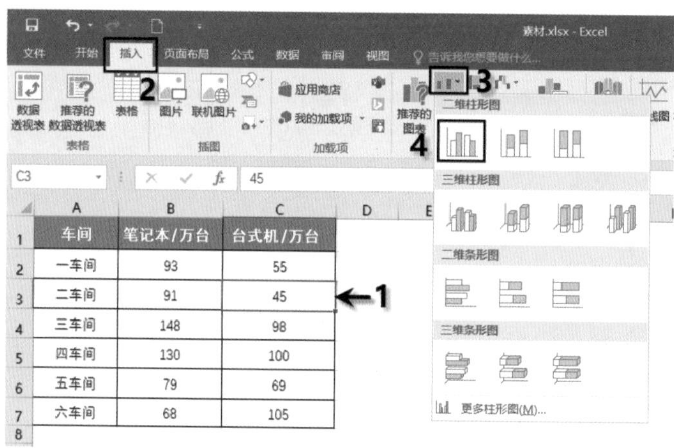

图4-23　插入柱形图

02 对图表进行基础的规范和美化。首先取消网格线。双击网格线，弹出“设置主要网格线格式”窗格，选中“无线条”单选按钮，如图4-24所示。

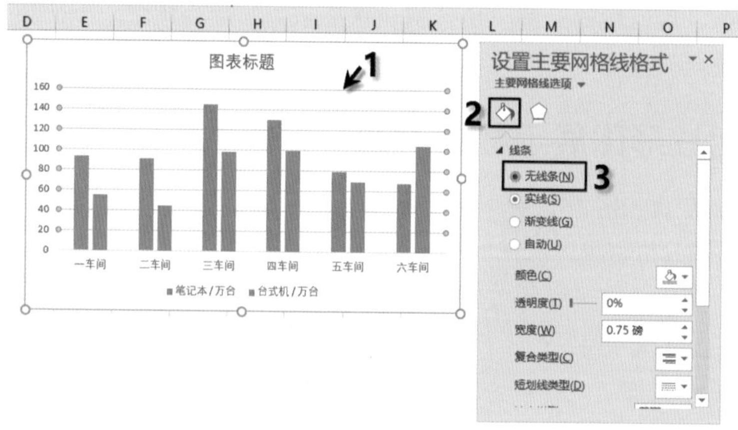

图4-24　取消网格线

03 删除纵坐标轴。选中纵坐标轴，按Delete键或者在纵坐标轴上右击，在弹出的快捷菜单中单击“删除”选项，如图4-25所示。

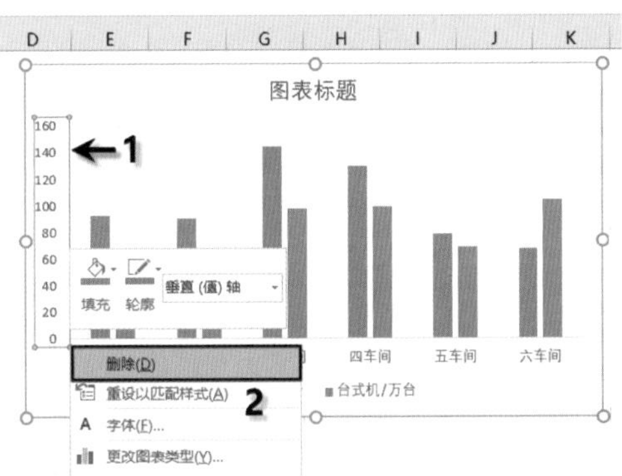

图4-25　删除纵坐标轴

04 设置数据系列的颜色。双击笔记本数据系列，弹出“设置数据系列格式”窗格，将数据系列设置为如图4-26所示的颜色。

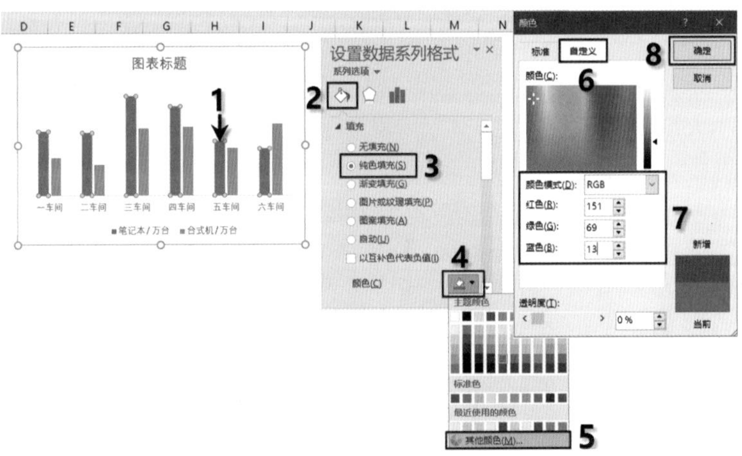

图4-26　设置笔记本数据系列的颜色

05 按照相同的方法，将台式机的数据系列设置为如图4-27所示的颜色。

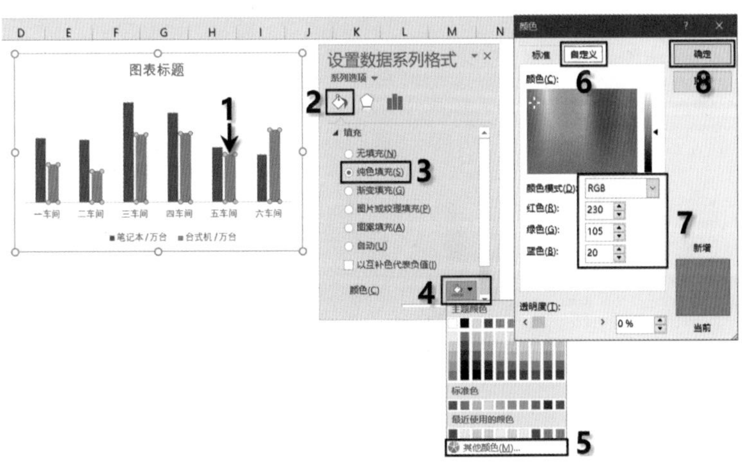

图4-27　设置台式机数据系列的颜色

06 取消两个数据系列(即两个柱子)之间的间隙，在“设置数据系列格式”窗格中，将“系列重叠”设置为0%，如图4-28所示。

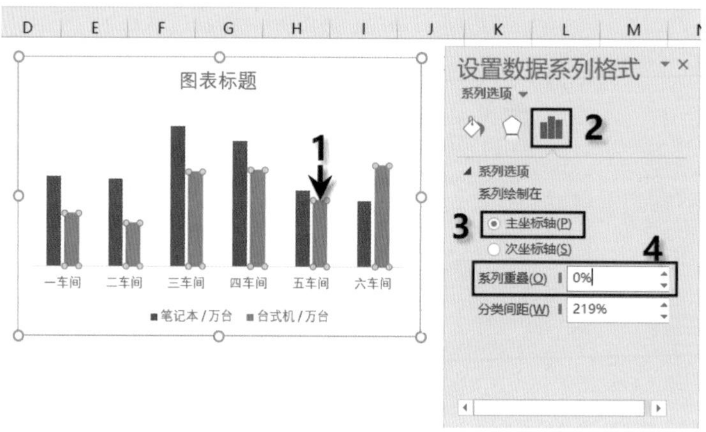

图4-28　取消两个数据系列之间的间隙

07 添加数据标签。选中台式机的数据系列，在数据系列上右击，在弹出的快捷菜单中单击“添加数据标签”|“添加数据标签”选项，如图4-29所示。按照相同的方法为笔记本的数据系列添加标签。

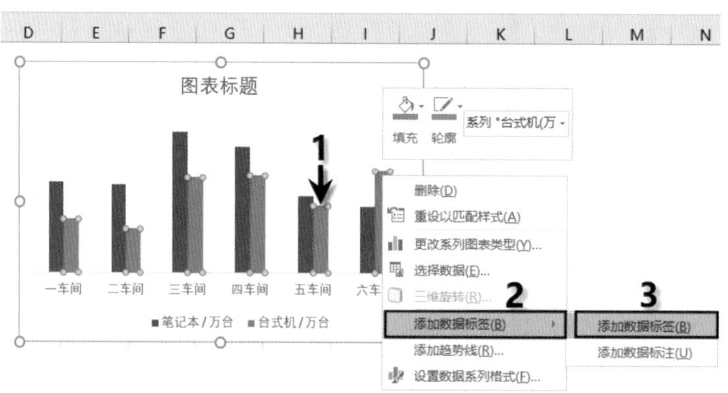

图4-29　为台式机的数据系列添加数据标签

08 设置图表背景。双击图表的外边框，弹出“设置图表区格式”窗格，选择图表背景颜色，如图4-30所示。

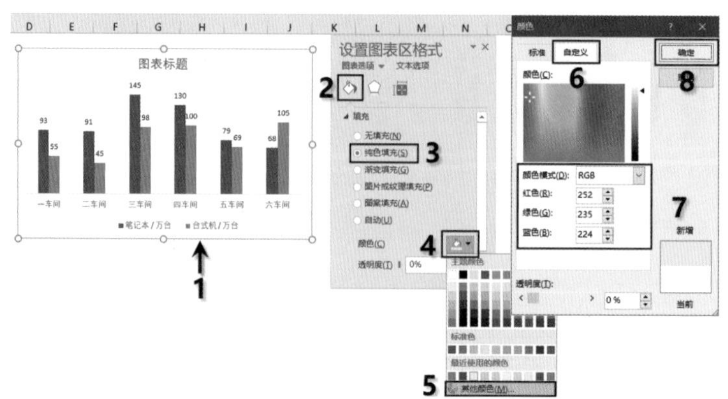

图4-30　设置图表区的背景

09 更改图例的位置。选中图例，单击图表右侧的“图表元素”按钮，在打开的列表框中进行如图 4-31 所示的设置。

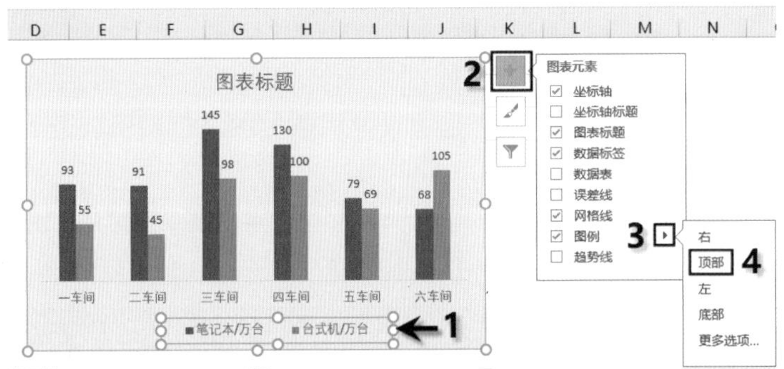

图 4-31　更改图例位置

10 添加图表标题。将图表标题设置为如图 4-32 所示的内容和格式。

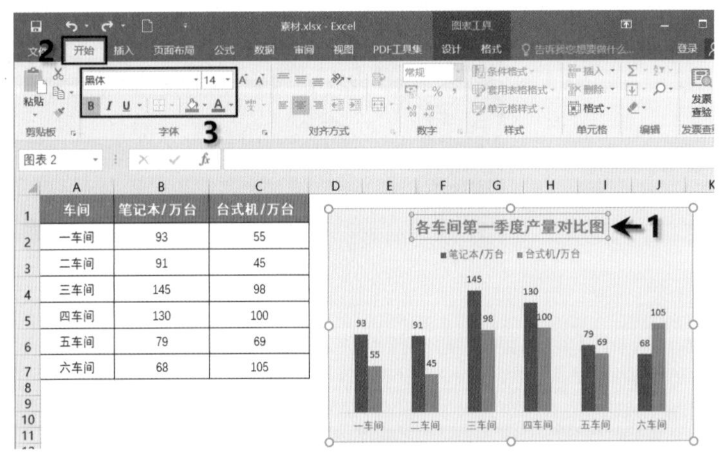

车间	笔记本/万台	台式机/万台
一车间	93	55
二车间	91	45
三车间	145	98
四车间	130	100
五车间	79	69
六车间	68	105

图 4-32　添加图表标题

11 设置图例格式。将图例设置为加粗，字体颜色和标题颜色相同。调整图表大小和位置，效果如图 4-33 所示。

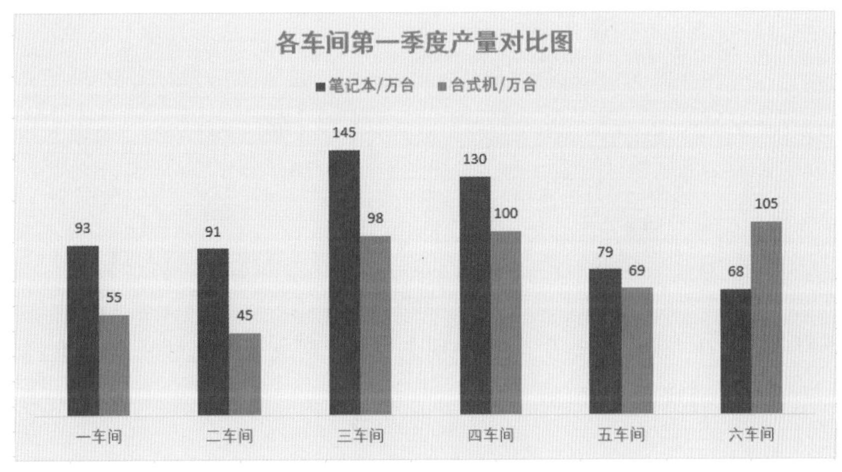

图 4-33　图表最终效果

至此，完成了对柱形图的基础规范和美化，根据需要可以进一步规范和美化。该柱形图清晰地展示了各车间第一季度两种产品产量的对比情况，从而更有效地指导了生产、决策。

实例 47 用条形图展示数据对比

数据对比除了使用柱形图进行展示，也可以使用条形图进行展示。下面通过实例介绍使用条形图进行数据对比的方法。

在图4-34所示的数据源中，对各车间第一季度笔记本产量进行了对比分析，使用条形图进行对比分析的效果如图4-35所示。具体操作步骤如下。

	A	B	C
1	车间	笔记本/万台	台式机/万台
2	一车间	93	55
3	二车间	91	45
4	三车间	145	98
5	四车间	130	100
6	五车间	79	69
7	六车间	68	105

图4-34 数据源

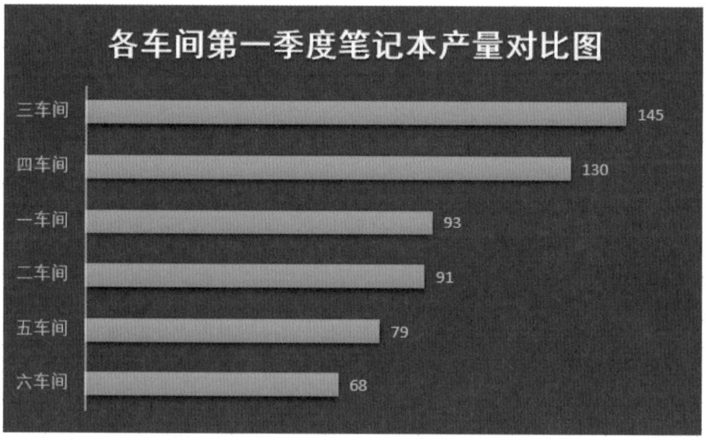

各车间第一季度笔记本产量对比图
三车间 145
四车间 130
一车间 93
二车间 91
五车间 79
六车间 68

图4-35 条形图对比分析效果图

01 插入条形图。选中A1:B7单元格区域，打开“插入”选项卡，单击“插入柱形图或条形图”按钮，在打开的列表中单击“簇状条形图”，如图4-36所示。

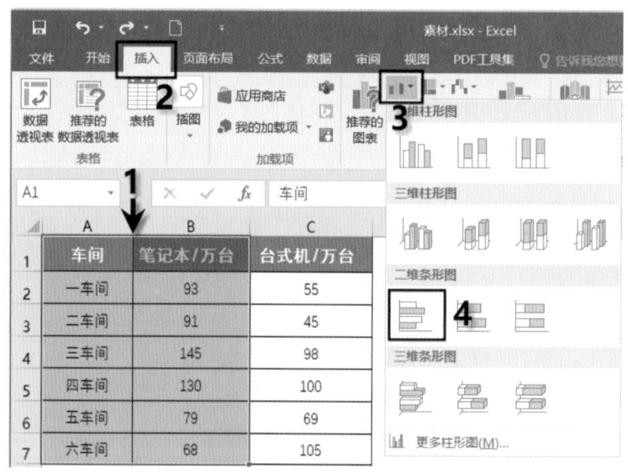

图4-36 插入条形图

02 应用图表样式。打开“设计”选项卡，在“图表样式”列表框中选择一种图表样式，如图4-37所示，该样式即可应用到该图表中。

图4-37　应用图表样式

03 删除网格线。选中网格线，如图 4-38 所示，按Delete键。

04 删除横坐标轴。选中横坐标轴，如图 4-39 所示，按Delete键。

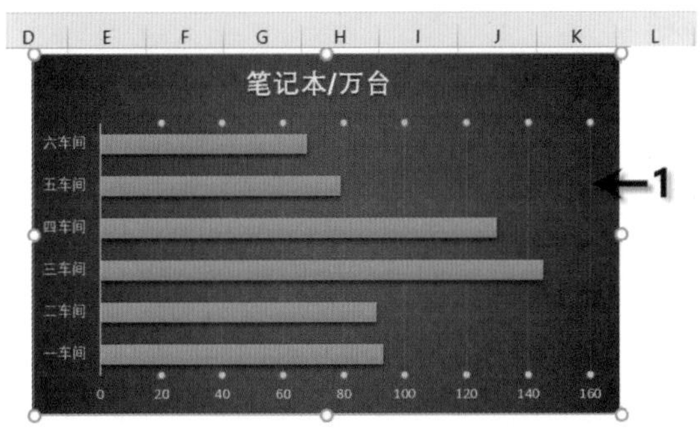

图4-38　删除网格线

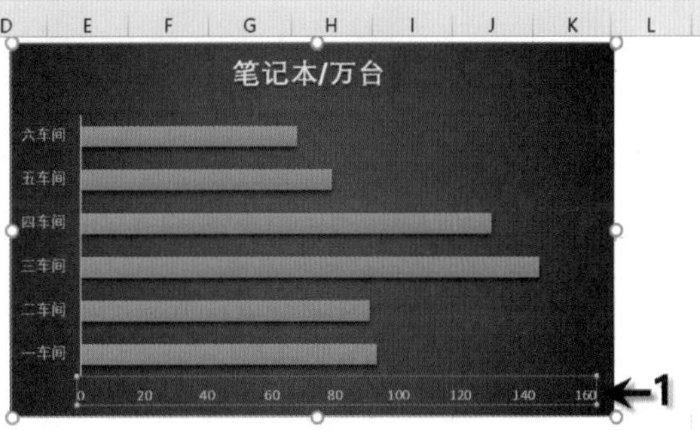

图4-39　删除横坐标轴

05 将纵坐标轴的数据名称顺序更改为与数据源顺序一致。双击纵坐标轴，弹出“设置坐标轴格式”窗格，选中“逆序类别”复选框，如图 4-40 所示。

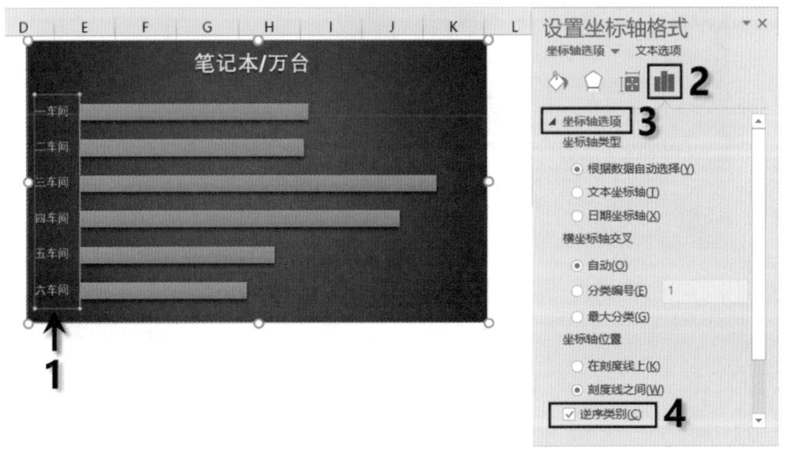

图4-40　将纵坐标的数据名称顺序更改为与数据源顺序一致

06 添加数据标签。在数据系列上右击，在弹出的快捷菜单中单击“添加数据标签”|“添加数据标签”，如图4-41所示。

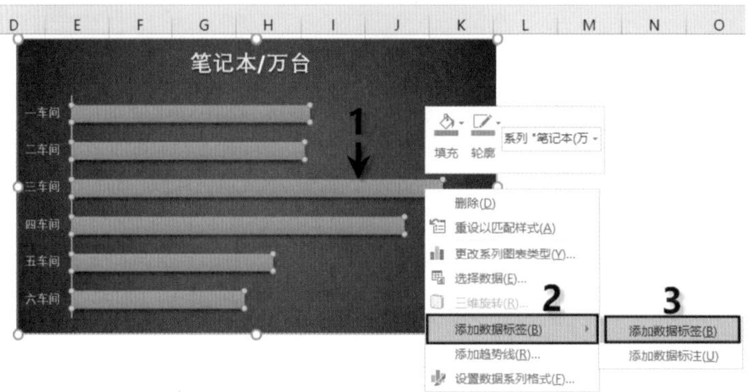

图4-41 添加数据标签

07 加大系列间距。双击数据系列，弹出“设置数据系列格式”窗格，设置分类间距为140%，如图4-42所示。

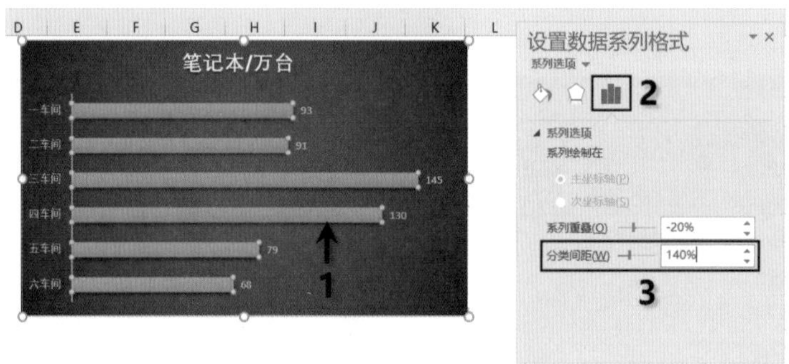

图4-42 设置分类间距

08 更改图表区背景颜色。选中图表，在“设置图表区格式”窗格中，将图表区背景填充为如图4-43所示的颜色。

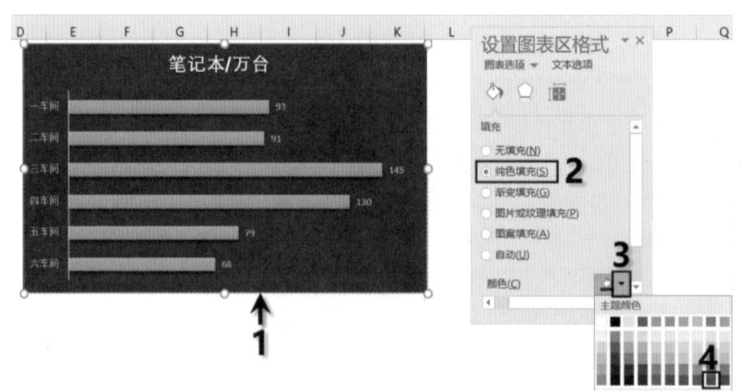

图4-43 更改图表区背景颜色

09 将数据系列从高到低排序。单击B列中的任意一个数据单元格(如B7单元格)，打开“数据”选项卡，单击“降序”按钮，如图4-44所示。

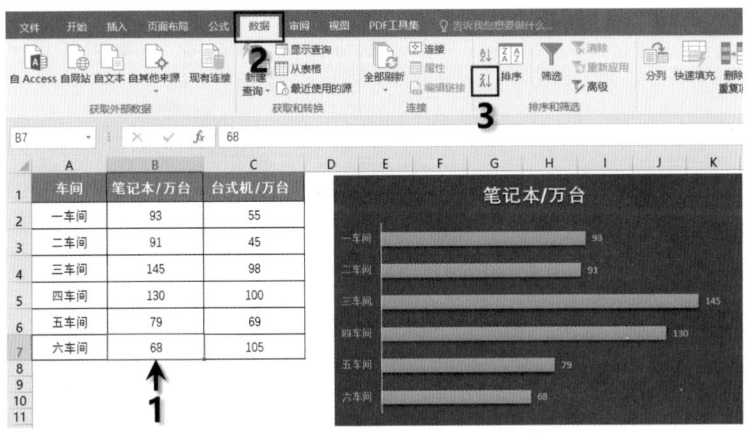

图4-44　将数据系列从高到低排序

10 添加图表标题。将图表标题设置为如图4-45所示的内容和格式。

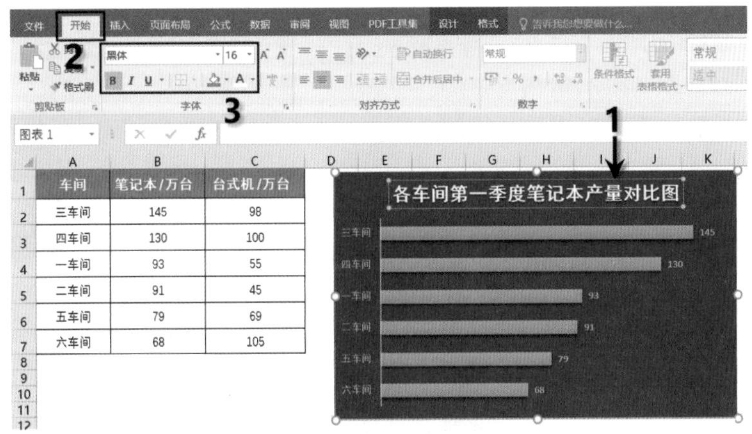

图4-45　设置图表标题和格式

至此，完成了条形图的创建和美化，根据需要可以进一步美化。该条形图清晰、直观地展示了各车间第一季度笔记本产量的对比情况。

由上可以看出，柱形图和条形图都可用于数据对比展示，二者的区别是数据系列的方向不同，柱形图的数据系列是在垂直方向上纵向延伸，而条形图的数据系列是在水平方向上横向延伸。当数据系列很多或系列名称较长时，优先使用条形图，因为这有利于数据系列的展开或系列名称的全部显示。

实例 48　用饼图展示数据占比

数据占比是工作中经常使用的数据分析方法。在Excel中可以使用饼图或圆环图进行数据占比分析，本节主要介绍使用饼图进行数据占比分析的方法。

图4-46是某公司2022年度的差旅报销情况，要求使用饼图展示各费用类别的差旅报销金额占比情况，并突出展示差旅报销金额最多的前3个系列的金额百分比，如图4-47所示。操作步骤如下。

	A	B
1	费用类别	金额/万元
2	飞机票	120
3	酒店住宿	200
4	餐饮费	500
5	火车票	300
6	出租车费	100
7	通讯补助	260

图4-46　数据源

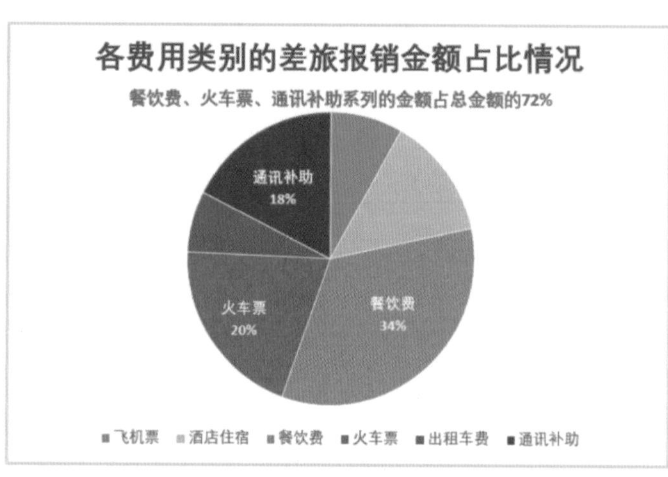

图4-47　使用饼图展示各费用类别的差旅报销金额占比情况

01 插入饼图。选中数据源中的任意一个单元格(如B3单元格)，打开“插入”选项卡，单击“插入饼图或圆环图”按钮，在打开的列表中单击“饼图”选项，如图4-48所示。

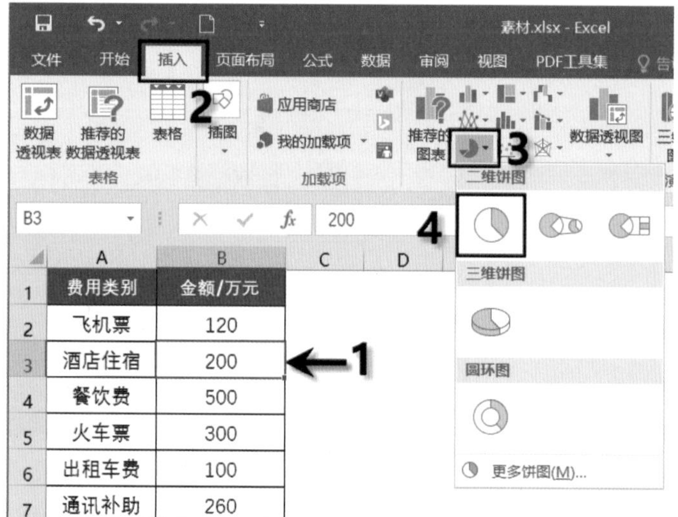

图4-48　插入饼图

02 更改图表颜色应用图表样式。选中图表，打开“设计”选项卡，单击“更改颜色”按钮，在打开的列表中选择一种颜色，在“图表样式”列表框中选择一种图表样式，如图4-49所示。

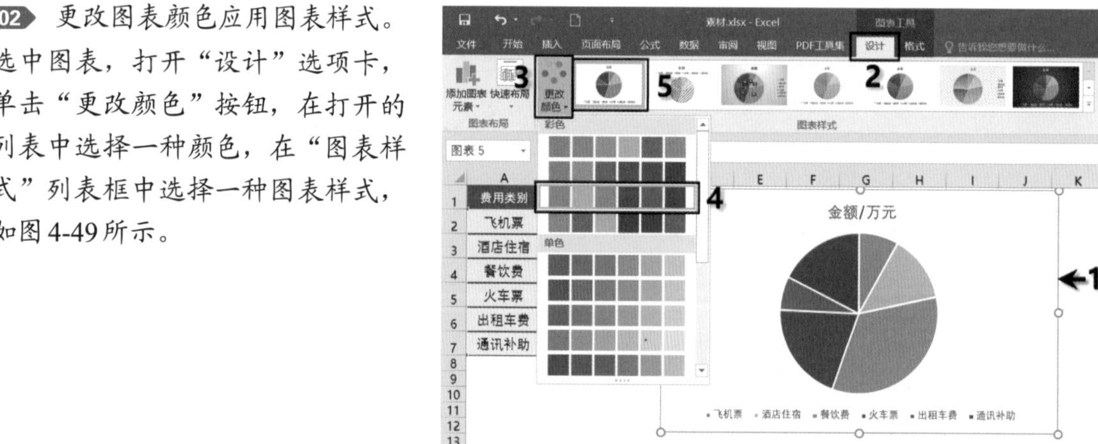

图4-49　更改图表颜色应用图表样式

03 更改某一数据系列填充颜色。饼中有6个数据系列的填充颜色，双击某一个数据系列，弹出“设置数据点格式”窗格，将其填充颜色设置为如图4-50所示的颜色。

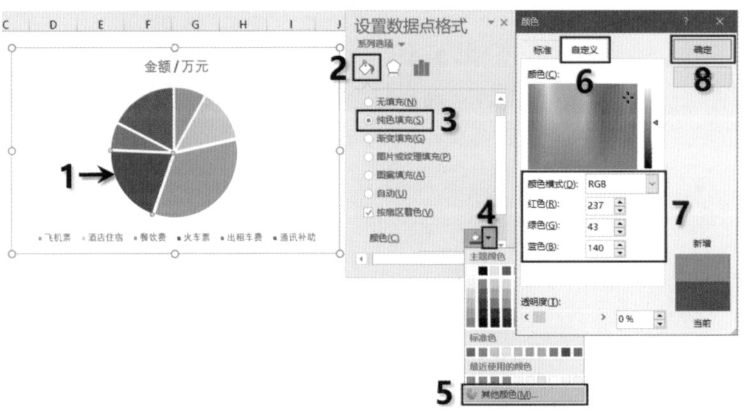

图4-50　更改某一数据系列填充颜色

04 调整饼图中数据系列之间框线(白色线)的粗细和颜色。选中饼图，在“设置数据点格式”窗格中，将数据系列之间的框线设置为如图4-51所示的宽度和颜色。

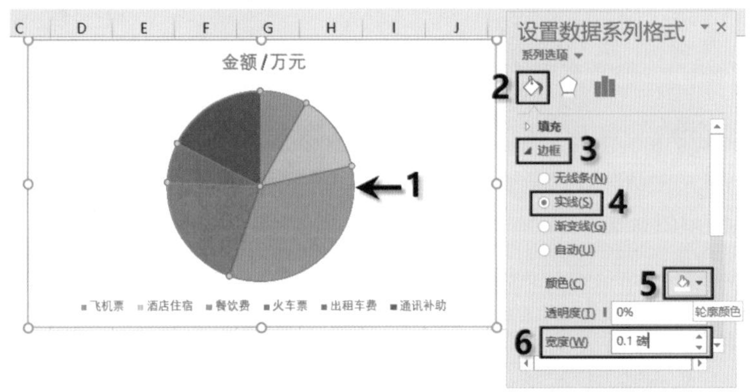

图4-51　调整饼图中数据系列之间框线的粗细和颜色

05 添加数据标签并设置其字体格式。选中图表，单击右上角的“图表元素”按钮，在展开的列表框中添加如图4-52所示的数据标签。选中数据标签，将其加粗，颜色设置为如图4-53所示的颜色。

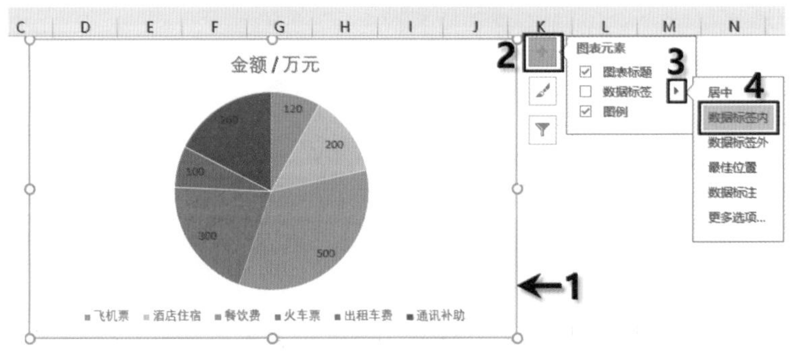

图4-52　添加数据标签

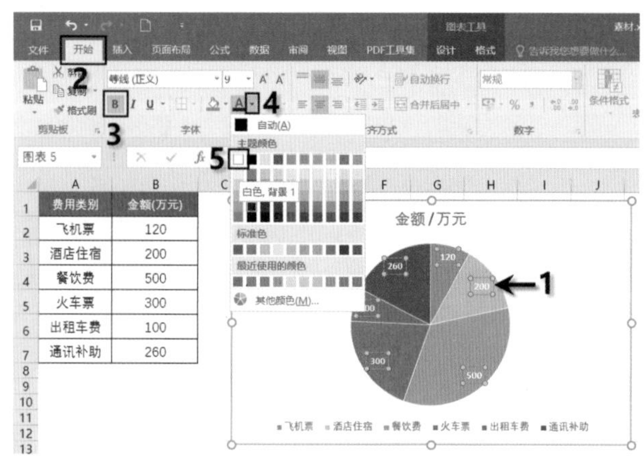

图4-53　设置数据标签字体格式

06 为数据标签添加类别名称，将数值更改为百分比显示。选中数据标签，在“设置数据标签格式”窗格中，选中如图4-54所示的标签选项。

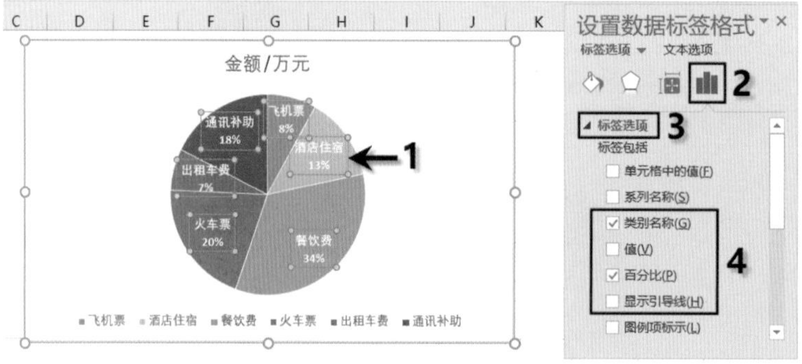

图4-54　设置数据标签格式

07 突出展示差旅报销金额最多的前3个系列的金额百分比。从饼图中可以看出报销金额最多的前3个系列分别是餐饮费、火车票、通讯补助，单独选中其余的3个数据标签，按Delete键删除，使其不再显示，如图4-55所示。

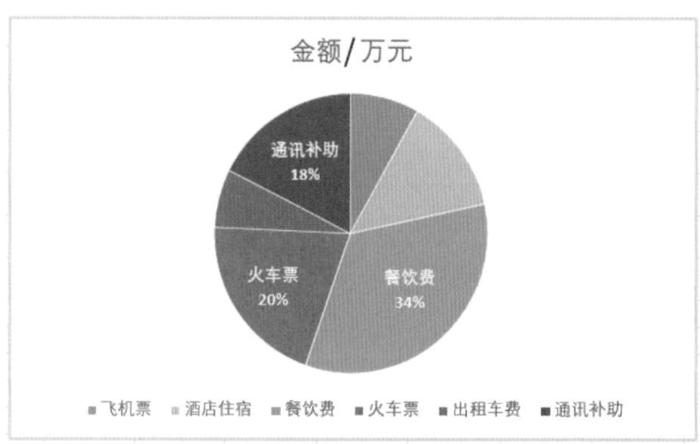

图4-55　突出展示差旅报销金额最多的前3个系列的金额百分比

08 添加图表标题和说明文字。将图表标题和说明文字设置为如图4-56所示的内容和格式。

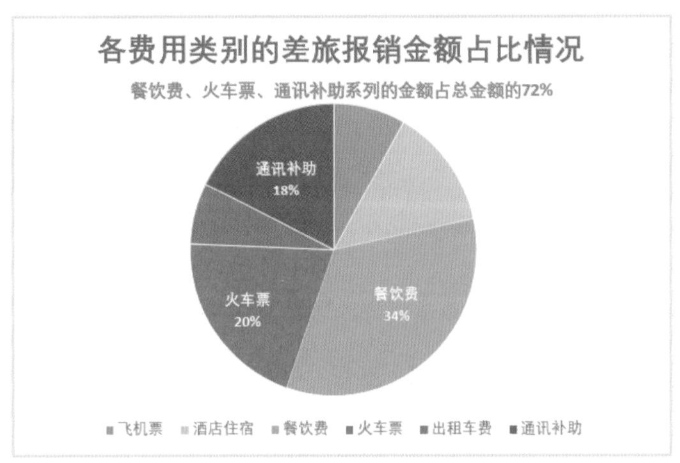

图4-56　添加图表标题和说明文字

这样便使用饼图完成了数据占比分析。在饼图中，每个扇形代表数据系列中的一项数据值，其大小表示该数据值占数据系列总和的比例。因此，饼图非常适合用来描述百分比、构成等信息。除此之外，还可以使用圆环图进行数据占比分析。

实例49　用圆环图展示数据占比

某超市一月份各类产品的销售额如图4-57所示。为推动市场销售，需要对各类产品的销售情况进行占比分析，现要求统计销售额最大的产品类别及占比情况，统计分析的结果如图4-58所示。

	A	B
1	产品类别	销售额/万元
2	饮料	15
3	日用品	55
4	谷类	10
5	肉类	25
6	调味品	5
7	水果	19

图4-57　数据源图

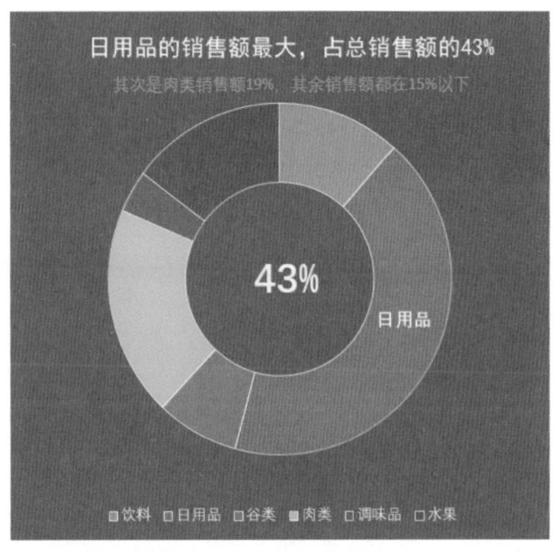

图4-58　销售额最大的产品类别及占比情况

01 插入圆环图。单击数据源中的任意一个单元格(如B3单元格)，打开“插入”选项卡，单击“插入饼图或圆环图”按钮，在打开的列表中单击“圆环图”选项，如图4-59所示。

02 调整圆环的大小。为了突出显示各类产品的占比情况，可以调大圆环。双击某一数据系列，弹出“设置数据系列格式”窗格，进行如图4-60所示的设置。

图4-59　插入圆环图

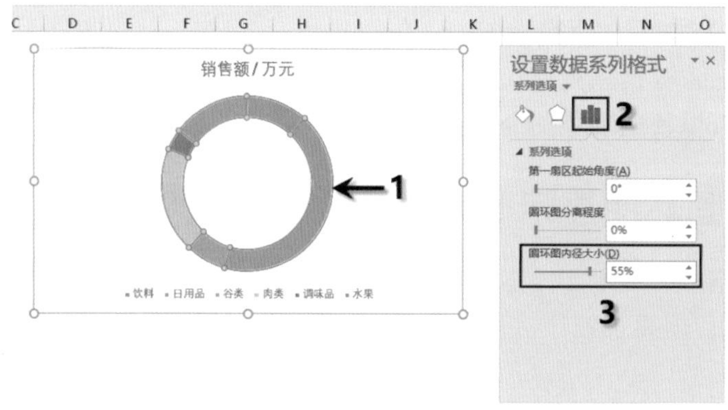

图4-60　调大圆环

03 调整图表大小和位置。选中图表，将鼠标指针放在任意控制点上，按住鼠标左键进行拖动，将图表调整到适合的大小，并将其移动到适当位置。

04 更改圆环图的颜色。选中图表，打开“设计”选项卡，单击“更改颜色”按钮，将其更改为如图4-61所示的颜色。

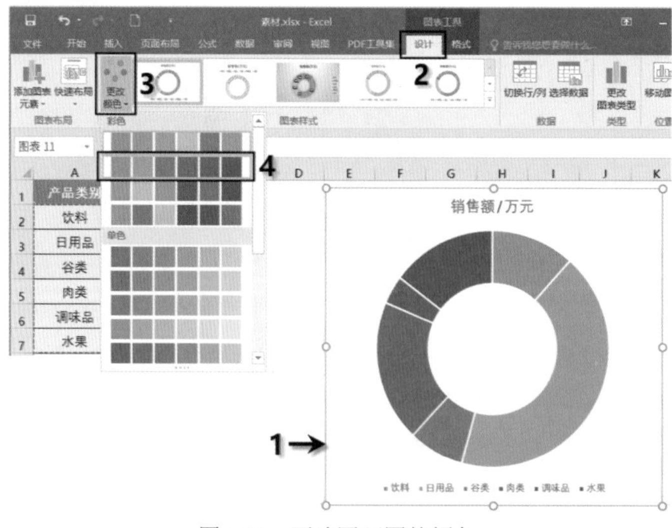

图4-61　更改圆环图的颜色

05 更改某一数据系列颜色。双击某一系列，弹出“设置数据点格式”窗口，将其填充为如图 4-62 所示的颜色。按照相同的方法将另一个数据系列填充为如图 4-63 所示的颜色。

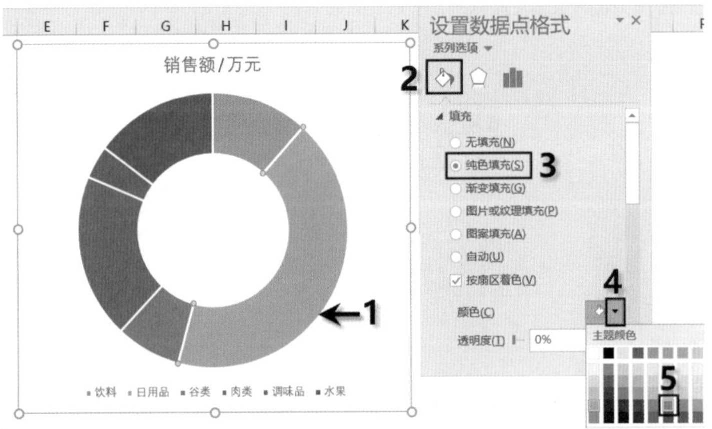

图 4-62　更改某一数据系列颜色

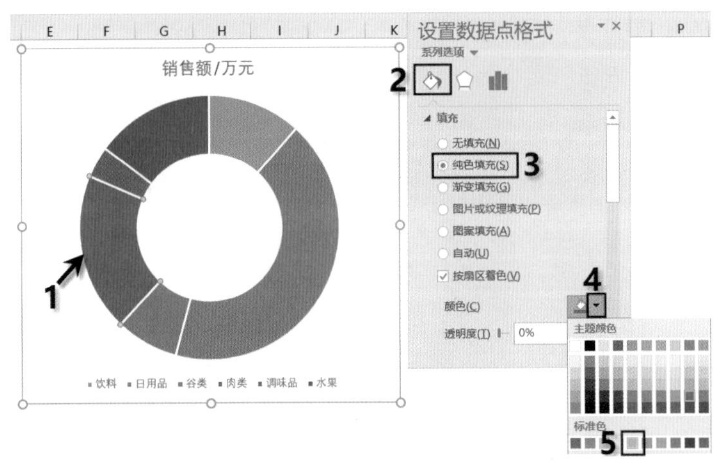

图 4-63　更改另一个数据系列颜色

06 调整圆环图中各系列边框的粗细。选中圆环图，将边框宽度调整为 0.1 磅，如图 4-64 所示。

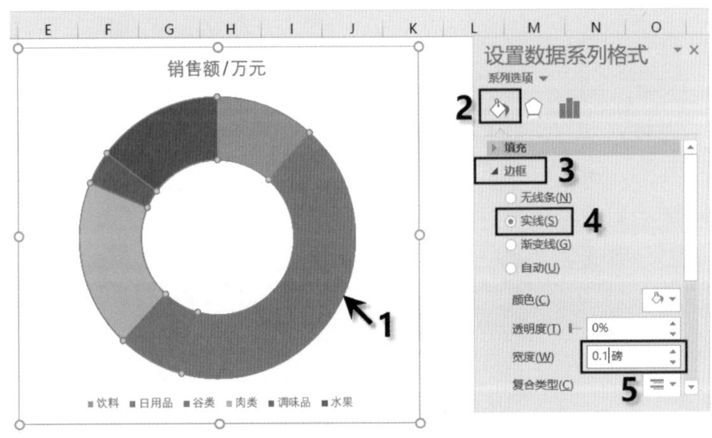

图 4-64　调整圆环图中各数据系列边框的粗细

07 填充图表背景色。选中图表，将图表背景填充为如图4-65所示的颜色。

08 设置图表标题和图例字体格式。分别选中图表标题和图例，依次将字体颜色设置为"白色，背景1"，并加粗，效果如图4-66所示。

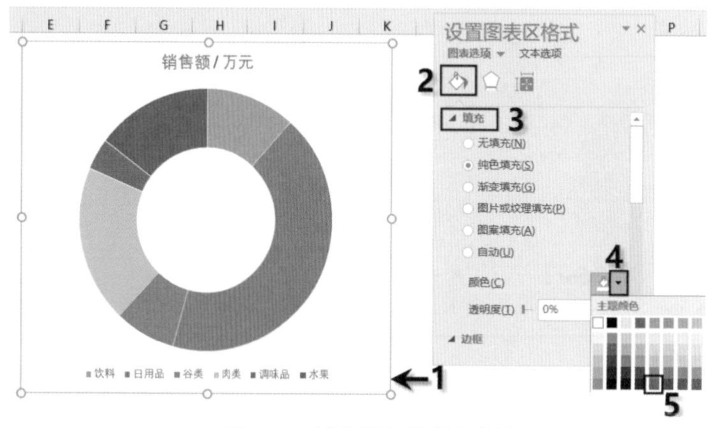

图4-65 填充图表的背景颜色

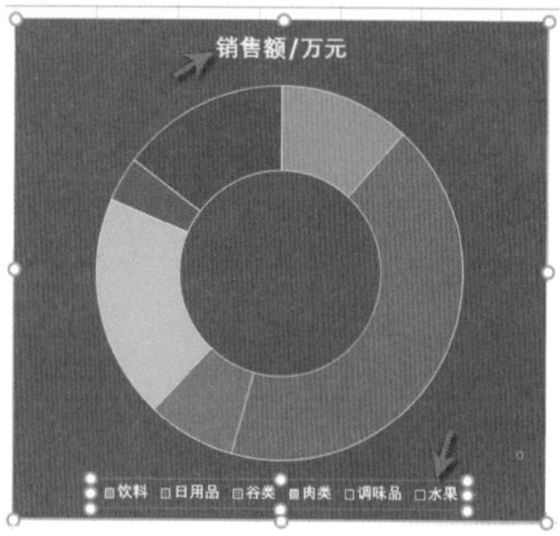

图4-66 设置图表标题和图例字体格式

09 为占比最大的数据系列添加数据标签。单独选中占比最大的数据系列，在该系列上右击，在弹出的快捷菜中单击"添加数据标签"|"添加数据标签"选项，如图4-67所示。

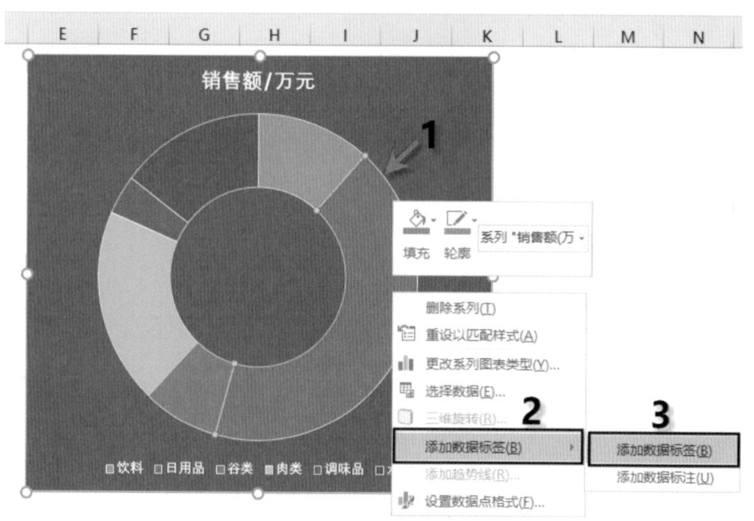

图4-67 添加数据标签

10 添加数据系列的类别名称。双击数据标签，弹出"设置数据标签格式"窗格，进行如图4-68所示的设置，并将其字体设置为加粗、颜色为"白色、背景1"，字号为12。

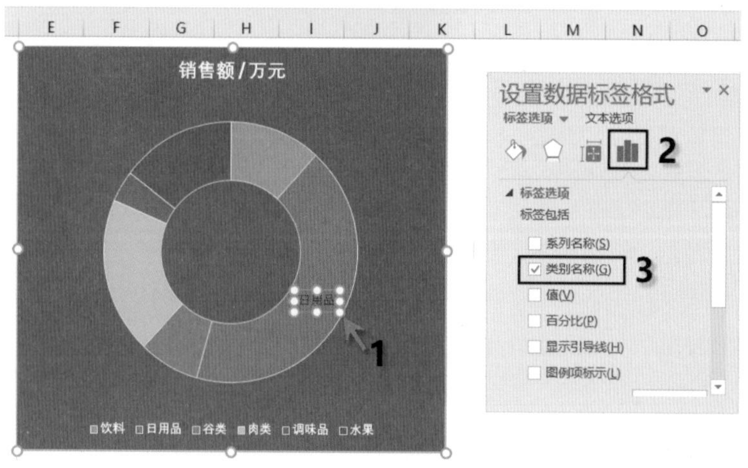

图4-68 添加数据系列类别名称

11 在数据源中添加占比的辅助列，如图4-69所示。

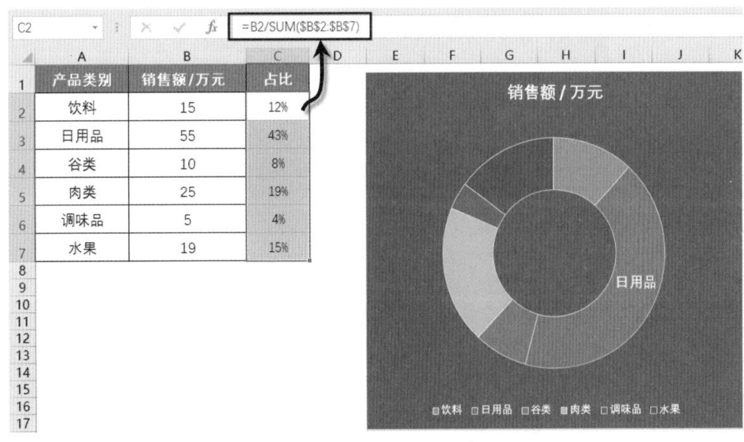

图4-69　添加占比的辅助列

12 在图表中心插入最大数据系列的占比。在图表中心插入文本框，选中文本框的边框，在编辑栏中输入公式“=Sheet1!$C$3”，如图4-70所示，按Enter键，文本框中的数据随C3单元格的数据变化而同步更新。

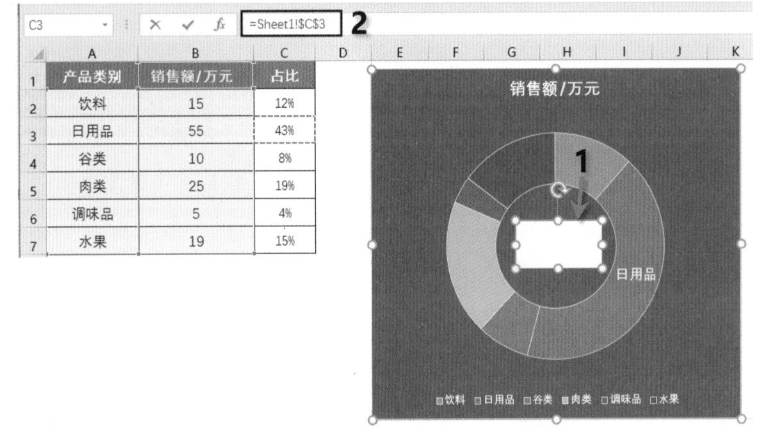

图4-70　在图表中心添加占比

13 取消文本框的填充颜色及轮廓。选中文本框，打开“绘图工具”的“格式”选项卡，单击“形状填充”按钮，在打开的列表中单击“无填充颜色”选项，如图4-71所示。按照相同的方法，设置文本框无轮廓，如图4-72所示。将字体设置为白色，加粗、加大字号。

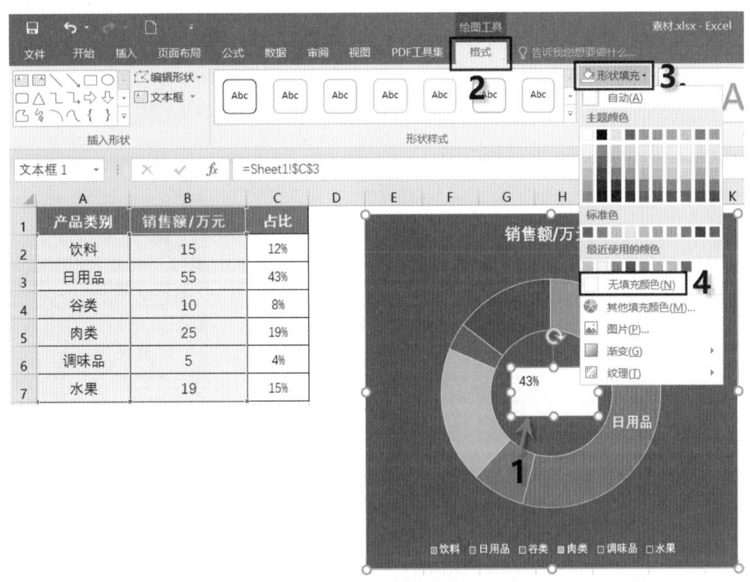

图4-71　设置文本框无填充颜色

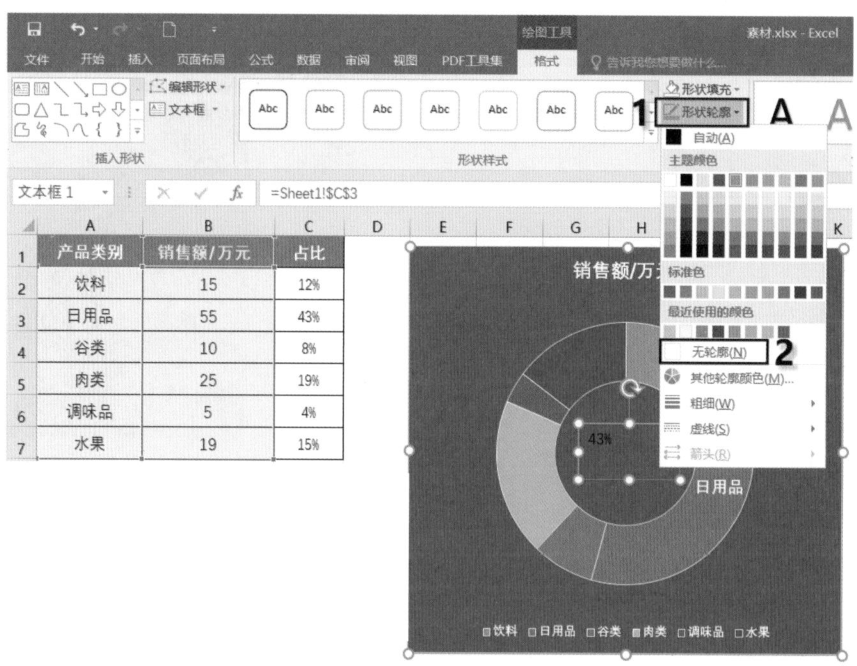

	A	B	C
1	产品类别	销售额/万元	占比
2	饮料	15	12%
3	日用品	55	43%
4	谷类	10	8%
5	肉类	25	19%
6	调味品	5	4%
7	水果	19	15%

图4-72　设置文本框无轮廓

14 添加图表标题和说明文字。插入文本框，分别输入如图4-73所示的标题、说明文字，并设置适当的格式。

15 将多个对象组合为一个对象。按住Ctrl键，依次选中图表、中心占比文本框、标题文本框、说明文字文本框，打开“格式”选项卡，单击“组合”|“组合”按钮，如图4-74所示，将4个对象组合为一个对象。组合后，移动图表，其余3个对象随之同步移动。

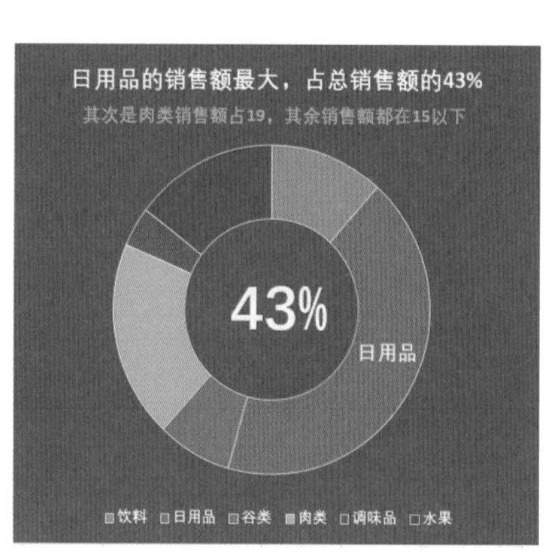

图4-73　添加图表标题和说明文字

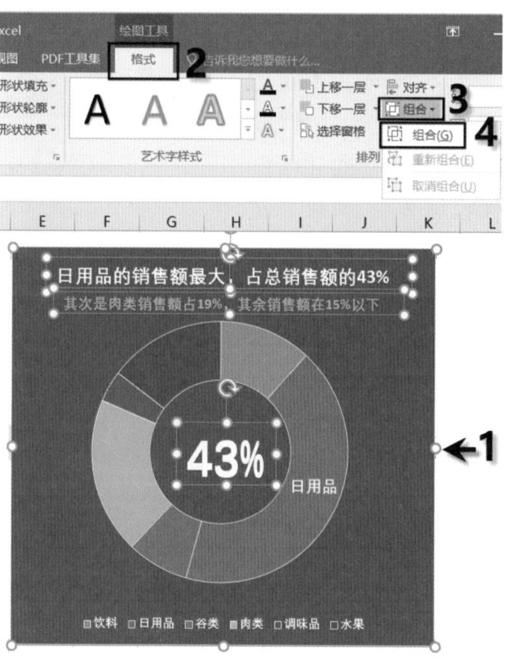

图4-74　将多个对象组合为一个对象

由上可以看出，使用圆环图既可以展示各数据系列的构成占比，又可以在圆环中心显示主要占比数据。当数据源中的数据发生变化时，圆环中的占比与百分比数据同步更新。

实例 50　组合图展示多种数据分析维度

组合图是指在同一个图表中分别针对不同的数据系列应用不同的图表类型，以便更准确、更合理地展示数据特征和信息，实现更加复杂的数据分析需求。下面结合实例具体介绍。

某在线销售企业拥有各年龄段的男顾客，后因业务拓展，开始接收女顾客，图4-75是该企业3月份的顾客人数，企业要求对比各年龄段男顾客和女顾客人数情况，并对各年龄段顾客总人数的情况做趋势分析和展示，制作完成的组合图如图4-76所示。

	A	B	C	D
1	年龄段	男顾客人数	女顾客人数	顾客总人数
2	30岁以下	3	1	4
3	30~34岁	2	5	7
4	35~39岁	2	1	3
5	40~44岁	8	9	17
6	45~49岁	15	11	24
7	50~54岁	16	3	17
8	55~59岁	11	6	17
9	60~64岁	5	2	5

图4-75　数据源

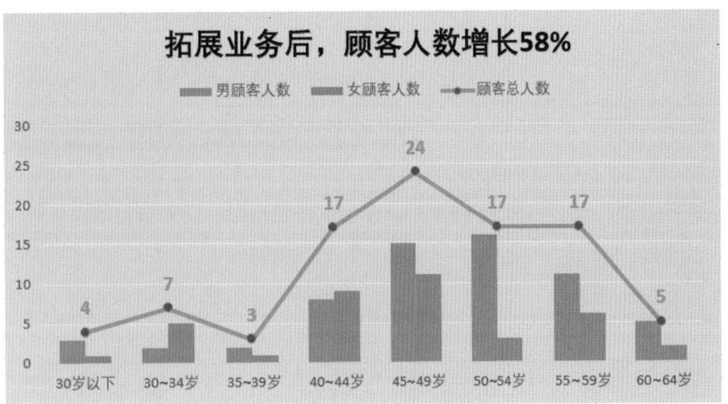

图4-76　制作完成的组合图

在本例中企业有两种展示需求，一是数据对比，二是数据趋势，数据对比可以使用柱形图进行展示，数据趋势使用折线图进行展示，也就是使用柱形图和折线图的组合图来满足数据对比和数据趋势的展示需求。

制作组合图时，先根据多个数据系列插入图表，然后选中图表中的某个数据系列更改其图表类型。具体操作步骤如下。

01 单击数据源中的任意一个单元格(如C1单元格)，打开“插入”选项卡，插入柱形图，如图4-77所示，将图表调整到适当大小。

02 选中图表中“顾客总人数”数据系列(灰色柱形图)，打开“设计”选项卡，单击“更改图表类型”按钮，如图4-78所示。

03 弹出“更改图表类型”对话框，设置“顾客总人数”的图表类型为带数据标记的折线图，选中“次坐标轴”复选框，将其放置在次坐标轴上，如图4-79所示。

	A	B	C	D
1	年龄段	男顾客人数	女顾客人数	顾客
2	30岁以下	3	1	
3	30~34岁	2	5	
4	35~39岁	2	1	
5	40~44岁	8	9	
6	45~49岁	15	11	
7	50~54岁	16	3	
8	55~59岁	11	6	17
9	60~64岁	5	2	5
10	65~69岁	5	1	5

图4-77　插入柱形图

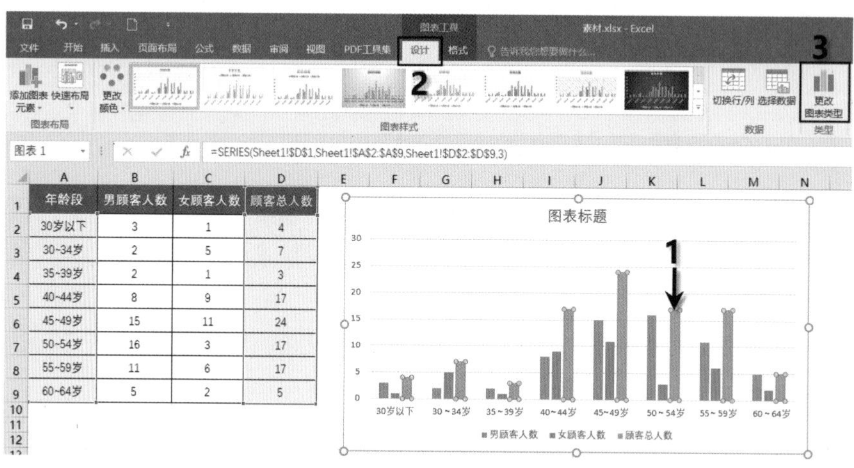

图4-78　更改图表类型

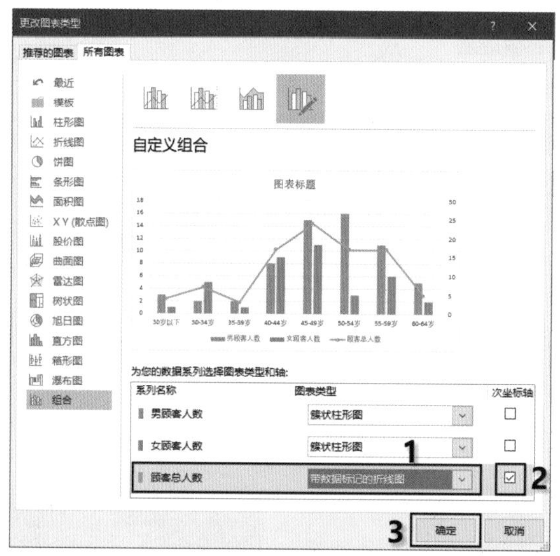

图4-79　设置“顾客总人数”的图标类型和轴

04 双击任意一个柱形数据系列，弹出“设置数据系列格式”窗口，设置系列重叠和分类间距，如图4-80所示。

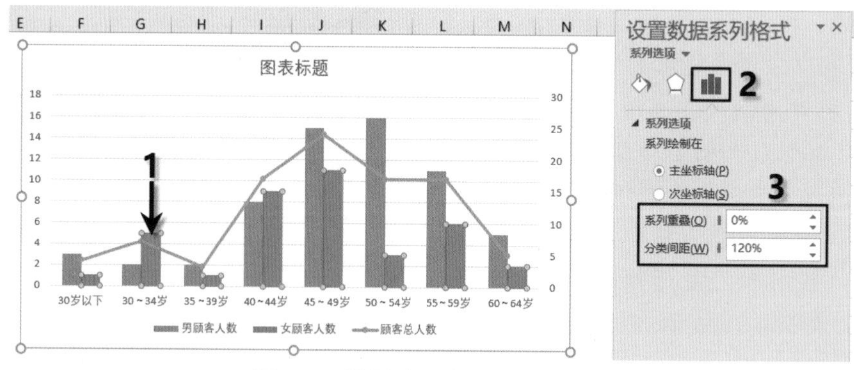

图4-80　设置系列重叠和分类间距

05 双击折线图，将其线条设置为如图4-81所示的颜色。

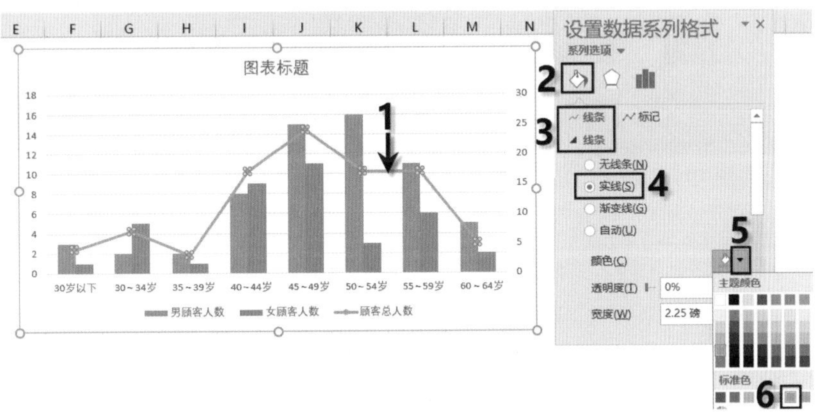

图4-81　设置折线图线条的颜色

06 将折线图中的每个年龄段拐点标记设置为如图4-82所示的内置类型、大小和填充颜色，使每个年龄段的拐点更加醒目。

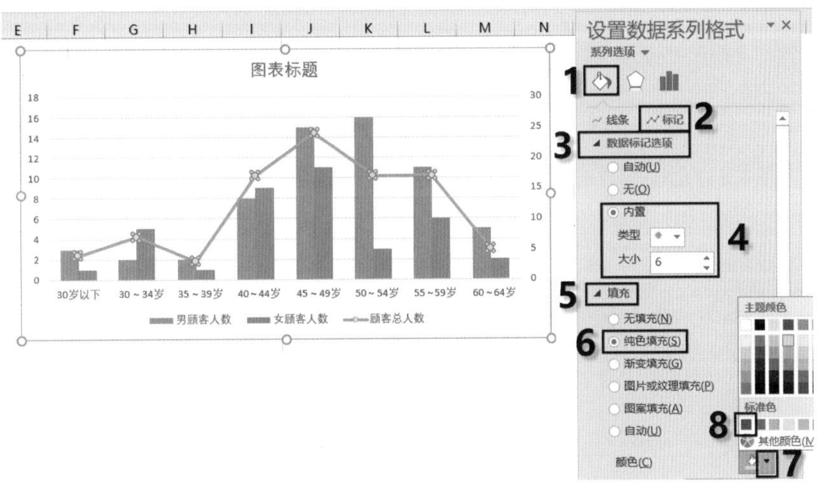

图4-82　设置折线图中每个年龄段拐点标记的格式

07 单击图表右上角的“图表元素”按钮，在打开的列表框中添加数据标签，如图4-83所示。

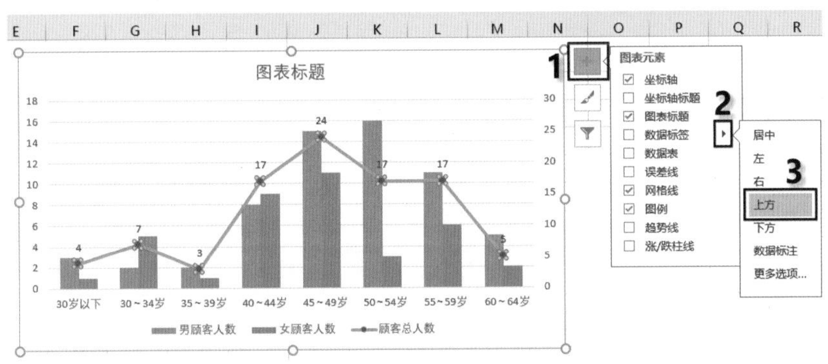

图4-83　为折线图添加数据标签

08 选中标签，将标签字体设置为如图4-84所示的格式。

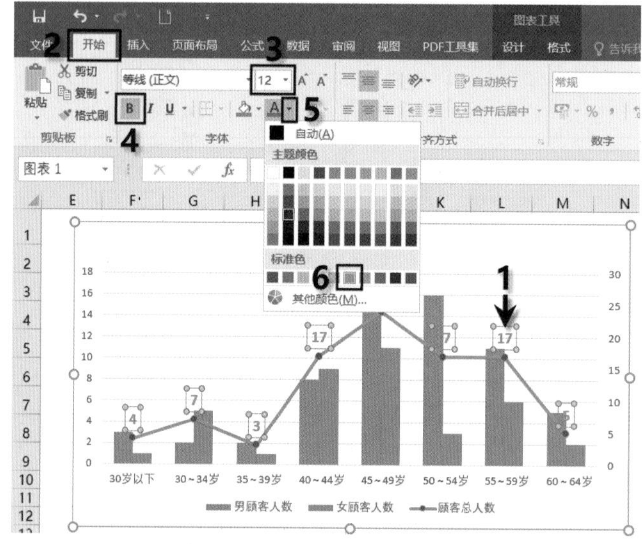

图4-84 设置标签的字体格式

09 双击图表区，弹出“设置图表区格式”窗口，将图表背景填充为如图4-85所示的颜色。

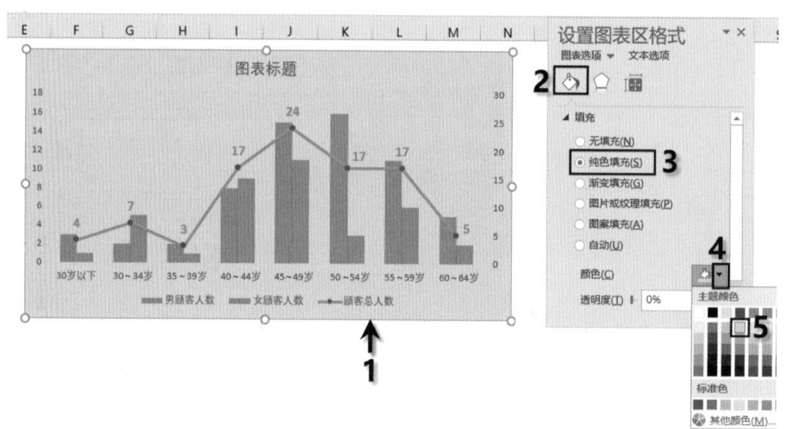

图4-85 填充图表背景

10 选中网格线，在“设置主要网格线格式”窗口中将其设置为如图4-86所示的颜色、透明度和宽度。

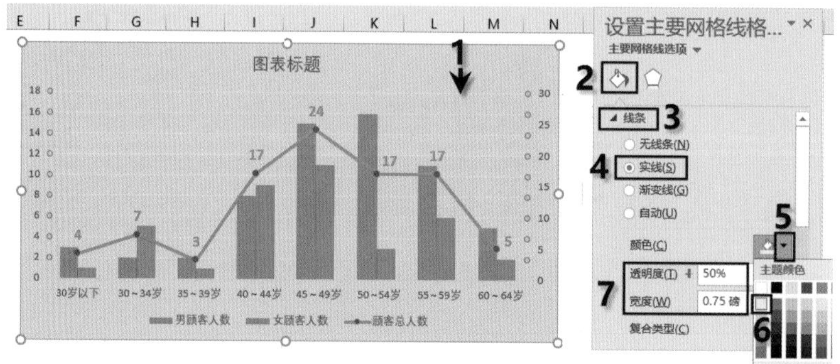

图4-86 设置网格线的格式

11 选中右侧的纵坐标轴，如图 4-87 所示，按Delete键删除纵坐标轴，简化图表界面。

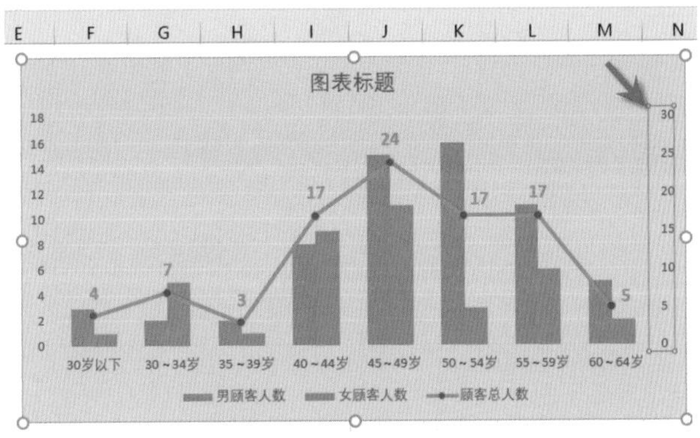

图 4-87　删除纵坐标轴

12 输入图表标题并设置其格式，如图 4-88 所示。图表标题表达了增加女顾客后带来的人数增长。因为 3 月份男顾客为 62 人，女顾客为 38 人，所以企业拓展业务后，顾客人数增加 61%，得出结论后在图表标题中直接表达即可。

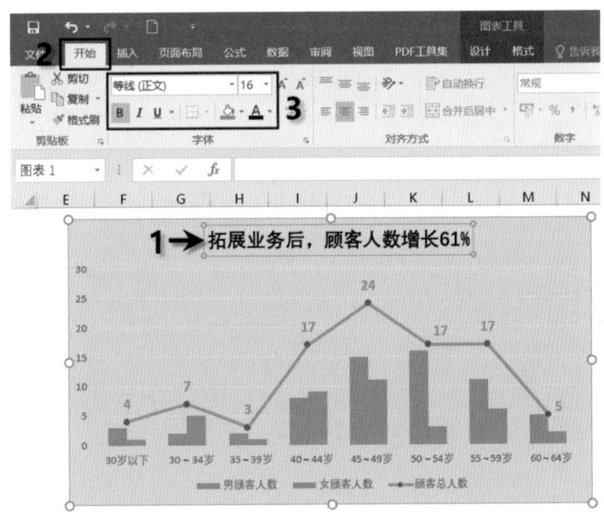

图 4-88　输入图表标题并设置其格式

13 选中图例，单击图表右上角的“图表元素”按钮，在打开的列表框中设置图例位于顶部，如图 4-89 所示。最终效果如图 4-90 所示。

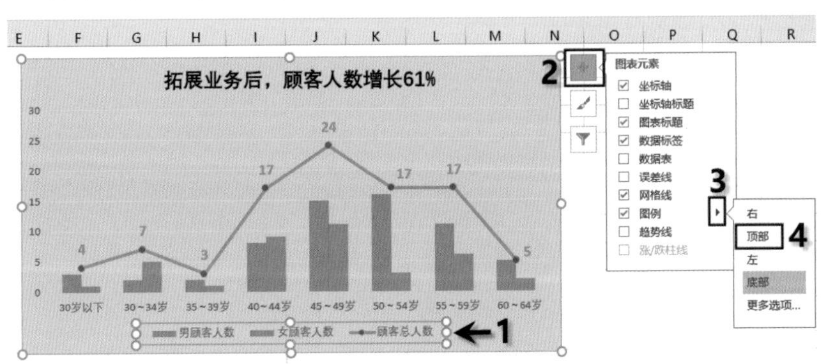

图 4-89　设置图例位于顶部

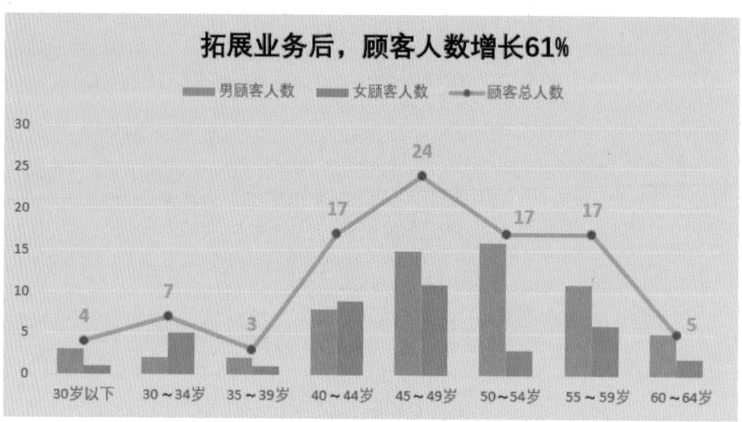

图4-90　最终效果

这样通过柱形图和折线图组合而成的图表就同时完成了数据对比和数据趋势的分析与展示需求。因此，在工作中若遇到同时包含多种数据分析维度的情况，可以借助包含多种图表类型的组合图来实现复杂的数据分析。

第 5 章　数据透视表汇总海量数据

数据透视表是计算、汇总和分析数据的强大工具，它可以按照数据表格中的不同字段从多个角度实现海量数据的快速求和、分类汇总、筛选、统计分析等，其以动态工作表的方式为分析海量数据提供一种简便方法。本章将结合实例介绍数据透视表的强大功能。

实例 51　海量数据快速分类汇总

实际工作中经常会遇到包含海量数据的工作表，面对众多的数据，使用公式或函数等方法进行处理不仅运算操作复杂，而且容易出错。此时，使用数据透视表仅需用鼠标进行相关操作即可满足大部分需求，既简化了操作，又提高了工作效率。

图5-1是某商贸公司2022上半年销售统计表(部分)，表中包含了371条销售明细记录，存放在“年度统计”工作表中，现要求根据年度统计中的销售明细记录，按照分部和销售渠道对销售额进行汇总。

某商贸公司2022上半年销售统计表

序号	商品代码	品牌	商品类别	销售日期	分部	销售渠道	销量	销售单价	销售额	进货成本
1	NC001	Apple	计算机	2022年6月2日	北京总公司	网店	12	6462.8	77553.6	62042.88
2	NC013	戴尔	计算机	2022年1月10日	北京总公司	实体店	20	4199	83980	70543.2
3	PC004	Apple	计算机	2022年1月15日	北京总公司	实体店	43	10888	468184	407320.08
4	TC001	Apple	计算机	2022年6月23日	北京总公司	网店	35	4038	141330	124370.4
5	TC013	联想	计算机	2022年1月30日	北京总公司	实体店	29	2599	75371	64065.35
6	TV005	海信	电视	2022年2月6日	北京总公司	实体店	11	3599	39589	35630.1
7	TV016	TCL	电视	2022年2月14日	北京总公司	实体店	25	3999	99975	86978.25
8	AC005	TCL	空调	2022年2月20日	北京总公司	实体店	36	2179	78444	66677.4
9	AC015	海信	空调	2022年3月1日	北京总公司	实体店	48	2179	104592	93086.88
10	RF007	海尔	冰箱	2022年3月9日	北京总公司	实体店	23	1649	37927	32237.95
11	RF016	容声	冰箱	2022年3月16日	北京总公司	实体店	49	1499	73451	65371.39
12	WH005	海尔	热水器	2022年3月22日	北京总公司	网店	4	1098	4392	3777.12
13	WH014	美的	热水器	2022年3月29日	北京总公司	网店	19	1298	24662	20962.7
14	WM003	安仕	洗衣机	2022年4月6日	北京总公司	网店	48	198	9504	7983.36
15	WM011	华光	洗衣机	2022年4月13日	北京总公司	网店	39	99	3861	3320.46
16	WM018	小鸭	洗衣机	2022年4月25日	北京总公司	网店	48	338	16224	13790.4
17	NC007	Apple	计算机	2022年5月2日	北京总公司	网店	43	8888	382184	328678.24

年度统计

图5-1　某商贸公司2022上半年销售统计表(部分)

此例可利用数据透视表按照要求快速实现汇总，操作步骤如下。

01 单击A2:J373区域中的任意一个单元格(如D3单元格)。打开“插入”选项卡，单击“数据透视表”按钮，如图5-2所示，弹出“创建数据透视表”对话框。

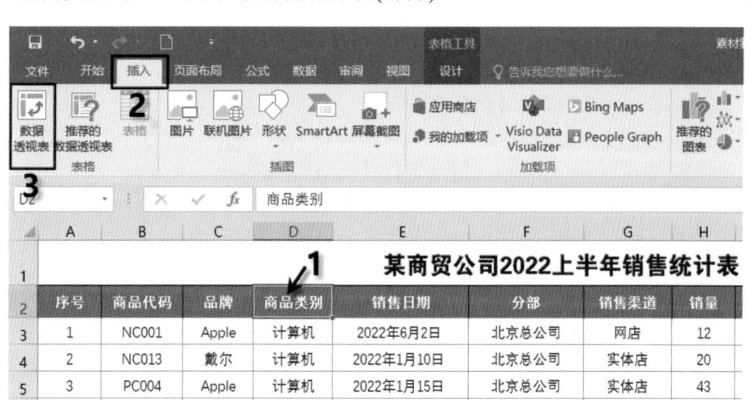

图5-2　插入数据透视表

02 选中“选择一个表或区域”单选按钮，在其下方的文本框中输入要分析的数据区域，通常为默认选择(如果系统给出的区域选择不正确，那么用户可拖动鼠标重新选择区域)，然后选中“新工作表”单选按钮，单击“确定”按钮，如图5-3所示，进入图5-4所示的数据透视表设计环境。

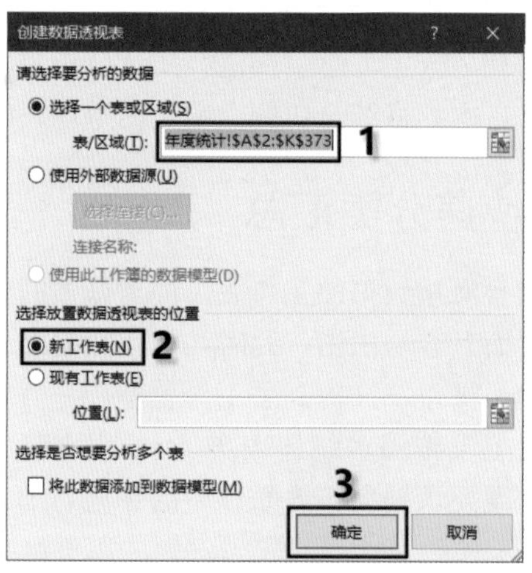

图5-3 “创建数据透视表”对话框

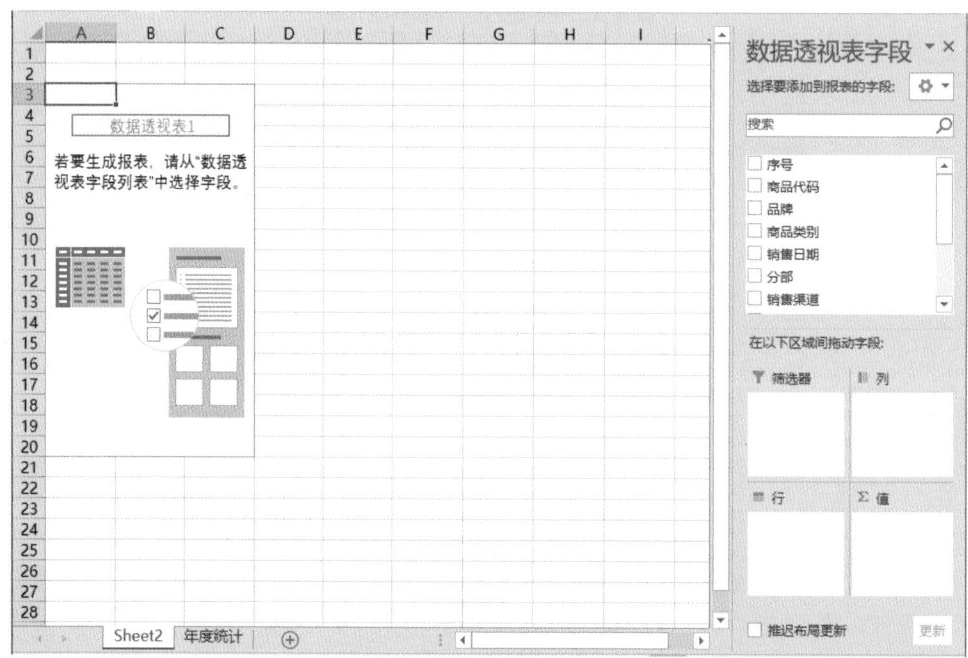

图5-4 数据透视表设计环境

03 在右侧“数据透视表字段”窗格中，拖动“分部”到“行”区域；拖动“销售渠道”到“列”区域；拖动“销售额”到“值”区域，即可按照分部和销售渠道得到销售额的汇总结果，如图5-5所示。

04 将A4单元格中的“行标签”设置为具有实际含义的字段名称，需要将数据透视表的报表布局设为“以表格形式显示”，设置方法如图5-6所示，设置后的效果如图5-7所示。

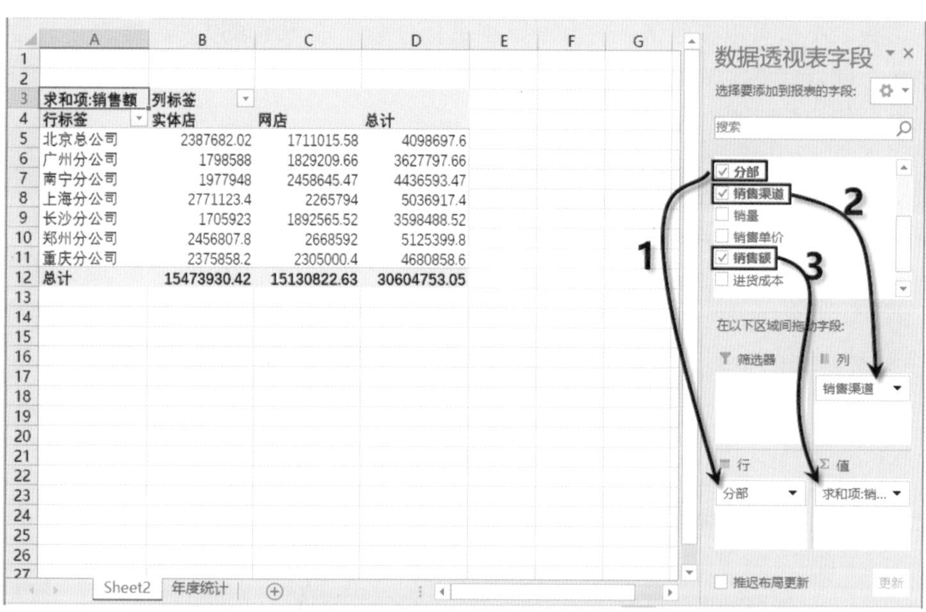

求和项:销售额	列标签		
行标签	实体店	网店	总计
北京总公司	2387682.02	1711015.58	4098697.6
广州分公司	1798588	1829209.66	3627797.66
南宁分公司	1977948	2458645.47	4436593.47
上海分公司	2771123.4	2265794	5036917.4
长沙分公司	1705923	1892565.52	3598488.52
郑州分公司	2456807.8	2668592	5125399.8
重庆分公司	2375858.2	2305000.4	4680858.6
总计	15473930.42	15130822.63	30604753.05

图 5-5　按照分部和销售渠道得到销售额的汇总结果

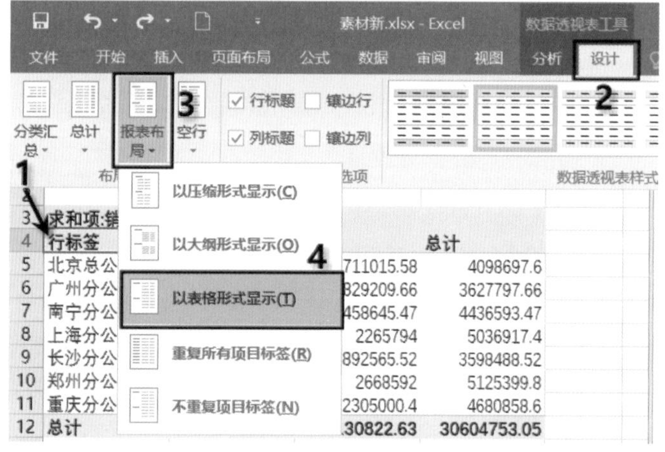

图 5-6　将“行标签”设置为具有实际含义的字段名称

求和项:销售额	销售渠道		
分部	实体店	网店	总计
北京总公司	2387682.02	1711015.58	4098697.6
广州分公司	1798588	1829209.66	3627797.66
南宁分公司	1977948	2458645.47	4436593.47
上海分公司	2771123.4	2265794	5036917.4
长沙分公司	1705923	1892565.52	3598488.52
郑州分公司	2456807.8	2668592	5125399.8
重庆分公司	2375858.2	2305000.4	4680858.6
总计	15473930.42	15130822.63	30604753.05

数据透视表字段
选择要添加到报表的字段:
分部
销售渠道
销量
销售单价
销售额

图 5-7　设置后的效果

通过以上简单的拖动操作，即可从371条数据记录中快捷地得到所需的汇总结果，相对于其他方法，数据透视表更为简便高效，也更易于操作。

数据透视表不仅可以按照条件对海量数据进行分类汇总，还可以灵活地改变分类汇总的方式，以多种不同方式展示数据的特征。建立数据表之后，通过鼠标拖动来调节字段的位置可以快速获取不同的统计结果，即表格具有动态性。

例如，在图5-7中，要求按照商品类别和销售渠道对销售金额进行分类汇总，只需要更改数据透视表的字段布局，将数据透视表“行”区域中的“分部”更换为“商品类别”，即可将数据透视表的分类汇总结果自动更新，如图5-8所示。

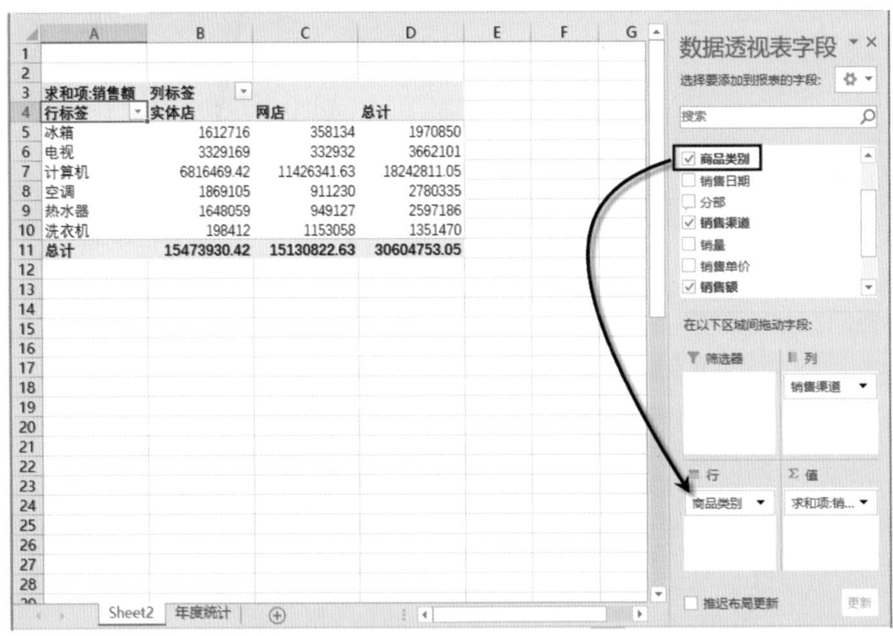

图5-8　更改字段布局分类汇总结果自动更新

如果再添加新的要求，要求按照销售渠道、分部、商品类别对全年销售记录进行分类汇总，只需要更改数据透视表的字段布局，将“销售渠道”和“分部”字段分别拖动到“行”区域中，将“商品类别”字段拖动到“列”区域中，即可将数据透视表的分类汇总结果自动更新，如图5-9所示。

求和项:销售额		商品类别						
销售渠道	分部	冰箱	电视	计算机	空调	热水器	洗衣机	总计
实体店	北京总公司	163251	596919	954727.02	485246	187539		2387682.02
	广州分公司	176716	280808	783931	216468	299433	41232	1798588
	南宁分公司	194690	256789	1011865	312364	141223	61017	1977948
	上海分公司	85036	723844	1316525.4	310997	334721		2771123.4
	长沙分公司	371414	343792	623434	208466	158817		1705923
	郑州分公司	432218	692934	1086281.8	128724	116650		2456807[illegible]
	重庆分公司	189391	434083	1039705.2	206840	409676	96163	237585[illegible]2
实体店 汇总		**1612716**	**3329169**	**6816469.42**	**1869105**	**1648059**	**198412**	**15473930.[illegible]2**
网店	北京总公司	126239		1219497.58	152418	29054	183807	1711015.[illegible]8
	广州分公司	95960		1255503.66	79758	333068	64920	1829209.6[illegible]
	南宁分公司	65960	48521	1954427.47		36334	353403	2458645.47
	上海分公司	69975		1634610	263109	128389	169711	2265794
	长沙分公司		128450	1522676.52	108950	57071	75418	1892565.52
	郑州分公司			2025707	209352	272148	161385	2668592
	重庆分公司		155961	1813919.4	97643	93063	144414	2305000.4
网店 汇总		**358134**	**332932**	**11426341.63**	**911230**	**949127**	**1153058**	**15130822.63**
总计		**1970850**	**3662101**	**18242811.05**	**2780335**	**2597186**	**1351470**	**30604753.05**

图5-9　增添新要求后更改字段布局分类汇总结果自动更新

以上操作通过数据透视表从多个角度对海量数据进行分类汇总，因此当对海量数据进行分类汇总时，使用数据透视表可以快速轻松完成。

实例 52　将数据按季度、月份分类汇总

如果数据源中有日期字段，则利用数据透视表的分组功能将日期归类分组汇总到月份、季度，然后按照月份、季度进行分类汇总，下面通过实例介绍具体操作。

某商贸公司2022上半年销售记录(共371条)如图5-10所示，要求将其按照季度和月份对销售额进行分类汇总，操作步骤如下。

某商贸公司2022上半年销售统计表

序号	商品代码	品牌	商品类别	销售日期	分部	销售渠道	销量	销售单价	销售额	进货成本
1	NC001	Apple	计算机	2022年6月2日	北京总公司	网店	12	6462.8	77553.6	62042.88
2	NC013	戴尔	计算机	2022年1月10日	北京总公司	实体店	20	4199	83980	70543.2
3	PC004	Apple	计算机	2022年1月15日	北京总公司	实体店	43	10888	468184	407320.08
4	TC001	Apple	计算机	2022年6月23日	北京总公司	网店	35	4038	141330	124370.4
5	TC013	联想	计算机	2022年1月30日	北京总公司	实体店	29	2599	75371	64065.35
6	TV005	海信	电视	2022年2月6日	北京总公司	实体店	11	3599	39589	35630.1
7	TV016	TCL	电视	2022年2月14日	北京总公司	实体店	25	3999	99975	86978.25
8	AC005	TCL	空调	2022年2月20日	北京总公司	实体店	36	2179	78444	66677.4
9	AC015	海信	空调	2022年3月1日	北京总公司	实体店	48	2179	104592	93086.88
10	RF007	海尔	冰箱	2022年3月9日	北京总公司	实体店	23	1649	37927	32237.95
11	RF016	容声	冰箱	2022年3月16日	北京总公司	实体店	49	1499	73451	65371.39
12	WH005	海尔	热水器	2022年3月22日	北京总公司	网店	4	1098	4392	3777.12
13	WH014	美的	热水器	2022年3月29日	北京总公司	网店	19	1298	24662	20962.7
14	WM003	安仕	洗衣机	2022年4月6日	北京总公司	网店	48	198	9504	7983.36
15	WM011	华光	洗衣机	2022年4月13日	北京总公司	网店	39	99	3861	3320.46
16	WM018	小鸭	洗衣机	2022年4月25日	北京总公司	网店	48	338	16224	13790.4
17	NC007	Apple	计算机	2022年5月2日	北京总公司	网店	43	8888	382184	328678.24

年度统计

图5-10　某商贸公司2022上半年销售记录(部分)

01 首先将数据源创建数据透视表，在“数据透视表字段”窗格中，将“销售日期”字段拖动到“行”区域，打开“分析”选项卡，单击“组字段”按钮，如图5-11所示，弹出“组合”对话框。

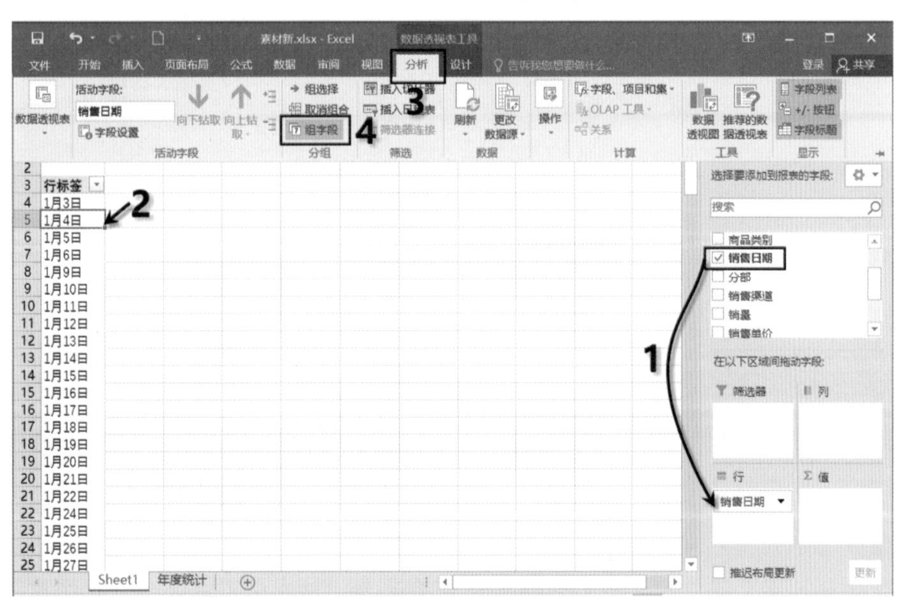

图5-11　将销售日期组字段归类

02 在“组合”对话框中选中“月”和“季度”，如图5-12所示，单击“确定”按钮，将销售日期按照“月”和“季度”分组显示，效果如图5-13所示。

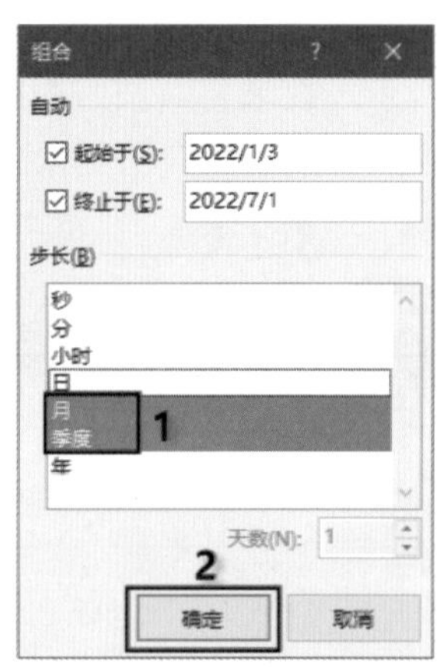

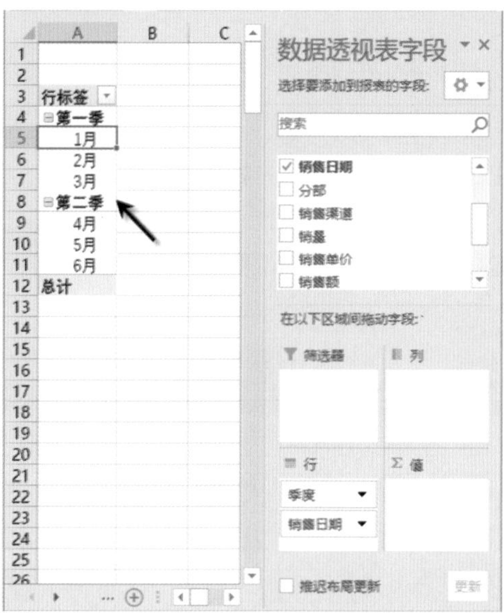

图5-12 “组合”对话框　图5-13 将销售日期按“月”和“季度”分组显示效果

03 在“数据透视表字段”窗格中，将“销售额”字段拖到“值”区域，即可实现按照季度和月份对销售额进行分类汇总，如图5-14所示。

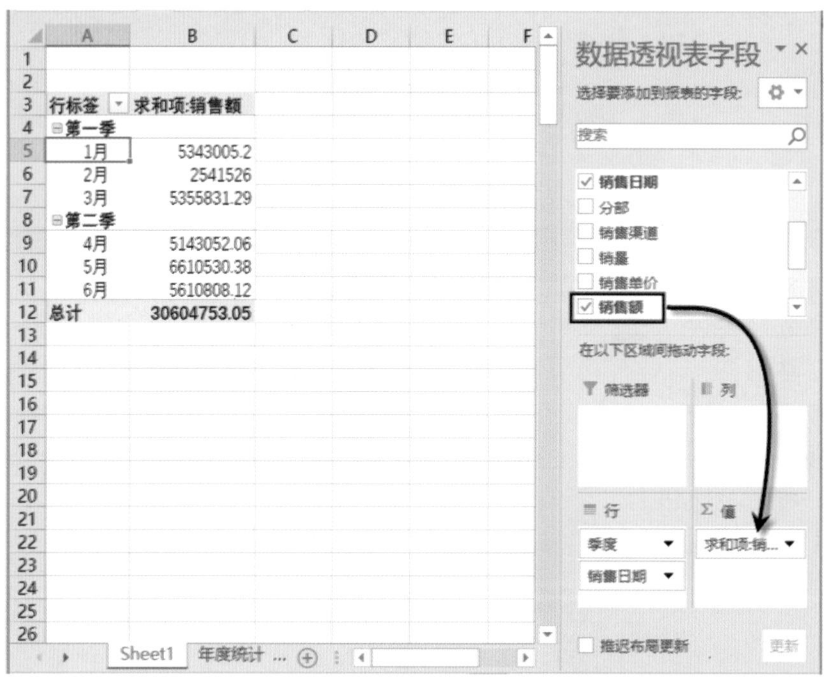

图5-14 按季度和月份对销售额进行分类汇总

04 在A列中，季度和月份两个字段被压缩显示在一列。若要将季度和月份两个字段分别显示在两列，则可将数据透视表的报表布局更改为“以表格形式显示”，更改方法如图5-15所示。

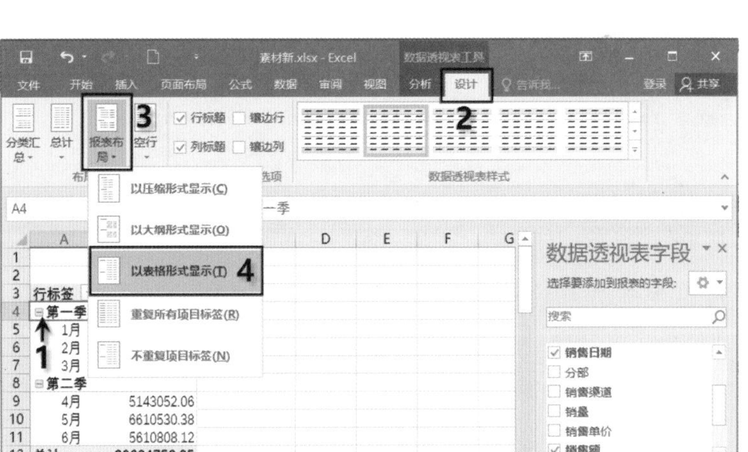

图 5-15　更改数据透视表报表布局为“以表格形式显示”

05 更改报表布局后的效果如图 5-16 所示，此时，季度字段位于A列，月份位于B列，字段名为“销售日期”。

06 单击“销售日期”单元格，在编辑栏中将其改为“月份”，如图 5-17 所示，更改后的效果如图 5-18 所示。这样就完成了将上半年销售记录按照季度、月份对销售额进行分类汇总的要求。

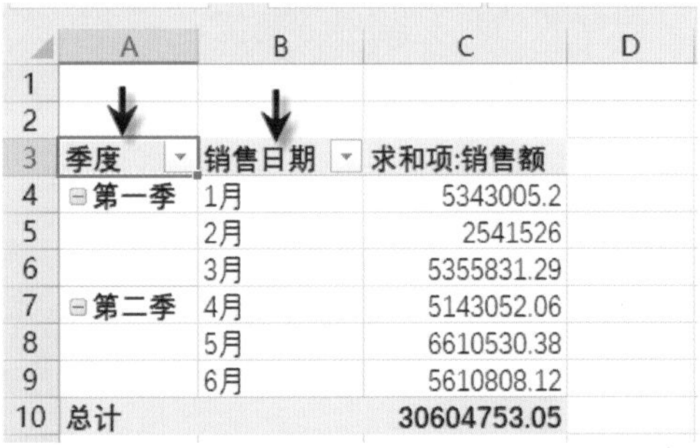

	A	B	C	D
1				
2				
3	季度	销售日期	求和项:销售额	
4	⊟第一季	1月	5343005.2	
5		2月	2541526	
6		3月	5355831.29	
7	⊟第二季	4月	5143052.06	
8		5月	6610530.38	
9		6月	5610808.12	
10	总计		30604753.05	

图 5-16　更改报表布局的效果

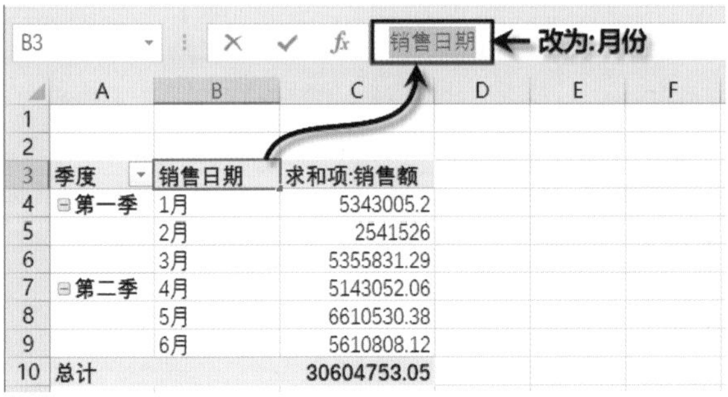

B3　销售日期 ← 改为:月份

	A	B	C	D	E	F
1						
2						
3	季度	销售日期	求和项:销售额			
4	⊟第一季	1月	5343005.2			
5		2月	2541526			
6		3月	5355831.29			
7	⊟第二季	4月	5143052.06			
8		5月	6610530.38			
9		6月	5610808.12			
10	总计		30604753.05			

图 5-17　将“销售日期”改为“月份”

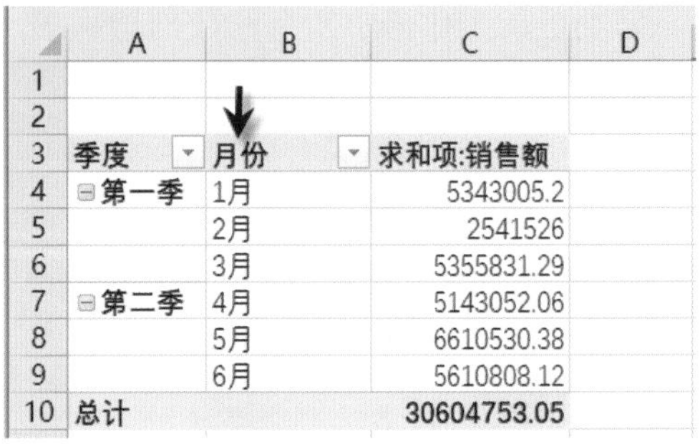

	A	B	C	D
1				
2				
3	季度	月份	求和项:销售额	
4	⊟第一季	1月	5343005.2	
5		2月	2541526	
6		3月	5355831.29	
7	⊟第二季	4月	5143052.06	
8		5月	6610530.38	
9		6月	5610808.12	
10	总计		30604753.05	

图 5-18　“销售日期”改为“月份”的效果

数据透视表使用分组功能后，根据需要可以再添加或调整数据透视表字段，数据透视表的结果会同步更新。例如，在图 5-18 按季度和月份汇总的基础上，再添加“分部”对销售额分类汇总，此时，只需将“数据透视表字段”窗格中的“分部”字段拖动到“列”区域即可，汇总结果同步更新，如图 5-19 所示。

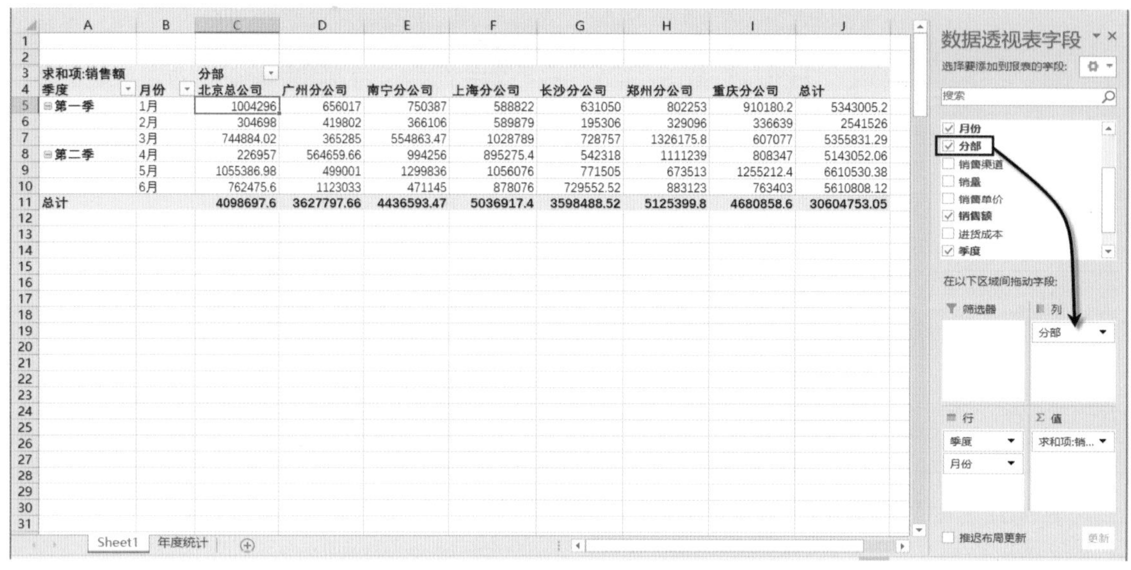

求和项:销售额		分部							
季度	月份	北京总公司	广州分公司	南宁分公司	上海分公司	长沙分公司	郑州分公司	重庆分公司	总计
⊟第一季	1月	1004296	656017	750387	588822	631050	802253	910180.2	5343005.2
	2月	304698	419802	366106	589879	195306	329096	336639	2541526
	3月	744884.02	365285	554863.47	1028789	728757	1326175.8	607077	5355831.29
⊟第二季	4月	226957	564659.66	994256	895275.4	542318	1111239	808347	5143052.06
	5月	1055386.98	499001	1299836	1056076	771505	673513	1255212.4	6610530.38
	6月	762475.6	1123033	471145	878076	729552.52	883123	763403	5610808.12
总计		4098697.6	3627797.66	4436593.47	5036917.4	3598488.52	5125399.8	4680858.6	30604753.05

图5-19　添加“分部”字段

实例53　动态更新数据透视表结果

创建数据透视表后，如果数据源的数据发生了变化，那么数据透视表中的结果也应该随之变化。数据源的数据变化有2种情况，一是原有数据源范围不变，数据变化；二是原有数据源范围增大或减小，数据增多或减少。应根据数据源范围是否发生变化，采取不同的方法动态更新数据透视表结果。

1. 原有数据源范围不变，数据变化

当创建数据透视表的数据源范围未变，但范围内的数据发生变化时，若要更新数据透视表结果，可以单击数据透视表中的任意一个单元格(如C4)，打开“分析”选项卡，单击“刷新”按钮，如图5-20所示，或按快捷键Alt+F5，当前数据透视表的结果会随数据源内容的变化而变化。若要更新工作簿中所有的数据透视表，则单击“全部刷新”按钮。

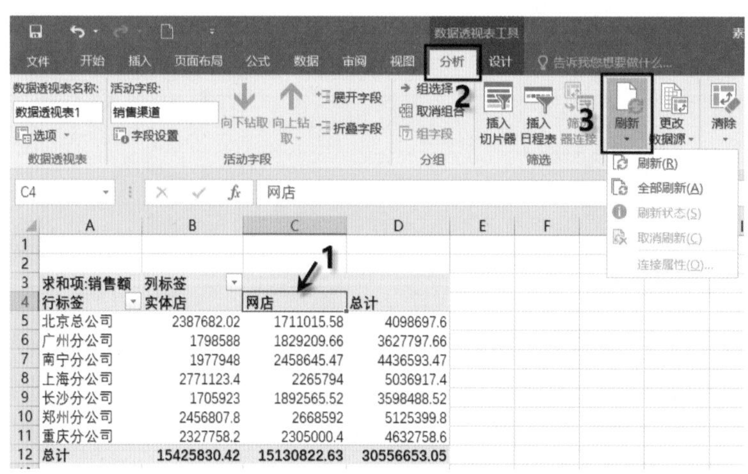

求和项:销售额	列标签		
行标签	实体店	网店	总计
北京总公司	2387682.02	1711015.58	4098697.6
广州分公司	1798588	1829209.66	3627797.66
南宁分公司	1977948	2458645.47	4436593.47
上海分公司	2771123.4	2265794	5036917.4
长沙分公司	1705923	1892565.52	3598488.52
郑州分公司	2456807.8	2668592	5125399.8
重庆分公司	2327758.2	2305000.4	4632758.6
总计	15425830.42	15130822.63	30556653.05

图5-20　更新数据透视表结果

2. 原有数据源范围变化，数据变化

当数据源范围发生变化数据也随之发生变化时，使用刷新功能，更新后的数据透视表的结果有可能不准确，此时可以使用以下两种方法更新数据透视表以确保结果正确。

方法 1：重新选择数据透视表的数据源范围

图5-21是某商贸公司2022上半年销售记录(共370条)，得到的数据透视表如图5-22所示。当销售记录持续增加时，需要重新选择数据透视表的数据源，才能确保更新后的数据透视表结果正确，操作步骤如下。

	A	B	C	D	E	F	G	H
1	序号	商品类别	销售日期	分部	销售渠道	销量	销售单价	销售额
2	1	计算机	2022年6月2日	北京总公司	网店	12	6462.8	77553.6
3	2	计算机	2022年1月10日	北京总公司	实体店	20	4199	83980
4	3	计算机	2022年1月15日	北京总公司	实体店	43	10888	468184
5	4	计算机	2022年6月23日	北京总公司	网店	35	4038	141330
6	5	计算机	2022年1月30日	北京总公司	实体店	29	2599	75371
7	6	电视	2022年2月6日	北京总公司	实体店	11	3599	39589
8	7	电视	2022年2月14日	北京总公司	实体店	25	3999	99975
9	8	空调	2022年2月20日	北京总公司	实体店	36	2179	78444
10	9	空调	2022年3月1日	北京总公司	实体店	48	2179	104592
11	10	冰箱	2022年3月9日	北京总公司	实体店	23	1649	37927
12	11	冰箱	2022年3月16日	北京总公司	实体店	49	1499	73451
13	12	热水器	2022年3月22日	北京总公司	网店	4	1098	4392

年度统计

图5-21　某商贸公司2022上半年销售记录(部分)

	A	B	C	D	E	F	G	H	I
1									
2									
3	求和项:销售额		商品类别						
4	分部	销售渠道	冰箱	电视	计算机	空调	热水器	洗衣机	总计
5	⊟北京总公司	实体店	163251	596919	954727.02	485246	187539		2387682.02
6		网店	126239		1219497.58	152418	29054	183807	1711015.58
7	**北京总公司 汇总**		**289490**	**596919**	**2174224.6**	**637664**	**216593**	**183807**	**4098697.6**
8	⊟广州分公司	实体店	176716	280808	783931	216468	299433	41232	1798588
9		网店	95960		1255503.66	79758	333068	64920	1829209.66
10	**广州分公司 汇总**		**272676**	**280808**	**2039434.66**	**296226**	**632501**	**106152**	**3627797.66**
11	⊟南宁分公司	实体店	194690	256789	1011865	312364	141223	61017	1977948
12		网店	65960	48521	1954427.47		36334	353403	2458645.47
13	**南宁分公司 汇总**		**260650**	**305310**	**2966292.47**	**312364**	**177557**	**414420**	**4436593.47**
14	⊟上海分公司	实体店	85036	723844	1316525.4	310997	334721		2771123.4
15		网店	69975		1634610	263109	128389	169711	2265794
16	**上海分公司 汇总**		**155011**	**723844**	**2951135.4**	**574106**	**463110**	**169711**	**5036917.4**
17	⊟长沙分公司	实体店	371414	343792	623434	208466	158817		1705923
18		网店		128450	1522676.52	108950	57071	75418	1892565.52
19	**长沙分公司 汇总**		**371414**	**472242**	**2146110.52**	**317416**	**215888**	**75418**	**3598488.52**
20	⊟郑州分公司	实体店	432218	692934	1086281.8	128724	116650		2456807.8
21		网店			2025707	209352	272148	161385	2668592
22	**郑州分公司 汇总**		**432218**	**692934**	**3111988.8**	**338076**	**388[illegible]**	**[illegible]385**	**5125399.8**
23	⊟重庆分公司	实体店	162207	509053	1039705.2	206840	38[illegible]	[illegible]163	2402728.2
24		网店		155961	1813919.4	97643	9[illegible]	[illegible]414	2305000.4
25	**重庆分公司 汇总**		**162207**	**665014**	**2853624.6**	**304483**	**481[illegible]**	**[illegible]577**	**4707728.6**
26	**总计**		**1943666**	**3737071**	**18242811.05**	**2780335**	**2576270**	**1351470**	**30631623.05**

图5-22　2022上半年销售记录数据透视表

01 单击数据透视表中的任意一个单元格，打开“分析”选项卡，单击“更改数据源”按钮，在打开的下拉列表中选择“更改数据源”选项，如图5-23所示。如果数据源不在当前工作簿中，而是来自其他Excel文件或其他外部渠道的数据源时，则单击“连接属性”选项，对外部数据源进行设置。

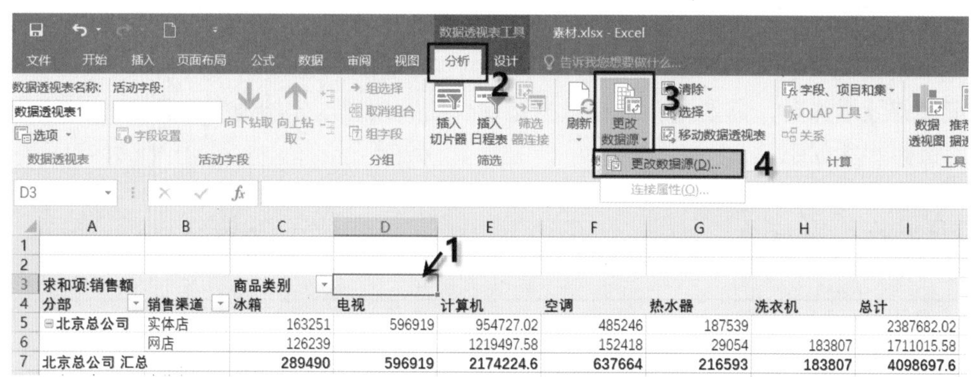

图5-23　选择更新数据源

02 单击“更改数据源”后，会弹出“更改数据透视表数据源”对话框，重新选择更改后的数据源区域即可，如图5-24所示。

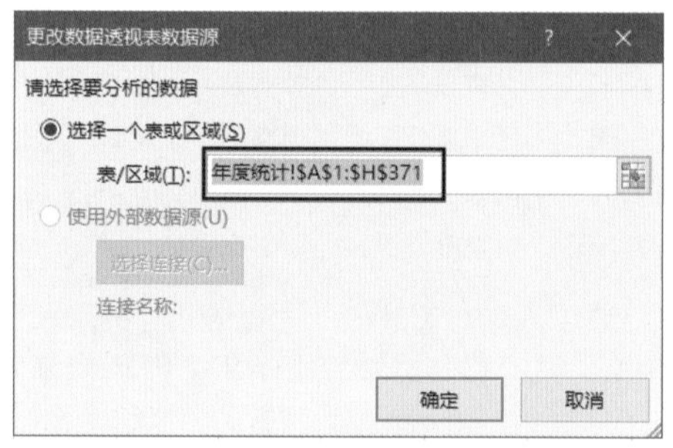

图5-24　更改数据透视表数据源

03 重新选择数据透视表的数据源后，若要让数据透视表结果同步更新，则打开“分析”选项卡，单击“刷新”按钮，即可更新当前数据透视表。

方法2：创建超级表，动态更新数据透视表的数据源范围

重新选择数据透视表数据源后，需要单击“分析”选项卡中的“刷新”按钮，才能确保数据透视表结果同步更新，这种更新方式适用于数据源范围偶尔变动。如果数据源范围频繁变动，则可将普通表创建为超级表，利用超级表的行列自动扩展功能，为数据透视表创建动态数据源，从而使数据透视表结果随着数据源的变化而自动更新。创建超级表的操作步骤如下。

01 单击数据源中的任意一个单元格(如D1单元格)，按快捷键Ctrl＋T或者打开“插入”选项卡，单击“表格”按钮，弹出“创建表”对话框，单击“确定”按钮，如图5-25所示，即可将普通表创建为超级表，如图5-26所示。

02 此时，超级表的名称自动显示为“表1”，每个列标题名的右侧出现筛选符号▾，数据区域隔行填充颜色，选项卡区域出现“表格工具”的“设计”选项卡，当单击空白单元格时，此选项卡隐藏。

03 创建超级表“表1”后，“表1”会随着数据源的变化自动调整表格范围，即为数据透视表创建动态数据源。如果数据透视表的数据源发生变化，则更改数据源为“表1”，如图 5-27 所示，数据透视表即可随着数据源范围的变化而同步更新。

图 5-25 设置创建超级表

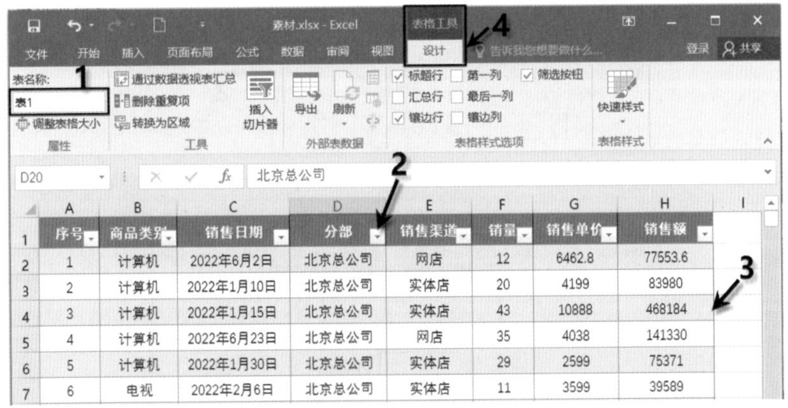

图 5-26 超级表

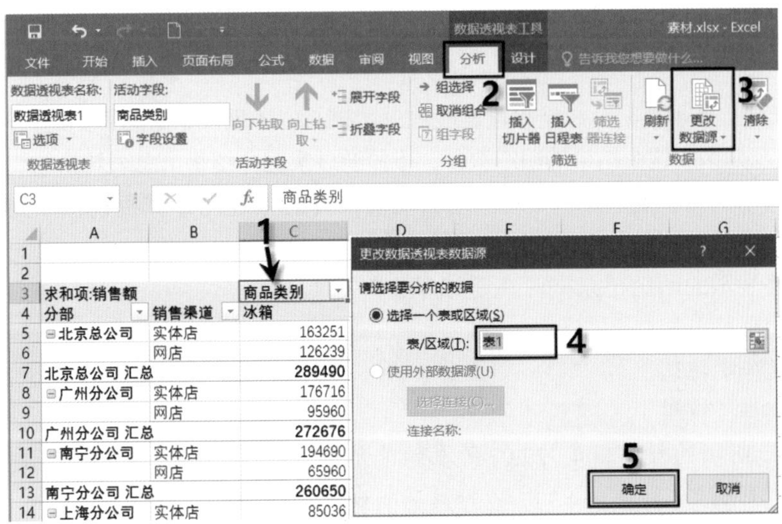

图 5-27 更改数据源为“表1”

04 如果要取消每列标题名右侧的筛选符号▼，则单击数据源中的任意一个单元格，打开“数据”选项卡，单击“筛选”按钮，如图5-28所示。

图5-28 取消每列标题名右侧的筛选符号

若要取消超级表，将其转换为普通区域，则单击“设计”选项卡中的“转换为区域”按钮，如图5-29所示。超级表转为普通区域后，数据透视表将失去随数据源的变化而自动更新结果的功能。

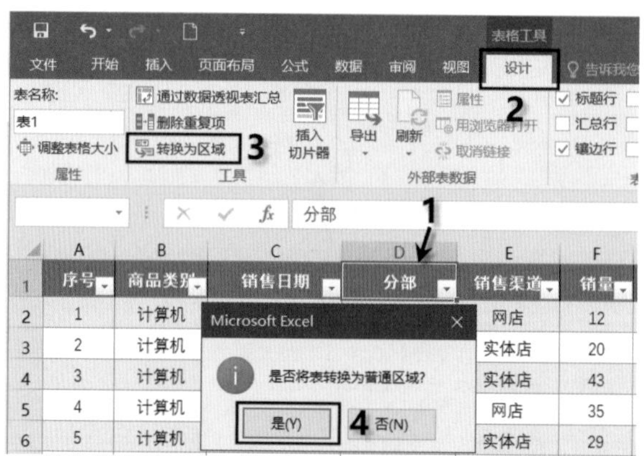

图5-29 将超级表转换为普通区域

实例54 汇总表快速转换为明细表

数据透视表通常展示数据汇总结果，这些汇总结果是由多项数据汇总得到的。根据用户需求可以将汇总结果显示为构成这个结果的明细数据，下面通过实例介绍将汇总表转换为明细表的方法。

在图5-30所示的数据透视表中，北京总公司在实体店渠道的计算机销售额为954 727.02元，要求显示构成这个数字的具体销售明细记录。

在本例中要显示的明细记录同时满足以下3个条件。

(1) 分部=北京总公司。

(2) 销售渠道=实体店。

(3) 商品类别=计算机。

01 双击要显示明细的数据954 727.02所在的单元格，此时，Excel会自动创建一个新的工作表Sheet1，用来显示汇总数据954 727.02对应的明细数据，如图5-31所示。

求和项:销售额		商品类别						
分部	销售渠道	冰箱	电视	计算机	空调	热水器	洗衣机	总计
⊟北京总公司	实体店	163251	596919	954727.02	485246	187539		2387682.02
	网店	126239		1219497.58	152418	29054	183807	1711015.58
北京总公司 汇总		**289490**	**596919**	**2174224.6**	**637664**	**216593**	**183807**	**4098697.6**
⊟广州分公司	实体店	176716	280808	783931	216468	299433	41232	1798588
	网店	95960		1255503.66	79758	333068	64920	1829209.66
广州分公司 汇总		**272676**	**280808**	**2039434.66**	**296226**	**632501**	**106152**	**3627797.66**
⊟南宁分公司	实体店	194690	256789	1011865	312364	141223	61017	1977948
	网店	65960	48521	1954427.47		36334	353403	2458645.47
南宁分公司 汇总		**260650**	**305310**	**2966292.47**	**312364**	**177557**	**414420**	**4436593.47**
⊟上海分公司	实体店	85036	723844	1316525.4	310997	334721		2771123.4
	网店	69975		1634610	263109	128389	169711	2265794
上海分公司 汇总		**155011**	**723844**	**2951135.4**	**574106**	**463110**	**169711**	**5036917.4**
⊟长沙分公司	实体店	371414	343792	623434	208466	158817		1705923
	网店		128450	1522676.52	108950	57071	75418	1892565.52
长沙分公司 汇总		**371414**	**472242**	**2146110.52**	**317416**	**215888**	**75418**	**3598488.52**
⊟郑州分公司	实体店	432218	692934	1086281.8	128724	116650		2456807.8
	网店			2025707	209352	272148	161385	2668592
郑州分公司 汇总		**432218**	**692934**	**3111988.8**	**338076**	**388798**	**161385**	**5125399.8**
⊟重庆分公司	实体店	162207	509053	1039705.2	206840	388760	96163	2402728.2
	网店		155961	1813919.4	97643	93063	144414	2305000.4
重庆分公司 汇总		**162207**	**665014**	**2853624.6**	**304483**	**481823**	**240577**	**4707728.6**
总计		**1943666**	**3737071**	**18242811.05**	**2780335**	**2576270**	**1351470**	**30631623.05**

图 5-30　将超级表转换为普通区域

序号	商品类别	销售日期	分部	销售渠道	销量	销售单价	销售额
43	计算机	2022/4/10	北京总公司	实体店	28	2799	78372
2	计算机	2022/1/10	北京总公司	实体店	20	4199	83980
3	计算机	2022/1/15	北京总公司	实体店	43	10888	468184
41	计算机	2022/3/24	北京总公司	实体店	47	4875.66	229156
5	计算机	2022/1/30	北京总公司	实体店	29	2599	75371
22	计算机	2022/6/5	北京总公司	实体店	16	1229	19664

Sheet1　透视表　年度统计

图 5-31　汇总数据 954727.02 对应的明细数据

02 显示明细后可将该工作表删除，删除该工作表不会对数据透视表产生任何影响。

使用同样的方法可以显示数值区域任意数值的明细数据，例如，显示北京总公司所有的销售明细，首先将光标定位到北京总公司行汇总和列总计的交叉位置(如I7单元格)，如图5-32所示，双击该单元格即可快速得到该数据的明细数据，如图5-33所示。

求和项:销售额		商品类别						
分部	销售渠道	冰箱	电视	计算机	空调	热水器	洗衣机	总计
⊟北京总公司	实体店	163251	596919	954727.02	485246	187539		2387682.02
	网店	126239		1219497.58	152418	29054	183807	1711015.58
北京总公司 汇总		**289490**	**596919**	**2174224.6**	**637664**	**216593**	**183807**	**4098697.6**
⊟广州分公司	实体店	176716	280808	783931	216468	299433	41232	1798588
	网店	95960		1255503.66	79758	333068	64920	1829209.66
广州分公司 汇总		**272676**	**280808**	**2039434.66**	**296226**	**632501**	**106152**	**3627797.66**
⊟南宁分公司	实体店	194690	256789	1011865	312364	141223	61017	1977948
	网店	65960	48521	1954427.47		36334	353403	2458645.47
南宁分公司 汇总		**260650**	**305310**	**2966292.47**	**312364**	**177557**	**414420**	**4436593.47**
⊟上海分公司	实体店	85036	723844	1316525.4	310997	334721		2771123.4
	网店	69975		1634610	263109	128389	169711	2265794
上海分公司 汇总		**155011**	**723844**	**2951135.4**	**574106**	**463110**	**169711**	**5036917.4**
⊟长沙分公司	实体店	371414	343792	623434	208466	158817		1705923
	网店		128450	1522676.52	108950	57071	75418	1892565.52
长沙分公司 汇总		**371414**	**472242**	**2146110.52**	**317416**	**215888**	**75418**	**3598488.52**
⊟郑州分公司	实体店	432218	692934	1086281.8	128724	116650		2456807.8
	网店			2025707	209352	272148	161385	2668592
郑州分公司 汇总		**432218**	**692934**	**3111988.8**	**338076**	**388798**	**161385**	**5125399.8**
⊟重庆分公司	实体店	162207	509053	1039705.2	206840	388760	96163	2402728.2
	网店		155961	1813919.4	97643	93063	144414	2305000.4
重庆分公司 汇总		**162207**	**665014**	**2853624.6**	**304483**	**481823**	**240577**	**4707728.6**
总计		**1943666**	**3737071**	**18242811.05**	**2780335**	**2576270**	**1351470**	**30631623.05**

图 5-32　北京总公司销售总额

	A	B	C	D	E	F	G	H
1	序号	商品类别	销售日期	分部	销售渠道	销量	销售单价	销售额
2	10	冰箱	2022/3/9	北京总公司	实体店	23	1649	37927
3	11	冰箱	2022/3/16	北京总公司	实体店	49	1499	73451
4	31	冰箱	2022/1/25	北京总公司	实体店	7	1699	11893
5	54	冰箱	2022/6/28	北京总公司	实体店	20	1999	39980
6	6	电视	2022/2/6	北京总公司	实体店	11	3599	39589
7	7	电视	2022/2/14	北京总公司	实体店	25	3999	99975
8	23	电视	2022/6/14	北京总公司	实体店	15	1798	26970
9	24	电视	2022/6/19	北京总公司	实体店	37	1899	70263
10	47	电视	2022/5/2	北京总公司	实体店	49	5499	269451
11	48	电视	2022/5/3	北京总公司	实体店	2	1598	3196
12	49	电视	2022/5/4	北京总公司	实体店	25	3499	87475
13	2	计算机	2022/1/10	北京总公司	实体店	20	4199	83980
14	3	计算机	2022/1/15	北京总公司	实体店	43	10888	468184
15	5	计算机	2022/1/30	北京总公司	实体店	29	2599	75371
16	22	计算机	2022/6/5	北京总公司	实体店	16	1229	19664
17	41	计算机	2022/3/24	北京总公司	实体店	47	4875.66	229156
18	43	计算机	2022/4/10	北京总公司	实体店	28	2799	78372
19	8	空调	2022/2/20	北京总公司	实体店	36	2179	78444
20	9	空调	2022/3/1	北京总公司	实体店	48	2179	104592

Sheet1 | Sheet2 | 透视表 | 年度统计 | ...

图5-33　北京总公司所有的销售明细记录(部分)

在数据透视表中，显示明细数据功能默认是打开的，此时，双击数值所在的单元格即可显示构成该数值的明细数据。如果不希望他人随意查看明细数据，也可将该功能关闭，关闭方法如下。

01 在数据透视表的任意一个单元格(如C4单元格)上右击，在弹出的快捷菜单中单击“数据透视表选项”选项，如图5-34所示。

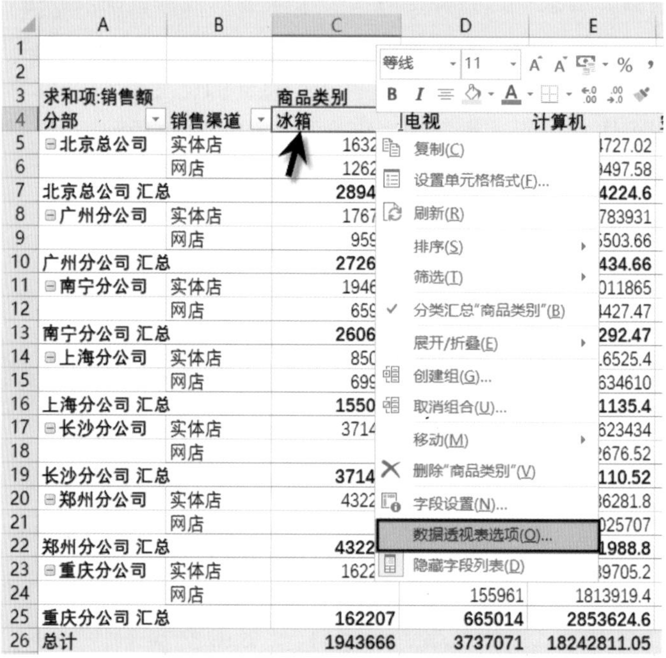

	A	B	C	D	E
1					
2					
3	求和项:销售额		商品类别		
4	分部	销售渠道	冰箱	电视	计算机
5	⊟北京总公司	实体店	1632		4727.02
6		网店	1262		9497.58
7	北京总公司 汇总		2894		4224.6
8	⊟广州分公司	实体店	1767		783931
9		网店	959		5503.66
10	广州分公司 汇总		2726		434.66
11	⊟南宁分公司	实体店	1946		011865
12		网店	659		4427.47
13	南宁分公司 汇总		2606		292.47
14	⊟上海分公司	实体店	850		.6525.4
15		网店	699		634610
16	上海分公司 汇总		1550		1135.4
17	⊟长沙分公司	实体店	3714		623434
18		网店			2676.52
19	长沙分公司 汇总		3714		110.52
20	⊟郑州分公司	实体店	4322		36281.8
21		网店			025707
22	郑州分公司 汇总		4322		1988.8
23	⊟重庆分公司	实体店	1622		39705.2
24		网店		155961	1813919.4
25	重庆分公司 汇总		162207	665014	2853624.6
26	总计		1943666	3737071	18242811.05

等线 11
复制(C)
设置单元格格式(F)...
刷新(R)
排序(S)
筛选(T)
分类汇总“商品类别”(B)
展开/折叠(E)
创建组(G)...
取消组合(U)...
移动(M)
删除“商品类别”(V)
字段设置(N)...
数据透视表选项(O)...
隐藏字段列表(D)

图5-34　单击快捷菜单中的“数据透视表选项”选项

02 弹出“数据透视表选项”对话框，在“数据”选项卡中取消选中“启用显示明细数据”复选框，如图 5-35 所示，单击“确定”按钮，即可在数据透视表中关闭显示明细数据功能。关闭该功能后，在数据透视表中双击数据则会弹出错误提示，如图 3-36 所示。

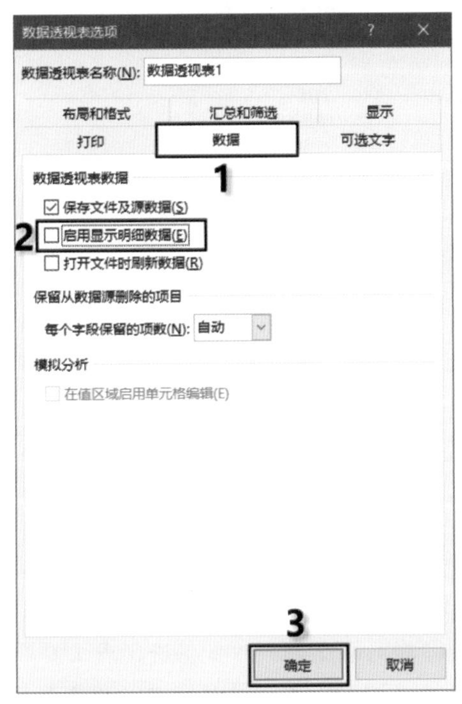

图 5-35　关闭显示明细数据功能

图 5-36　错误提示框

当然，如果要在数据透视表中显示明细数据，则在图 5-35 所示的对话框中选中“启用显示明细数据”复选框，单击“确定”按钮，即可开启显示明细数据功能。

实例 55　将总表拆分为多表并同步更新

利用数据透视表的报表筛选功能可以将总表按照条件批量拆分为多张分表，并放置在不同的工作表中，当总表更新时，所有的分表同步更新。下面结合实例介绍总表拆分为多表的方法。

某商贸公司按商品类别和分部分类汇总得到的数据透视表如图 5-37 所示，要求将该总表按商品类别拆分为 6 张分表，并与总表保持同步更新。操作步骤如下。

	A	B	C	D	E	F	G	H
1								
2								
3	求和项:销售额	商品类别						
4	分部	冰箱	电视	计算机	空调	热水器	洗衣机	总计
5	北京总公司	289490	596919	2174224.6	637664	216593	183807	4098697.6
6	广州分公司	272676	280808	2039434.66	296226	632501	106152	3627797.66
7	南宁分公司	260650	305310	2966292.47	312364	177557	414420	4436593.47
8	上海分公司	155011	723844	2951135.4	574106	463110	169711	5036917.4
9	长沙分公司	371414	472242	2146110.52	317416	215888	75418	3598488.52
10	郑州分公司	432218	692934	3111988.8	338076	388798	161385	5125399.8
11	重庆分公司	162207	665014	2853624.6	304483	481823	240577	4707728.6
12	总计	1943666	3737071	18242811.05	2780335	2576270	1351470	30631623.05

图 5-37　按商品类别和分部分类汇总得到的数据透视表

01 将拆分条件字段(商品类别)拖动到数据透视表的“筛选器”区域，如图5-38所示。

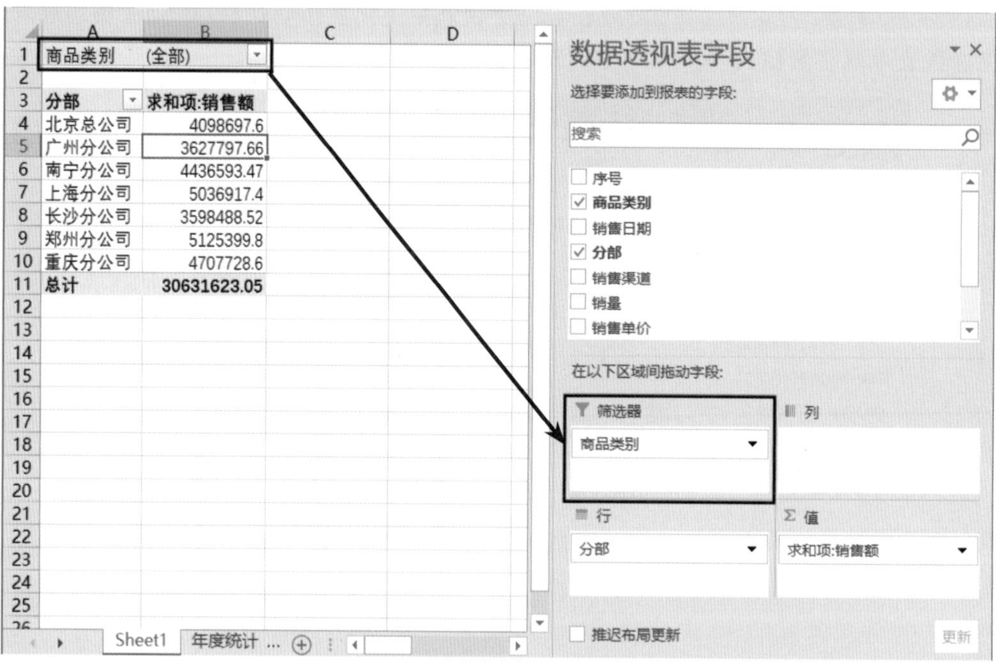

图5-38　将拆分条件字段(商品类别)拖动到数据透视表的“筛选器”区域

02 单击数据透视表中的任意一个单元格(如B4单元格)，打开“数据透视表工具”中的“分析”选项卡，单击“选项”右侧下三角按钮，在打开的下拉列表中选择“显示报表筛选页”选项，在弹出的对话框中选择“商品类别”选项，单击“确定”按钮，如图5-39所示。

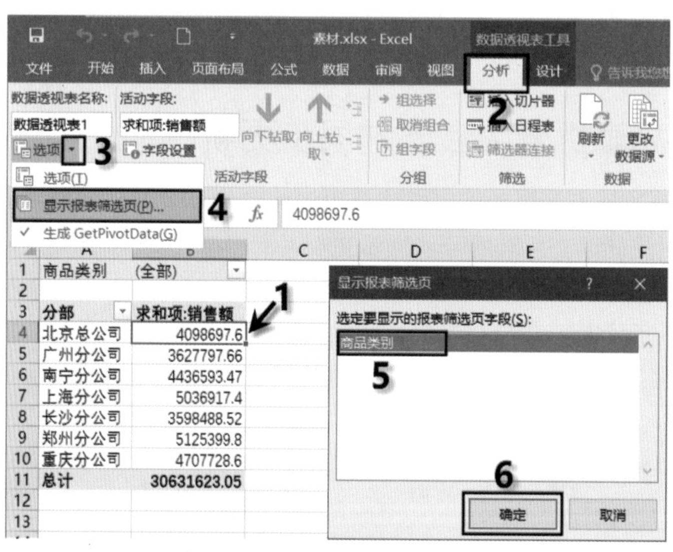

图5-39　设置显示报表筛选页

03 数据透视表按照选定的筛选项(商品类别)自动批量生成6张工作表，如图5-40所示，分别放置冰箱、电视、计算机、空调、热水器、洗衣机的分表数据。

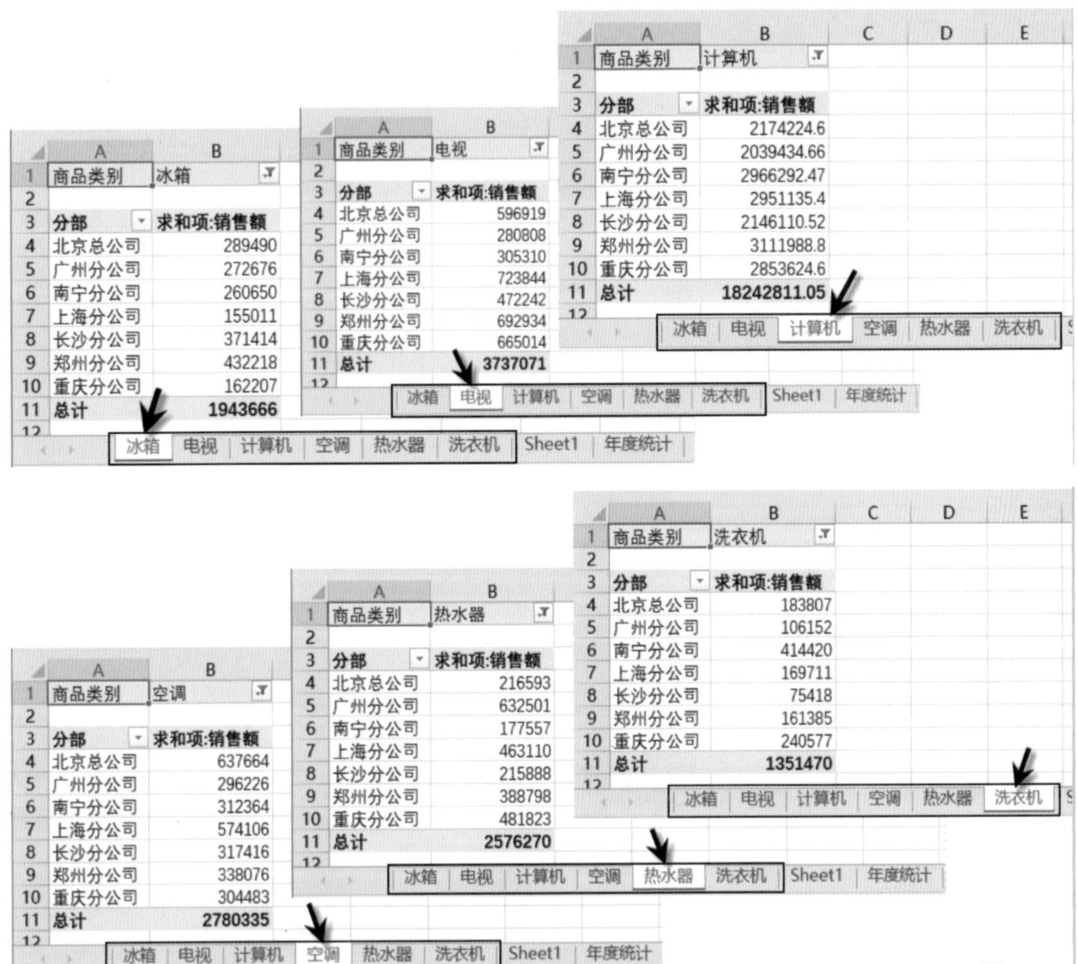

商品类别	冰箱
分部	求和项:销售额
北京总公司	289490
广州分公司	272676
南宁分公司	260650
上海分公司	155011
长沙分公司	371414
郑州分公司	432218
重庆分公司	162207
总计	1943666

商品类别	电视
分部	求和项:销售额
北京总公司	596919
广州分公司	280808
南宁分公司	305310
上海分公司	723844
长沙分公司	472242
郑州分公司	692934
重庆分公司	665014
总计	3737071

商品类别	计算机
分部	求和项:销售额
北京总公司	2174224.6
广州分公司	2039434.66
南宁分公司	2966292.47
上海分公司	2951135.4
长沙分公司	2146110.52
郑州分公司	3111988.8
重庆分公司	2853624.6
总计	18242811.05

商品类别	空调
分部	求和项:销售额
北京总公司	637664
广州分公司	296226
南宁分公司	312364
上海分公司	574106
长沙分公司	317416
郑州分公司	338076
重庆分公司	304483
总计	2780335

商品类别	热水器
分部	求和项:销售额
北京总公司	216593
广州分公司	632501
南宁分公司	177557
上海分公司	463110
长沙分公司	215888
郑州分公司	388798
重庆分公司	481823
总计	2576270

商品类别	洗衣机
分部	求和项:销售额
北京总公司	183807
广州分公司	106152
南宁分公司	414420
上海分公司	169711
长沙分公司	75418
郑州分公司	161385
重庆分公司	240577
总计	1351470

图5-40　将总表拆分为6张分表

6张分表中的数据来源于数据透视表的总表，因此，当总表数据变化时，所有分表中的数据会跟随总表的变化同步更新。

分表也可以随时删除，删除分表并不影响数据透视表总表，再需要分表时可以再次重新将总表拆分为分表。

当拆分条件发生变化时，分表的字段结构和报表布局随之发生变化。例如，图5-41是按照销售渠道和商品类别分类汇总的总表，现要求以分部为条件将总表拆分为每个分部一张工作表。

首先按照要求将拆分条件(分部)字段拖动到数据透视表的“筛选器”区域，然后在“分析”选项卡中执行报表筛选功能，如图5-42所示，即可以分部为条件将总表拆分为每个分部一张工作表，如图5-43所示，每个分表的字段结构和报表布局与总表相同。

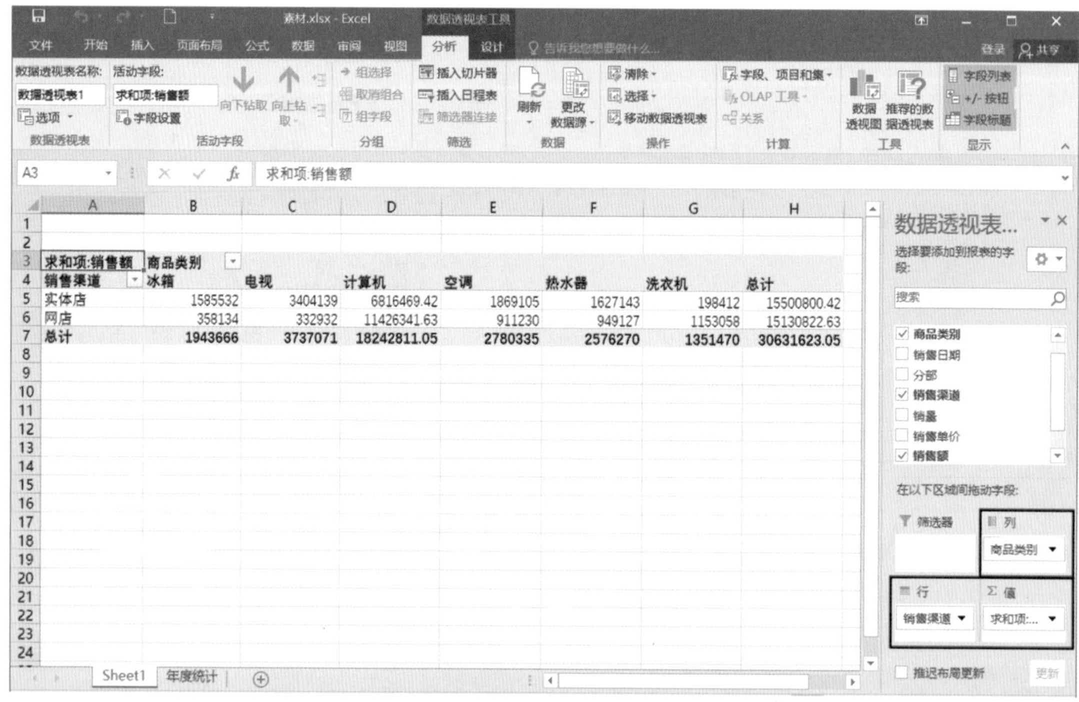

图 5-41　按照销售渠道和商品类别分类汇总的总表

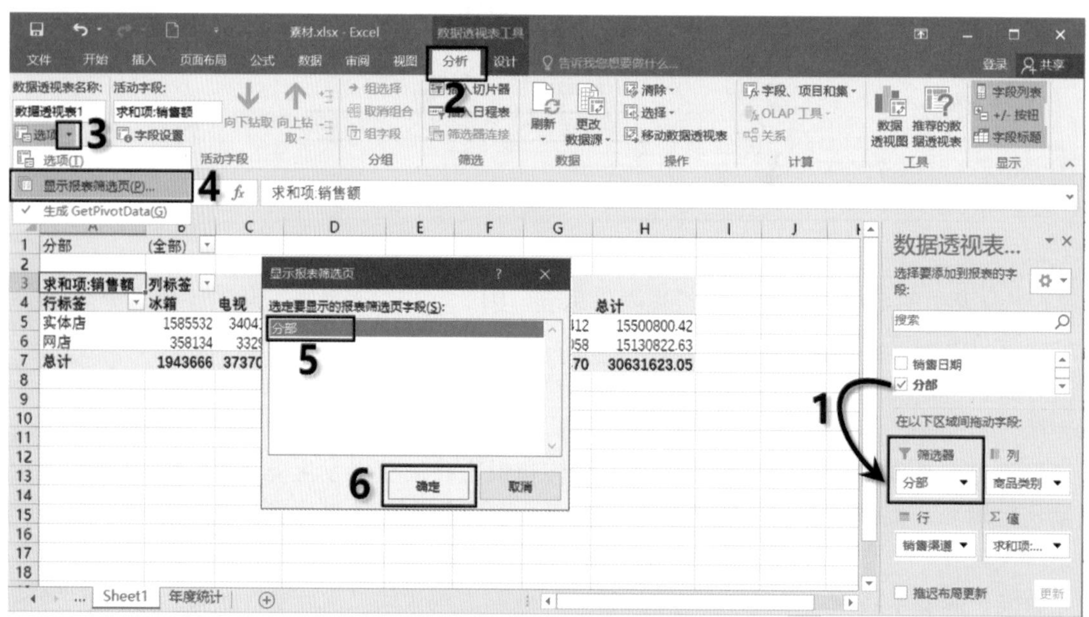

图 5-42　按照拆分条件拆分总表

	A	B	C	D	E	F	G	H
1	分部	北京总公司						
2								
3	求和项:销售额	列标签						
4	行标签	冰箱	电视	计算机	空调	热水器	洗衣机	总计
5	实体店	163251	596919	954727.02	485246	187539		2387682.02
6	网店	126239		1219497.58	152418	29054	183807	1711015.58
7	总计	289490	596919	2174224.6	637664	216593	183807	4098697.6
8								

图5-43　以分部为条件将总表拆分为每个分部一张工作表

实例 56　添加切片器将数据动态更新

数据透视表中的切片器是一个强大的筛选工具，利用切片器可以将数据按照查询条件动态更新，但切片器不能在普通表格中使用，只能在智能表格或数据透视表中使用。下面以数据透视表为例，介绍使用切片器进行数据筛选并动态更新的方法。

在图5-44所示的数据透视表中，根据指定的销售日期快速查询该销售日期所在分部的报表结果，操作步骤如下。

01 单击数据透视表中的任意一个单元格(如A3单元格)，打开“分析”选项卡，单击“插入切片器”按钮，在弹出的对话框中选中“销售日期”复选框，单击“确定”按钮，如图5-45所示，插入“销售日期”切片器，如图5-46所示。

	A	B	C	D	E	F	G	H	I
1									
2									
3	求和项:销售额		商品类别						
4	分部	销售渠道	冰箱	电视	计算机	空调	热水器	洗衣机	总计
5	⊟北京总公司	实体店	163251	596919	954727.02	485246	187539		2387682.02
6		网店	126239		1219497.58	152418	29054	183807	1711015.58
7	北京总公司 汇总		289490	596919	2174224.6	637664	216593	183807	4098697.6
8	⊟广州分公司	实体店	176716	280808	783931	216468	299433	41232	1798588
9		网店	95960		1255503.66	79758	333068	64920	1829209.66
10	广州分公司 汇总		272676	280808	2039434.66	296226	632501	106152	3627797.66
11	⊟南宁分公司	实体店	194690	256789	1011865	312364	141223	61017	1977948
12		网店	65960	48521	1954427.47		36334	353403	2458645.47
13	南宁分公司 汇总		260650	305310	2966292.47	312364	177557	414420	4436593.47
14	⊟上海分公司	实体店	85036	723844	1316525.4	310997	334721		2771123.4
15		网店	69975		1634610	263109	128389	169711	2265794
16	上海分公司 汇总		155011	723844	2951135.4	574106	463110	169711	5036917.4
17	⊟长沙分公司	实体店	371414	343792	623434	208466	158817		1705923
18		网店		128450	1522676.52	108950	57071	75418	1892565.52
19	长沙分公司 汇总		371414	472242	2146110.52	317416	215888	75418	3598488.52
20	⊟郑州分公司	实体店	432218	692934	1086281.8	128724	116650		2456807.8
21		网店			2025707	209352	272148	161385	2668592
22	郑州分公司 汇总		432218	692934	3111988.8	338076	388798	161385	5125399.8
23	⊟重庆分公司	实体店	162207	509053	1039705.2	206840	388760	96163	2402728.2
24		网店		155961	1813919.4	97643	93063	144414	2305000.4
25	重庆分公司 汇总		162207	665014	2853624.6	304483	481823	240577	4707728.6
26	总计		1943666	3737071	18242811.05	2780335	2576270	1351470	30631623.05

图5-44　数据透视表

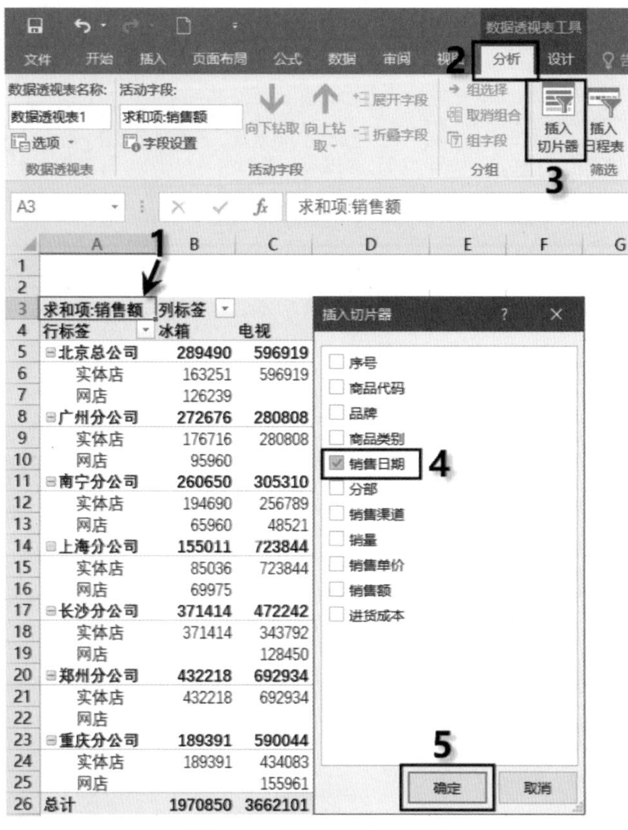

图5-45　设置插入切片器

求和项:销售额		商品类别						
分部	销售渠道	冰箱	电视	计算机	空调	热水器	洗衣机	总计
⊟北京总公司	实体店	163251	596919	954727.02	485246	187539		2387682.02
	网店	126239		1219497.58	152418	29054	183807	1711015.58
北京总公司 汇总		**289490**	**596919**	**2174224.6**	**637664**	**216593**	**183807**	**4098697.6**
⊟广州分公司	实体店	176716	280808	783931	216468	299433	41232	1798588
	网店	95960		1255503.66	79758	333068	64920	1829209.66
广州分公司 汇总		**272676**	**280808**	**2039434.66**	**296226**	**632501**	**106152**	**3627797.66**
⊟南宁分公司	实体店	194690	256789	1011865	312364	141223	61017	1977948
	网店	65960	48521	1954427.47		36334	353403	2458645.47
南宁分公司 汇总		**260650**	**305310**	**2966292.47**	**312364**	**177557**	**414420**	**4436593.47**
⊟上海分公司	实体店	85036	723844	1316525.4	310997	334721		2771123.4
	网店	69975		1634610	263109	128389	169711	2265794
上海分公司 汇总		**155011**	**723844**	**2951135.4**	**574106**	**463110**	**169711**	**5036917.4**
⊟长沙分公司	实体店	371414	343792	623434	208466	158817		1705923
	网店		128450	1522676.52	108950	57071	75418	1892565.52
长沙分公司 汇总		**371414**	**472242**	**2146110.52**	**317416**	**215888**	**75418**	**3598488.52**
⊟郑州分公司	实体店	432218	692934	1086281.8	128724	116650		2456807.8
	网店			2025707	209352	272148	161385	2668592
郑州分公司 汇总		**432218**	**692934**	**3111988.8**	**338076**	**388798**	**161385**	**5125399.8**
⊟重庆分公司	实体店	162207	509053	1039705.2	206840	388760	96163	2402728.2
	网店		155961	1813919.4	97643	93063	144414	2305000.4
重庆分公司 汇总		**162207**	**665014**	**2853624.6**	**304483**	**481823**	**240577**	**4707728.6**
总计		**1943666**	**3737071**	**18242811.05**	**2780335**	**2576270**	**1351470**	**30631623.05**

“销售日期”切片器

销售日期
2022年1月3日
2022年1月4日
2022年1月5日
2022年1月6日
2022年1月9日
2022年1月10日
2022年1月11日
2022年1月12日
2022年1月13日

图5-46　插入“销售日期”切片器

02 切片器的大小和位置可以自由调整。若要查看销售日期为“2022年1月10日”的销售数据，只需要在切片器中单击“2022年1月10日”即可，数据透视表中的数据会同步动态更新，如图5-47所示。

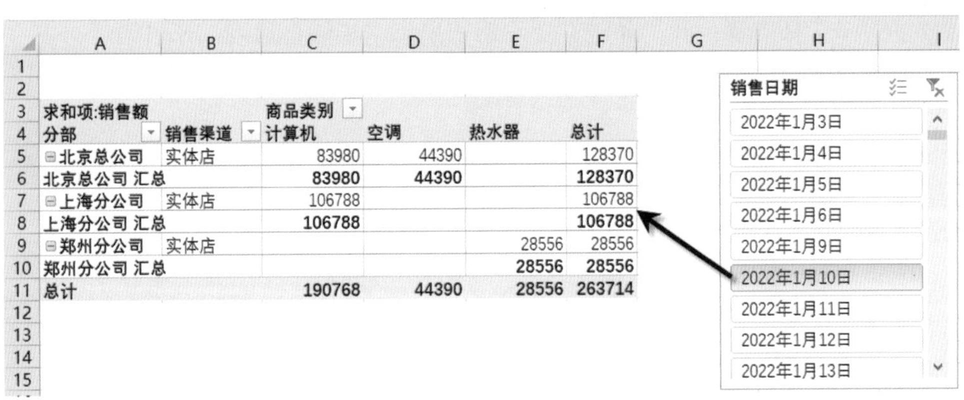

求和项:销售额		商品类别			
分部	销售渠道	计算机	空调	热水器	总计
⊟北京总公司	实体店	83980	44390		128370
北京总公司 汇总		83980	44390		128370
⊟上海分公司	实体店	106788			106788
上海分公司 汇总		106788			106788
⊟郑州分公司	实体店			28556	28556
郑州分公司 汇总				28556	28556
总计		190768	44390	28556	263714

图5-47　销售日期为“2022年1月10日”的销售数据

03 如果要同时查看多个销售日期的销售数据，则在切片器中按住鼠标左键进行拖动，选择连续的多个销售日期，或者按住Ctrl键选择不连续的多个销售日期，如图5-48所示。

求和项:销售额		商品类别			
分部	销售渠道	计算机	空调	热水器	总计
⊟北京总公司	实体店	83980	154561		238541
北京总公司 汇总		83980	154561		238541
⊟南宁分公司	实体店	154301			154301
南宁分公司 汇总		154301			154301
⊟上海分公司	实体店	106788			106788
上海分公司 汇总		106788			106788
⊟郑州分公司	实体店			28556	28556
郑州分公司 汇总				28556	28556
⊟重庆分公司	实体店	186648	9495		196143
重庆分公司 汇总		186648	9495		196143
总计		531717	164056	28556	724329

销售日期：2022年1月3日、2022年1月4日、2022年1月5日、2022年1月6日、2022年1月9日、2022年1月10日、2022年1月11日、2022年1月12日、2022年1月13日

图5-48　不连续销售日期的销售数据

04 若要清除所有筛选条件，可以按快捷键Alt+C，或者单击切片器右上角的“清除筛选器”按钮，如图5-49所示。

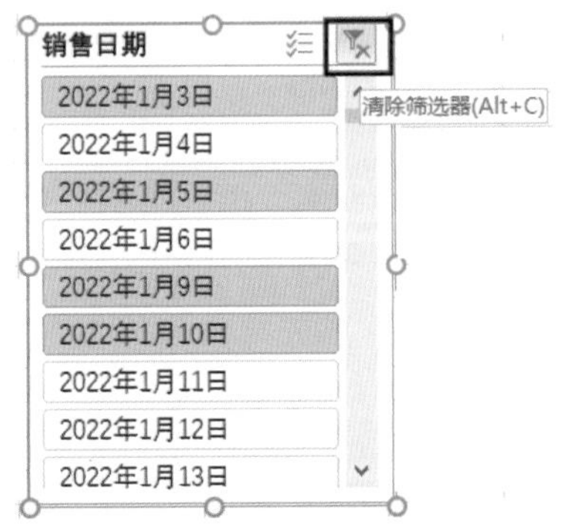

图5-49　清除筛选器按钮

用户可以根据需要在数据透视表中插入多个切片器，当对多个切片器同时进行筛选时，数据透视表显示的是同时满足所有切片器中指定条件的数据结果。例如，在图5-50中，插入“品牌”

和“销售日期”2个切片器，在“品牌”切片器中单击“华硕”选项，在“销售日期”切片器中单击“2022年3月20日”选项，此时，数据透视表仅显示品牌为“华硕”、销售日期为“2022年3月20日”的销售数据。

若要删除切片器，选中切片器按Delete键即可删除。

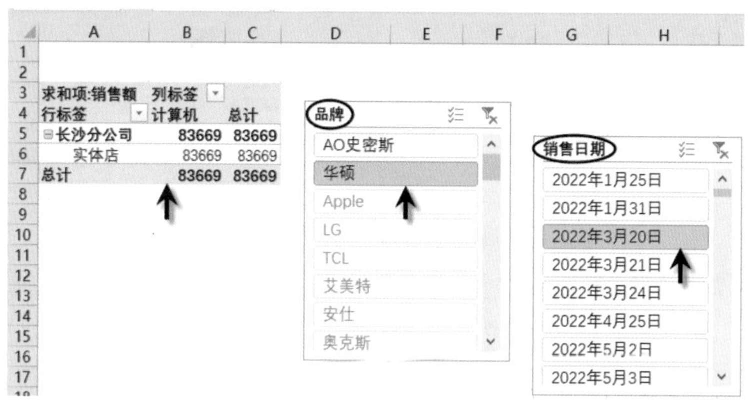

图5-50　插入2个切片器并按照指定条件进行筛选

由此可见，在数据透视表中使用切片器可以快速实现数据筛选并同步动态更新，尤其对于数据透视表中字段较多、查询条件又经常变动的数据，筛选更为便捷和高效。

第 6 章　数据透视图汇总和图表一举两得

数据透视图是一种交互式的动态图表，它以图形的方式直观地展示数据透视表中数据的大小和变化趋势，帮助用户快速分析数据，并了解数据的趋势和联系。根据需求可创建不同类型的透视图，以满足各种数据分析的可视化需求。

实例 57　数据汇总和图表兼备

数据透视图可以看作数据透视表和图表的结合，数据透视表是数据透视图的数据源，而数据透视图以图表的形式将数据透视表的结果可视化呈现，二者一同使用，可以从不同角度满足各种数据分析和可视化需求，下面结合实例具体介绍。

某商贸公司2022上半年销售记录(共370条)如图6-1所示，要求根据此数据源查看各分部之间总销售额的对比情况。

	A	B	C	D	E	F	G	H
1	序号	商品类别	销售日期	分部	销售渠道	销量	销售单价	销售额
2	1	计算机	2022年6月2日	北京总公司	网店	12	6462.8	77553.6
3	2	计算机	2022年1月10日	北京总公司	实体店	20	4199	83980
4	3	计算机	2022年1月15日	北京总公司	实体店	43	10888	468184
5	4	计算机	2022年6月23日	北京总公司	网店	35	4038	141330
6	5	计算机	2022年1月30日	北京总公司	实体店	29	2599	75371
7	6	电视	2022年2月6日	北京总公司	实体店	11	3599	39589
8	7	电视	2022年2月14日	北京总公司	实体店	25	3999	99975
9	8	空调	2022年2月20日	北京总公司	实体店	36	2179	78444
10	9	空调	2022年3月1日	北京总公司	实体店	48	2179	104592
11	10	冰箱	2022年3月9日	北京总公司	实体店	23	1649	37927
12	11	冰箱	2022年3月16日	北京总公司	实体店	49	1499	73451
13	12	热水器	2022年3月22日	北京总公司	网店	4	1098	4392
14	13	热水器	2022年3月29日	北京总公司	网店	19	1298	24662
15	14	洗衣机	2022年4月6日	北京总公司	网店	48	198	9504
16	15	洗衣机	2022年4月13日	北京总公司	网店	39	99	3861
17	16	洗衣机	2022年4月25日	北京总公司	网店	48	338	16224
18	17	计算机	2022年5月2日	北京总公司	网店	43	8888	382184

年度统计

图6-1　数据源

本例要查看各分部之间总销售额的对比情况，需要满足2个条件：一是要按照分部对销售额汇总，二是使用图形展示各分部之间总销售额的对比情况。要解决这个问题需要创建数据透视图，使用数据透视图可以通过图形方式汇总、对比数据。创建数据透视图有以下2种方法。

方法 1：根据数据源创建数据透视图

01 单击数据源中的任意一个单元格(如C1单元格)，打开“插入”选项卡，单击“数据透视图”按钮，在弹出的对话框中设置数据源区域及放置位置，通常保持默认即可，单击“确定”按钮，如图6-2所示，即可创建一张数据透视表的数据透视图，如图6-3所示，透视表中未包含任何字段，图表中没有任何数据，二者都是空白的。

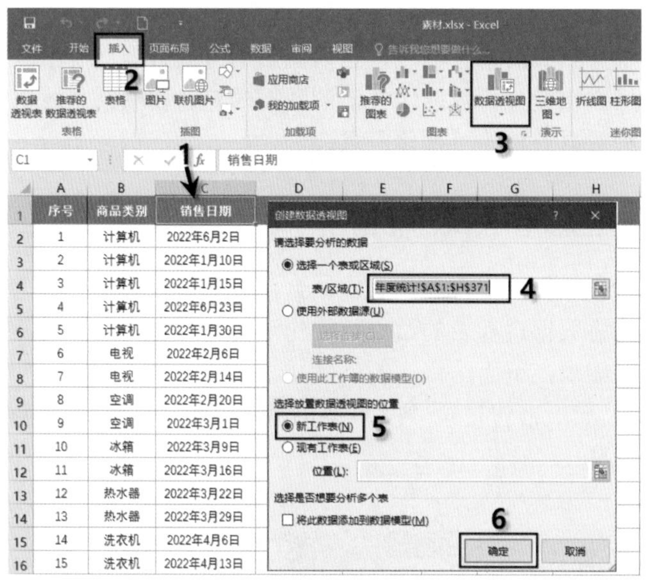

图6-2　插入数据透视图

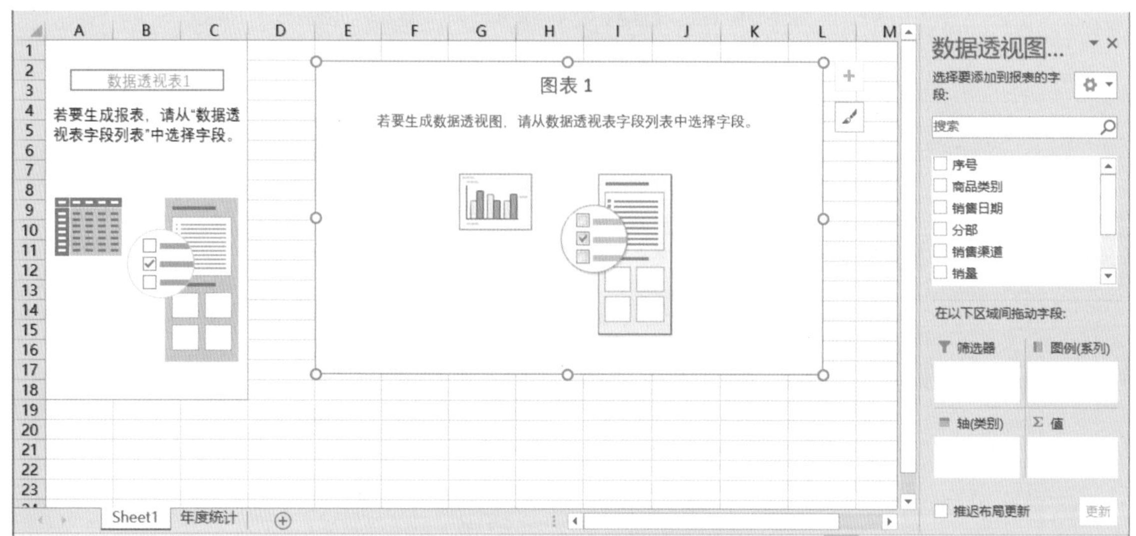

图6-3　创建数据透视图窗口

02 利用向数据透视表中添加字段的方式，将需要的字段添加到数据透视表中，数据透视图将同步显示对应的图表。所以，在右侧“数据透视图”窗格中，将“分部”字段拖动到“轴(类别)”区域，将“销售额”字段拖动到“值”区域，数据透视图和数据透视表同时联动更新，如图6-4所示。

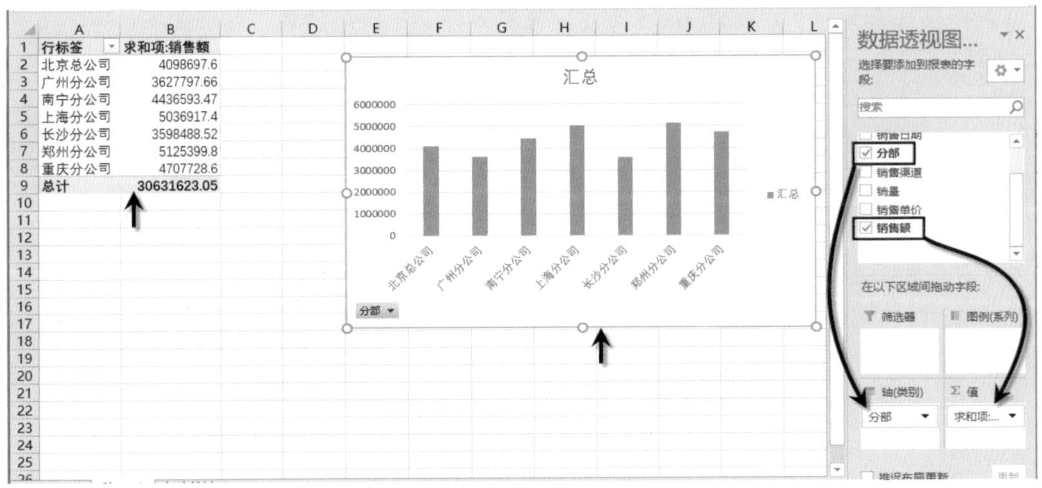

图6-4　创建数据透视图窗口

03 调整数据透视图的大小，如图6-5所示。用户也可以根据需要调整透视图的位置，设置各种图表元素，以及更改图表类型。

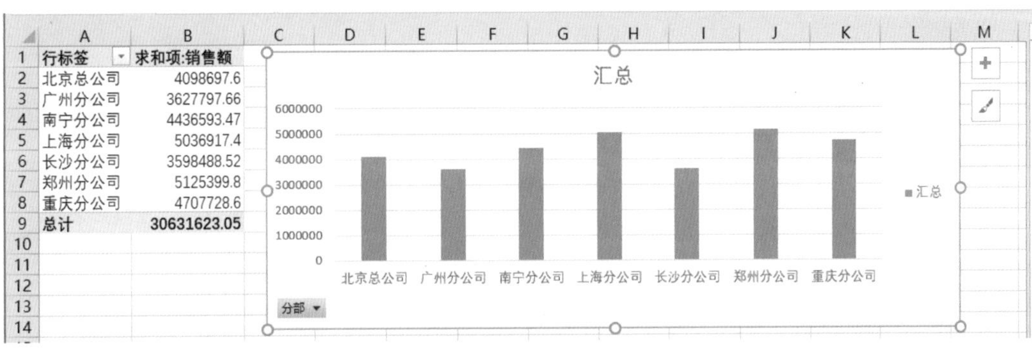

图6-5　调整数据透视图的大小

方法2：根据数据透视表创建数据透视图

除了根据数据源创建数据透视图，还可以先根据数据源创建数据透视表，然后在数据透视表中创建数据透视图，操作步骤如下。

01 首先根据数据源创建透视表。单击数据源中的任意一个单元格，打开"插入"选项卡，单击"数据透视表"按钮，在弹出的对话框中选择默认设置，单击"确定"按钮，如图6-6所示。

图6-6　插入数据透视表

02 在数据透视表窗口中，按照图6-7所示，将“分部”字段拖动到“行”区域，将“销售额”字段拖动到“值”区域。

图6-7　根据数据源创建的数据透视表

03 单击数据透视表中的任意一个单元格(如B3单元格)，打开“分析”选项卡，单击“数据透视图”按钮，在弹出的对话框中选择要使用的图表类型，如图6-8所示，或者在“插入”选项卡中单击对应的图表类型按钮，选择需要使用的图表创建数据透视图。

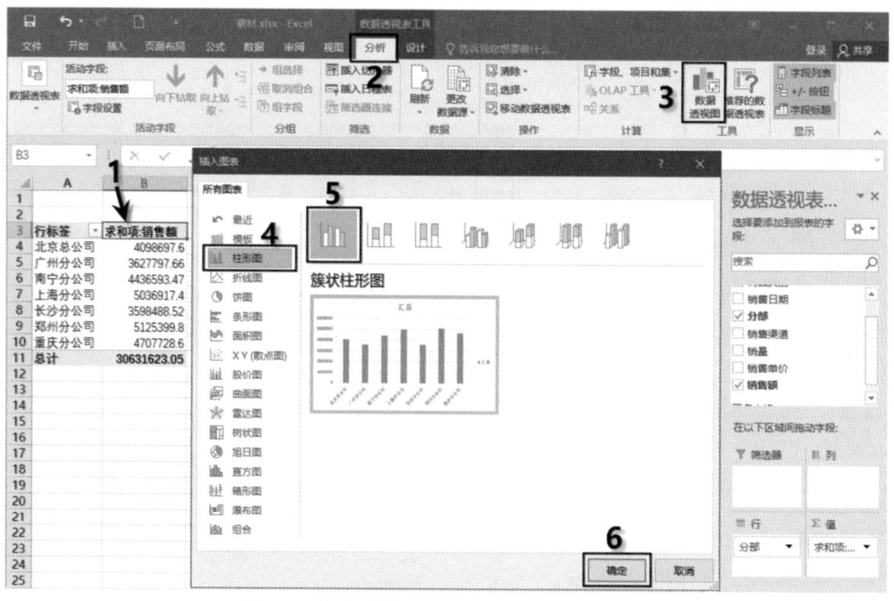

图6-8　根据数据透视表创建数据透视图

04 创建的数据透视图如图6-9所示，调整其大小或者位置，使其符合需求。

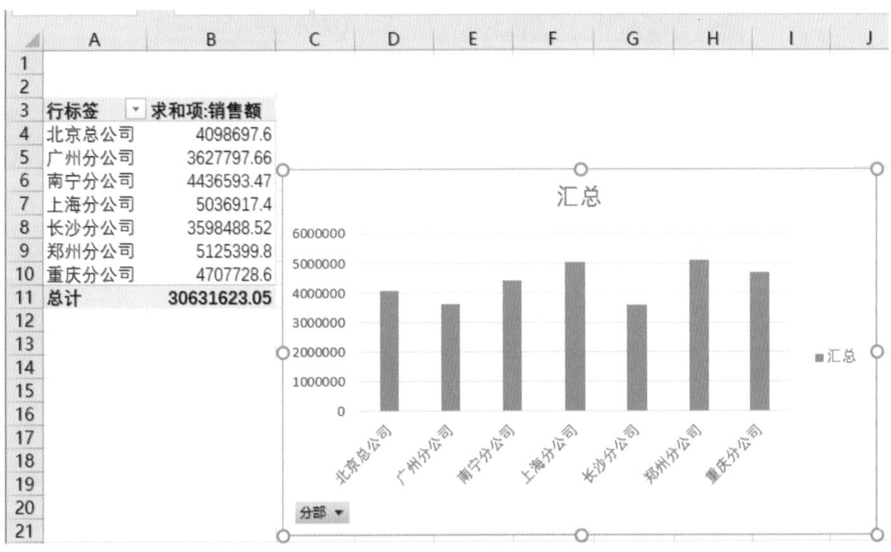

图6-9　创建的数据透视图

创建数据透视图后，会自动出现数据透视图工具的“分析”“设计”“格式”3个选项卡，如图6-10所示，利用这3个选项卡可对透视图进行编辑和格式化操作。例如，将图6-9所示的柱形图更改成折线图。方法是：选中数据透视图，打开“设计”选项卡，单击“更改图表类型”按钮，如图6-11所示，在弹出的对话框中选择“折线图”选项，如图6-12所示，单击“确定”按钮，即可将数据透视图类型更改为“折线图”，效果如图6-13所示。

图6-10　数据透视图对应的3个选项卡

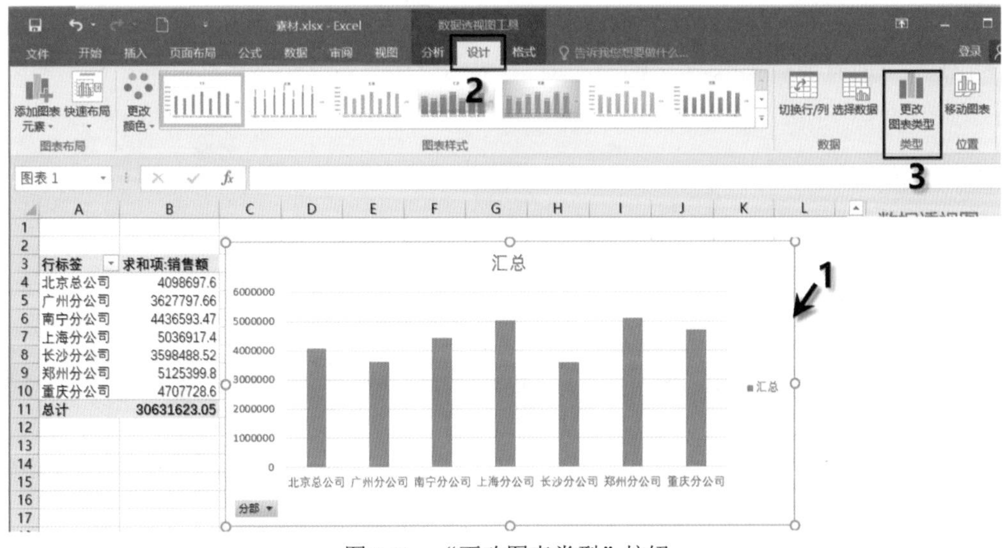

图6-11　“更改图表类型”按钮

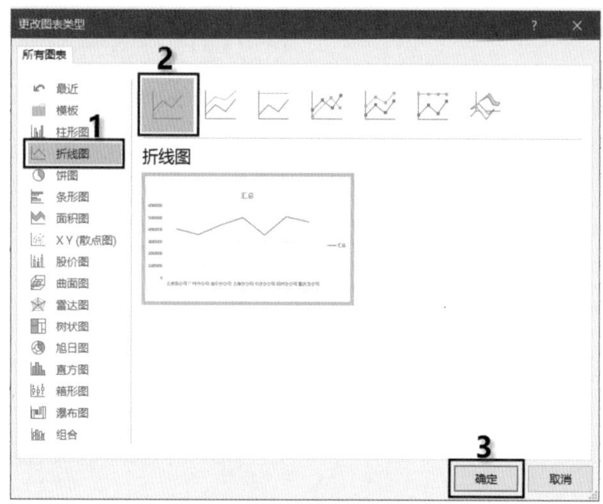

图6-12　选择图表类型

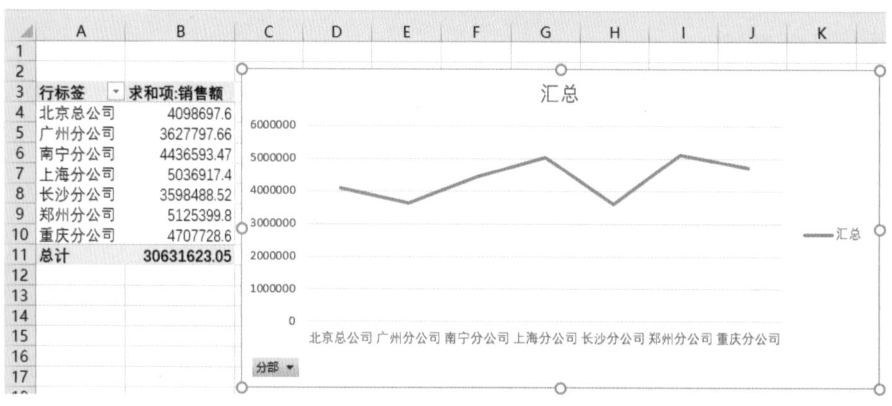

图6-13　将数据透视图更改为“折线图”

数据透视图具有动态变化性，通过各种按钮对数据进行筛选，是数据透视图最主要的功能之一。例如，在图6-14所示的数据透视图中，单击“分部”筛选按钮，在弹出的快捷菜单中取消选中不查看的分部，单击“确定”按钮，数据透视图则只展示选中的分部，效果如图6-15所示。

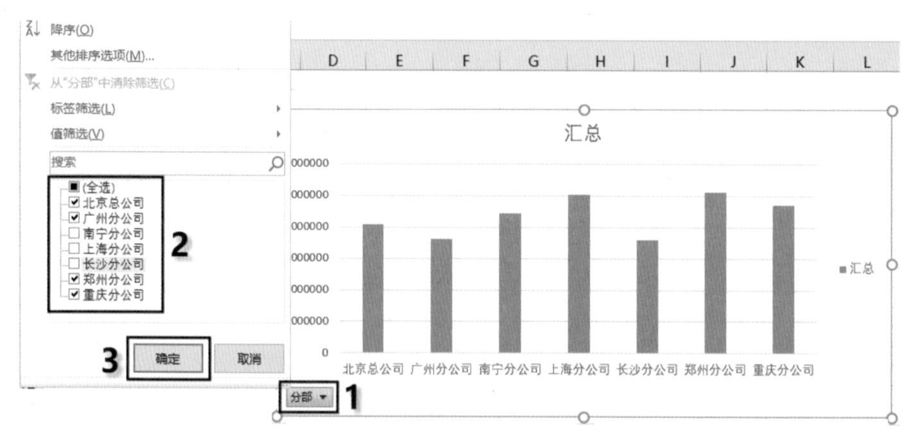

图6-14　数据透视图中的筛选功能

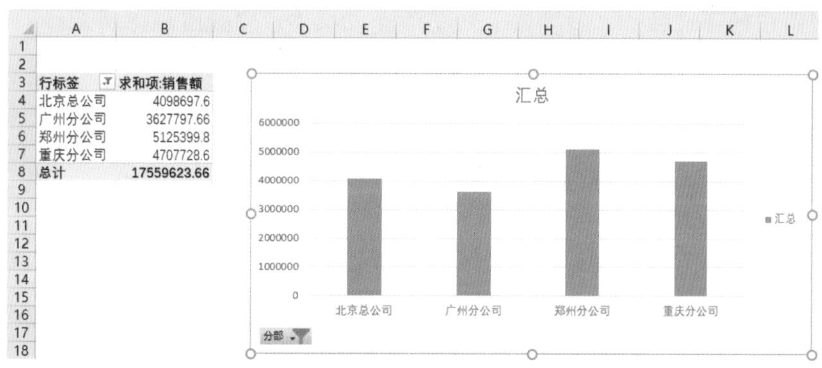

图6-15　数据透视图只展示选中的分部

实例 58　一键美化数据透视图

为了使创建的数据透视图既专业又美观，需要对其进行美化。最简单、快捷的方法是利用Excel内置的图表样式一键美化图表，操作步骤如下。

01 选中数据透视图，打开“设计”选项卡，“图表样式”列表框中包含了多种图表样式，如图6-16所示，当鼠标指针指向某一样式时，即可预览该样式的效果，单击所需的图表样式，即可将该样式应用到数据透视图中，效果如图6-17所示。

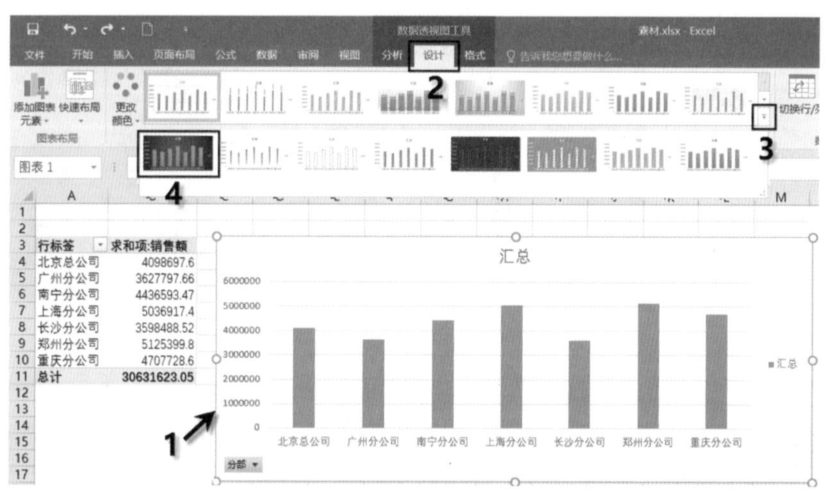

图6-16　“图表样式”列表框

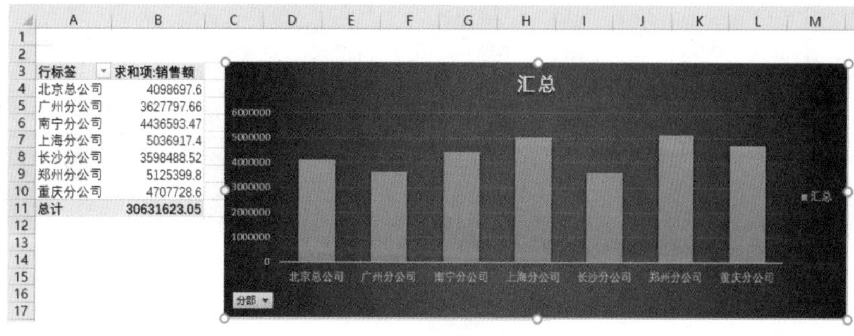

图6-17　应用图表样式的效果

02 隐藏透视图中的筛选按钮，提高图表的整洁度，操作步骤如图6-18所示。

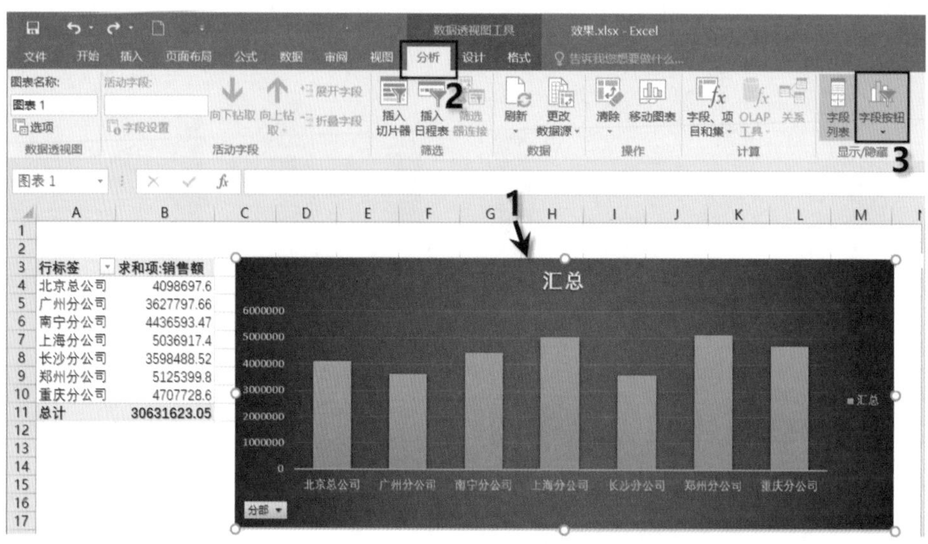

图6-18　隐藏筛选按钮

03 隐藏筛选按钮后的数据透视图效果如图6-19所示。

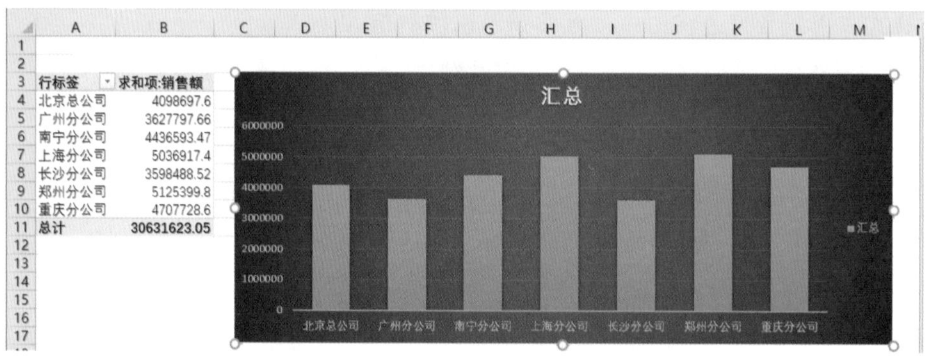

图6-19　隐藏筛选按钮后的数据透视图效果

04 修改透视图的标题，隐藏图例，调整透视图的大小，效果如图6-20所示。

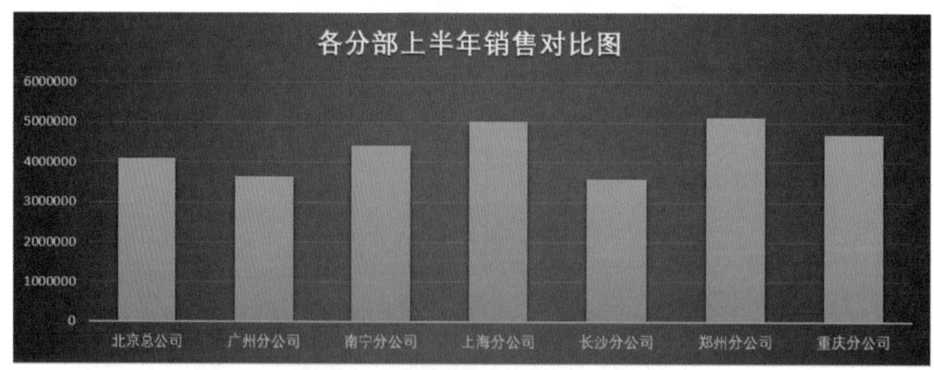

图6-20　更改图表元素效果

综上所述，通过借助Excel内置的图表样式、隐藏筛选按钮、修改图表元素等设置，可以使数据透视图变得既专业又美观，极大地增强了其可视化呈现。

实例 59　植入切片器，联动更新数据透视图和数据透视表

数据透视图和数据透视表相互关联，因此，在数据透视图中进行字段筛选，会引起数据透视表的同步更新。同理，在数据透视表中进行字段筛选，也会引起数据透视图的同步更新，如果插入切片器，可以使数据透视图和数据透视表按照条件联动更新。下面通过实例具体介绍。

在图6-20中，要求以商品类别和销售渠道为条件进行数据透视表与数据透视图同步联动更新及呈现。操作步骤如下。

01 单击数据透视表中的任意单元格(如B3单元格)，打开“分析”选项卡，单击“插入切片器”按钮，如图6-21所示。

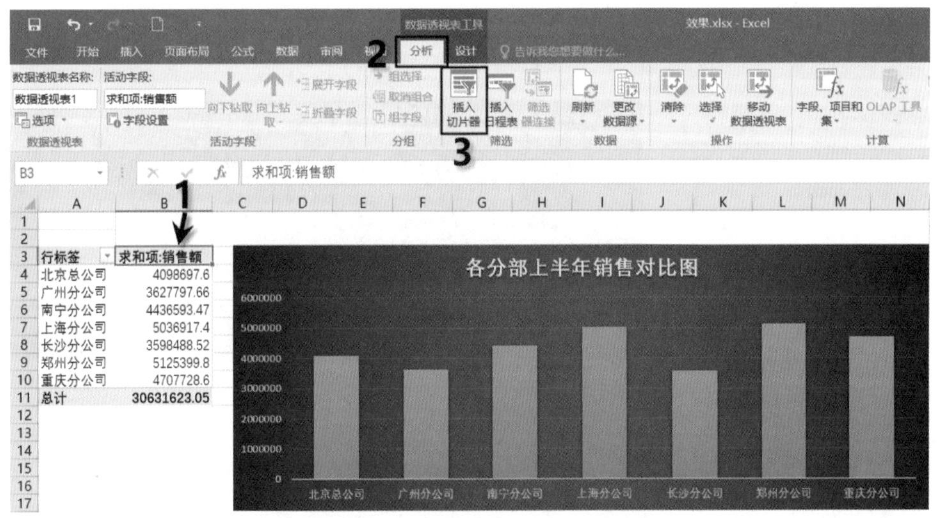

图6-21　“插入切片器”按钮

02 在“插入切片器”对话框中，依次选中“商品类别”复选框和“销售渠道”复选框，单击“确定”按钮，如图6-22所示。

图6-22　选择要插入的切片器

03 插入“商品类别”和“销售渠道”2个切片器，调整切片的大小及位置，如图6-23所示。

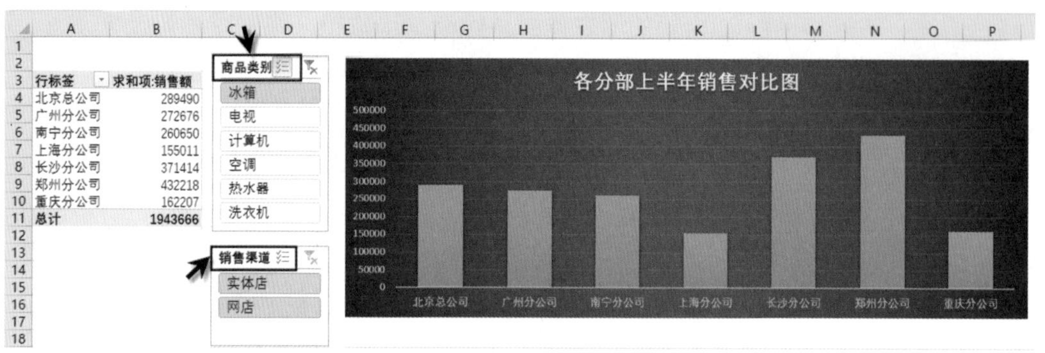

图6-23　插入“商品类别”和“销售渠道”2个切片器

04 利用2个切片器按照所需条件进行筛选，数据透视图和数据透视表同步更新。例如，查看电视的网店销售在各分店上半年的销售对比情况，则分别单击“商品类别”切片器中的“电视”和“销售渠道”切片器中的“网店”，筛选后的效果如图6-24所示。

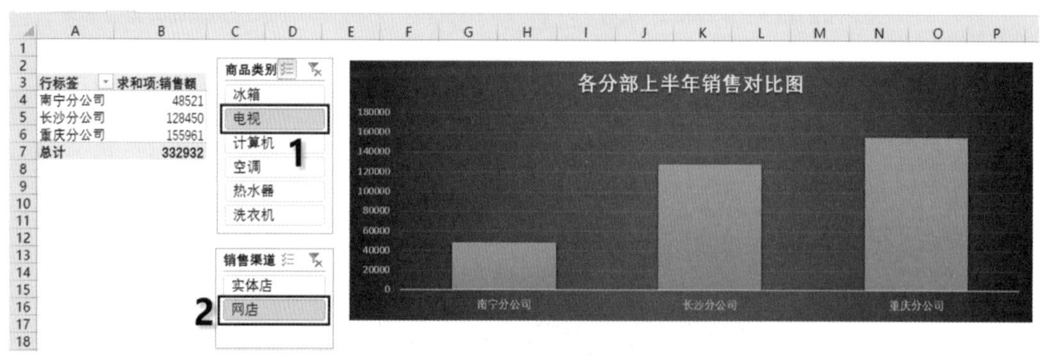

图6-24　利用切片器进行筛选后同步更新数据透视图和数据透视表

05 调整切片器中各项排列方式，将纵向排列(1列)改为横向排列(多列)，使报表布局更为整洁。例如，将“销售渠道”切片器中的各项横向排列，即将其列数从1更改为2，如图6-25所示。

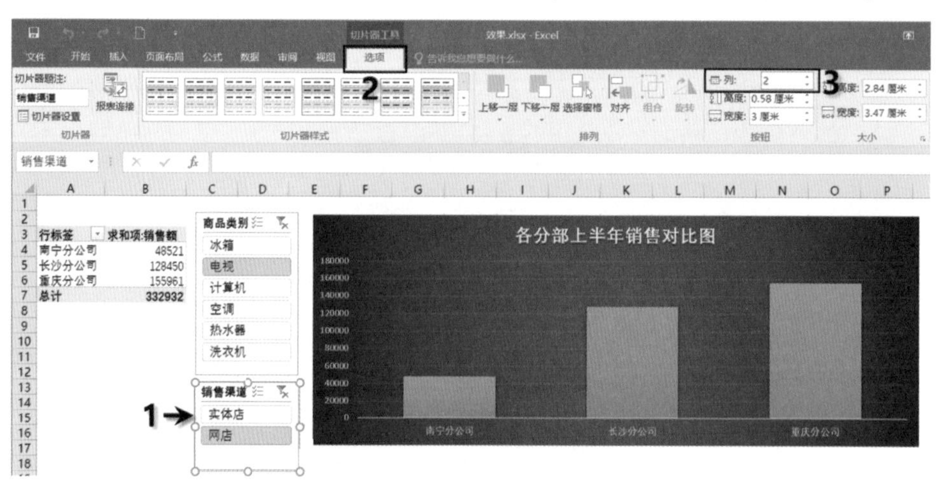

图6-25　调整切片器中的各项横向排列

06 切片器各项横向排列，调整切片器的大小和位置，效果如图6-26所示。

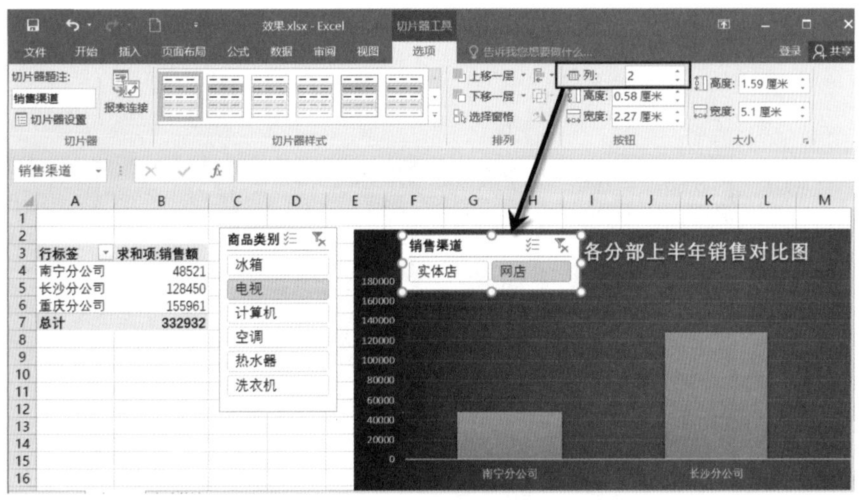

图6-26　切片器中各项横向排列的效果

07 隐藏切片器的标题名“销售渠道”，使界面更加专业整洁。方法是：选中切片器，打开“选项”选项卡，单击“切片器设置”按钮，如图6-27所示。

08 弹出“切片器设置”对话框，进行如图6-28所示的设置，调整切片器的大小和位置，效果如图6-29所示。

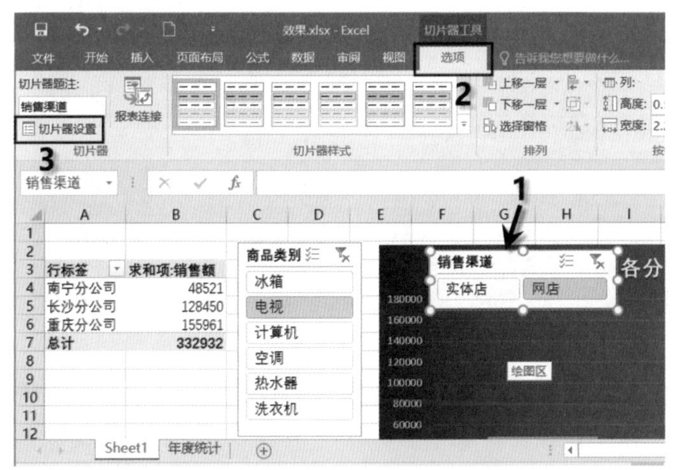

图6-27　单击“切片器设置”按钮

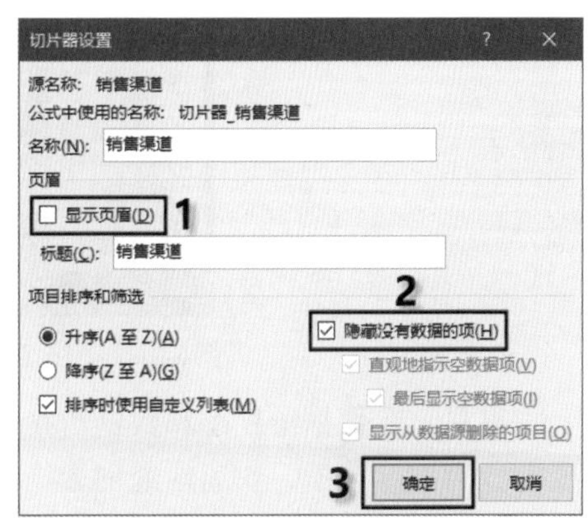

图6-28　切片器设置选项

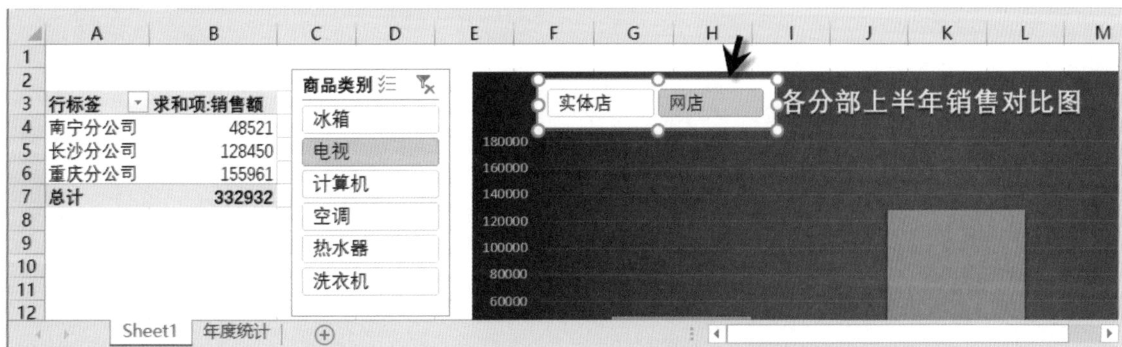

图6-29　隐藏切片器标题名并调整位置和大小的效果

09 利用同样的方法隐藏“商品类别”切片器的标题名，并调整其大小和位置，效果如图6-30所示。

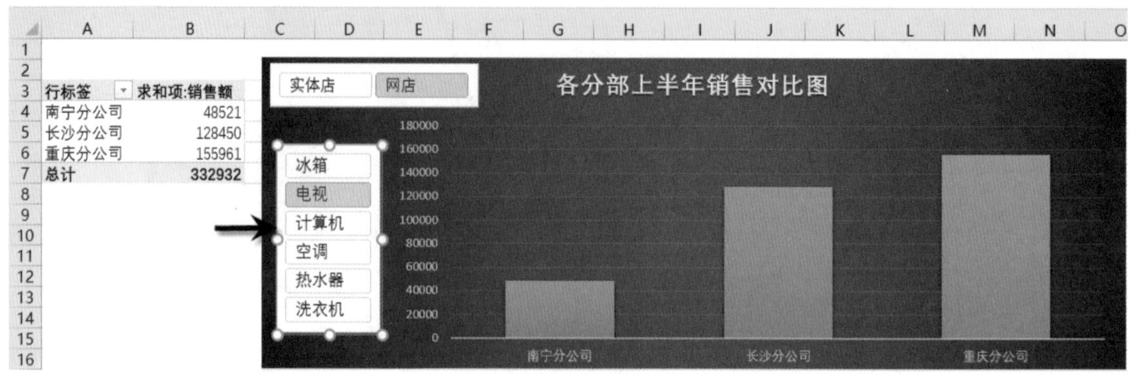

图6-30 隐藏“商品类别”切片器标题名并调整位置和大小的效果

10 使用切片器内置样式或自定义样式对切片器进行美化，同时对数据透视图、数据透视表进行美化，美化后的效果如图6-31所示。

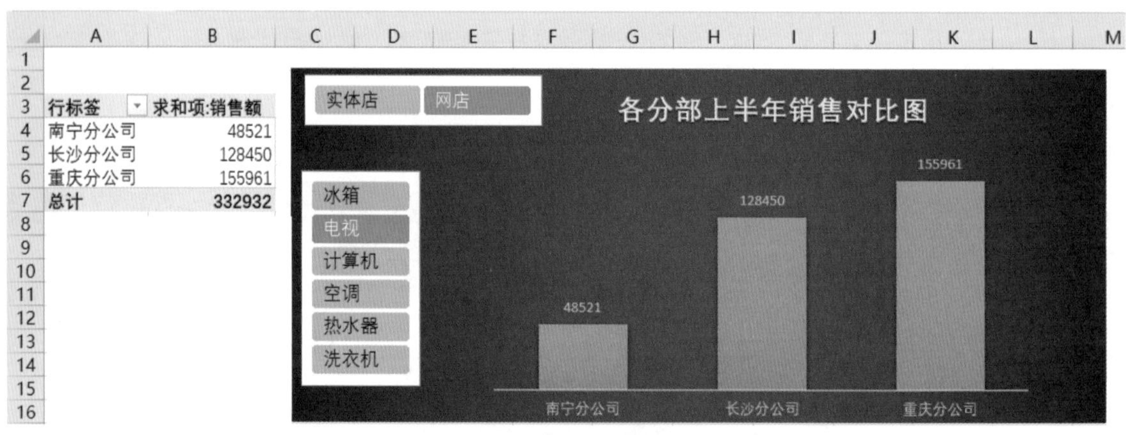

图6-31 美化切片器、数据透视图及数据透视表的效果

可见，在数据透视图和数据透视表中插入切片器，借助切片器强大的筛选功能，可以多维度地分类汇总数据、快速地处理数据，并按照多条件实现数据透视图和数据透视表联动更新，轻松高效地实现各种数据分析的可视化需求。

第7章　数据看板集中展示多种数据

数据看板是一个可视化的动态交互工具，它针对某一业务的特定需求，将多张数据报表和图表整合为一屏，通过合理的页面布局、效果设计，对重点信息和关键指标进行数据可视化的综合应用。其美观、专业、大气、简单、高效，有利于对数据进行总览或对某一内容进行专项分析，是当前广为流行的具有现代感和科技感的高效数据分析方法。

数据看板的核心是实现多数据联动，并随着选择动态更新，直观地查看各种指标的具体数值或数据可视化展示。制作数据看板的方法有很多种，本章介绍一种简单易操作的方法，即数据透视表＋切片器＋图表=动态看板。

下面以制作日报看板、周报看板、月报看板为例，介绍数据看板的制作方法。

实例60　日报看板数据分析和展示

某电器商贸公司要求以日报形式展示前一天公司的整体销售情况，图7-1是该公司1月份的销售明细记录，现要求根据销售记录查看当天总销售额和总销量、各分店的销售额及各商品在各分店的销量对比情况。为了方便查看，可以将要查看的指标、数据、图表整合组织在一张看板上，如图7-2所示。

	A	D	E	F	G	H	I	J	K
1	序号	商品名称	销售日期	分部	销售渠道	销量	销售单价	销售额	业务员
2	1	洗衣机	2022年1月1日	北京分公司	实体店	30	2179	65370	陈晓
3	2	洗衣机	2022年1月1日	北京分公司	网店	44	1098	48312	王一
4	3	空调	2022年1月1日	北京分公司	实体店	43	1199	51557	高明
5	4	空调	2022年1月1日	北京分公司	网店	27	1298	35046	李丽
6	5	热水器	2022年1月1日	北京分公司	实体店	15	838	12570	郑婷
7	6	热水器	2022年1月1日	北京分公司	网店	47	219	10293	齐爱华
8	7	电视	2022年1月1日	北京分公司	实体店	31	3399	105369	申新
9	8	电视	2022年1月1日	北京分公司	网店	49	198	9702	毛新
10	9	冰箱	2022年1月1日	北京分公司	实体店	48	1198	57504	方明
11	10	冰箱	2022年1月1日	北京分公司	网店	45	399	17955	刘毛易
12	11	洗衣机	2022年1月1日	广州分公司	实体店	50	399	19950	平长
13	12	洗衣机	2022年1月1日	广州分公司	网店	24	799	19176	毛新
14	13	空调	2022年1月1日	广州分公司	实体店	46	198	9108	廖元
15	14	空调	2022年1月1日	广州分公司	网店	26	5988	155688	梁亮
16	15	热水器	2022年1月1日	广州分公司	实体店	31	2699	83669	李涛
17	16	热水器	2022年1月1日	广州分公司	网店	43	8099	348257	程一利

图7-1　销售明细记录(部分)

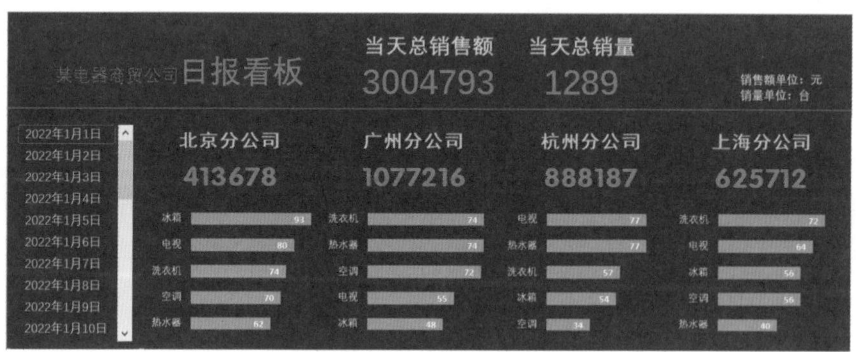

图7-2　制作完成的看板

在这张看板中，不仅可以直观地查看各种指标的具体数值，还可以通过图表的方式进行数据对比分析。更为方便的是，看板中的所有数据和图表跟随选择的日期同步联动更新。例如，在左侧的切片器中单击日期“2022年1月4日”按钮，看板中的数据和图表即刻联动更新，如图7-3所示。

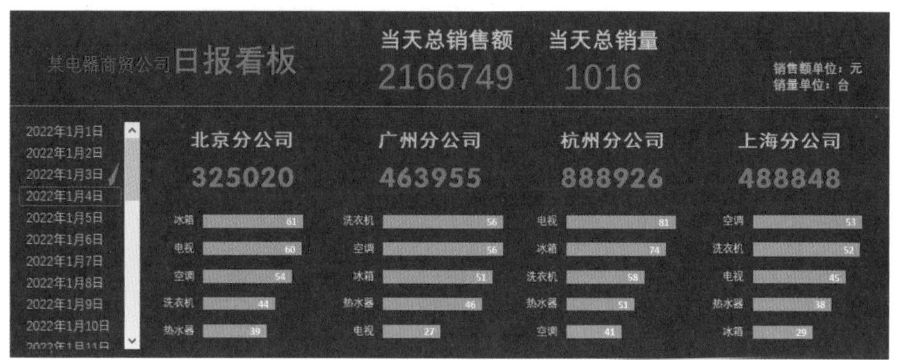

图7-3　指定日期的看板数据

这种动态看板为数据分析提供了极大便利，制作过程也比较简单，可通过以下步骤完成。

- 确定分析需求和展示要素。
- 构建看板布局。
- 数据整理、转换，用智能表作为数据透视表的数据源。
- 用数据透视表计算核心指标数据。
- 计算图表所需的数据，插入动态图表。
- 将相关的数据和图表整合组织至看板中。
- 使用切片器进行交互。
- 美化看板，完善看板页面排版。

下面分步骤进行具体介绍。

1. 确定分析需求和展示要素

在该例中，要求根据销售记录查看当天总销售额和总销量、各分店的销售额及各商品在各分店的销量对比情况，所以按照查看需求明确要分析和展示的要素有以下4项。

- 当天总销售额。
- 当天总销量。
- 各分店的销售额。
- 各商品在各分店的销量对比情况。

这些要素要以恰当的形式进行展示。本例中的前三项要素可以用大号数字的形式进行直观、醒目的展示，第四项要素可以用图表(条形图)形式进行展示。此外，还需要插入切片器进行日期的切换，以便查看不同日期当天总销售额和总销量、各分店销售额及各商品在各分店的销量对比情况。

2. 构建看板的整体布局

明确了要分析的数据和展示的要素，也清楚这些要素以什么形式进行展示后，接下来就是构建看板的整体布局，即在什么位置展示什么数据，以什么形式展示最为适合。本例中看板上方左侧放置公司的名称，右侧放置当天总销售额和总销量；中间左侧放置日期切片器，右侧放置各分店销售额；下方右侧放置各商品在各分店的销量对比情况，这里添加图表以数据可视化的方式进行展示。看板的整体布局如图 7-4 所示。

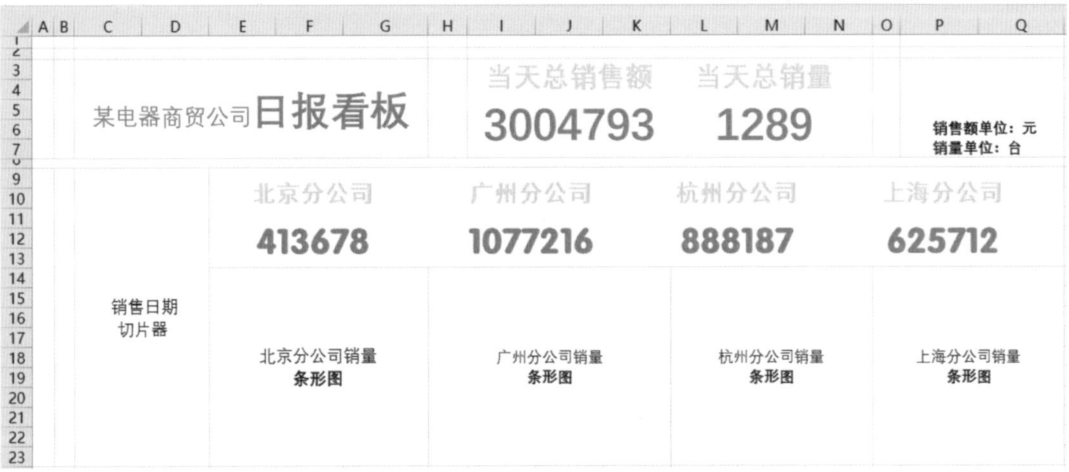

某电器商贸公司日报看板
当天总销售额
3004793
当天总销量
1289
销售额单位：元
销量单位：台
北京分公司
413678
广州分公司
1077216
杭州分公司
888187
上海分公司
625712
销售日期
切片器
北京分公司销量
条形图
广州分公司销量
条形图
杭州分公司销量
条形图
上海分公司销量
条形图

图 7-4　看板的整体布局

3. 数据整理、转换，用智能表作为数据透视表的数据源

经过前面的需求分析、确定展示要素、构建看板的整体布局，我们已经想好了要把看板做成什么样子，接下来就是制作看板。

在制作看板之前，首先要查看数据源中的信息是否齐全，格式是否规范。若信息不全需要补全信息，格式不规范需要转换为格式规范的数据。本例中的数据源已经整理、转换为包含所有关键指标的规范数据。

由于数据源中的数据按日递增，若要使看板中的数据随着数据源区域中的数据变化而动态更新，需要将数据源转换为智能表。转换方法是：按快捷键Ctrl＋T或者打开“插入”选项卡，单击“表格”按钮，在弹出的对话框中单击“确定”按钮，表格的格式发生变化，并且表格的右下角出现智能表的数据范围标签“⌐”，如图 7-5 所示，它指明了这个智能表的数据范围。如果在智能表的末尾加入新的数据，智能表的数据范围标签“⌐”则自动向下移动，将新数据包含到智能表中，如图 7-6 所示，并且新数据的格式自动被格式化，这就是智能表的延展特性，它确保了新增加的数据一直包含在智能表中。

插入
表格
创建表
表数据的来源(W):
=$A$1:$K$1241
表包含标题(M)
确定
取消
智能表的数据范围标签

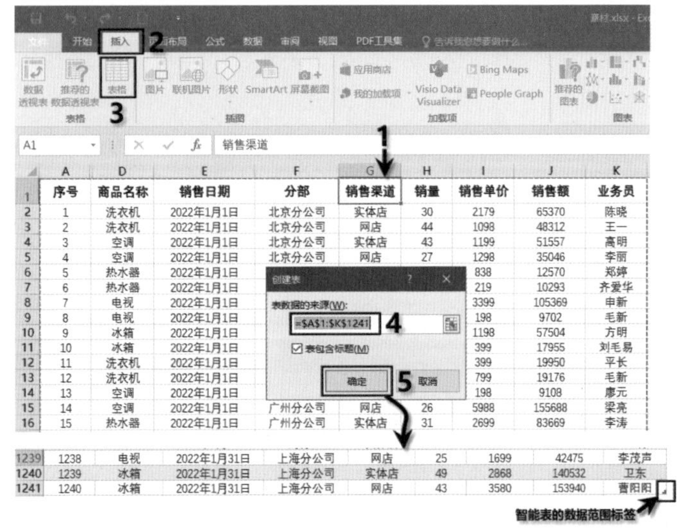

图 7-5　将数据源转换为智能表

1239	1238	电视	2022年1月31日	上海分公司	网店	25	1699	42475	李茂声
1240	1239	冰箱	2022年1月31日	上海分公司	实体店	49	2868	140532	卫东
1241	1240	冰箱	2022年1月31日	上海分公司	网店	43	3580	153940	曹阳阳
1242					实体店				
1243					网店				

在末尾加入新的数据，智能表的数据范围标签自动下移

图7-6　在智能表末尾加入新的数据，数据范围标签自动下移

4. 用数据透视表计算核心指标数据

在智能表的基础上插入数据透视表，打开“插入”选项卡，单击“数据透视表”按钮，在弹出的对话框中，单击“确定”按钮，如图7-7所示，进入数据透视表的窗口，计算核心指标数据。

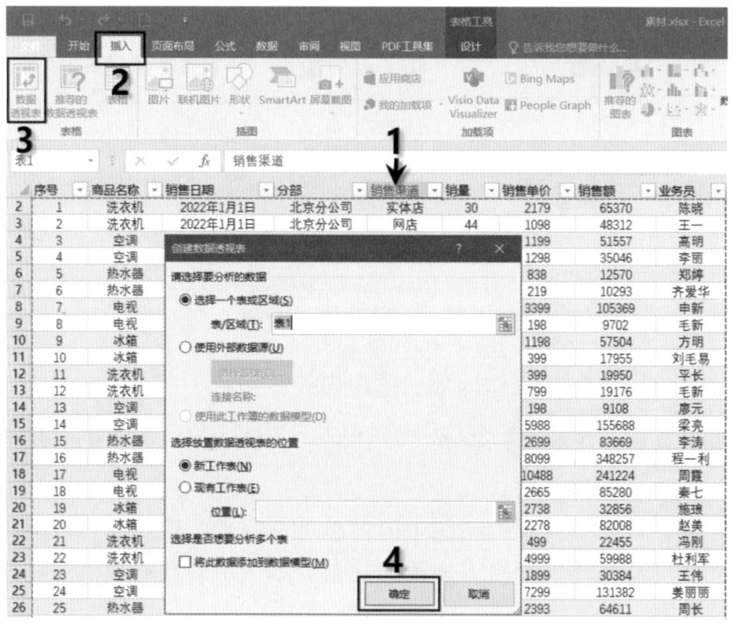

图7-7　插入透视表

1) 当日总销售额和总销量

在右侧“数据透视表字段”窗格中，拖动“销售日期”到“行”区域，拖动“销售额”和“销量”到“值”区域，如图7-8所示，即可按照销售日期得到每天的总销售额和总销量。

图7-8　按照销售日期得到每天的总销售额和总销量

由于在看板中要以数字的形式显示当天的总销售额和总销量，所以可以将各分店的销售额和总销量加大字号突出显示。以2022年1月1日为例，将该日的总销售额和总销量复制并粘贴链接到F4:G5单元格区域中，具体操作步骤如图7-9所示。然后将粘贴链接的文本设置为如图7-10所示的文字和格式，将工作表的名称更改为KPI。

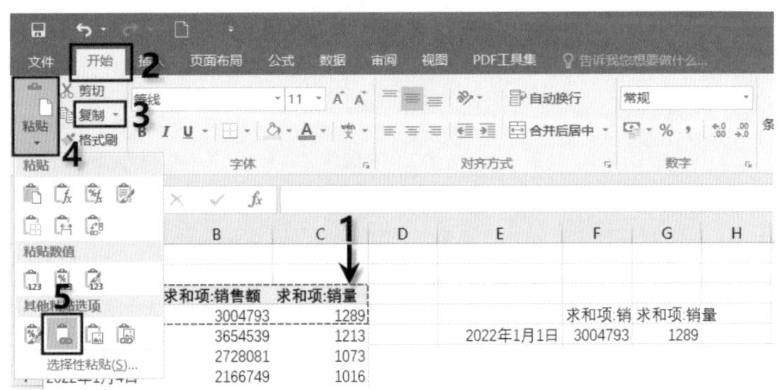

图7-9　复制并粘贴链接1月1日的总销售额和总销量

图7-10　设置当天总销售额和总销量的格式

2) 各分店的销售额

先复制一份工作表，再利用透视表计算出各分店的销售额。具体方法如下。

按住Ctrl键，鼠标指针指向工作表标签“KPI”，按住鼠标左键进行拖动，复制“KPI”工作表，如图7-11所示，并将工作表的名称更改为“各分部销售额”。

在右侧“数据透视表字段”窗格中，拖动“分部”到“列”区域，拖动“销售日期”到“行”区域；拖动“销售额”到“值”区域，如图7-12所示，即可按照销售日期得到各分部的销售额。

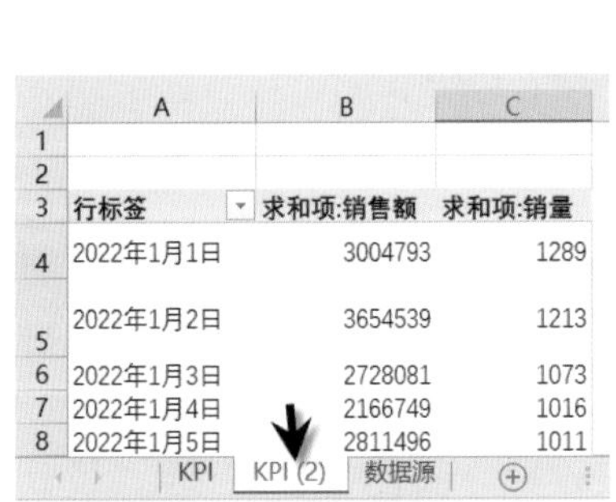

行标签	求和项:销售额	求和项:销量
2022年1月1日	3004793	1289
2022年1月2日	3654539	1213
2022年1月3日	2728081	1073
2022年1月4日	2166749	1016
2022年1月5日	2811496	1011

图7-11　复制KPI工作表

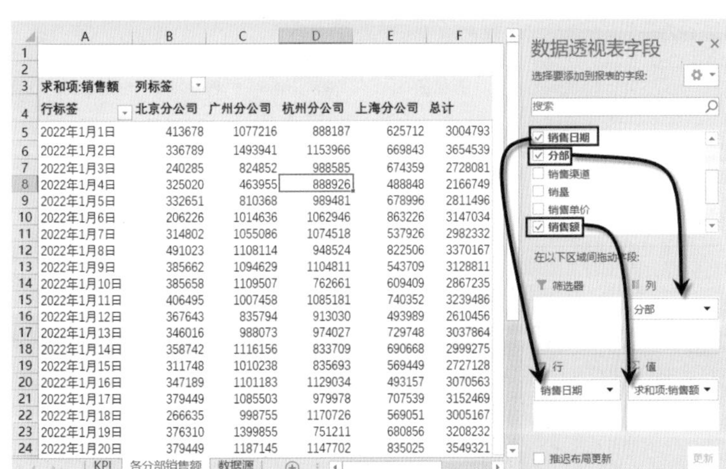

求和项:销售额	列标签				
行标签	北京分公司	广州分公司	杭州分公司	上海分公司	总计
2022年1月1日	413678	1077216	888187	625712	3004793
2022年1月2日	336789	1493941	1153966	669843	3654539
2022年1月3日	240285	824852	988585	674359	2728081
2022年1月4日	325020	463955	888926	488848	2166749
2022年1月5日	332651	810368	989481	678996	2811496
2022年1月6日	206226	1014636	1062946	863226	3147034
2022年1月7日	314802	1055086	1074518	537926	2982332
2022年1月8日	491023	1108114	948524	822506	3370167
2022年1月9日	385662	1094629	1104811	543709	3128811
2022年1月10日	385658	1109507	762661	609409	2867235
2022年1月11日	406495	1007458	1085181	740352	3239486
2022年1月12日	367643	835794	913030	493989	2610456
2022年1月13日	346016	988073	974027	729748	3037864
2022年1月14日	358742	1116156	833709	690668	2999275
2022年1月15日	311748	1010238	835693	569449	2727128
2022年1月16日	347189	1101183	1129034	493157	3070563
2022年1月17日	379449	1085503	979978	707539	3152469
2022年1月18日	266635	998755	1170726	569051	3005167
2022年1月19日	376310	1399855	751211	680856	3208232
2022年1月20日	379449	1187145	1147702	835025	3549321

图7-12　各分部的销售额

由于在看板中要以数字的形式显示各分店销售额，所以可以将各分店的销售额加大字号突出显示。以2022年1月1日为例，将该日各分店销售额复制并粘贴链接到H5:K6单元格区域中，具体操作步骤如图7-13所示。然后将粘贴链接的文本设置为如图7-14所示的格式。

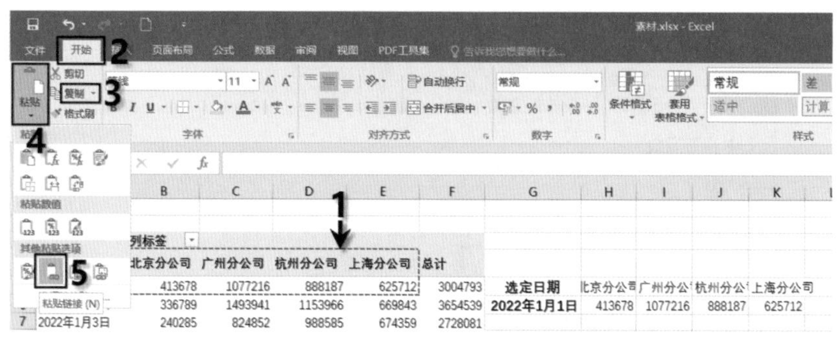

图7-13　复制并粘贴链接各分店销售额

选定日期	北京分公司	广州分公司	杭州分公司	上海分公司
2022年1月1日	413678	1077216	888187	625712

图7-14　设置各分店销售额格式

5. 计算图表所需的数据，插入动态图表

各商品销量对比情况使用图表进行直观的展示。本例中共有四个分部，需要求出每一个分部各商品销量对比情况，先求北京分公司各商品的销量对比情况，然后按照相同的方法再求出其他三个分部的销量对比情况，具体操作方法如下。

按住Ctrl键，鼠标指针指向工作表标签“各分部销售额”，按住鼠标左键进行拖动，复制“各分部销售额”工作表，如图7-15所示，并将工作表的名称更改为“北京分公司”。

	A	B	C	D	E	F
1						
2						
3	求和项:销售额	列标签				
4	行标签	北京分公司	广州分公司	杭州分公司	上海分公司	总计
5	2022年1月1日	413678	1077216	888187	625712	3004793
6	2022年1月2日	336789	1493941	1153966	669843	3654539
7	2022年1月3日	240285	824852	988585	674359	2728081
8	2022年1月4日	325020	463955	888926	488848	2166749

KPI | 各分部销售额 | 各分部销售额 (2) | 数据源

图7-15　复制“各分店销售额”工作表

在右侧“数据透视表字段”窗格中，拖动“分部”到“列”区域，拖动“销售日期”和“商品名称”到“行”区域；拖动“销量”到“值”区域，如图7-16所示，即可按照销售日期得到各商品在各分部的销量。

为了方便后续操作，需要更改透视表的布局。首先将透视表设置为以表格方式显示，设置方法如图7-17所示。其次，删除每日的汇总项，如图7-18所示。

图7-16　按照日期得到各商品在各分部的销量

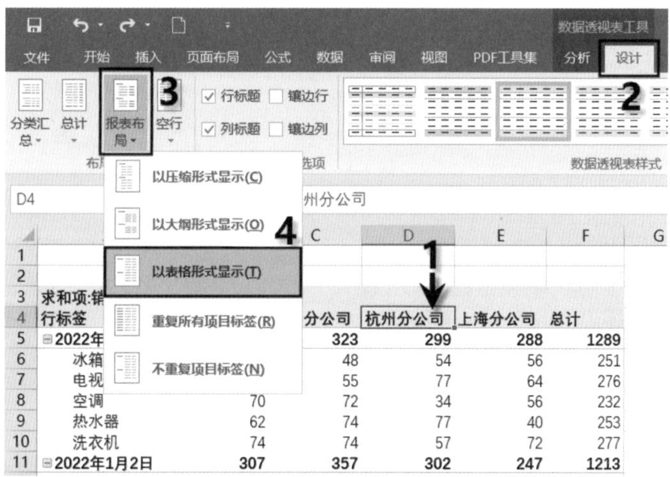

图7-17　将透视表设置为以表格形式显示

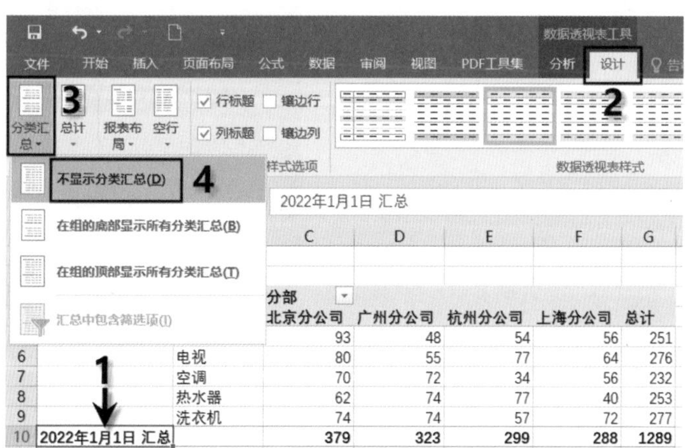

图7-18　删除每日的汇总项

由于在看板中要以图表形式展示各商品在各分部的销量对比情况，所以要根据对比的数据创建图表。以2022年1月1日为例，将该日北京分公司的销量复制并粘贴链接到I5:J9单元格区域中，具体操作步骤如图7-19所示。

图7-19　复制并粘贴链接各商品在北京分公司的销量

根据I5:J9单元格区域的数据创建条形图，具体操作步骤如图7-20所示。对图表进行编辑和美化，效果如图7-21所示。

图7-20　根据I5:J9单元格区域中的数据创建条形图

选定日期	商品名称	北京分公司
2022年1月1日	冰箱	93
	电视	80
	空调	70
	热水器	62
	洗衣机	74

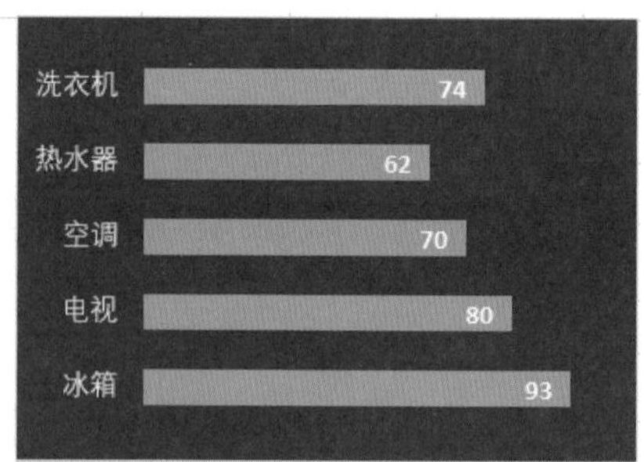

图7-21　创建并编辑条形图效果

为方便查看各商品的销量对比情况，可将图表中的数据按照降序进行排序，如图7-22所示，这样就做好了北京分公司各商品销量对比情况的条形图。按照相同的方法依次制作其他三个分公司的各商品销量对比情况图表，效果如图7-23至图7-25所示。

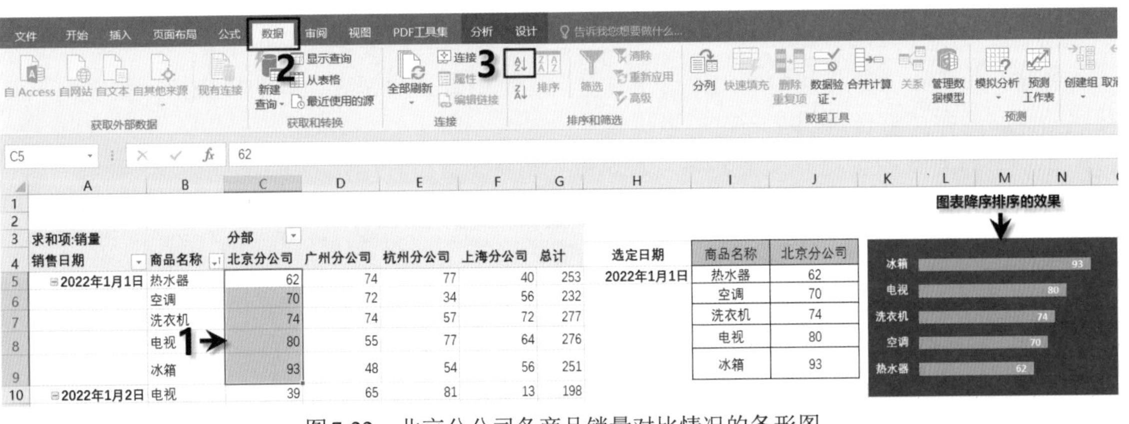

图 7-22　北京分公司各商品销量对比情况的条形图

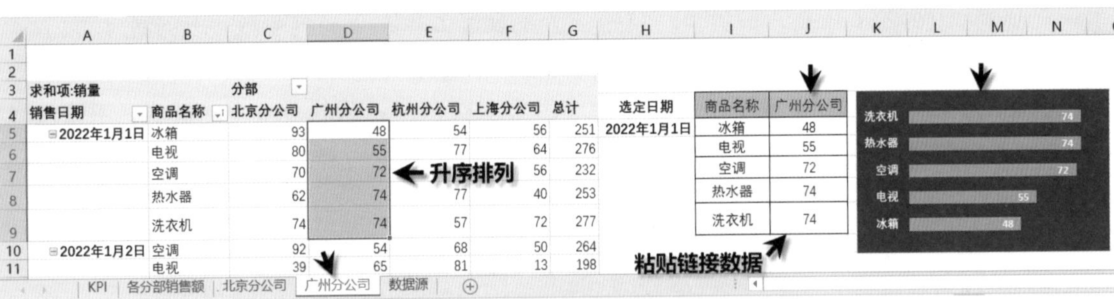

图 7-23　广州分公司各商品销量对比情况的条形图

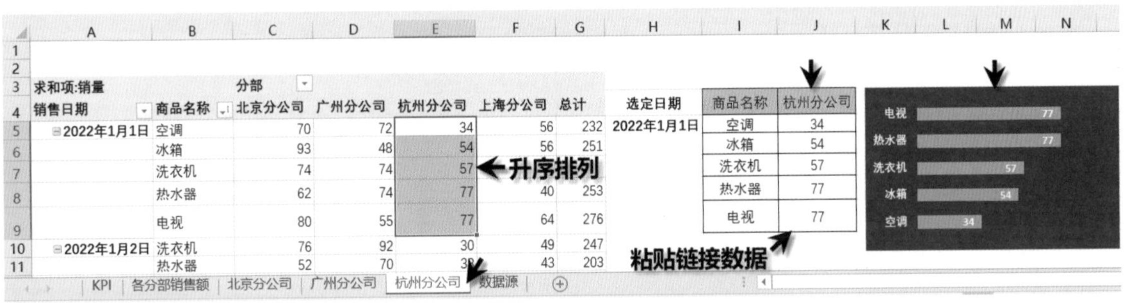

图 7-24　杭州分公司各商品销量对比情况的条形图

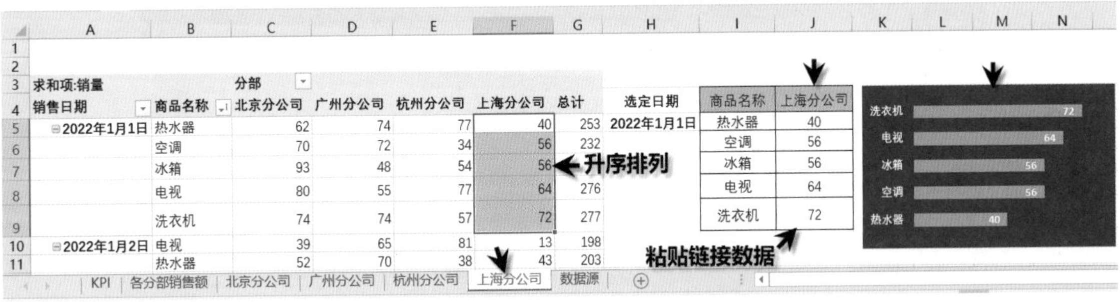

图 7-25　上海分公司各商品销量对比情况的条形图

6. 将相关的数据和图表整合组织至看板中

新建一个工作表并将其命名为“日报看板”，把用数据透视表计算的核心指标数据和图表按照构建好的布局整合组织在一起，步骤如下。

01 添加日报看板的标题并设置其格式，如图7-26所示。

图7-26　添加日报看板的标题并设置其格式

02 切换到“KPI”工作表，如图7-27所示，首先取消工作表中的网格线，然后选中G4:I5单元格区域，在选中的区域上右击，在弹出的快捷菜单中选择“复制”命令，将其粘贴为带链接的图片到“日报看板”工作表中，粘贴方法如图7-28所示。粘贴到看板中的数据，若要修改其格式，如调整字体格式、间距等，需要切换到“KPI”工作表，在该工作表中对其进行修改，其在看板中的格式同步更新。

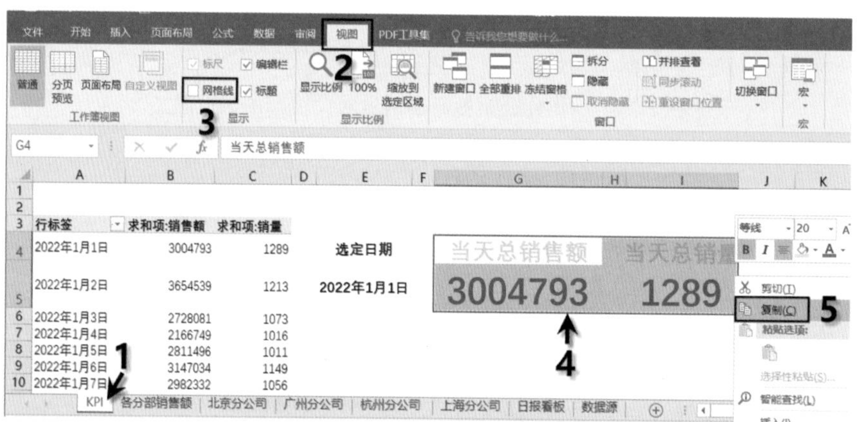

图7-27　复制选中区域中的内容

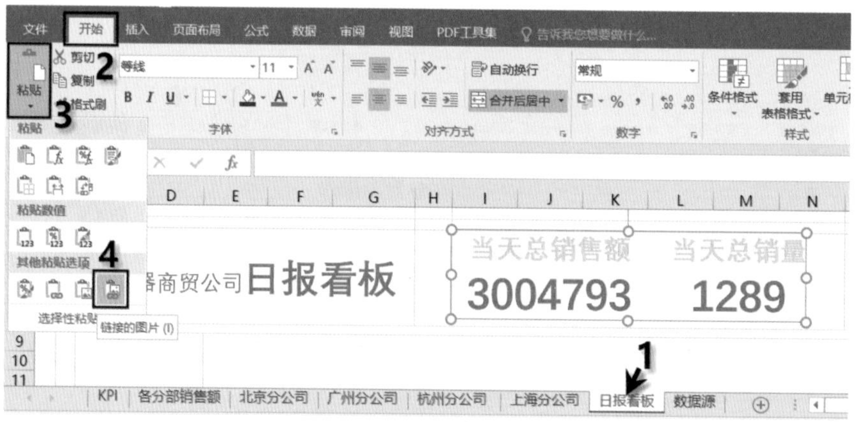

图7-28　将选中区域中的内容粘贴为带链接的图片到“日报看板”工作表中

03 切换到“各分部销售额”工作表，如图7-29所示，按照步骤2的方法，先取消工作表中的网格线，然后选中H5:N6单元格区域，在选定的区域上右击，在弹出的快捷菜单中选择“复制”命令，将其粘贴为带链接的图片到“日报看板”工作表中，粘贴方法如图7-30所示。

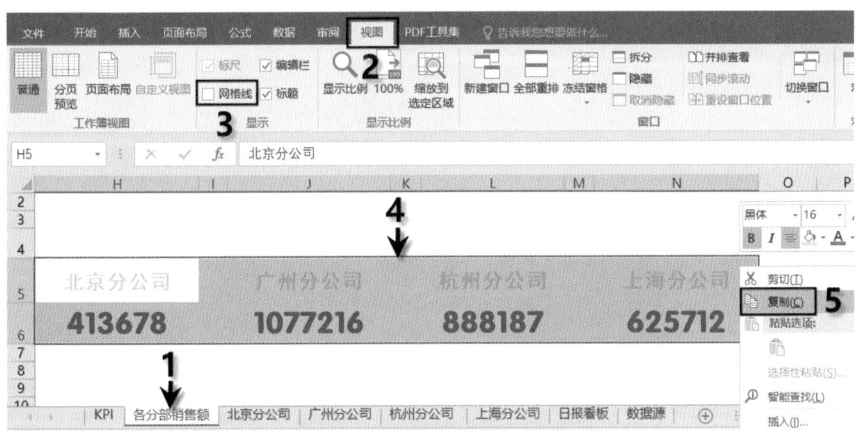

图7-29　复制选中区域中的内容

图7-30　将选中区域中的内容粘贴到“日报看板”工作表中

04 切换到“北京分公司”工作表，选中条形图将其复制，如图7-31所示，粘贴到“日报看板”工作表中对应的位置，按住Alt键调整图表大小，使其锚定在E14:G23单元格区域中，如图7-32所示。若要进一步编辑或美化图表，可直接在看板中进行操作。

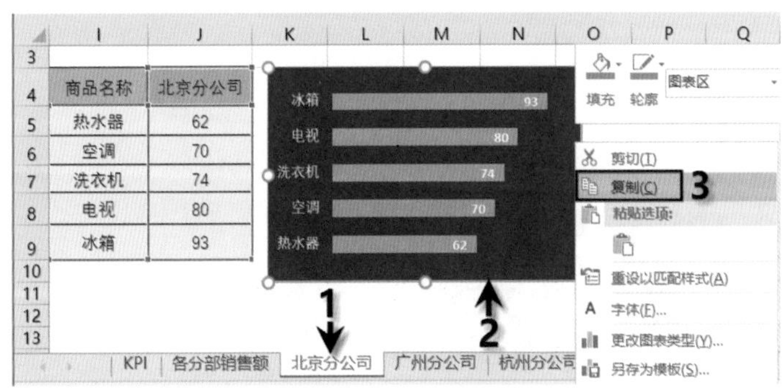

图7-31　复制条形图

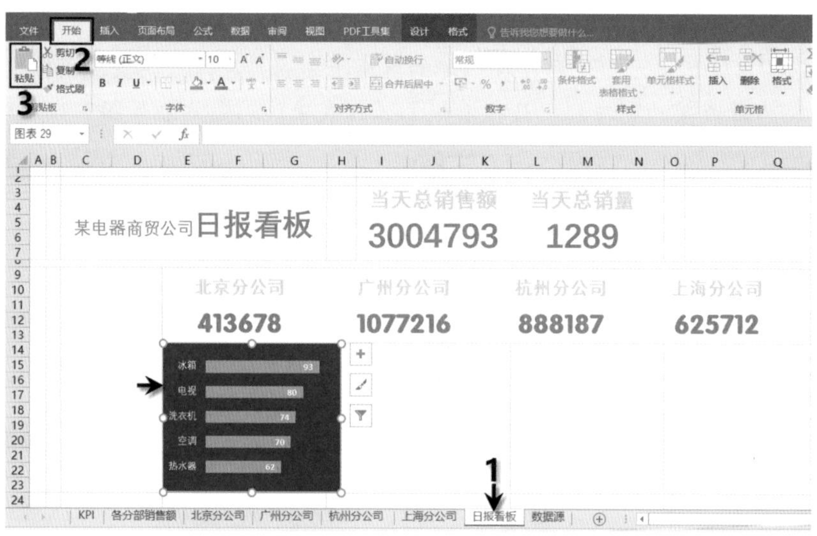

图7-32　将条形图粘贴到“日报看板”工作表

05 切换到“广州分公司”工作表，选中条形图将其复制粘贴到“日报看板”工作表中对应的位置，如图7-33和图7-34所示。按照相同的方法，将其他2个分公司的条形图复制粘贴到“日报看板”工作表中，效果如图7-35所示。

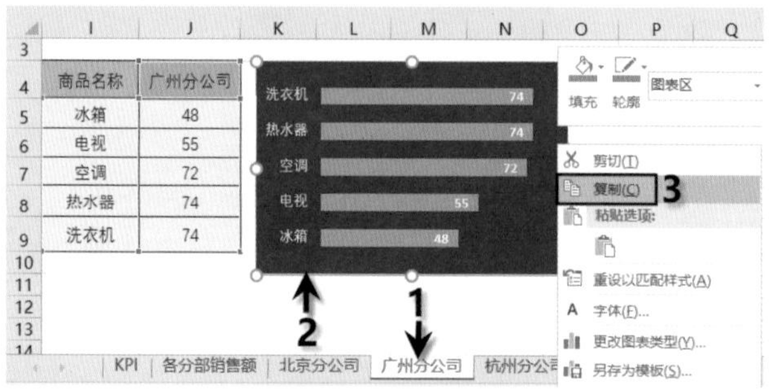

商品名称	广州分公司
冰箱	48
电视	55
空调	72
热水器	74
洗衣机	74

图7-33　复制条形图

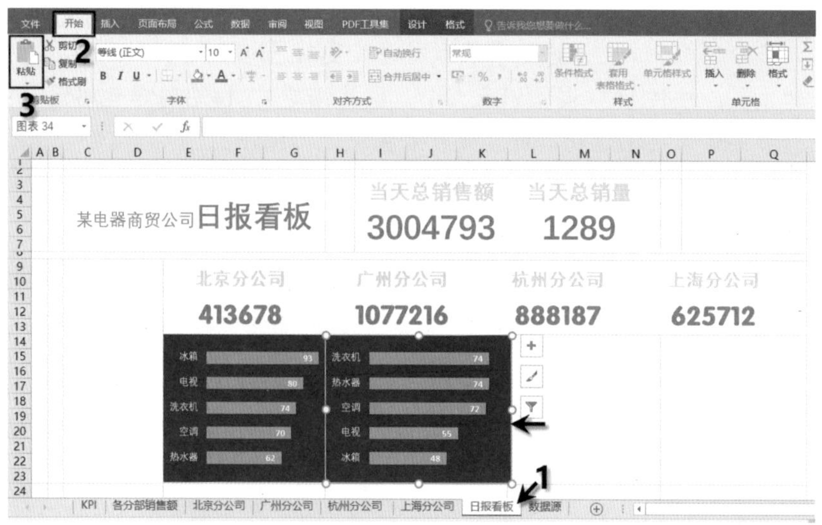

图7-34　将条形图粘贴到“日报看板”工作表

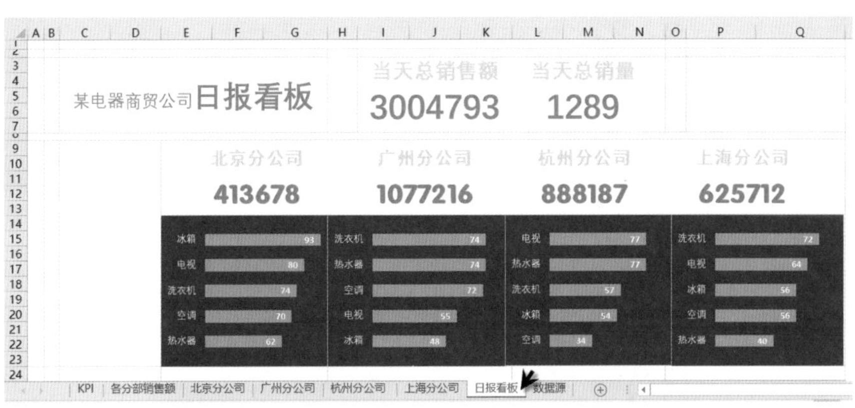

图7-35　将其他2个分公司的条形图粘贴到“日报看板”工作表中的效果

06 在日报看板的右上角输入销售额单位和销量单位，如图7-36所示。

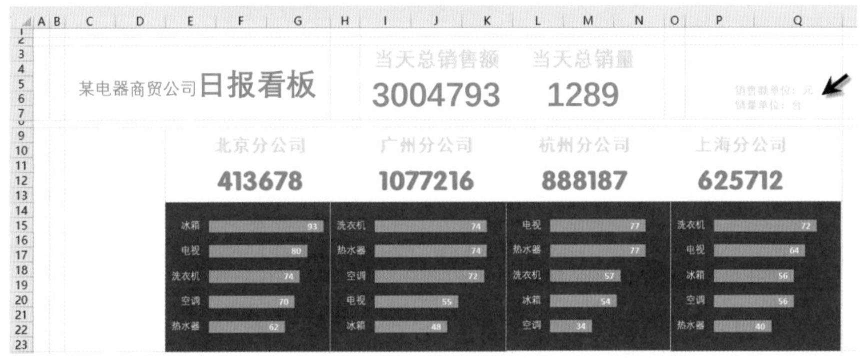

图7-36　在看板的右上角输入销售额单位和销量单位

经过上述操作，将数据透视表计算的核心指标数据和图表都整合组织至看板的对应位置。若要使看板中的数据跟随选择的日期实现多数据联动，则需要插入“销售日期”切片器，即使用切片器进行多数据交互。下面介绍使用切片器进行多数据交互的方法。

7. 使用切片器进行多数据交互

使用切片器进行多数据交互需要2个步骤，一是插入“销售日期”切片器，二是使用“销售日期”切片器将需要交互的数据所在的多个报表进行连接。具体操作步骤如下。

01 在任意一个透视表中插入“销售日期”切片器，本例在“上海分公司”工作表中插入“销售日期”切片器，操作步骤如图7-37所示。

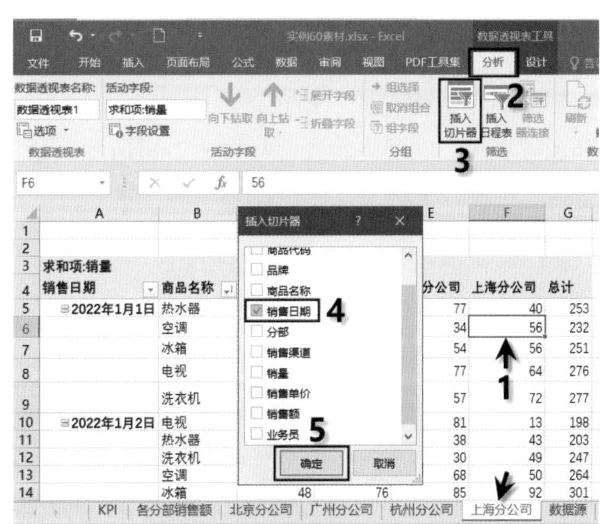

图7-37　插入“销售日期”切片器

02 在“选项”选项卡中，单击“报表连接”按钮，在弹出的对话框中，选中所有报表复选框，如图7-38所示。这样便可通过切片器将多个报表连接在一起，报表中的数据也随之被连接在一起。

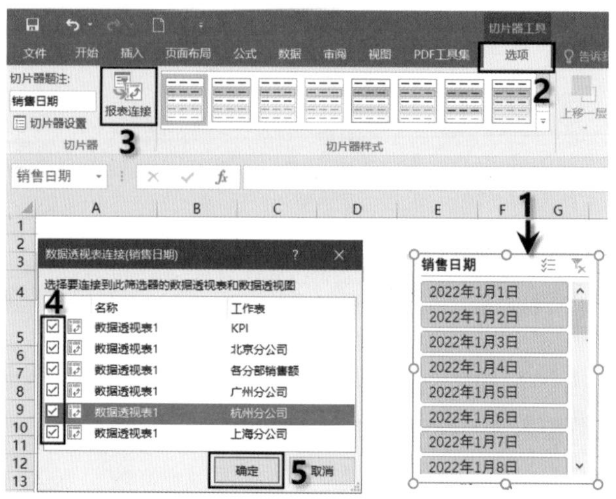

图7-38　将包含核心指标数据和图表的报表连接到筛选器

03 选中“销售日期”切片器，按快捷键Ctrl＋C将其复制，切换到“日报看板”工作表，按快捷键Ctrl＋V将其粘贴到对应的位置，并调整其大小，效果如图7-39所示。

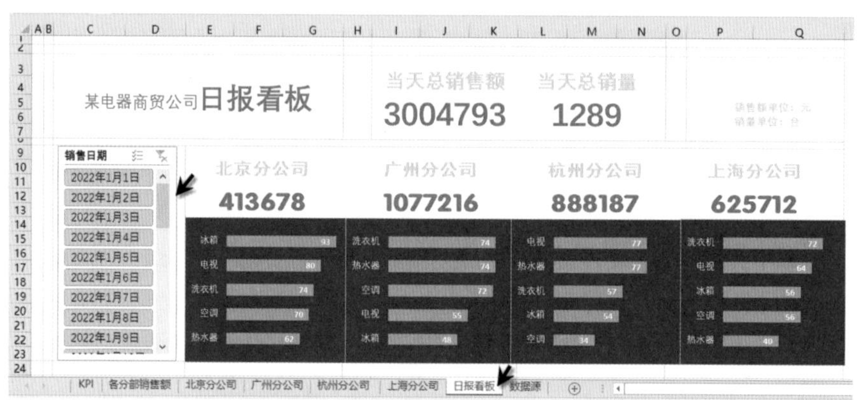

图7-39　将“销售日期”切片器复制粘贴到“日报看板”工作表中

单击“销售日期”切片器中的任意一个日期(如2022年1月7日)，整个日报看板中的数据和图表会随之联动更新展示，如图7-40所示，这样就完成了日报看板中的多数据交互设置。

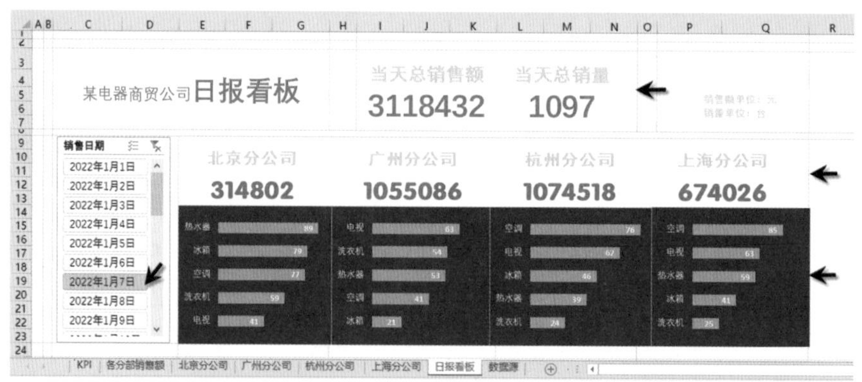

图7-40　日报看板中数据和图表随切片器中的选择联动更新

为了使看板美观大气，需要对其进行适当美化，完善看板页面排版。下面进行具体介绍。

8. 美化看板，完善看板页面排版

在本例中，美化看板分为5部分：一是填充看板的背景；二是美化“销售日期”切片器；三是添加分割线，将看板分为上下两部分；四是删除图表的边框线；五是删除工作表的网格线、隐藏标题。

1) 填充看板的背景

选中C3:Q23单元格区域，打开“开始”选项卡，单击“填充颜色”右侧的下三角按钮，在打开的下拉列表中单击“深蓝”选项，如图7-41所示，将看板背景填充为与图表背景相同的颜色，使二者融为一体。

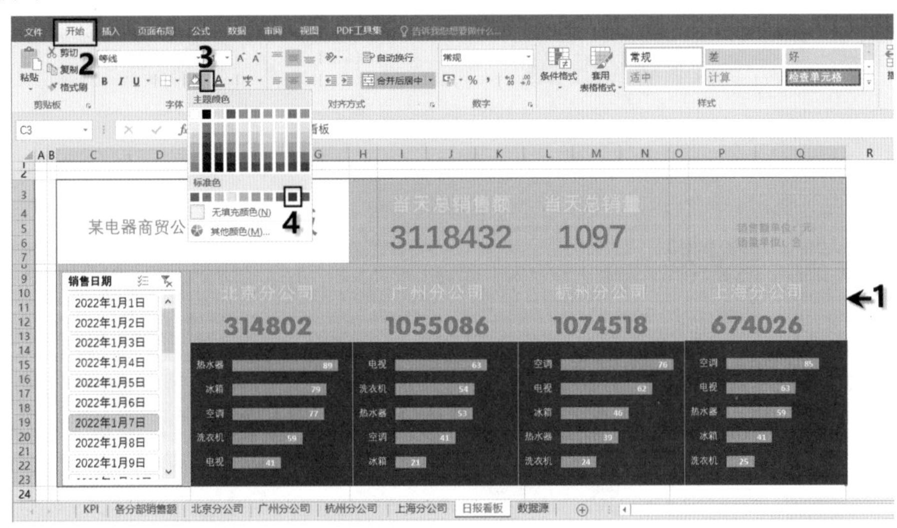

图 7-41　为看板填充背景颜色

2) 美化“销售日期”切片器

▶ 删除切片器的页眉

为了使切片器界面简洁，可删除顶端多余的页眉。方法是：选中切片器，在“选项”选项卡中，单击“切片器设置”按钮，在弹出的对话框中取消选中“显示页眉”复选框，单击“确定”按钮，如图7-42所示。

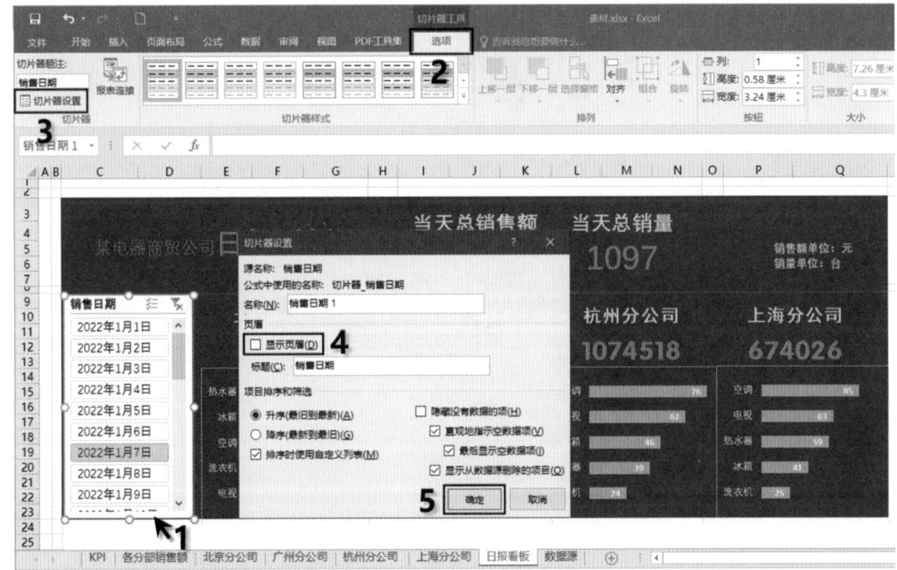

图 7-42　删除切片器的页眉

▶ 设置切片器的背景颜色和字体颜色

选中切片器，在“选项”选项卡中，单击“切片器样式”右下角的“其他”按钮▾，在打开的下拉列表中单击“新建切片器样式(S)”，如图7-43所示。在弹出的对话框中，在“名称”框中输入新建切片器样式的名称，单击“格式”按钮，如图7-44所示，弹出“格式切片器元素”对话框，进行如图7-45所示的设置，为切片器填充背景颜色和字体颜色。

设置结束后，新建的样式显示在“切片器样式”列表框中，单击新建的样式，即可将其应用到选中的切片器，如图7-46所示。

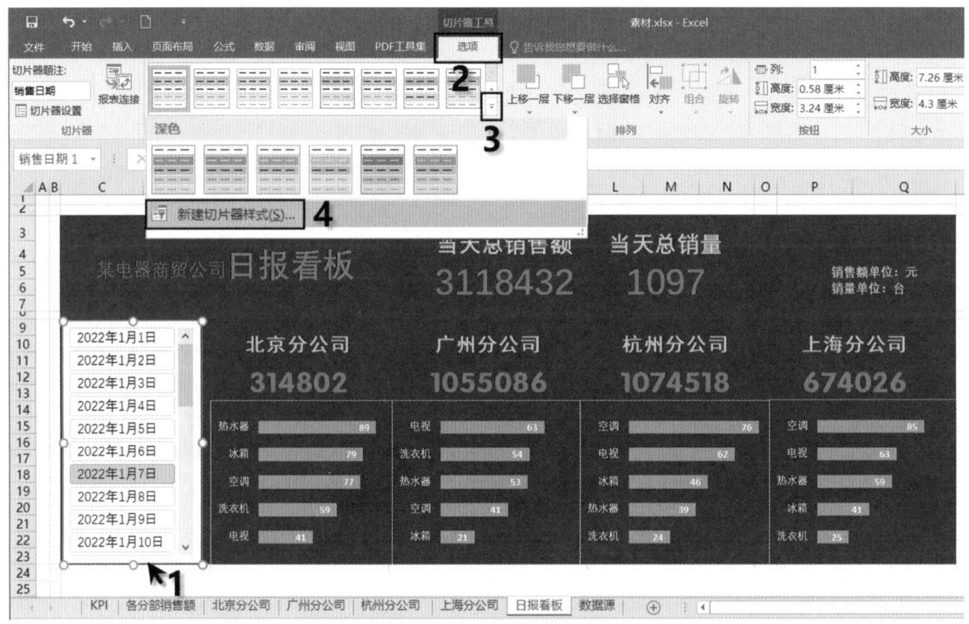

图7-43　新建切片器样式

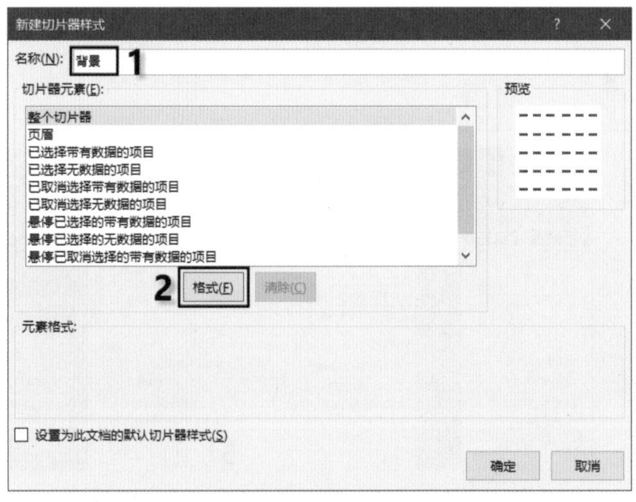

图7-44　输入新建切片器样式的名称并设置格式

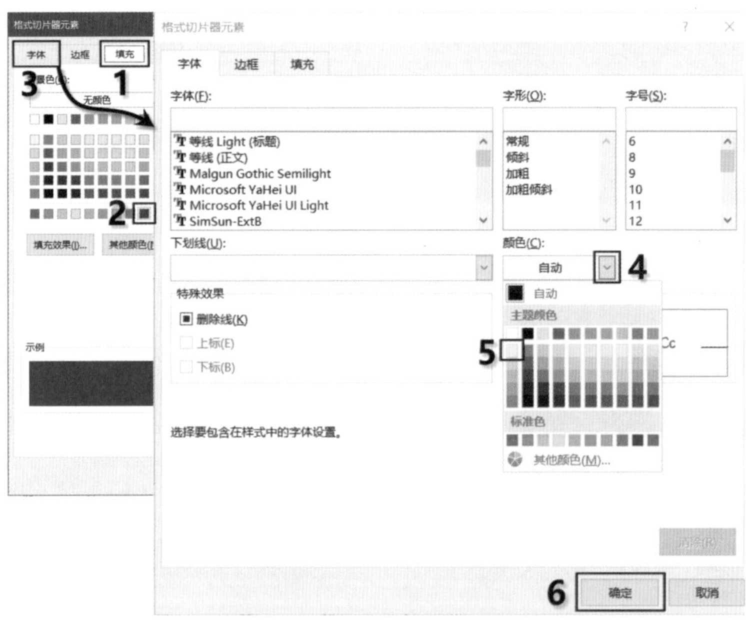

图 7-45　设置切片器填充颜色

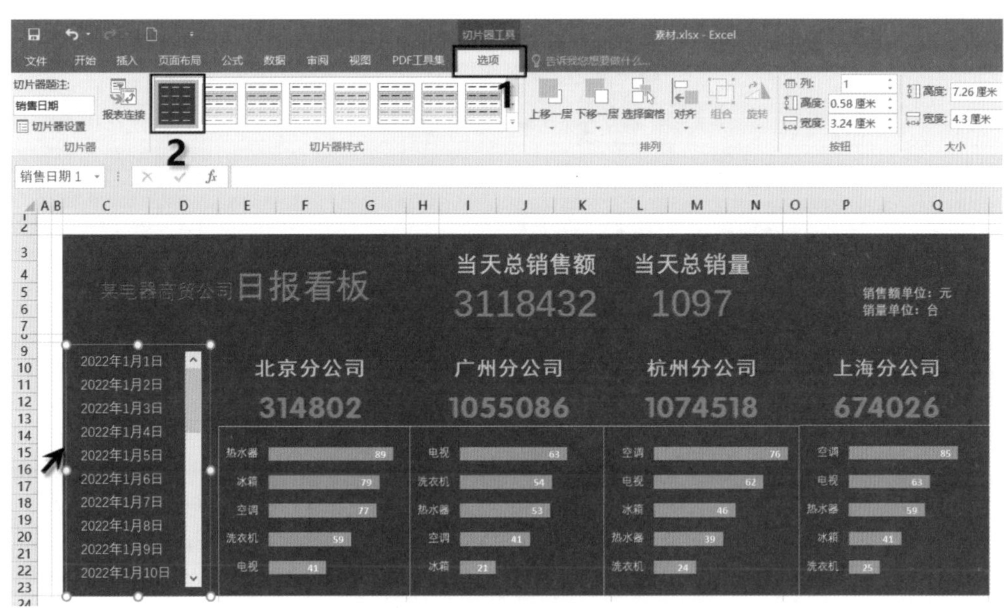

图 7-46　应用新建样式到切片器中

在切片器中，为了区分已选择和未选择的日期，可为已选择的日期设置特殊的标志(如填充颜色、添加边框等)以突出显示。本例为已选择的日期添加边框突出显示，以区分未选择的日期，添加方法如图 7-47 和图 7-48 所示。设置完成后，单击切片器中的日期，该日期被添加边框，如图 7-49 所示。

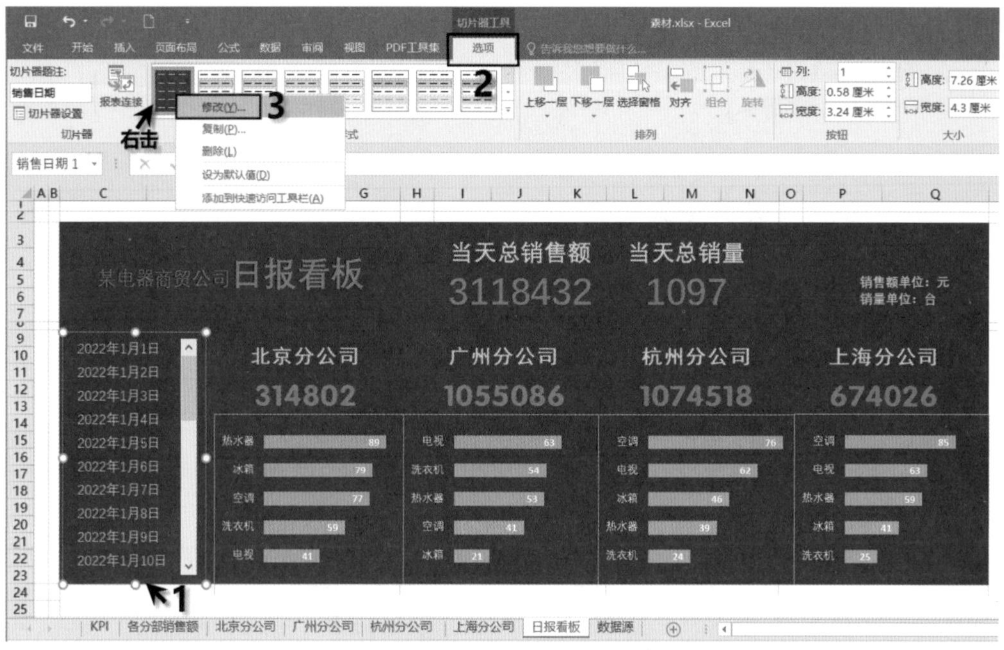

图 7-47　修改样式

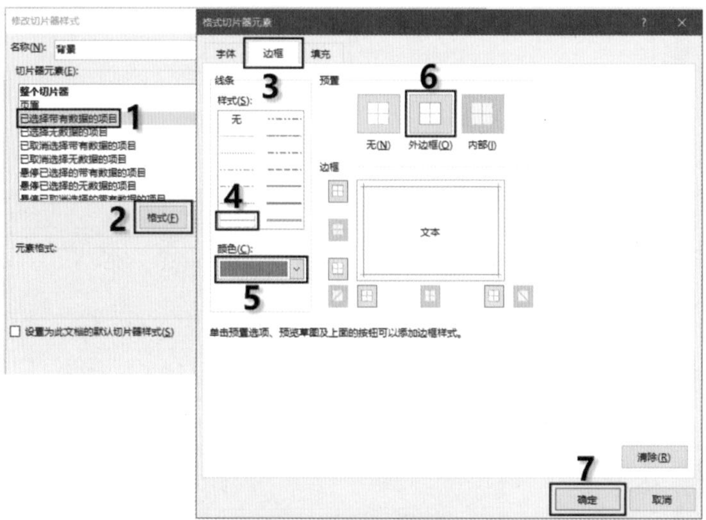

图 7-48　设置边框样式

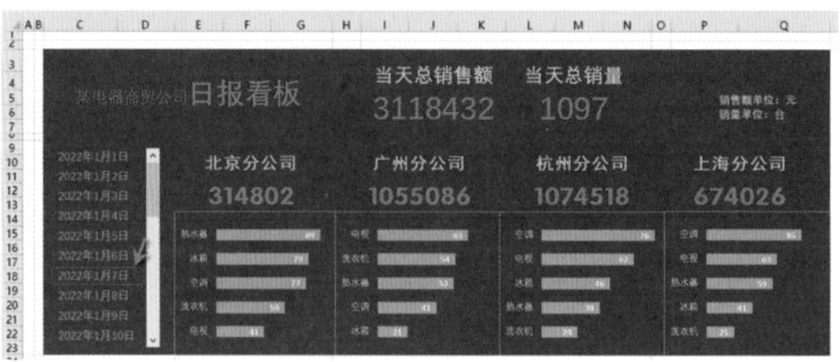

图 7-49　设置已选择数据格式后的效果

3) 添加分割线，将看板分为上下两部分

打开“开始”选项卡，先设置分割线的颜色、线型，如图7-50所示。设置完成后，光标变成了笔形，按住鼠标左键在看板上下分界点的位置绘制分割线，效果如图7-51所示。

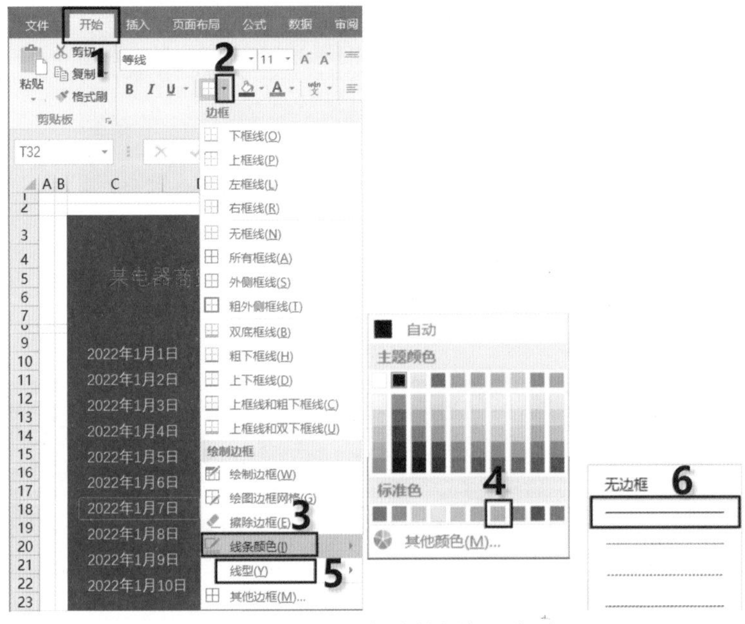

图7-50　设置分割线的颜色、线型

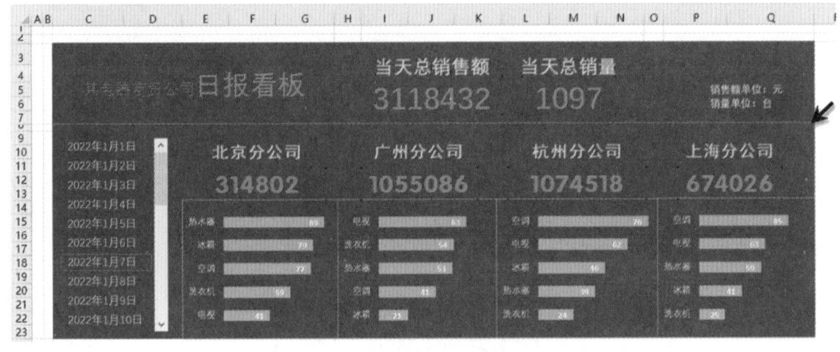

图7-51　添加分割线的效果

4) 删除图表边框线

4个图表各带边框影响看板的美观，可将图表边框删除。双击任意一个图表的边框，弹出“设置图表区格式”窗格，进行如图7-52所示的设置，即可删除选中图表的边框。选中第2张图表，按F4键删除该图表的边框。按照相同的方法，依次删除第3张和第4张图表的边框，最终效果如图7-53所示。

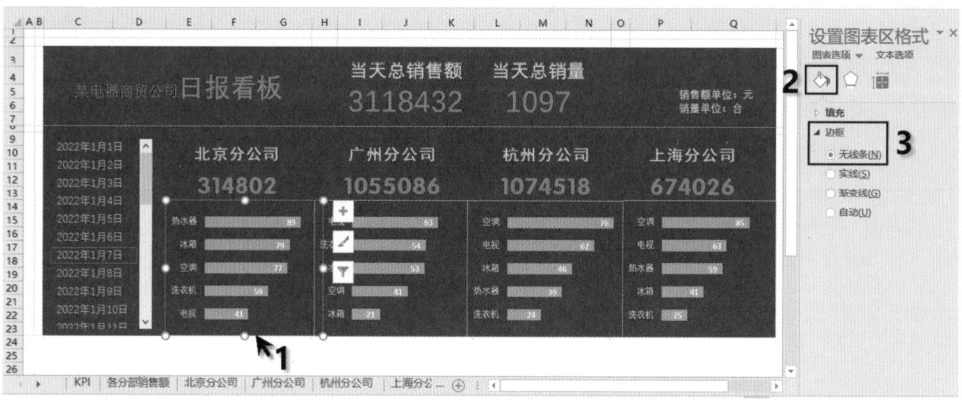

图7-52 删除图表边框

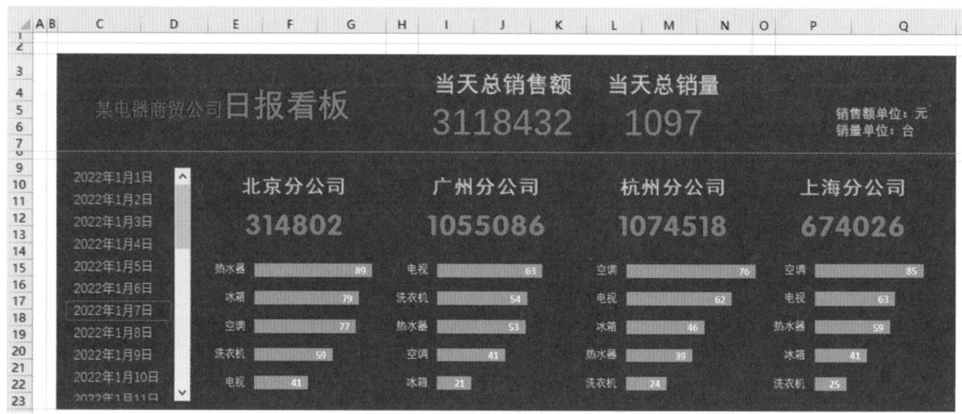

图7-53 删除图表边框后的效果

5) 删除工作表的网格线、隐藏标题

看板中的网格线、工作表的标题(行号、列标)会影响美观，可将其删除，操作步骤如图7-54所示。

图7-54 删除网格线、隐藏标题

经过上述美化和完善，完成了日报看板的制作，最终效果如图7-55所示。若要进一步调整核心数据的格式，可到其对应的透视表中进行调整，看板中的数据格式会随着透视表中格式的更改同步更新，例如，若要调整“北京分公司”的字体格式、间距等，切换到“北京分公司”工作表，在该工作表中对其进行调整，其在看板中的格式随之同步更新。若要调整看板中图表的格式，可在看板中直接进行调整。

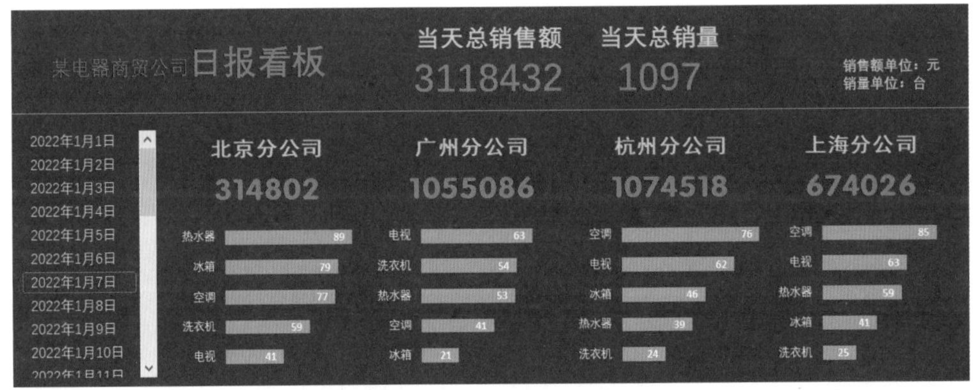

图7-55　日报看板最终效果

在实际工作中，可根据不同的业务需求在日报看板中添加更多核心指标数据或图表，指标数据的计算方法及图表的创建可参照本实例。

数据展示除了使用日报看板，还可以使用周报看板展示一周的数据状态。周报看板也是常用的数据展示方式，将在实例61中具体介绍周报看板的制作方法。

实例 61　周报看板数据分析和展示

某电器商贸公司要求以周报形式展示上周公司的整体销售情况，图7-56是该公司3月份和4月份(部分)的销售明细记录，现要求根据销售记录查看本周总销售额和总销量，本周单天销售额和销量的最高值、最低值，本周销售趋势、各渠道销售比例分布图及对比图。为了方便查看，将要查看的指标、数据、图表整合组织至一张看板上，如图7-57所示。

在这张看板中，不仅可以直观地查看各种指标的具体数值，还可以通过图表的方式动态展示本周的销售趋势、各渠道销售比例分布及对比分析。更为方便的是，看板中的所有数据和图表会跟随选择的周数同步联动更新。例如，在顶端的切片器中单击“第14周”按钮，看板中数据和图表即刻联动更新，如图7-58所示。

	A	D	E	F	G	H	I	J	K
1	序号	商品名称	销售日期	分部	销售渠道	销量	销售单价	销售额(万元)	业务员
2	1	洗衣机	2022/3/1	北京分公司	实体店	30	2179	6.537	陈晓
3	2	洗衣机	2022/3/1	北京分公司	网店	95	1098	10.431	王一
4	3	空调	2022/3/1	北京分公司	实体店	43	1199	5.1557	高明
5	4	空调	2022/3/1	北京分公司	网店	120	1298	15.576	李丽
6	5	热水器	2022/3/1	北京分公司	实体店	15	838	1.257	郑婷
7	6	热水器	2022/3/1	北京分公司	网店	47	219	1.0293	齐爱华
8	7	电视	2022/3/1	北京分公司	实体店	31	3399	10.5369	申新
9	8	电视	2022/3/1	北京分公司	网店	90	198	1.782	毛新
10	9	冰箱	2022/3/1	北京分公司	实体店	48	1198	5.7504	方明
11	10	冰箱	2022/3/1	北京分公司	网店	91	399	3.6309	刘毛易
12	11	洗衣机	2022/3/1	广州分公司	实体店	50	399	1.995	平长
13	12	洗衣机	2022/3/1	广州分公司	网店	89	799	7.1111	毛新
14	13	空调	2022/3/1	广州分公司	实体店	46	198	0.9108	廖元
15	14	空调	2022/3/1	广州分公司	网店	92	5988	55.0896	梁亮
16	15	热水器	2022/3/1	广州分公司	实体店	43	2699	11.6057	李涛
17	16	热水器	2022/3/1	广州分公司	网店	81	8099	65.6019	程一利

图7-56　销售明细记录(部分)

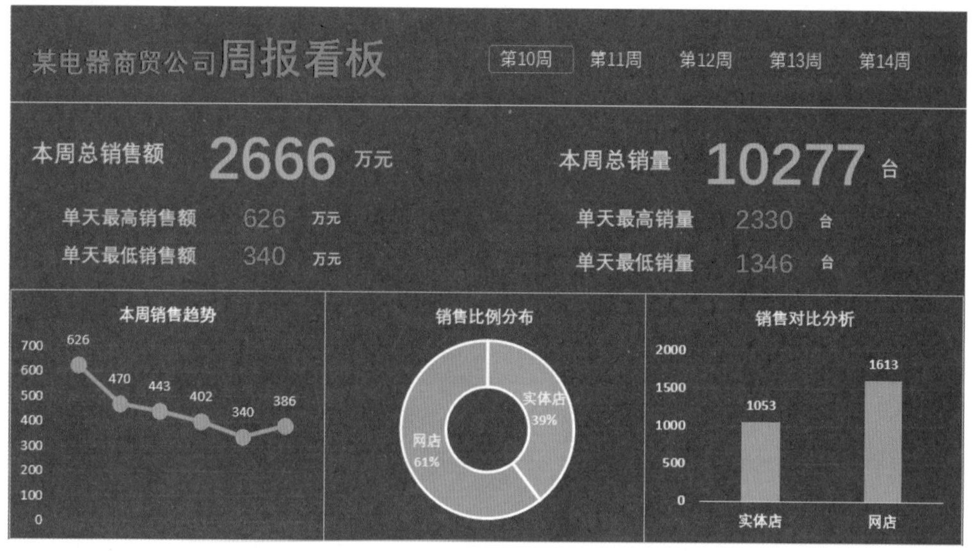

图7-57　制作完成的看板

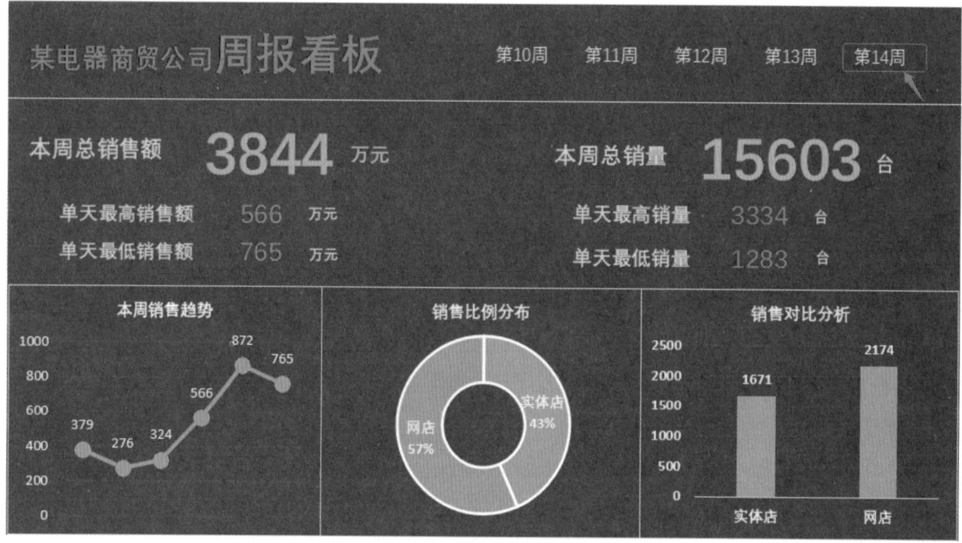

图7-58　第14周的看板数据

这种动态看板的制作方法与日报看板的制作方法类似，也包括以下8个步骤。

- 确定分析需求和展示要素。
- 构建看板的整体布局。
- 数据整理、转换，用智能表作为数据透视表的数据源。
- 用数据透视表计算核心指标数据。
- 计算图表所需的数据，插入动态图表。
- 将相关的数据和图表整合组织至看板中。
- 使用切片器进行多数据交互。
- 美化看板，完善看板页面排版。

下面分步骤进行具体介绍。

1. 确定分析需求和展示要素

在该例中，要求根据销售记录查看本周总销售额和总销量，本周单天销售额和销量的最高值、最低值，本周销售趋势、各渠道销售比例及对比分析，所以按照查看需求明确要分析和展示的要素有以下6项。

- 本周总销售额。
- 本周总销量。
- 本周单天最高和最低销售额。
- 本周单天最高和最低销量。
- 本周销售趋势图。
- 各渠道销售比例及对比图。

这些要素要以恰当的形式进行展示。本例中的前四项要素用大号数字的形式进行直观醒目展示，第五项要素用图表(折线图)形式进行展示，第六项要素用图表(圆环图和柱形图)形式进行展示。此外，还需要插入切片器进行周的切换，以便查看本周的总销售额和总销量，本周单天销售额和销量的最高值、最低值，以及本周销售趋势图等。

2. 构建看板的整体布局

明确了要分析的数据和要展示的要素，并清楚这些要素以什么形式进行展示后，接下来就是构建看板的整体布局，即在什么位置展示什么数据，以什么形式展示最为适合。本例中看板的上方左侧放置公司的名称，右侧放置周数切片器；中间左侧放置本周总销售额、本周单天最高及最低销售额，右侧放置本周总销量、本周单天最高及最低销量；下方空白区域放置销售趋势的折线图、各渠道销售比例的圆环图，以及各渠道销售的对比柱形图，看板的整体布局如图7-59所示。

图7-59　看板的整体布局

3. 数据整理、转换，用智能表作为数据透视表的数据源

在制作看板之前，首先要查看数据源中的信息是否齐全，格式是否规范。信息不全需要补全信息，格式不规范需要转换为格式规范的数据。本例中的数据源信息不全，因为数据源中只有“销售日期”没有“周”，所以需要在数据源中添加辅助列，按照“销售日期”使用函数WEEKNUM计算出其在该年中位于第几周，计算方法及计算结果如图7-60所示。

L2　=WEEKNUM(E2,2)

	A	D	E	F	G	H	I	J	K	L
1	序号	商品名称	销售日期	分部	销售渠道	销量	销售单价	销售额(万元)	业务员	周数
2	1	洗衣机	2022/3/1	北京分公司	实体店	30	2179	6.537	陈晓	10
3	2	洗衣机	2022/3/1	北京分公司	网店	95	1098	10.431	王一	10
4	3	空调	2022/3/1	北京分公司	实体店	43	1199	5.1557	高明	10
5	4	空调	2022/3/1	北京分公司	网店	120	1298	15.576	李丽	10
6	5	热水器	2022/3/1	北京分公司	实体店	15	838	1.257	郑婷	10
7	6	热水器	2022/3/1	北京分公司	网店	47	219	1.0293	齐爱华	10
8	7	电视	2022/3/1	北京分公司	实体店	31	3399	10.5369	申新	10
9	8	电视	2022/3/1	北京分公司	网店	90	198	1.782	毛新	10
10	9	冰箱	2022/3/1	北京分公司	实体店	48	1198	5.7504	方明	10

一年中的第10周

数据源

图7-60　添加辅助列使用函数计算周数

函数WEEKNUM用于根据日期计算其在该年中位于第几周，其函数结构如下。

```
WEEKNUM(serial_number,[return_type])
```

第一参数serial_number表示日期，第二参数returm_type表示周起始数值，通常用1或2表示。如果第二参数为1或省略，是将星期日作为一周的第一天；如果第二参数为2，是将星期一作为一周的第一天。

本例中第二参数为2，将星期一作为一周的第一天，符合大多数企业的日常管理规则。

为了方便查看，此处将“周数”列设置为第几周的格式，如第10周、第11周等，设置方法如图7-61所示。

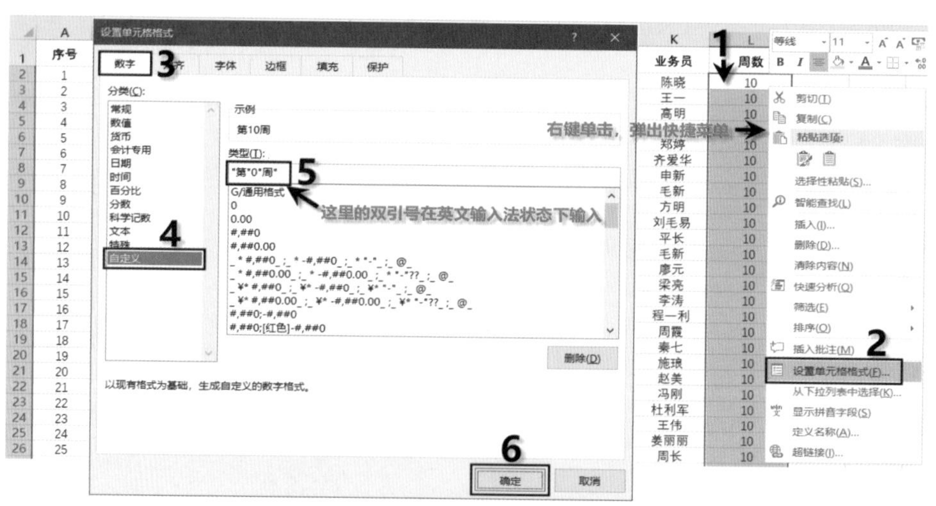

图7-61　将选中区域设置为第几周的格式

由于数据源中的数据按日递增，若要使看板中的数据随着数据源区域中的数据变化而动态更新，需要将数据源转换为智能表。转换方法是：按快捷键Ctrl＋T或者打开“插入”选项卡，单击“表格”按钮，在弹出的对话框中单击“确定”按钮。将数据源转换为智能表后，新增加的数据自动包含到智能表中。

4. 用数据透视表计算核心指标数据

在智能表的基础上插入数据透视表，打开“插入”选项卡，单击“数据透视表”按钮，在弹出的对话框中，单击“确定”按钮，进入数据透视表的窗口，计算核心指标数据。

1) 本周总销售额

在右侧“数据透视表字段”窗格中，拖动“周数”到“行”区域；拖动“销售额”到“值”区域，如图7-62所示，即可按照周数得到每周的总销售额。将“销售额(万元)”列中的数值保留整数，设置方法如图7-63所示。

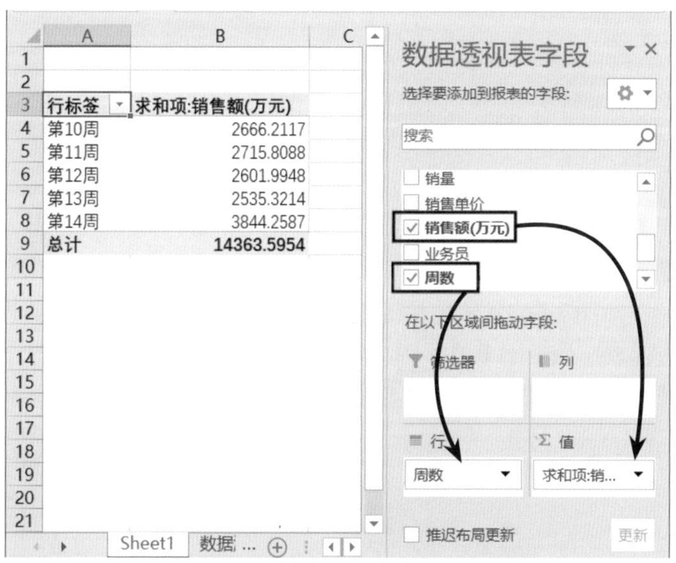

图7-62　按照周数得到每周的总销售额

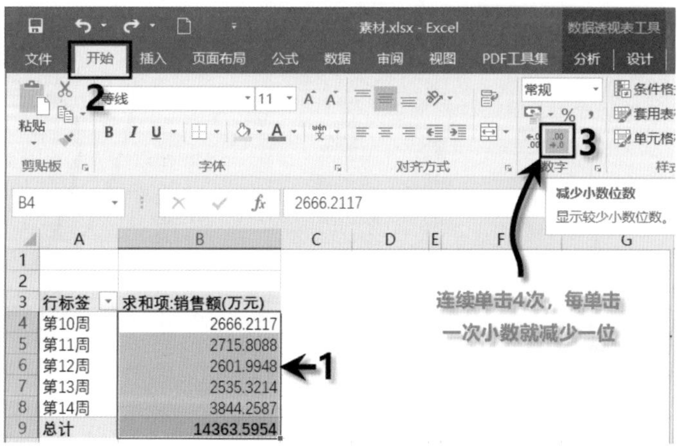

图7-63　将小数设置为整数

由于在看板中要以数字的形式显示本周总销售额，所以可以将本周的销售额加大字号突出显示。以第10周为例，将该周的总销售额复制并粘贴链接到G10单元格中，具体操作步骤如图7-64所示。然后将粘贴链接的文本设置为如图7-65所示的文字和格式，将工作表的名称更改为本周总销售额。

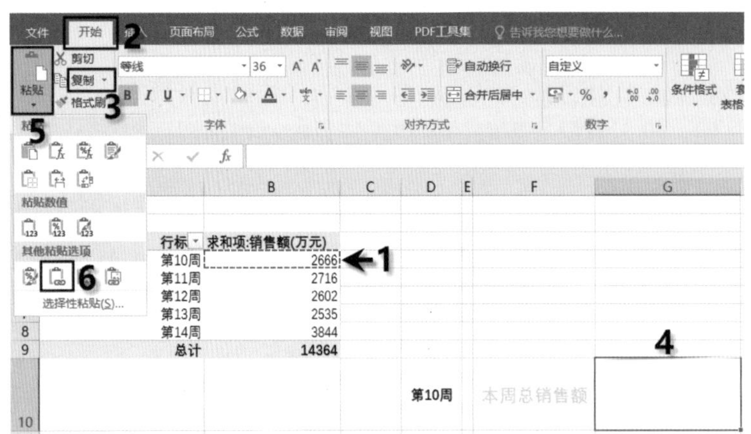

图7-64 复制并粘贴链接第10周的总销售额

图7-65 设置本周总销售额的格式

2) 本周单天最高、最低销售额

先复制一份工作表，再利用透视表计算出本周单天最高、最低销售额。具体方法如下。

按住Ctrl键，鼠标指针指向工作表标签“本周总销售额”，按住鼠标左键进行拖动，复制“本周总销售额”工作表，如图7-66所示，并将工作表的名称更改为“单天销售额极值”。

在右侧“数据透视表字段”窗格中，拖动“周数”和“销售日期”到“行”区域；拖动“销售额”到“值”区域，如图7-67所示，即可按照周数得到各周每天的销售额。

图7-66 复制“本周总销售额”工作表

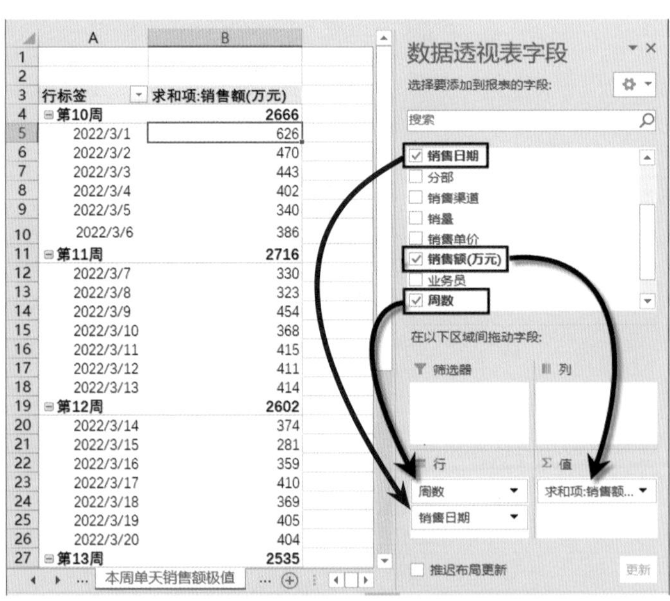

图7-67 按照周数得到各周每天的销售额

此时，周和日期都位于A列，可将周和日期分2列显示，设置方法如图7-68所示。表格中各周的汇总项对于计算销售额极值是一个多余项，可将其删除以简化界面。删除方法如图7-69所示。

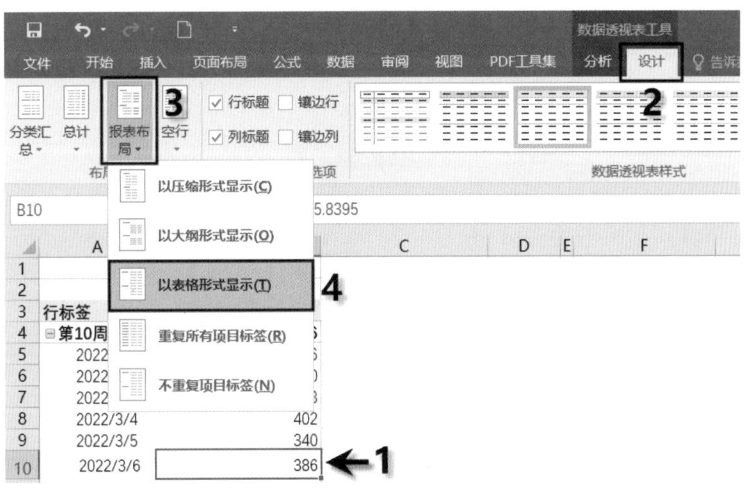

图 7-68　将周和日期分 2 列显示

图 7-69　删除汇总项

若要求出每周单天最高、最低销售额，最简单的方法是对C列销售额的数值进行降序排列，将销售额按照从高到低的顺序排序，如图7-70所示，即可求出每周单天最高、最低销售额。

由于在看板中要以数字的形式显示单天最高、最低销售额，所以可以将单天最高、最低销售额加大字号突出显示。以第10周为例，将该周单天最高销售额复制并粘贴链接到G6单元格中，具体操作步骤如图7-71所示，按照相同的方法，将该周最低销售额复制粘贴链接到G7，并将粘贴链接的文本设置为如图7-72所示的格式。

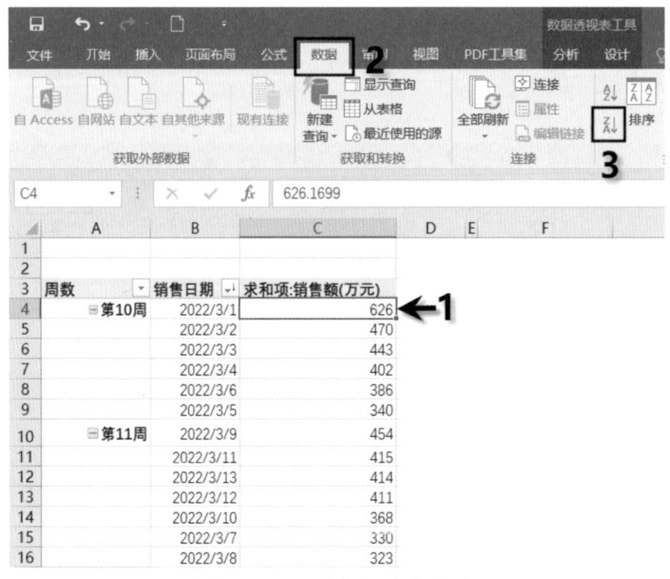

图 7-70　对销售额降序排序

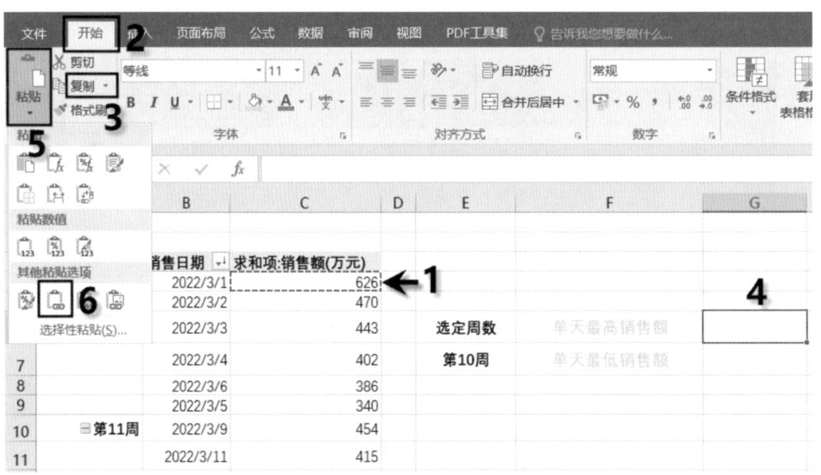

图 7-71　复制并粘贴链接第 10 周单天最高销售额

E	F	G
选定周数	单天最高销售额	626
第10周	单天最低销售额	340

图 7-72　设置单天最高、最低销售额格式

3) 本周总销量

先复制一份工作表，再利用透视表计算出本周总销量。具体方法如下。

按住Ctrl键，鼠标指针指向工作表标签“单天销售额极值”，按住鼠标左键进行拖动，复制“单天销售额极值”工作表，如图 7-73 所示，并将工作表的名称更改为“本周总销量”。

在右侧“数据透视表字段”窗格中，拖动“周数”到“行”区域；拖动“销量”到“值”区域，如图 7-74 所示，即可按照周数得到每周的总销量。

	A	B	C
3	周数	销售日期	求和项:销售额(万元)
4	⊟第10周	2022/3/1	626
5		2022/3/2	470
6		2022/3/3	443
7		2022/3/4	402
8		2022/3/6	386
9		2022/3/5	340
10	⊟第11周	2022/3/9	454

本周总销售额 | 单天销售额极值 | 单天销售额极值 (2) | 数据源

图7-73　复制“单天销售额极值”工作表

图7-74　按照周数得到每周的总销量

由于在看板中要以数字的形式显示本周总销量，所以可以将本周的总销量加大字号突出显示。以第10周为例，将该周的总销量复制并粘贴链接到F9单元格区域中，具体操作步骤如图7-75所示。然后将粘贴链接的文本设置为如图7-76所示的文字和格式，

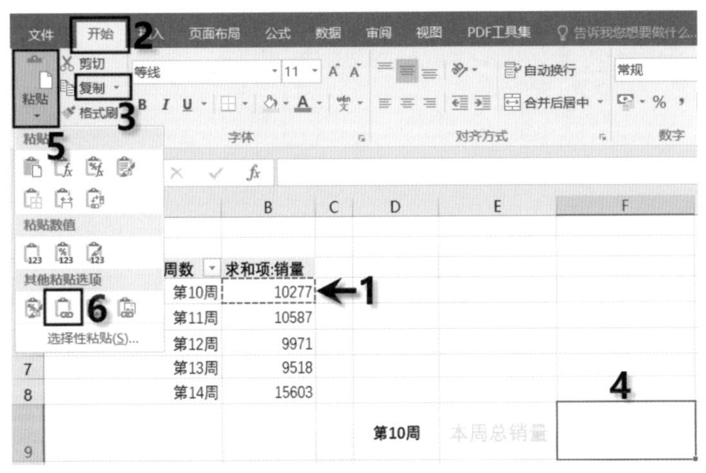

图7-75　复制并粘贴链接第10周的总销量

图7-76　设置本周总销量的格式

4) 单天最高、最低销量

复制“本周总销量”工作表，按住Ctrl键，鼠标指针指向工作表标签“本周总销量”，按住鼠标左键进行拖动，如图7-77所示，并将工作表的名称更改为“单天销量极值”。

在右侧“数据透视表字段”窗格中，拖动“周数”和“销售日期”到“行”区域；拖动“销量”到“值”区域，如图7-78所示，即可按照周数得到各周每天的销量。

周数	求和项:销量
第10周	10277
第11周	10587
第12周	9971
第13周	9518
第14周	15603

图7-77　复制“本周总销量”工作表

周数	销售日期	求和项:销量
第10周	3月1日	2330
	3月2日	1696
	3月3日	1789
	3月4日	1596
	3月5日	1346
	3月6日	1520
第11周	3月7日	1279
	3月8日	1307
	3月9日	1637
	3月10日	1603
	3月11日	1609
	3月12日	1540
	3月13日	1612
第12周	3月14日	1515
	3月15日	1178
	3月16日	1353
	3月17日	1577
	3月18日	1475
	3月19日	1396
	3月20日	1477
第13周	3月21日	1071
	3月22日	1634
	3月23日	1334
	3月24日	1398
	3月25日	1388
	3月26日	1476
	3月27日	1217
第14周	3月28日	1434

图7-78　按照周数得到各周每天的销量

对C列销量的数值进行降序排列，将销量按照从高到低的顺序排列，如图7-79所示，即可求出每周单天最高、最低销量。

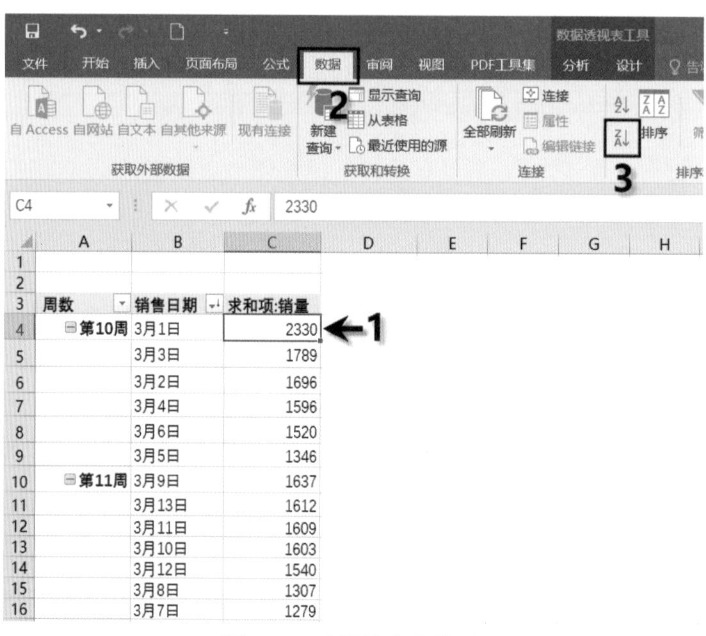

图7-79　对销量降序排列

由于在看板中要以数字的形式显示单天最高、最低销量，所以可以将单天最高、最低销量加大字号突出显示。以第10周为例，将该周单天最高销量复制并粘贴链接到G5单元格中，具体操作步骤如图7-80所示。然后按照相同的方法，将该周最低销售额复制粘贴链接到G6，并将粘贴链接的文本设置为如图 7-81 所示的格式。

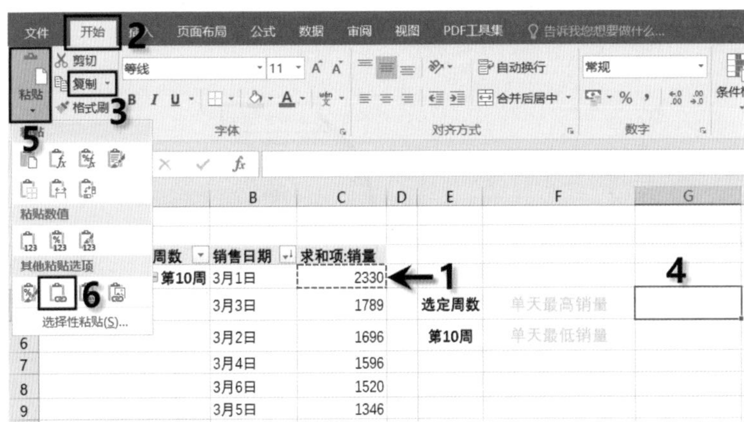

图 7-80　复制并粘贴链接第 10 周单天最高销量

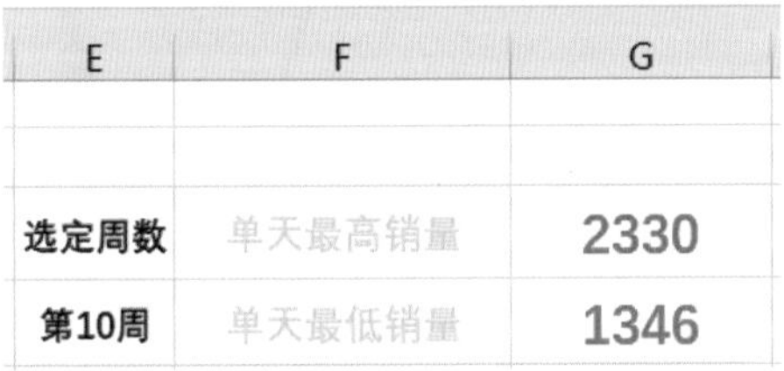

E	F	G
选定周数	单天最高销量	2330
第10周	单天最低销量	1346

图 7-81　设置单天最高、最低销量格式

5. 计算图表所需的数据，插入动态图表

本例需要创建三张图表，一是根据每天销售额创建销售趋势图，二是根据各渠道销售额创建比例图，三是根据各渠道销售额创建对比图。下面进行具体介绍。

1) 创建销售趋势图

首先利用数据透视表计算出图表所需的数据，然后根据数据插入图表，具体操作步骤如下。

01 按住Ctrl键，鼠标指针指向工作表标签“单天销量极值”，按住鼠标左键进行拖动，复制“单天销量极值”工作表，如图 7-82 所示，并将工作表的名称更改为“销售趋势图”。

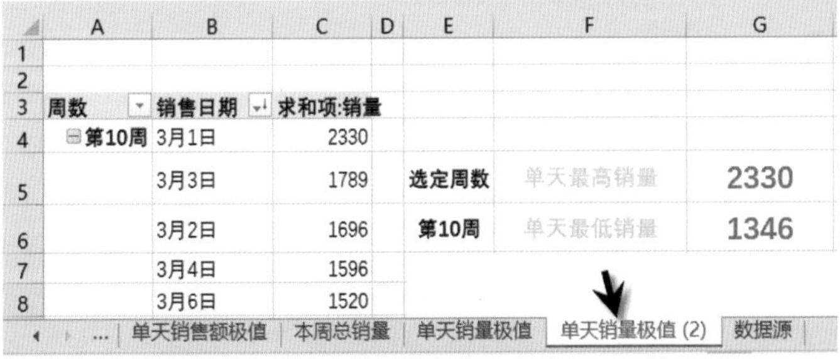

	A	B	C	D	E	F	G
1							
2							
3	周数	销售日期	求和项:销量				
4	⊟第10周	3月1日	2330				
5		3月3日	1789		选定周数	单天最高销量	2330
6		3月2日	1696		第10周	单天最低销量	1346
7		3月4日	1596				
8		3月6日	1520				

… | 单天销售额极值 | 本周总销量 | 单天销量极值 | 单天销量极值 (2) | 数据源

图 7-82　复制“单天销量极值”工作表

02 在右侧“数据透视表字段”窗格中，拖动“周数”和“销售日期”到“行”区域；拖动“销量额”到“值”区域，如图 7-83 所示，即可按照周数得到每天的销售额。

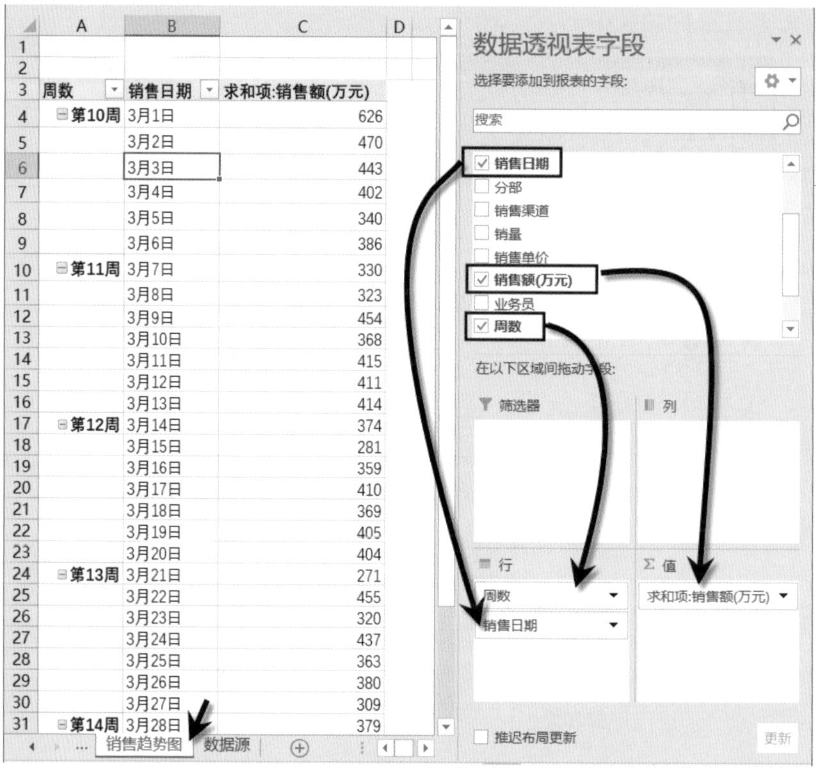

图7-83　按照周数得到每天的销售额

03 以第10周为例创建销售趋势图，选中B3:C9单元格区域，将其复制并粘贴链接到E3:F9单元格区域中，具体操作步骤如图7-84所示。

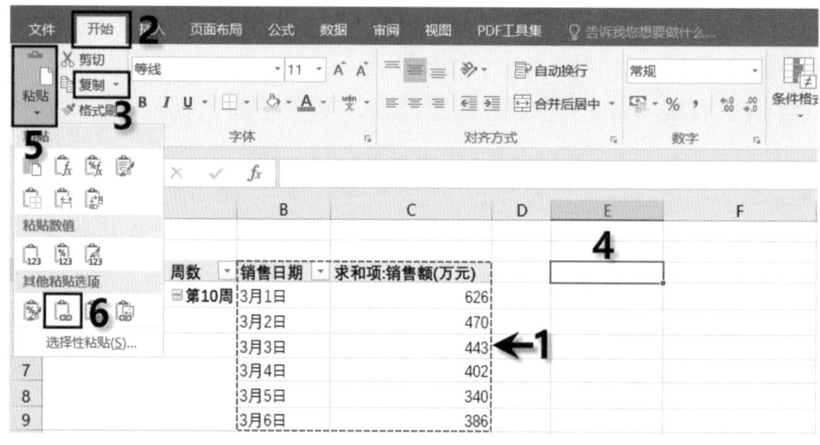

图7-84　将第10周的每天销售额复制并粘贴链接到E3:F9单元格区域

04 将粘贴后的数值设置为整数，设置方法如图7-85所示。

05 选中E3:F9单元格区域，创建带数据标记的折线图，具体操作步骤如图7-86所示。对图表进行编辑和美化，效果如图7-87所示。

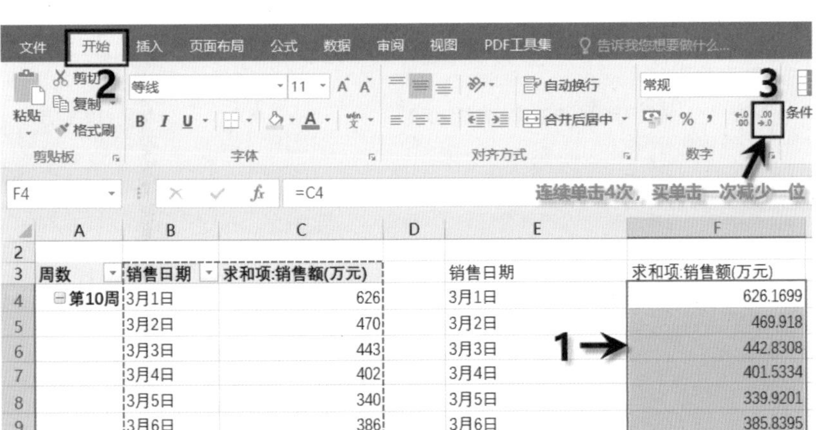

图 7-85　将粘贴后的数值设置为整数

图 7-86　根据E3:F9单元格区域中的数据创建带数据标记的折线图

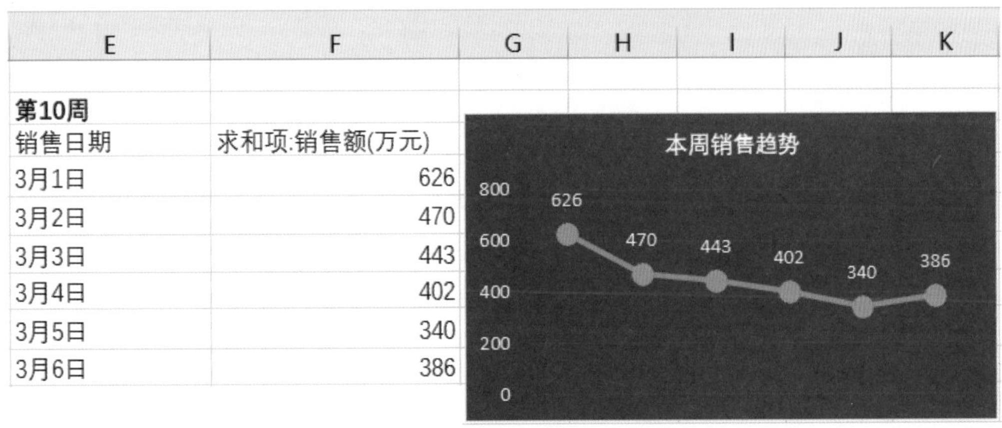

图 7-87　编辑和美化折线图效果

2) 创建各渠道销售比例图

首先利用数据透视表计算出图表所需的数据，然后根据数据插入图表，具体操作步骤如下。

01 按住Ctrl键，鼠标指针指向工作表标签“销售趋势图”，按住鼠标左键进行拖动，复制“销售趋势图”工作表，如图 7-88 所示，并将工作表的名称更改为“各渠道销售比例和对比图”。

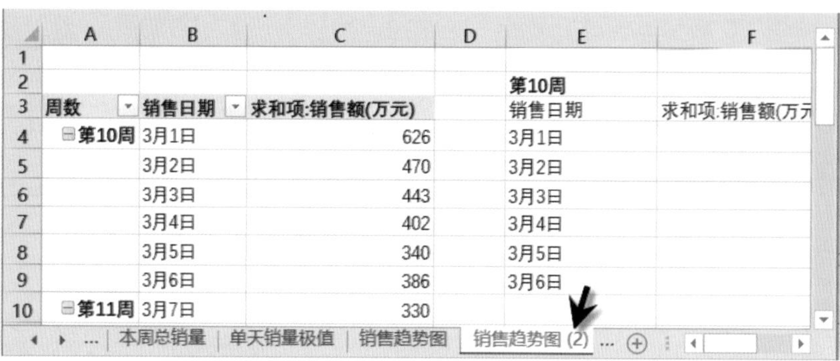

	A	B	C	D	E	F
1						
2					第10周	
3	周数	销售日期	求和项:销售额(万元)		销售日期	求和项:销售额(万元
4	⊟第10周	3月1日	626		3月1日	
5		3月2日	470		3月2日	
6		3月3日	443		3月3日	
7		3月4日	402		3月4日	
8		3月5日	340		3月5日	
9		3月6日	386		3月6日	
10	⊟第11周	3月7日	330			

图7-88　复制“销售趋势图”工作表

02 在右侧“数据透视表字段”窗格中，拖动“周数”和“销售渠道”到“行”区域；拖动“销量额”到“值”区域，如图7-89所示，即可按照周数得到各渠道的总销售额。

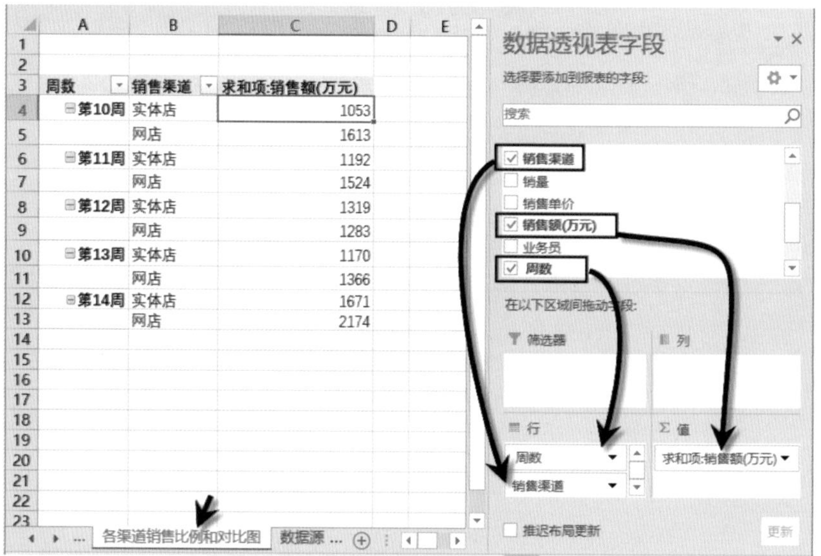

	A	B	C
3	周数	销售渠道	求和项:销售额(万元)
4	⊟第10周	实体店	1053
5		网店	1613
6	⊟第11周	实体店	1192
7		网店	1524
8	⊟第12周	实体店	1319
9		网店	1283
10	⊟第13周	实体店	1170
11		网店	1366
12	⊟第14周	实体店	1671
13		网店	2174

图7-89　按照周数得到各渠道的总销量额

03 以第10周为例创建各渠道销售比例图。选中B4:C5单元格区域，将其复制并粘贴链接到F3:G4单元格区域中，具体操作步骤如图7-90所示。

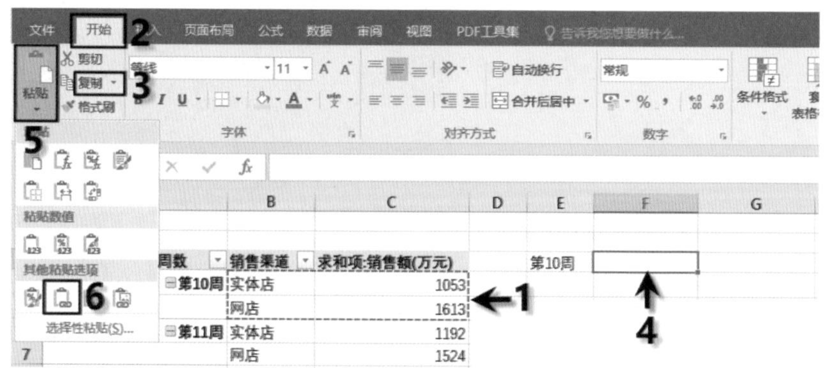

图7-90　将第10周的各渠道销售额复制并粘贴链接到F3:G4单元格区域

04 将粘贴后的数值设置为整数，设置方法如图 7-91 所示。

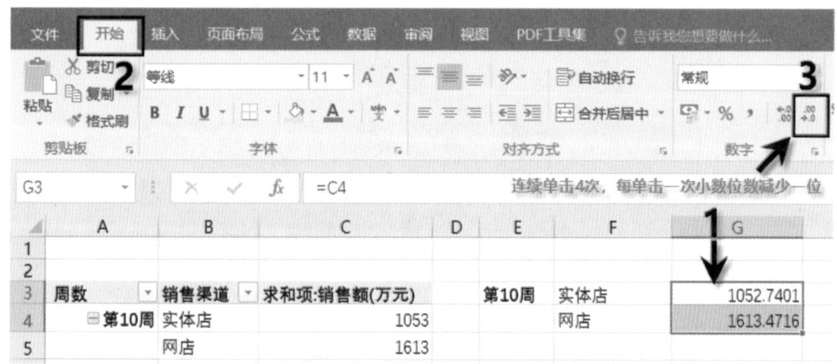

图 7-91　将数值设置为整数

05 选中F3:G4单元格区域，创建圆环图，具体操作步骤如图 7-92 所示。对图表进行编辑和美化，效果如图 7-93 所示。

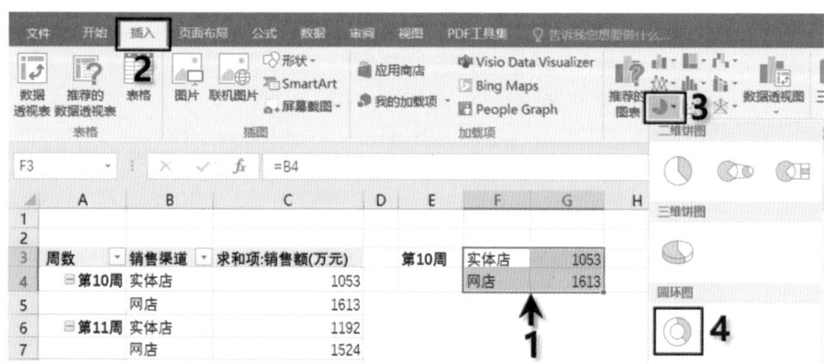

图 7-92　根据各渠道销售额创建圆环图

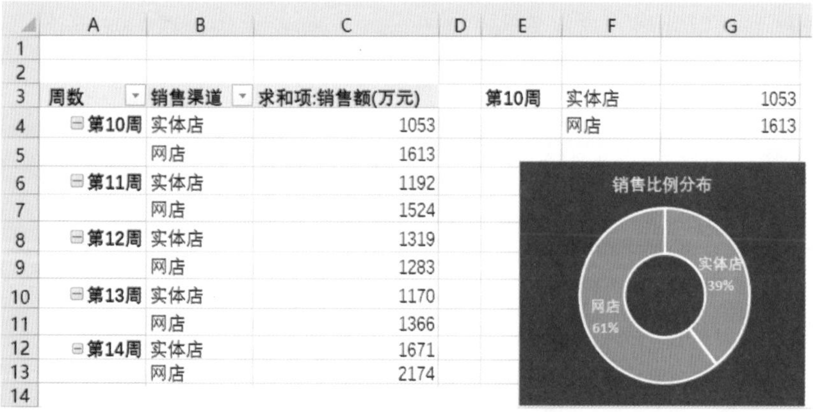

	A	B	C	D	E	F	G
1							
2							
3	周数	销售渠道	求和项:销售额(万元)		第10周	实体店	1053
4	⊟第10周	实体店	1053			网店	1613
5		网店	1613				
6	⊟第11周	实体店	1192				
7		网店	1524				
8	⊟第12周	实体店	1319				
9		网店	1283				
10	⊟第13周	实体店	1170				
11		网店	1366				
12	⊟第14周	实体店	1671				
13		网店	2174				
14							

销售比例分布
实体店 39%
网店 61%

图 7-93　编辑和美化圆环图效果

3) 创建各渠道销售对比图

选中F3:G4单元格区域，创建柱形图，创建方法与上述创建圆环图相似，在此不再赘述。对柱形图进行编辑和美化，效果如图 7-94 所示。

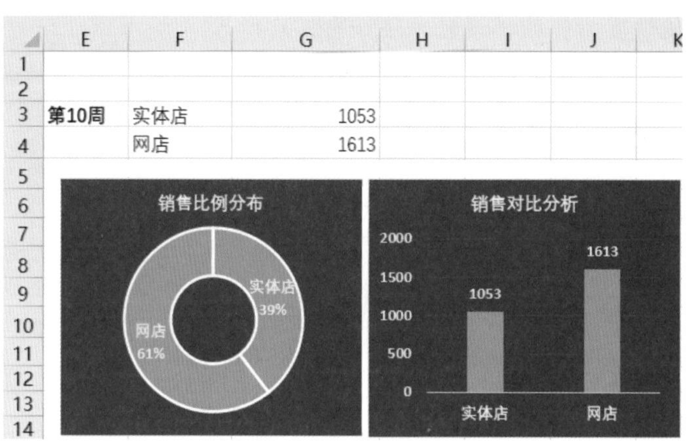

图7-94　创建、编辑和美化柱形图效果

6. 将相关的数据和图表整合组织至看板中

新建一个工作表将其命名为"周报看板"，把用数据透视表计算的核心指标数据和图表按照构建好的布局整合组织在一起，步骤如下。

01 添加周报看板的标题并设置其格式，如图7-95所示。

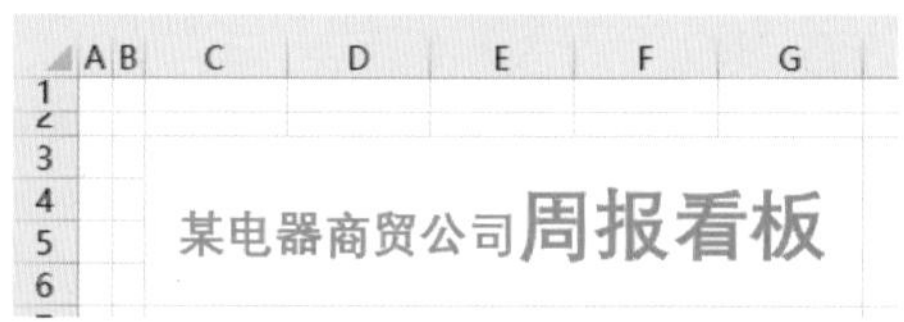

图7-95　添加周报看板的标题并设置其格式

02 切换到"本周总销售额"工作表，首先取消工作表中的网格线，然后选中F10:G10单元格区域，在选中的区域上右击，在弹出的快捷菜单中选择"复制"命令，如图7-96所示。然后将其粘贴为带链接的图片到"周报看板"工作表中，粘贴方法如图7-97所示，并将其调整至合适位置。粘贴到看板中的数据，若要修改其格式，如调整字体格式、间距等，需要切换到"本周总销售额"工作表，在该工作表中对其进行修改，其在看板中的格式同步更新。

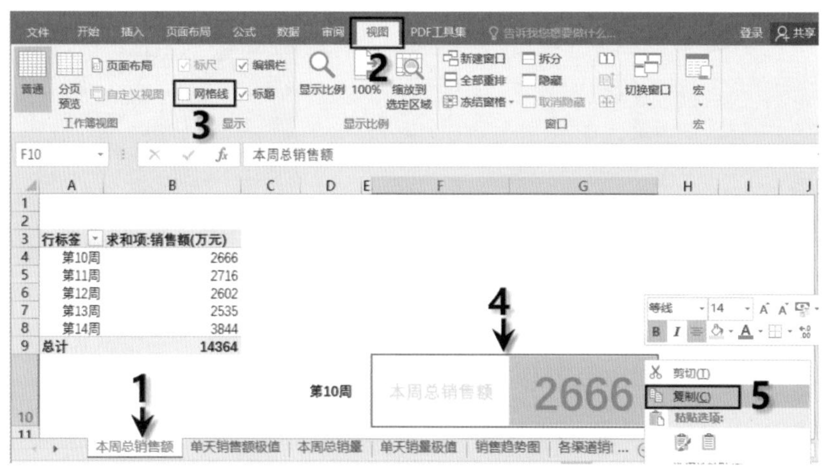

图7-96　复制选中区域中的内容

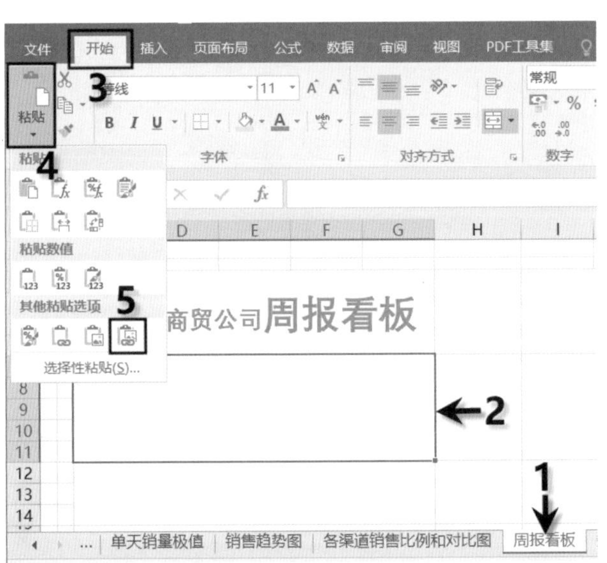

图7-97　将选中区域中的内容粘贴为带链接的图片到“周报看板”工作表中

03 切换到“单天销售额极值”工作表，按照步骤2的方法，先取消工作表中的网格线，然后选中F6:G7单元格区域，在选定的区域上右击，在弹出的快捷菜单中选择“复制”命令，如图7-98所示，将其粘贴为带链接的图片到“周报看板”工作表中，粘贴方法如图7-99所示。按照相同的方法，切换到“本周总销量”工作表，将E9:F9单元格区域中的本周总销量复制粘贴为带链接的图片到“周报看板”工作表中；切换到“单天销量极值”工作表，将F5:G6单元格区域中的单天销售最高/最低销量复制粘贴为带链接的图片到“周报看板”工作表中，效果如图7-100所示。

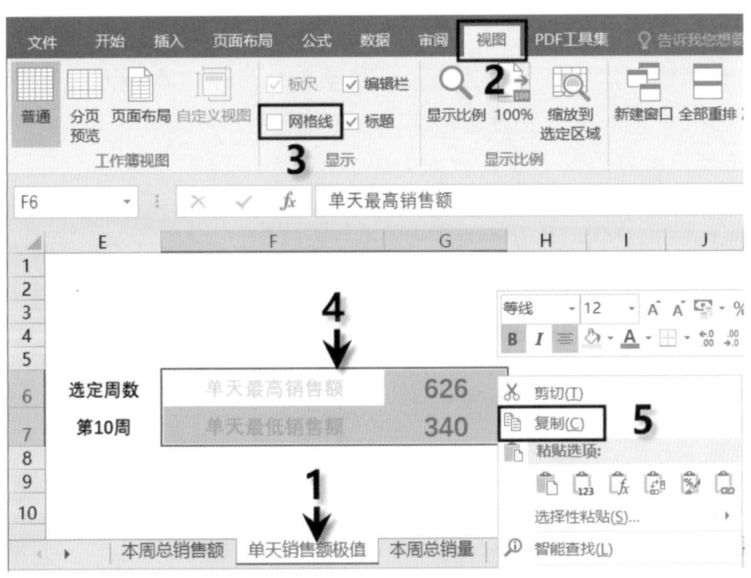

图7-98　复制选中区域中的内容

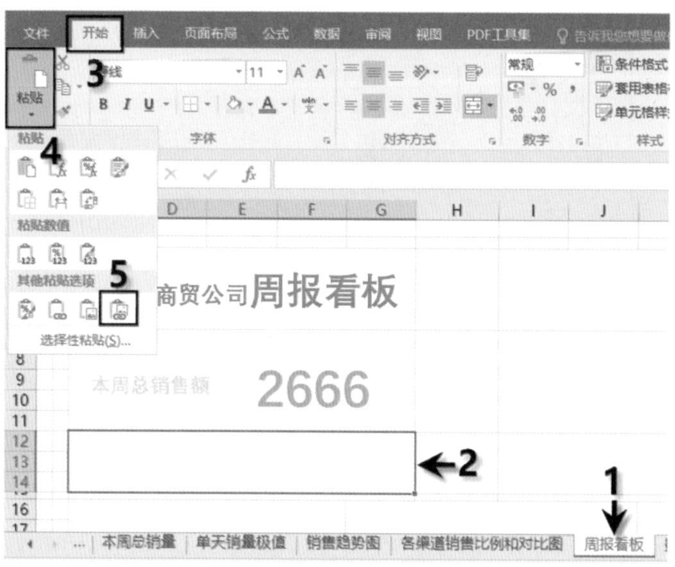

图7-99　将选中区域中的内容粘贴为带链接的图片到“周报看板”工作表中

图7-100　将本周总销量和单天最高/最低销量粘贴为带链接的图片到“周报看板”工作表中

04 为各数据添加单位，销售额单位为万元，销量单位为台。添加方法是：插入文本框，输入单位名称(如万元)，将文本框设置为无轮廓、无填充颜色，并设置字体格式，如图7-101所示。按照相同的方法为其他数据添加单位，效果如图7-102所示。

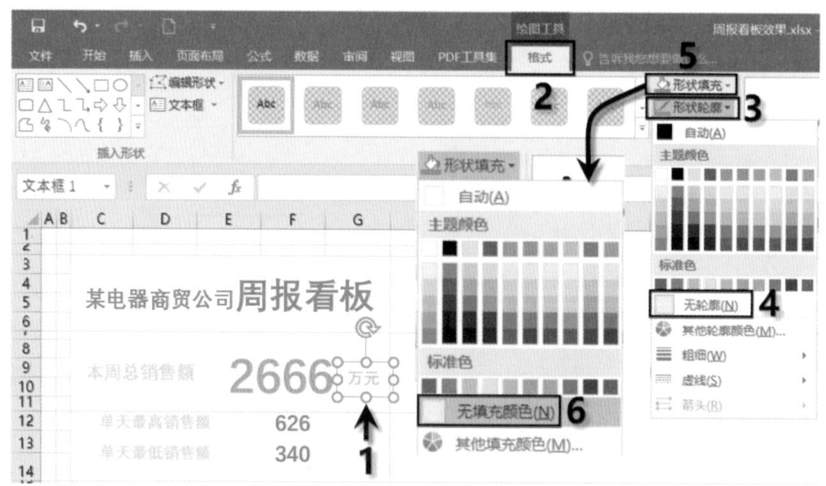

图7-101　为本周销售额添加单位

图 7-102　为所有数据添加单位

05 切换到“销售趋势图”工作表，选中折线图，按快捷键Ctrl+C将其复制，如图 7-103 所示，粘贴到“周报看板”工作表中的对应位置，按住Alt键调整图表大小，使其锚定在C16:F25单元格区域中，如图 7-104 所示。切换到“各渠道销售比例和对比图”工作表，按照相同的方法将圆环图和柱形图复制粘贴到周报看板中的对应位置，效果如图 7-105 所示。若要进一步编辑或美化图表，可直接在看板中进行操作。

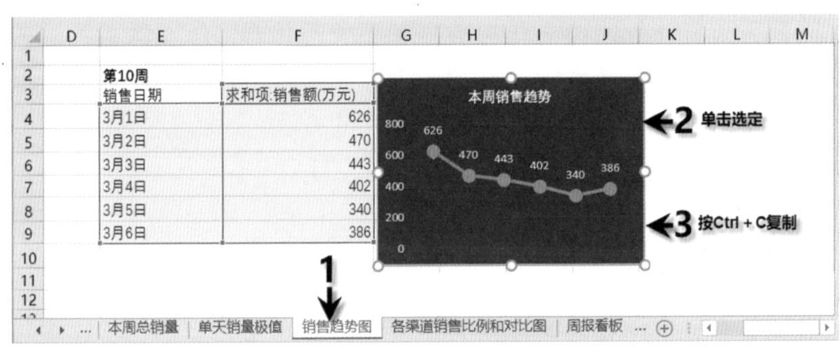

图 7-103　复制折线图

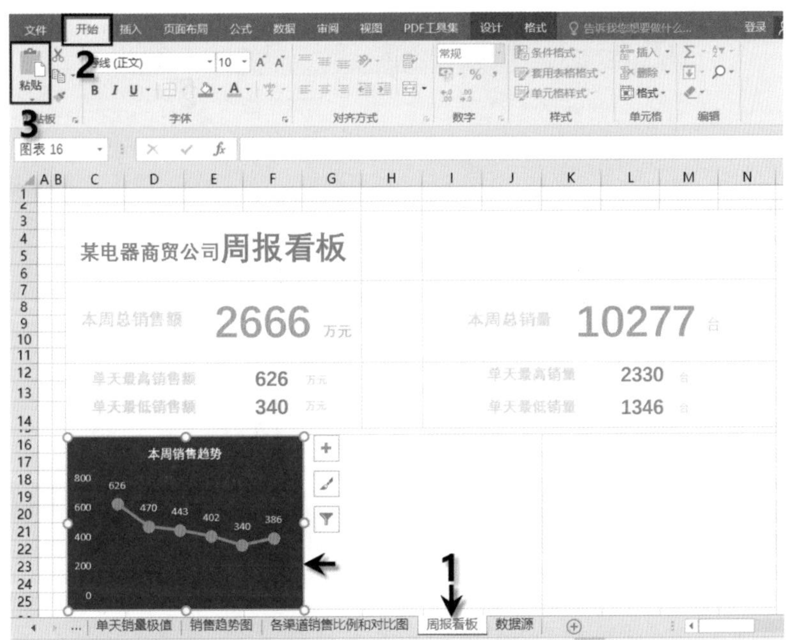

图 7-104　将折线图粘贴到“周报看板”工作表

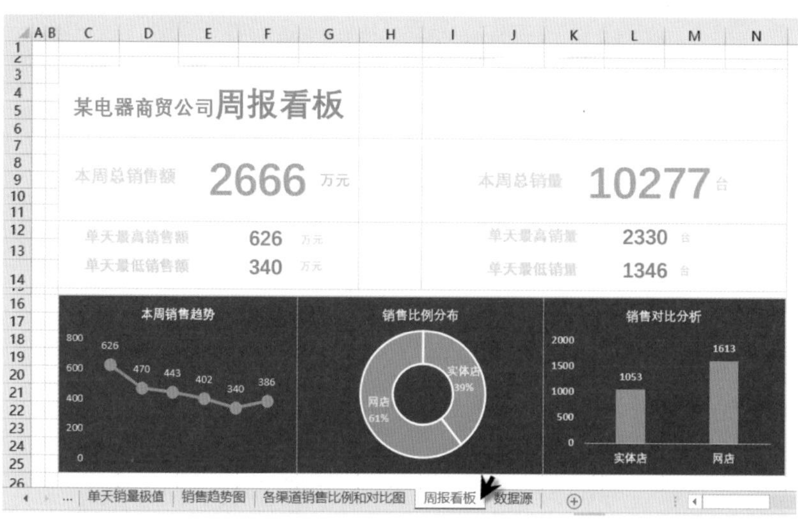

图7-105　将圆环图和柱形图复制至"周报看板"工作表中的效果

这样即可将数据透视表计算的核心指标数据和图表都整合组织至看板的对应位置，若要使看板中的数据跟随选择的日期实现多数据联动，则需要插入"周数"切片器，即使用切片器进行多数据交互。下面介绍使用切片器进行多数据交互的方法。

7. 使用切片器进行多数据交互

使用切片器进行多数据交互需要两个步骤，一是插入"周数"切片器，二是使用"周数"切片器将需要交互的数据所在的多个报表进行连接，具体操作步骤如下。

01 在任意一个透视表中插入"周数"切片器，本例在"销售趋势图"工作表中插入"周数"切片器，操作步骤如图7-106所示。

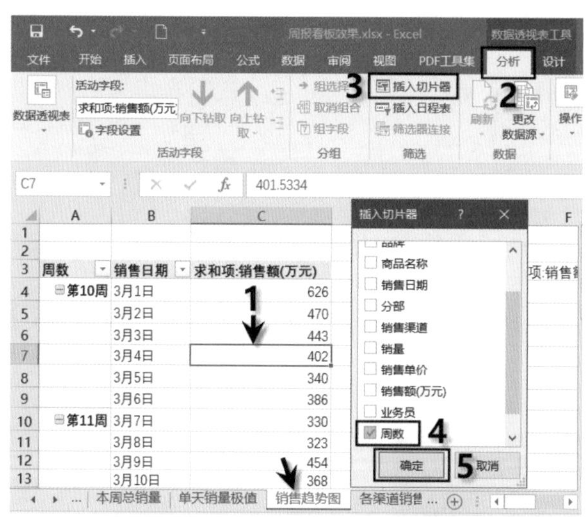

图7-106　插入"周数"切片器

02 在"选项"选项卡中，单击"报表连接"按钮，在弹出的对话框中，选中所有报表复选框，如图7-107所示，这样即可通过切片器将多个报表连接在一起，报表中的数据也随之被连接在一起。

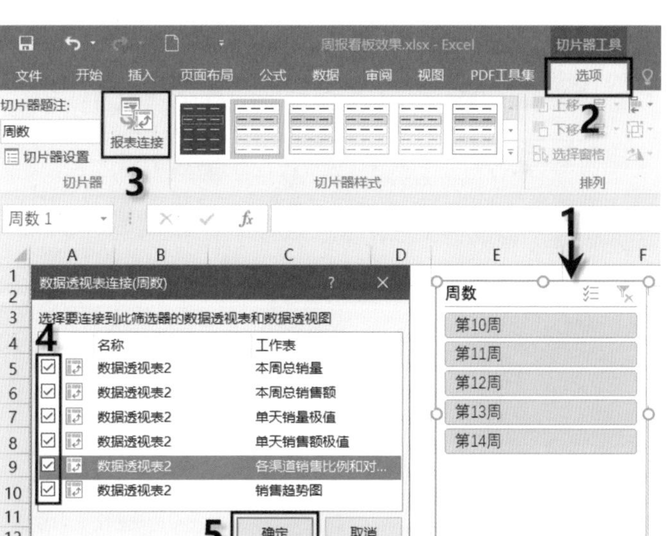

图7-107　将包含核心指标数据和图表的报表连接到筛选器

03 选中“周数”切片器，按快捷键Ctrl+C将其复制，切换到“周报看板”工作表，按快捷键Ctrl+V将其粘贴到对应的位置，并调整其大小，效果如图7-108所示。

图7-108　将“周数”切片器复制粘贴到“周报看板”工作表中

04 删除切片器顶端的页眉，让界面更为整洁，删除方法如图7-109所示。

图7-109　删除切片器页眉

05 设置切片器横向显示，设置方法如图7-110所示，调整切片器的大小，效果如图7-111所示。

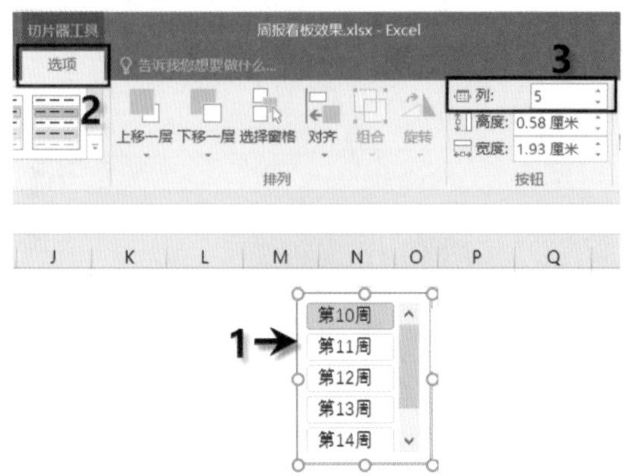

图7-110　设置切片器横向显示

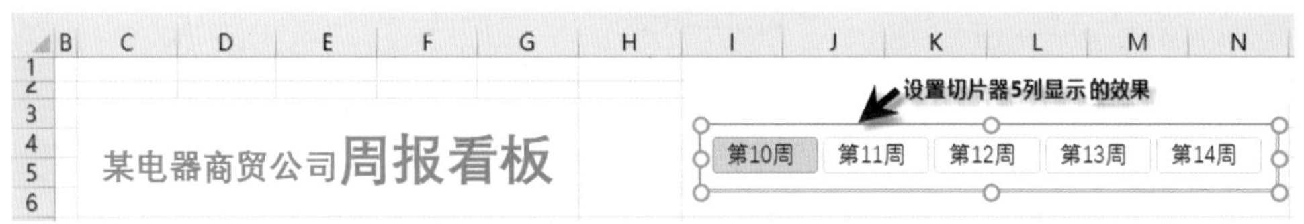

图7-111　切片器横向显示效果

单击“周数”切片器中的任意一周(如第12周)，整个周报看板中的数据和图表随之联动更新展示，如图7-112所示，这样就完成了周报看板中的多数据交互设置。

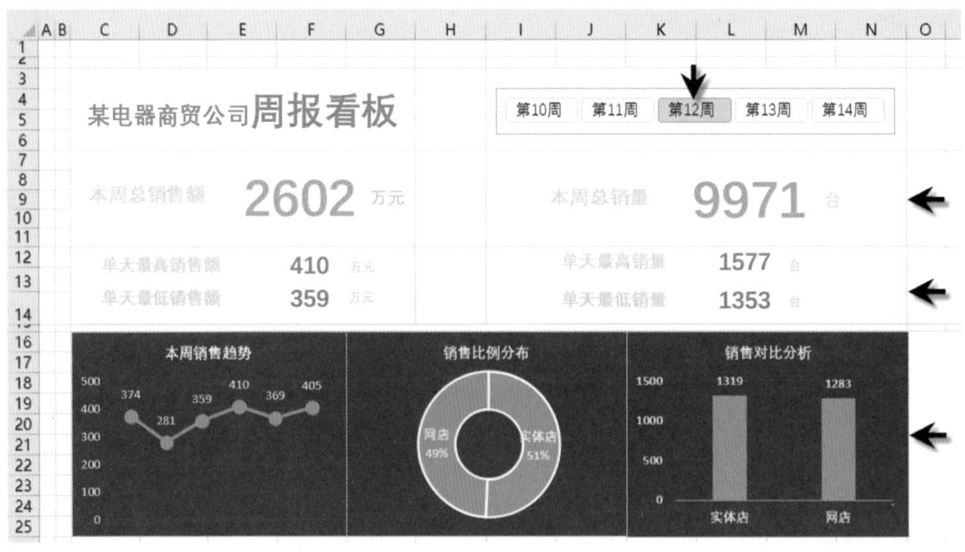

图7-112　周报看板中的数据和图表随切片器中的选择联动更新

为了使看板美观大气，还需要对其进行适当美化，完善看板页面排版，下面进行具体介绍。

8. 美化看板，完善看板页面排版

本例中的美化看板分为4部分：一是填充看板的背景；二是美化“周数”切片器；三是添加分割线，将看板分为3部分；四是删除工作表的网格线、隐藏标题。

1) 填充看板的背景

选中C3:N25单元格区域，打开“开始”选项卡，单击“填充颜色”右侧的下三角按钮，在打开的下拉列表中单击“深蓝”选项，如图7-113所示，将看板背景填充为与图表背景相同的颜色，使二者融为一体。

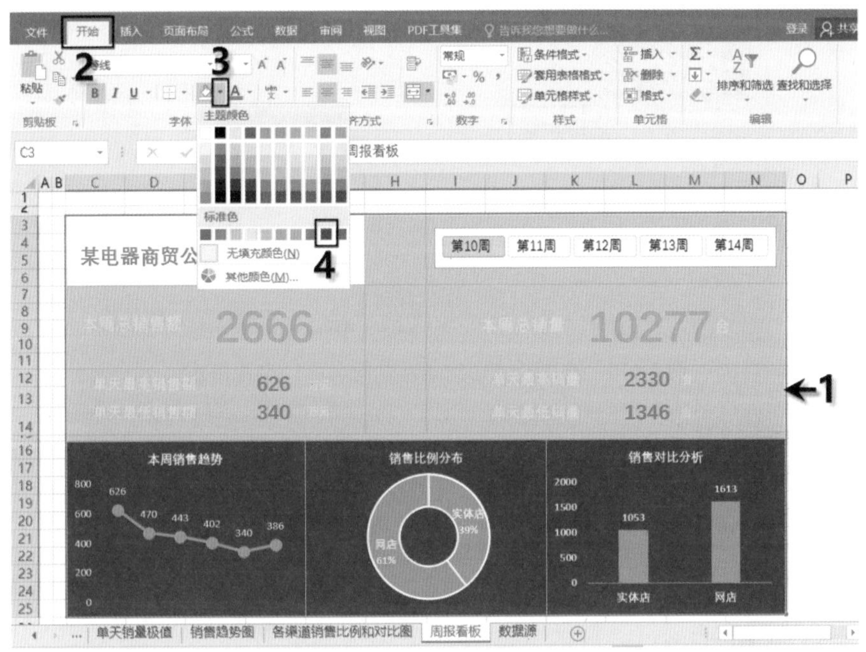

图7-113　为看板填充背景颜色

2) 美化“周数”切片器

设置切片器的背景颜色和字体颜色。选中切片器，在“选项”选项卡中，单击“切片器样式”右下角的“其他”按钮，在打开的下拉列表中单击“新建切片器样式(S)”，如图7-114所示。在弹出的对话框中，在“名称”框中输入新建切片器样式的名称，单击“格式”按钮，如图7-115所示，弹出“格式切片器元素”对话框，进行如图7-116所示的设置，为切片器填充背景颜色和字体颜色。

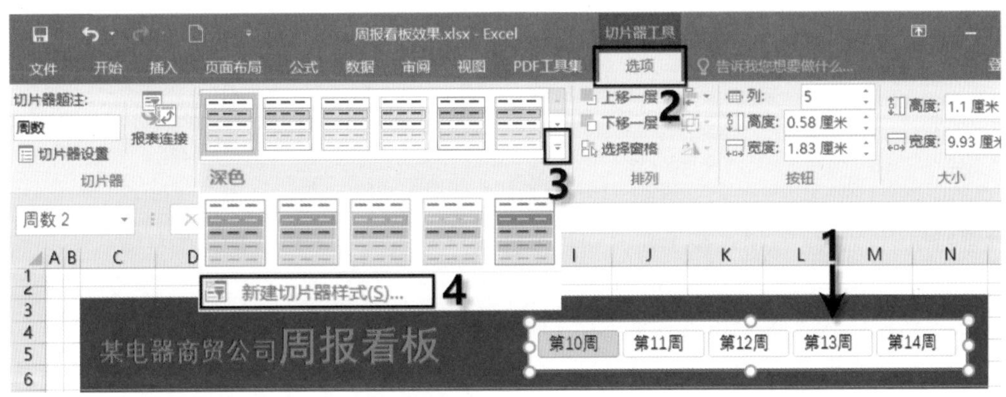

图7-114　新建切片器样式

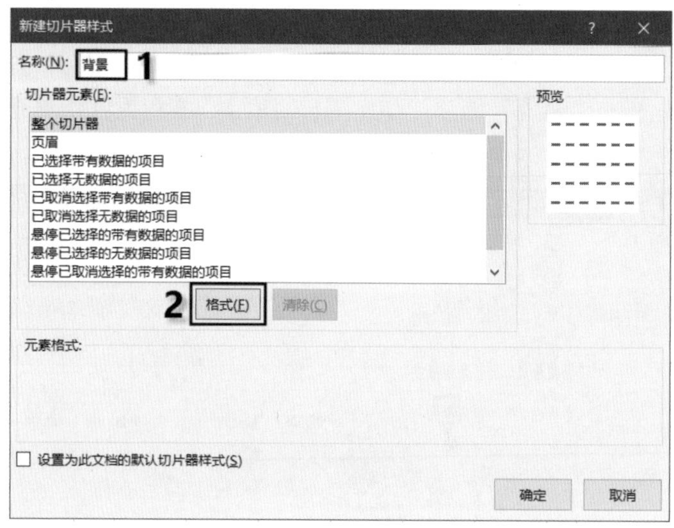

图7-115　输入新建切片器样式的名称、设置格式

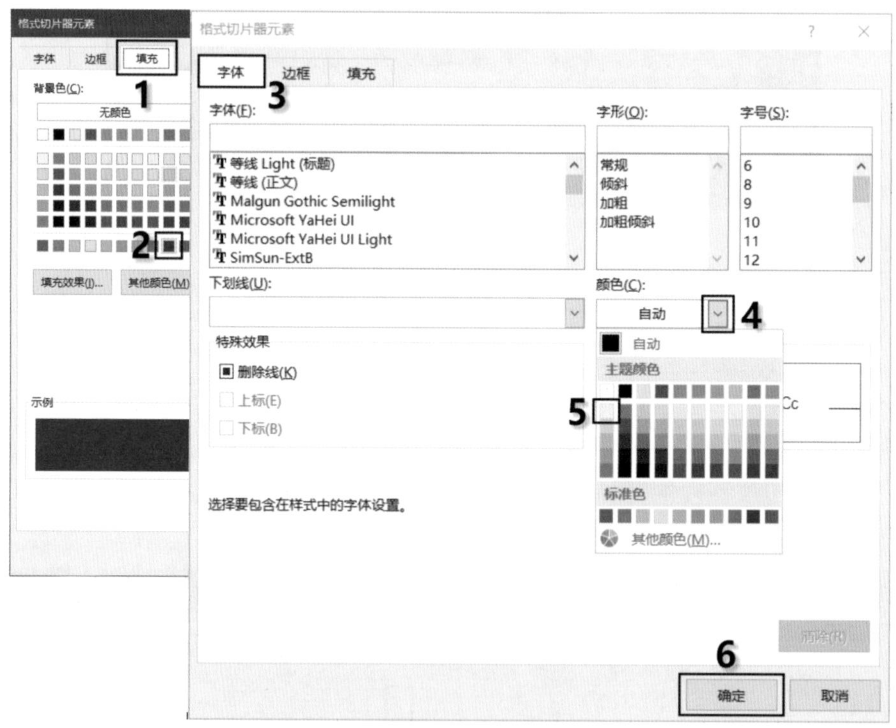

图7-116　设置切片器填充颜色

设置结束后，新建的样式显示在“切片器样式”列表框中，单击新建的样式，即可将其应用到选中的切片器，如图7-117所示。

05 在切片器中，为了区分已选择和未选择的周数，可为已选择的周数设置特殊的标志(如填充颜色、添加边框等)以凸出显示。本例为已选择的周数添加边框凸出显示，以区分未选择的周数，添加方法如图7-118和图7-119所示。设置完成后，单击切片器中的某一周(如第11周)，该周则被添加边框，如图7-120所示。

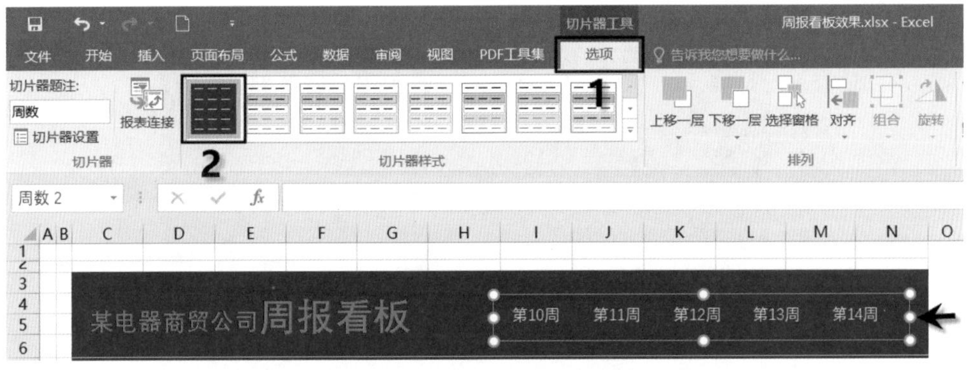

图 7-117　设置切片器填充颜色

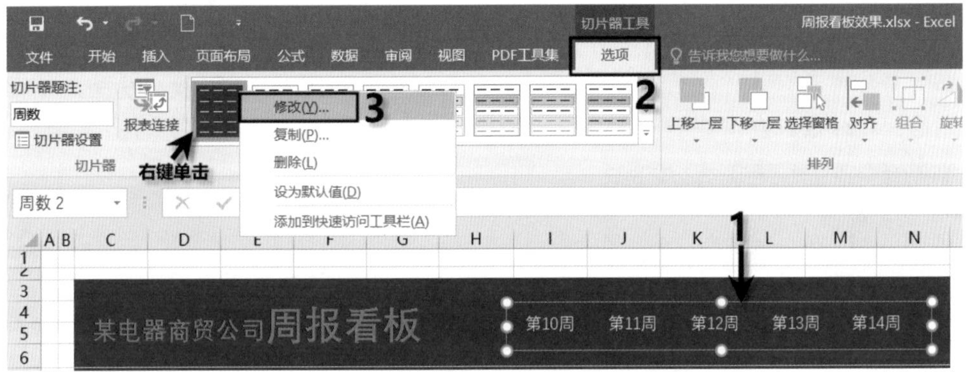

图 7-118　修改样式

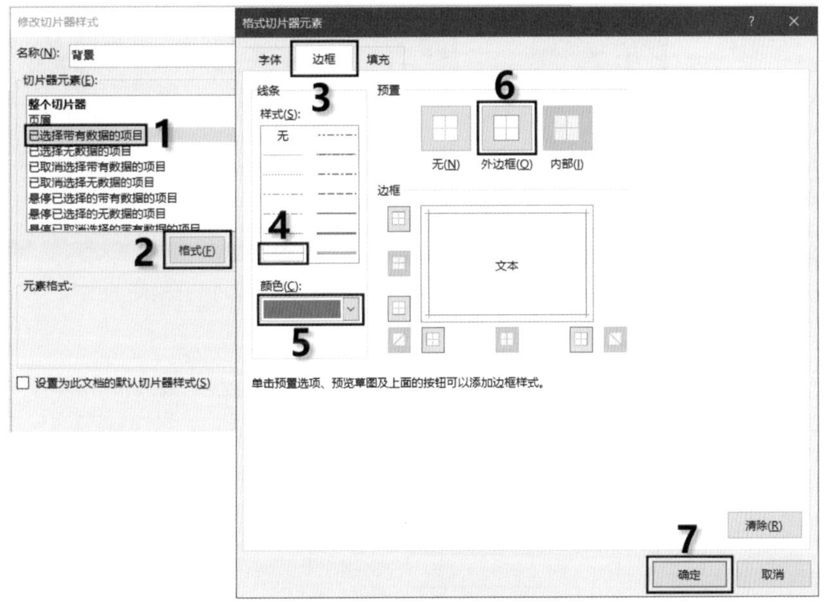

图 7-119　设置边框样式

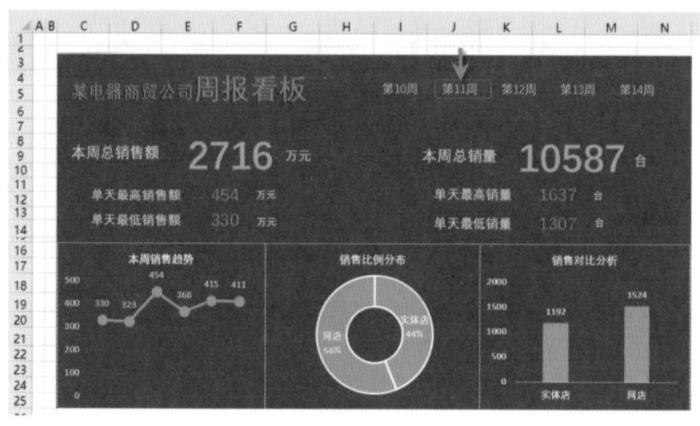

图7-120　设置“已选择带有数据的项目”格式后的效果

3) 添加分割线，将看板分为3部分。

打开“开始”选项卡，先设置分割线的颜色、线型，如图7-121所示。设置完成后，光标变成了笔形，按住鼠标左键在看板上分界点的位置绘制分割线，效果如图7-122所示。

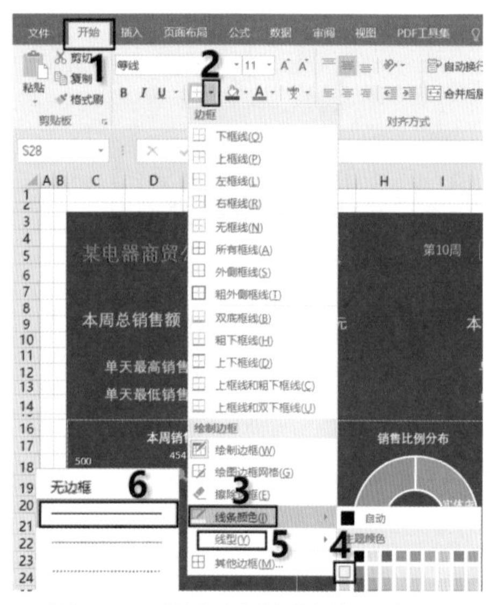

图7-121　设置分割线的颜色、线型

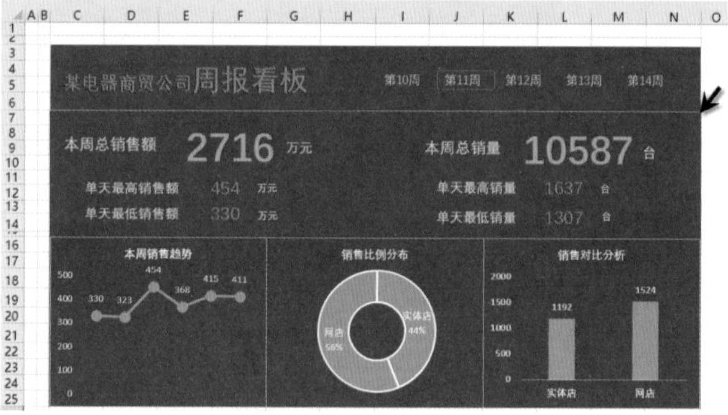

图7-122　添加分割线的效果

4) 删除工作表的网格线、隐藏标题

为了使看板界面更为整洁，可删除工作表的网格线，隐藏工作表的标题(行号、列标)，操作步骤如图7-123所示。

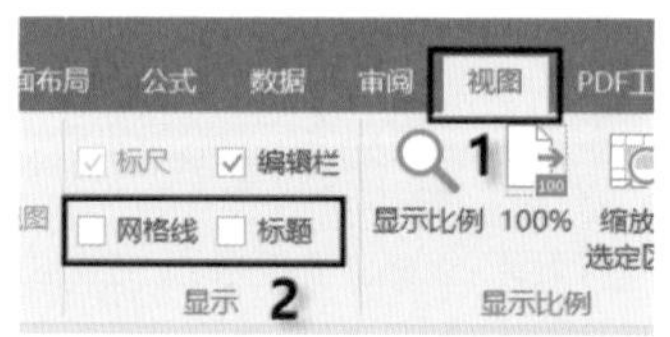

图7-123　删除网格线、隐藏标题

经过上述美化和完善，完成了周报看板的制作，最终效果如图7-124所示。若要进一步调整核心数据的格式，可到其对应的透视表中进行调整，看板中的数据格式随透视表中格式的更改同步更新，例如，若要调整“本周总销量”的字体格式、间距等，则切换到“本周总销量”工作表，在该工作表中对其进行调整，其在看板中的格式随之同步更新。若要调整看板中图表的格式，可在看板中直接进行调整。

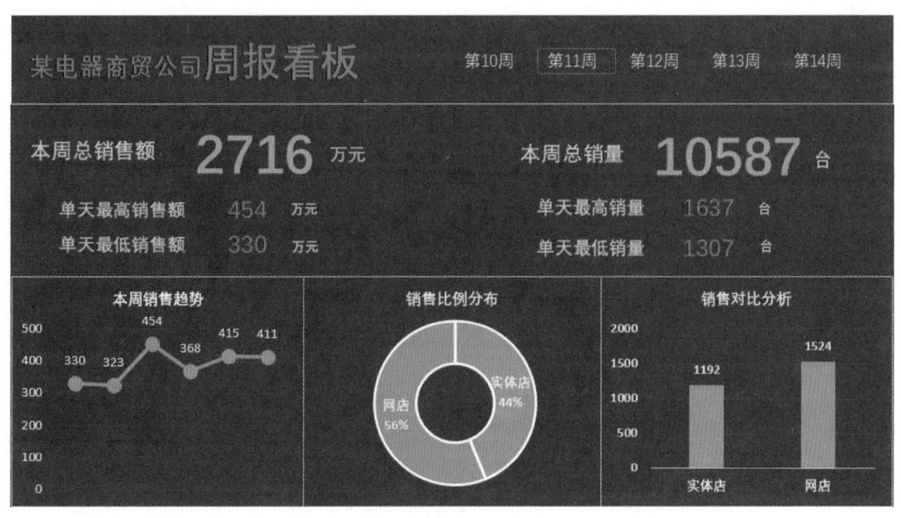

图 7-124　周报看板最终效果

在实际工作中，可根据不同的业务需求在周报看板中添加更多核心指标数据或图表，指标数据的计算方法及图表的创建可参照本实例。

数据展示除了使用周报看板，还可以使用月报看板展示一个月的数据状态。月报看板也是常用的数据展示方式，在实例 62 中具体介绍月报看板的制作方法。

实例 62　月报看板数据分析和展示

某电器商贸公司要求以月报形式展示上月公司的整体销售情况，图 7-125 是该公司 3 至 7 月份的销售明细记录，现要求根据销售记录查看本月总销售额和总销量，本月单天销售额和销量的最高值、最低值，本月销售趋势及销量对比图、本月完成率、各渠道销售对比、各分部销售比例分布、各商品的销售对比、各业务员销售对比排名等。为了方便查看，需将要查看的指标、数据、图表整合组织至一张看板上，如图 7-126 所示。

	A	D	E	F	G	H	I	J	K	L
1	序号	商品名称	销售日期	分部	销售渠道	销量	销售单价	销售额(万元)	业务员	计划完成销售额(万元)
2	1	洗衣机	2022/3/1	北京分公司	实体店	30	2179	7	陈晓	14
3	2	洗衣机	2022/3/1	北京分公司	网店	95	1098	10	王一	10
4	3	空调	2022/3/1	北京分公司	实体店	43	1199	5	高明	6
5	4	空调	2022/3/1	北京分公司	网店	120	1298	16	李丽	7
6	5	热水器	2022/3/1	北京分公司	实体店	15	838	1	郑婷	10
7	6	热水器	2022/3/1	北京分公司	网店	47	219	1	齐爱华	2
8	7	电视	2022/3/1	北京分公司	实体店	31	3399	11	申新	34
9	8	电视	2022/3/1	北京分公司	网店	90	198	2	毛新	2
10	9	冰箱	2022/3/1	北京分公司	实体店	48	1198	6	方明	6
11	10	冰箱	2022/3/1	北京分公司	网店	91	399	4	刘毛易	4
12	11	洗衣机	2022/3/1	广州分公司	实体店	50	399	2	平长	5
13	12	洗衣机	2022/3/1	广州分公司	网店	89	799	7	毛新	4
14	13	空调	2022/3/1	广州分公司	实体店	46	198	1	廖元	3
15	14	空调	2022/3/1	广州分公司	网店	92	5988	55	梁亮	59
16	15	热水器	2022/3/1	广州分公司	实体店	43	2699	12	李涛	38
17	16	热水器	2022/3/1	广州分公司	网店	81	8099	66	程一利	51

数据源

图 7-125　销售明细记录(部分)

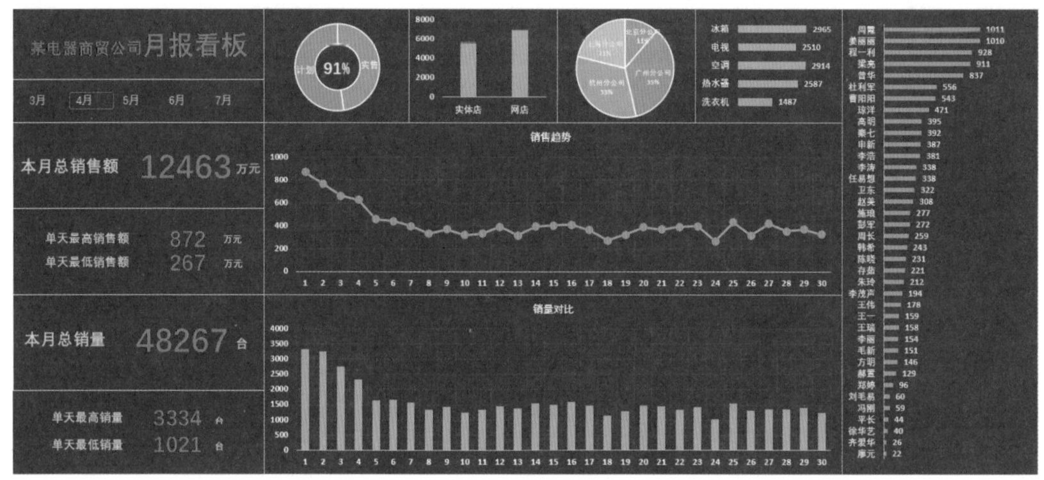

图7-126　制作完成的看板

这张看板不仅可以直观地展示各种指标的具体数值，还可以通过图表的方式动态地展示本月的销售趋势、本月完成率、各渠道销售对比、各分部销售比例分布、各商品的销售对比和各业务员销售对比排名。更为方便的是，看板中的所有数据和图表跟随选择的月份同步联动更新。例如，在顶端的切片器中单击“7月”按钮，看板中的数据和图表即刻联动更新，如图7-127所示。

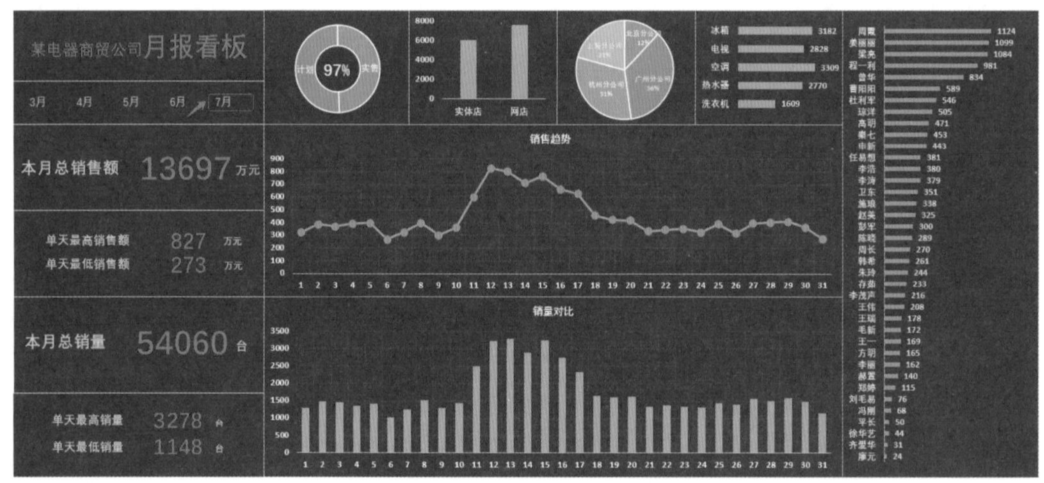

图7-127　7月的看板数据

这种动态看板的制作方法与周报看板的制作方法类似，也包括以下8个步骤。

- 确定分析需求和展示要素。
- 构建看板的整体布局。
- 数据整理、转换，用智能表作为数据透视表的数据源。
- 用数据透视表计算核心指标数据。
- 计算图表所需的数据，插入动态图表。
- 将相关的数据和图表整合组织至看板中。
- 使用切片器进行多数据交互。
- 美化看板，完善看板页面排版。

下面分步骤进行具体介绍。

1. 确定分析需求和展示要素

在该例中，要求根据销售记录查看本月总销售额和总销量，本月单天销售额和销量的最高值、最低值，本月销售趋势及销量对比、各渠道销售对比、各分部销售比例分布、各商品的销售对比、各业务员销售对比排名，所以按照查看需求明确要分析和展示的要素有以下10项。

- 本月总销售额。
- 本月总销量。
- 本月单天最高和最低销售额。
- 本月单天最高和最低销量。
- 本月销售趋势及销量对比。
- 本月完成率。
- 各渠道销售对比。
- 各分部销售比例分布。
- 各商品的销售对比。
- 各业务员销售对比排名。

这些要素要以恰当的形式进行展示。本例中的前四项要素用大号数字的形式进行直观醒目展示，第5项至第10项要素用图表进行展示。此外，还需要插入切片器进行月的切换，以便查看本月的总销售额和总销量、本月单天销售额和销量的最高值及最低值，以及本月的销售趋势图等。

2. 构建看板的整体布局

明确了要分析的数据和要展示的要素，也清楚这些要素以什么形式进行展示后，接下来就是构建看板的整体布局，即在什么位置展示什么数据，以什么形式展示最为适合，如图7-128所示。

图7-128　看板的整体布局

3. 数据整理、转换，用智能表作为数据透视表的数据源

在制作看板之前，首先要查看数据源中的信息是否齐全，格式是否规范。信息不全需要补全信息，格式不规范需要转换为格式规范的数据。本例中的数据源信息不全，数据源中只有“销售日期”，没有“月份”和“日”，所以需要在数据源中添加辅助列，按照“销售日期”使用转换函数TEXT将其转换为所对应的月份和日，计算方法及计算结果如图7-129所示。

M2 =TEXT(E2,"M月")

序号	商品名称	销售日期	分部	销售渠道	销量	销售单价	销售额(万元)	业务员	计划完成销售额(万元)	月份	日
1	洗衣机	2022/3/1	北京分公司	实体店	30	2179	7	陈晓	14	3月	1
2	洗衣机	2022/3/1	北京分公司	网店	95	1098	10	王一	10	3月	1
3	空调	2022/3/1	北京分公司	实体店	43	1199	5	高明	6	3月	1
4	空调	2022/3/1	北京分公司	网店	120	1298	16	李丽	7	3月	1
5	热水器	2022/3/1	北京分公司	实体店	15	838	1	郑婷	10	3月	1
6	热水器	2022/3/1	北京分公司	网店	47	219	1	齐爱华	2	3月	1
7	电视	2022/3/1	北京分公司	实体店	31	3399	11	申新	34	3月	1
8	电视	2022/3/1	北京分公司	网店	90	198	2	毛新	2	3月	1
9	冰箱	2022/3/1	北京分公司	实体店	48	1198	6	方明	6	3月	1
10	冰箱	2022/3/1	北京分公司	网店	91	399	4	刘毛易	4	3月	1

输入：=TEXT(E2,"D")

图7-129　添加辅助列使用函数计算对应的月份和日

TEXT是一个非常强大的转换函数，可以把数值转换为文本或星期，也可以判断数值是正数还是负数等，其语法结构如下。

```
TEXT(值,数值格式)
```

在本例中，TEXT(E2,"M月")表示将E2单元格中的数值转换为月，M是月(month)的简写。TEXT(E2,"D")表示将E2单元格中的数值转换为日，D是日(date)的简写。

由于数据源中的数据按日递增，若要使看板中的数据随数据源区域中的数据变化而动态更新，则需要将数据源转换为智能表。转换方法是：按快捷键Ctrl＋T或者打开“插入”选项卡，单击“表格”按钮，在弹出的对话框中单击“确定”按钮。将数据源转换为智能表后，新增加的数据自动包含到智能表中。

4. 用数据透视表计算核心指标数据

在智能表的基础上插入数据透视表，打开“插入”选项卡，单击“数据透视表”按钮。在弹出的对话框中，单击“确定”按钮，进入数据透视表的窗口，计算核心指标数据。

1) 本月总销售额

在右侧“数据透视表字段”窗格中，拖动“月份”到“行”区域；拖动“销售额”到“值”区域，如图7-130所示，即可按照月份得到每月的总销售额。将“销售额(万元)”列中的数值保留整数，设置方法如图7-131所示。

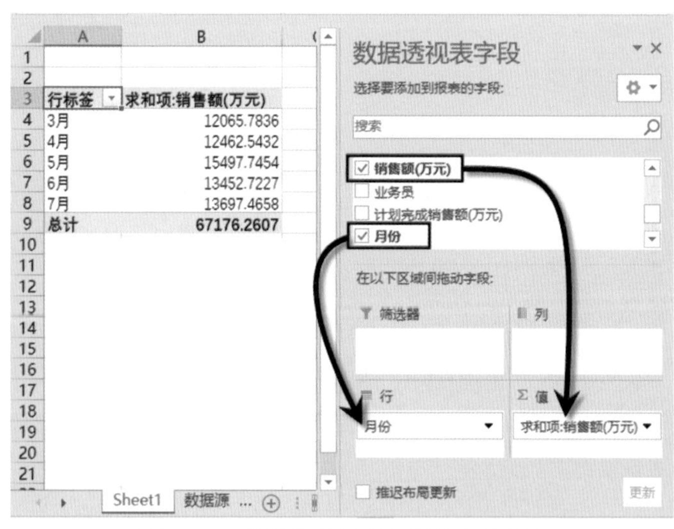

图7-130　按照月份得到每月的总销售额

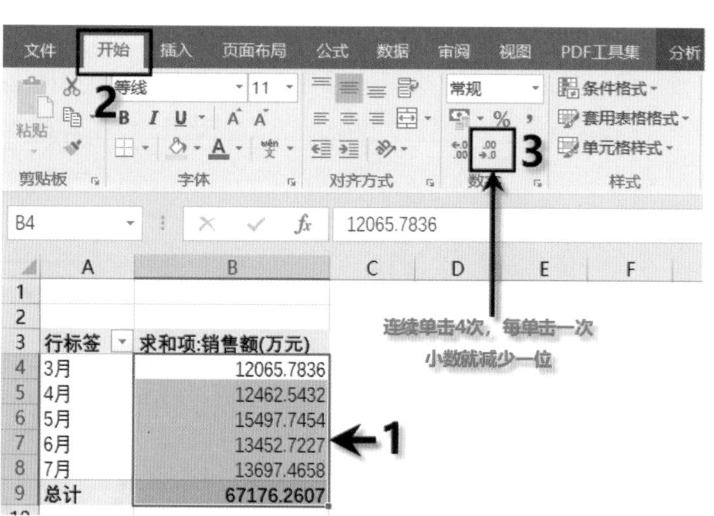

图 7-131　将小数设置为整数

由于在看板中要以数字的形式显示本月总销售额，所以可以将本月的销售额加大字号突出显示。以4月为例，将该月的总销售额复制并粘贴链接到E11单元格中，具体操作步骤如图7-132所示。然后将粘贴链接的文本设置为如图7-133所示的格式，将工作表的名称更改为“本月总销售额”。

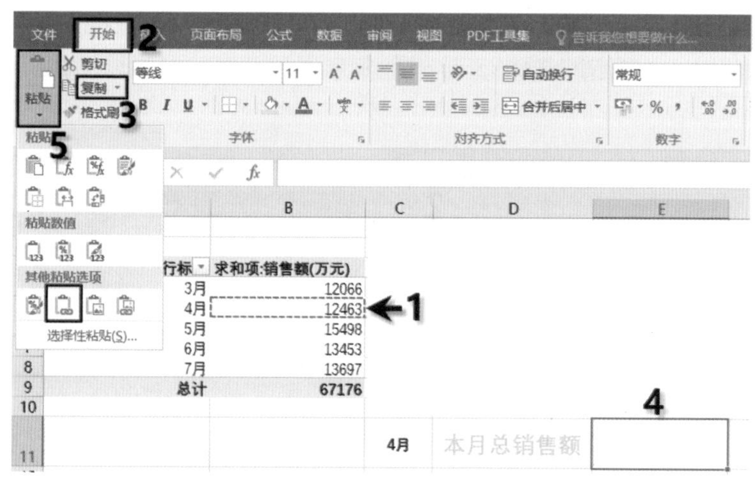

图 7-132　复制并粘贴链接4月的总销售额

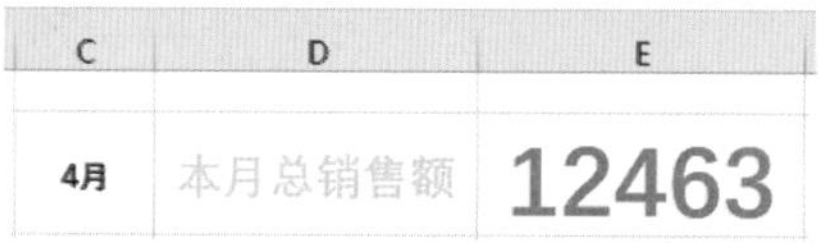

C	D	E
4月	本月总销售额	12463

图 7-133　设置本月总销售额的格式

2) 本月单天最高、最低销售额

先复制一份工作表，再利用透视表计算出本月单天最高、最低销售额。具体方法如下。

按住Ctrl键，鼠标指针指向工作表标签“本月总销售额”，按住鼠标左键进行拖动，复制“本月总销售额”工作表，如图7-134所示，并将工作表的名称更改为“单天销售额极值”。

在右侧“数据透视表字段”窗格中，拖动“月份”和“销售日期”到“行”区域；拖动“销售额”到“值”区域，如图7-135所示，即可按照月份得到各月每天的销售额。

图7-134　复制“本月总销售额”工作表　　　　图7-135　按照月份得到各月每天的销售额

此时，月和日期都位于A列，可将月和日期分两列显示，设置方法如图7-136所示。表格中各周的汇总项对于计算销售额极值是一个多余项，可将其删除以简化界面，删除方法如图7-137所示。

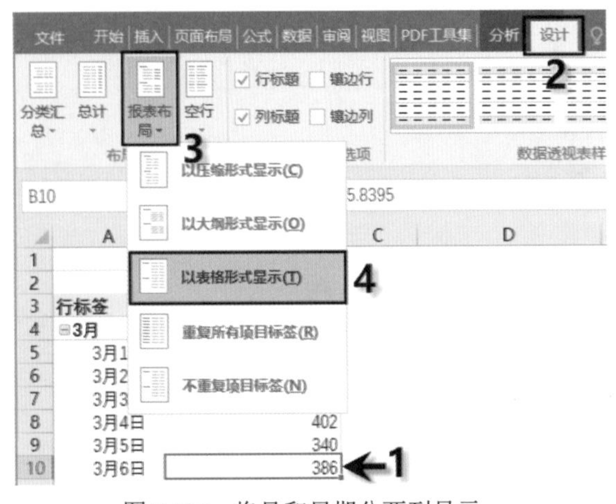

图7-136　将月和日期分两列显示

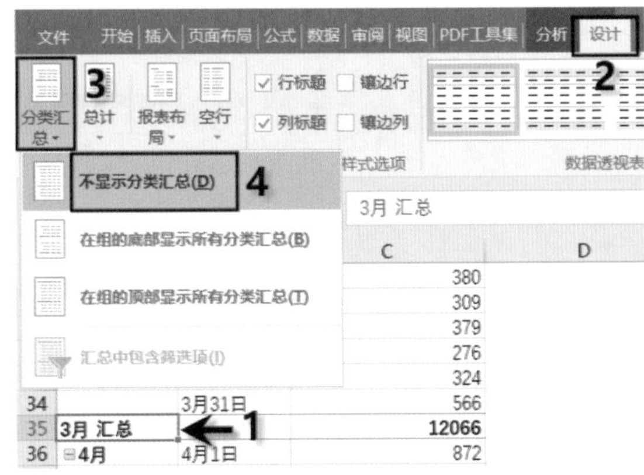

图7-137　删除汇总项

若要求出每月单天最高、最低销售额，最简单的方法是对C列销售额的数值进行降序排列，将销售额按照从高到低的顺序排列，如图7-138所示，即可求出每月单天最高、最低销售额。

由于在看板中要以数字的形式显示单天最高、最低销售额，所以可以将单天最高、最低销售额加大字号突出显示。以4月为例，将该月单天最高销售额复制并粘贴链接到G35单元格中，

具体操作步骤如图7-139所示。然后按照相同的方法，将该周最低销售额复制粘贴链接到G36单元格中，并将粘贴链接的文本设置为如图7-140所示的格式。

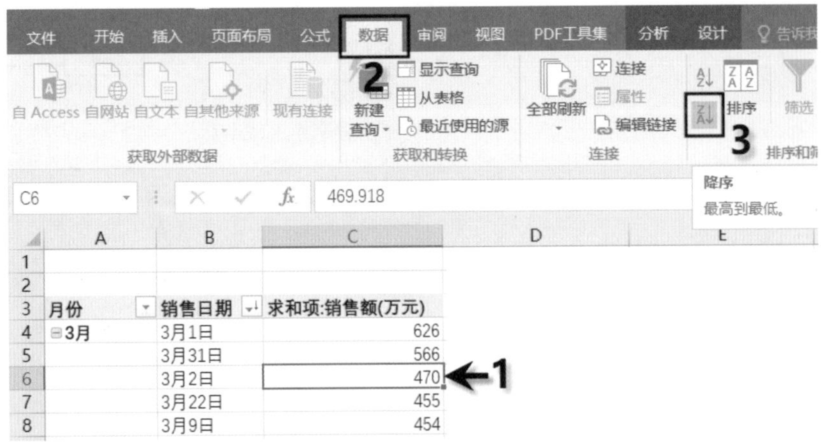

图7-138　对销售额降序排列

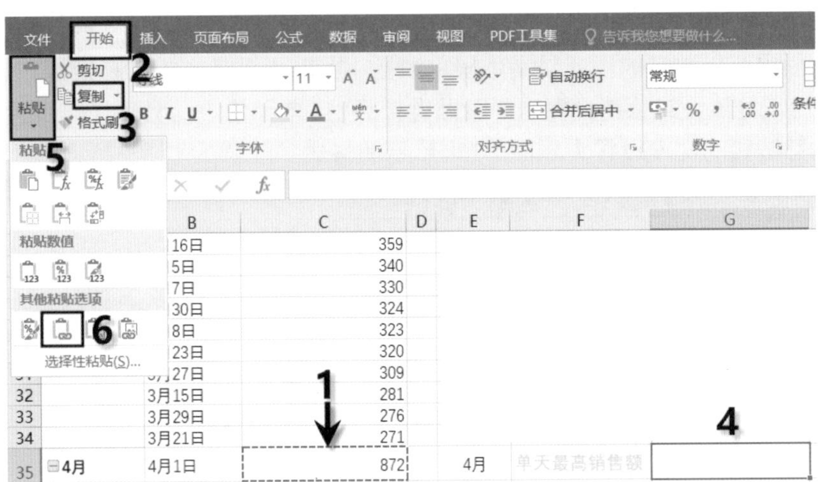

图7-139　复制并粘贴链接4月单天最高销售额

E	F	G
4月	单天最高销售额	872
	单天最低销售额	267

图7-140　设置单天最高、最低销售额格式

3) 本周总销量

先复制一份“单天销售额极值”工作表，如图7-141所示，并将工作表的名称更改为“本月总销量”，再利用透视表计算出本月总销量。具体方法如下。

在右侧“数据透视表字段”窗格中，拖动“月份”到“行”区域；拖动“销量”到“值”区域，如图7-142所示，即可按照月份得到每月的总销量。

图7-141　复制“单天销售额极值”工作表

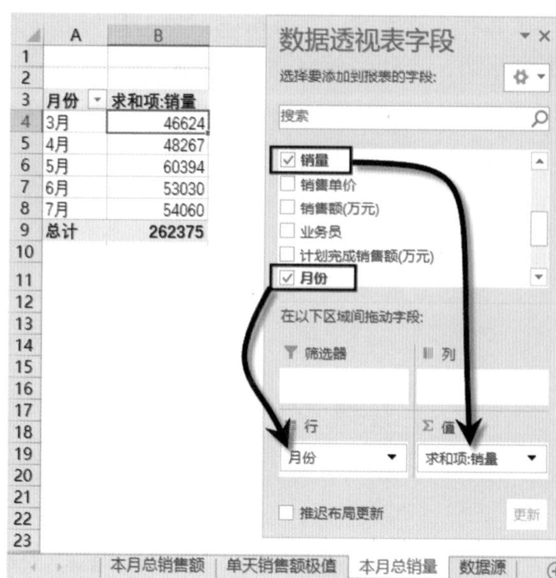

图7-142　按照月份得到每月的总销量

由于在看板中要以数字的形式显示本周总销量，所以可以将本周的总销量加大字号突出显示。以4月为例，将该月的总销量复制并粘贴链接到E11单元格中，具体操作步骤如图7-143所示。然后将粘贴链接的文本设置为如图7-144所示的格式，

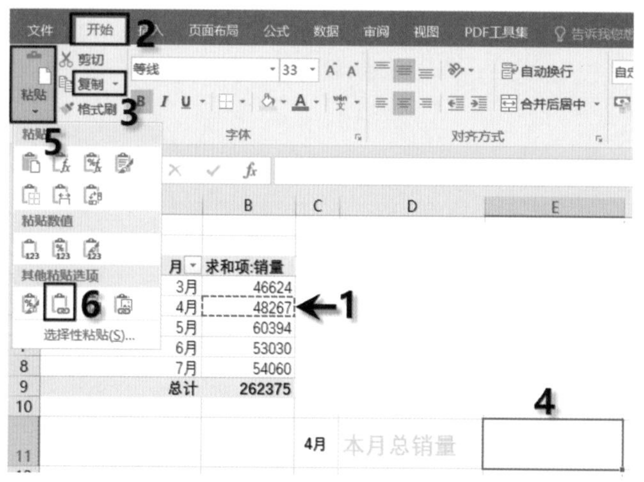

图7-143　复制并粘贴链接4月总销量

图7-144　设置本周总销量的格式

4) 本月单天最高、最低销量

复制一份“本月总销量”工作表，如图7-145所示，并将工作表的名称更改为“单天销量极值”。

在右侧“数据透视表字段”窗格中，拖动“月份”和“销售日期”到“行”区域；拖动“销量”到“值”区域，如图7-146所示，即可按照月份得到各月每天的销量。

	A	B	C	D
1				
2				
3	月份	求和项:销量		
4	3月	46624		
5	4月	48267		
6	5月	60394		
7	6月	53030		
8	7月	54060		
9	总计	262375		

… | 本月总销量 | 本月总销量 (2) | 数据源

图 7-145　复制“本月总销量”工作表

图 7-146　按照月份得到各月每天的销量

对C列销量的数值进行降序排列，将销量按照从高到低的顺序排列，如图 7-147 所示，即可求出每周单天最高、最低销量。

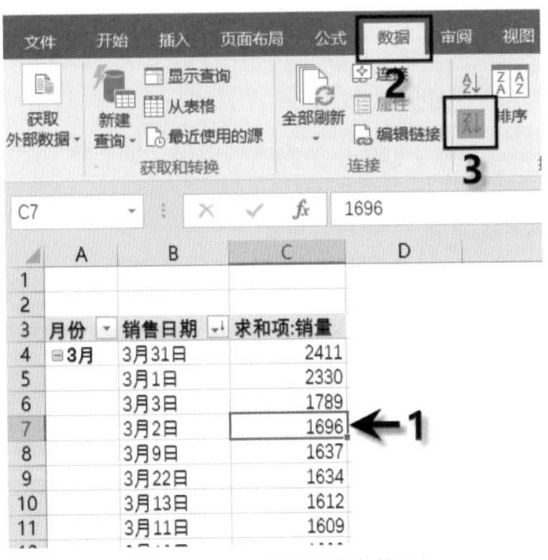

图 7-147　对销量降序排列

由于在看板中要以数字的形式显示每月单天最高、最低销量，所以可以将每月单天最高、最低销量加大字号突出显示。以 4 月为例，将该月单天最高销量复制并粘贴链接到G35 单元格中，具体操作步骤如图 7-148 所示。然后按照相同的方法，将该月最低销售额复制粘贴链接到G36 单元格中，并将粘贴链接的文本设置为如图 7-149 所示的格式。

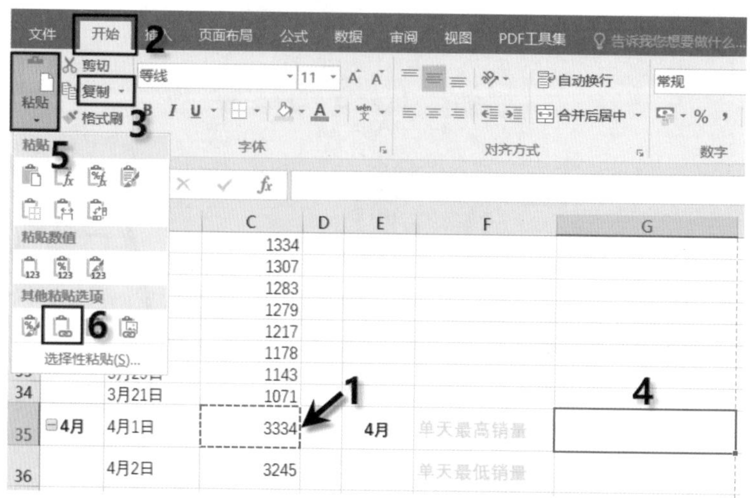

图7-148 复制并粘贴链接4月单天最高销量

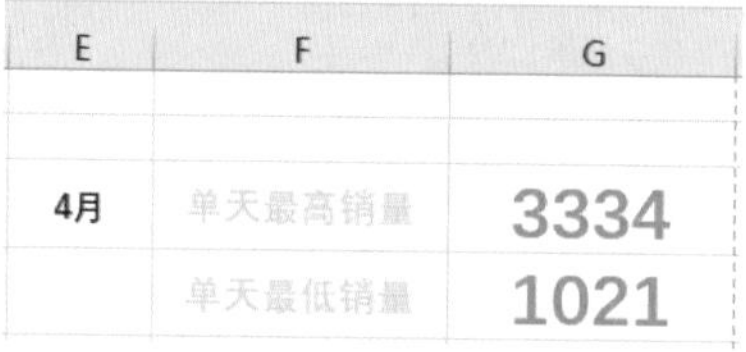

E	F	G
4月	单天最高销量	3334
	单天最低销量	1021

图7-149 设置单天最高、最低销量格式

5. 计算图表所需的数据，插入动态图表

本例需要创建七张图表：一是根据本月每天销售创建销售趋势图；二是根据本月每天销量创建对比图；三是根据本月完成率创建比例图；四是根据各渠道销售创建对比图；五是根据各分部销售创建比例图；六是根据各商品销售创建对比图；七是根据业务员销售创建对比排名图。下面进行具体介绍。

1) 根据本月每天销售创建趋势图

首先利用数据透视表计算出图表所需的数据，然后根据数据插入图表，具体操作步骤如下。

01 按住Ctrl键，鼠标指针指向工作表标签“单天销量极值”，按住鼠标左键进行拖动，复制“单天销量极值”工作表，如图7-150所示，并将工作表的名称更改为“销售趋势图”。

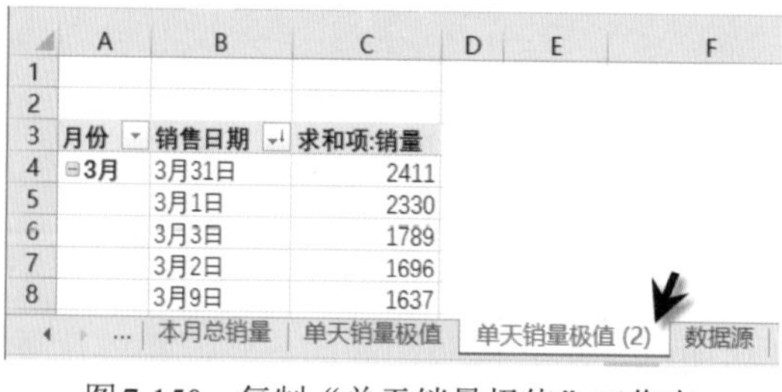

	A	B	C	D	E	F
1						
2						
3	月份	销售日期	求和项:销量			
4	⊟3月	3月31日	2411			
5		3月1日	2330			
6		3月3日	1789			
7		3月2日	1696			
8		3月9日	1637			

... 本月总销量 | 单天销量极值 | 单天销量极值 (2) | 数据源

图7-150 复制“单天销量极值”工作表

02 在右侧“数据透视表字段”窗格中，拖动“月份”到“图例(系列)”区域，拖动“日”到“轴(类别)”区域；拖动“销售额”到“值”区域，如图 7-151 所示，即可求出各月每日总销售额。

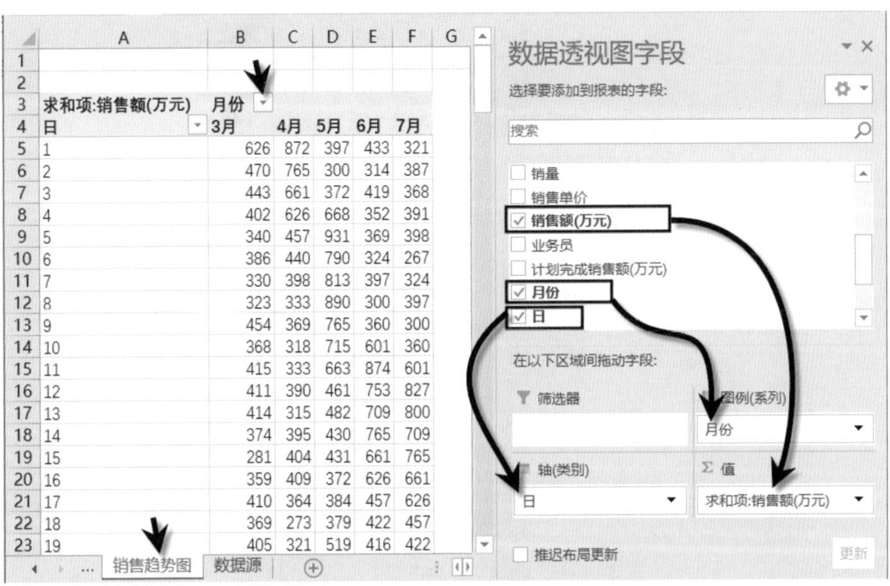

求和项:销售额(万元)	月份				
日	3月	4月	5月	6月	7月
1	626	872	397	433	321
2	470	765	300	314	387
3	443	661	372	419	368
4	402	626	668	352	391
5	340	457	931	369	398
6	386	440	790	324	267
7	330	398	813	397	324
8	323	333	890	300	397
9	454	369	765	360	300
10	368	318	715	601	360
11	415	333	663	874	601
12	411	390	461	753	827
13	414	315	482	709	800
14	374	395	430	765	709
15	281	404	431	661	765
16	359	409	372	626	661
17	410	364	384	457	626
18	369	273	379	422	457
19	405	321	519	416	422

图 7-151　按照月份得到每日的销售额

03 以 4 月为例创建销售趋势图。首先从月份中筛选出 4 月的每日销售额，筛选方法是：单击“月份”右侧的下三角按钮，在打开的下拉列表框中只选中“4 月”，如图 7-152 所示，单击“确定”按钮，即可筛选出 4 月的每日销售额，如图 7-153 所示。单击任意一个销售额单元格(如B8 单元格)，插入带数据标记的折线图，具体操作步骤如图 7-154 所示。

图 7-152　选中 4 月

求和项:销售额(万元)	月份
日	4月
1	872
2	765
3	661
4	626
5	457
6	440
7	398
8	333
9	369
10	318
11	333
12	390
13	315

销售趋势图　数据源

图 7-153　筛选出 4 月每日的销售额(部分)

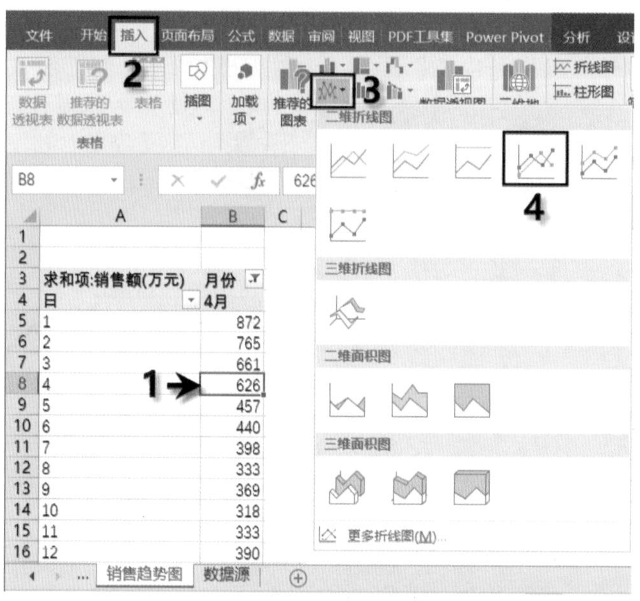

图7-154　以4月为例创建带数据标记的折线图

04 对图表进行编辑和美化，效果如图7-155所示。

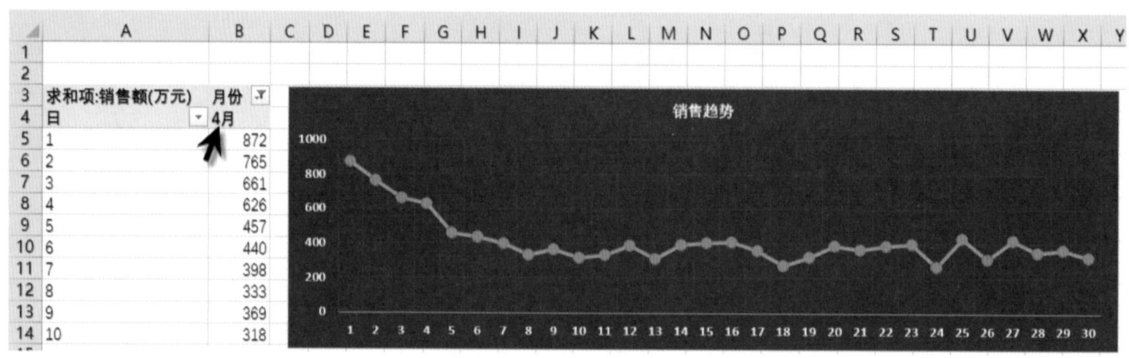

图7-155　编辑和美化折线图效果

2) 根据本月每天销量创建对比图

01 按住Ctrl键，鼠标指针指向工作表标签“销售趋势图”，按住鼠标左键进行拖动，复制“销售趋势图”工作表，如图7-156所示，并将工作表的名称更改为“销量对比图”。

图7-156　复制“销售趋势图”工作表

02 在右侧“数据透视表字段”窗格中，拖动“月份”到“列”区域，拖动“日”到“行”区域；拖动“销量”到“值”区域，如图7-157所示，此时，求和项是4月每日的销量。原因是该工作表是复制“销售趋势图”工作表，所以筛选的月份4月未变。若要显示各月(3月~7月)每日总销量，则单击“月份”右侧的下三角按钮，在打开的下拉列表框中选中所有月份复选框，单击“确定”按钮，如图7-158所示。本例只需要4月每日的销量。

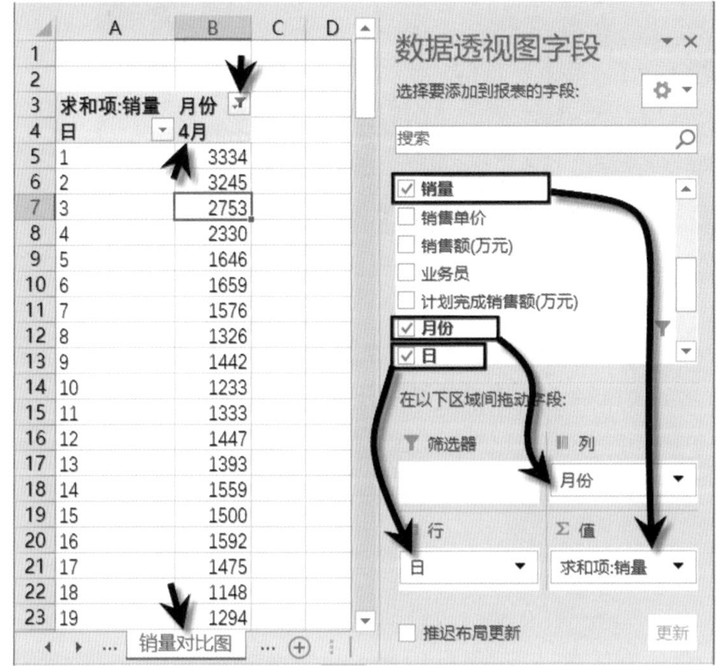

图7-157　4月每日的销量

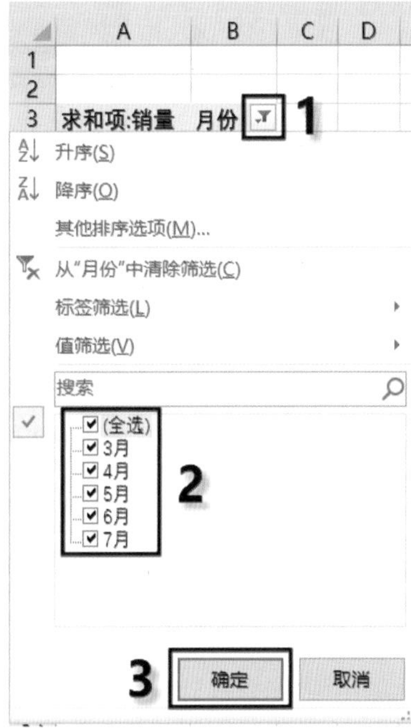

图7-158　选中所有月份

03 以4月为例创建销量对比图。单击任意一个销量单元格(如B7单元格)，插入柱形图，具体操作步骤如图7-159所示。

图7-159　以4月为例创建柱形图

04 对图表进行编辑和美化，效果如图 7-160 所示。

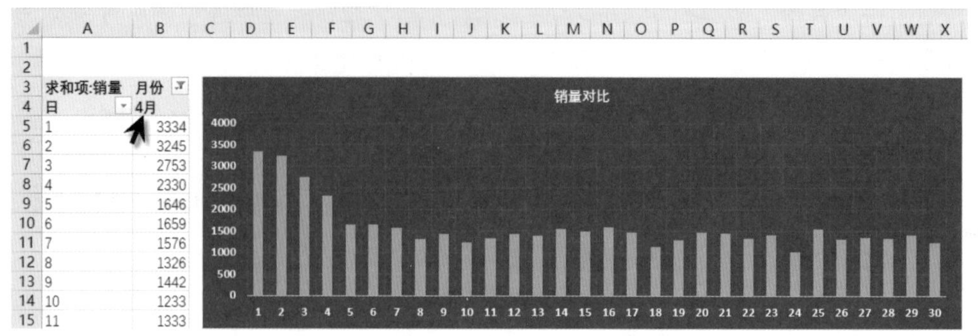

图 7-160　编辑和美化折线图效果

3) 根据本月完成率创建比例图

01 按住Ctrl键，鼠标指针指向工作表标签“销量对比图”，按住鼠标左键进行拖动，复制“销量对比图”工作表，如图 7-161 所示，并将工作表的名称更改为“本月完成率”。

	A	B
1	月份	4月
2		
3	日	求和项:销量
4	1	3334
5	2	3245
6	3	2753
7	4	2330
8	5	1646

销量对比图　销量对比图 (2)

图 7-161　复制“销量对比图”工作表

02 在右侧“数据透视表字段”窗格中，拖动“月份”到“行”区域；拖动“销售额”和“计划完成销售额”到“值”区域，如图 7-162 所示。此时，求和项是 4 月销售额和计划完成销售额。

图 7-162　4 月销售额和计划完成销售额

03 单击“月份”右侧的筛选按钮，在打开的列表框中选中全部复选框，如图 7-163 所示，单击“确定”按钮，显示全部月份(3 月~7 月)的销售额和计划完成销售额。

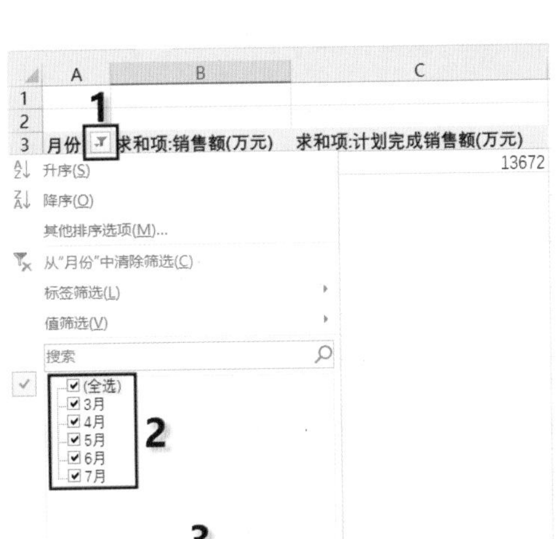

图 7-163　显示全部月份的销售额和计划完成销售额

04 计算月完成率，具体操作步骤如图 7-164 所示，将计算结果设置为百分比格式，如图 7-165 所示，结果如图 7-166 所示。

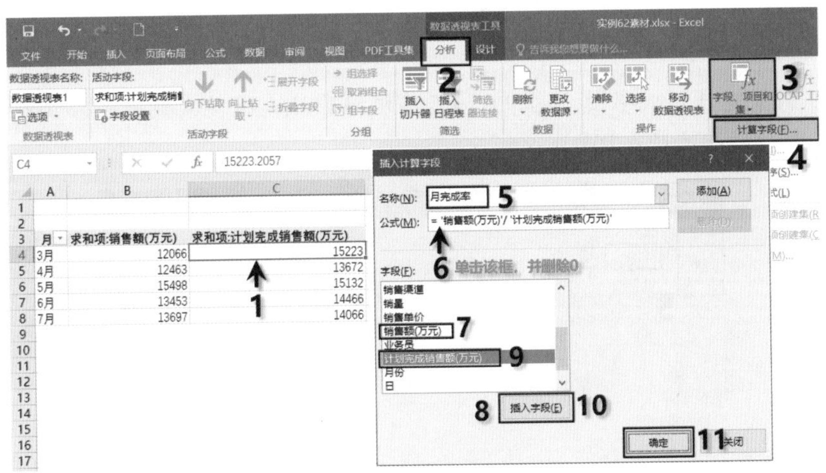

图 7-164　计算月完成率

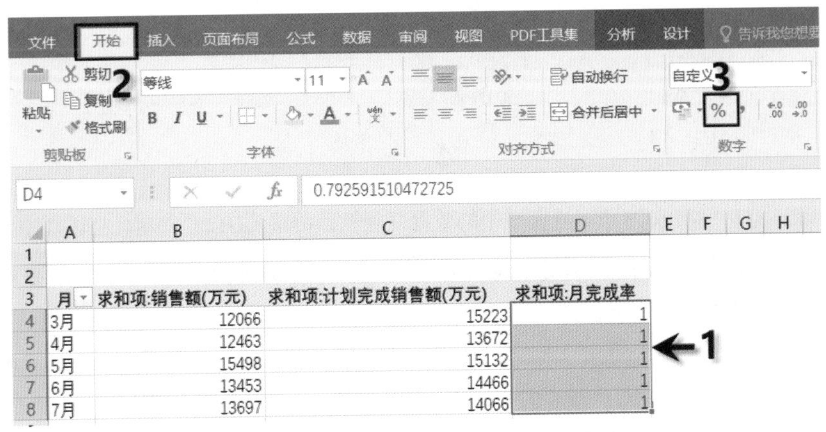

图 7-165　将计算结果设置为百分比格式

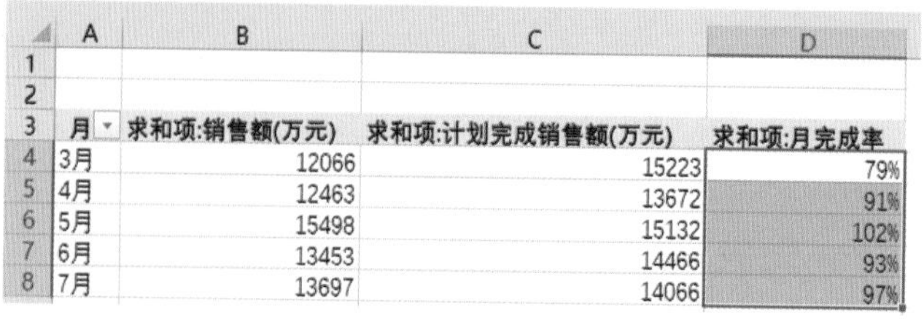

A
B
C
D
月
求和项:销售额(万元)
求和项:计划完成销售额(万元)
求和项:月完成率
3月 12066 15223 79%
4月 12463 13672 91%
5月 15498 15132 102%
6月 13453 14466 93%
7月 13697 14066 97%

图7-166　月完成率设置百分比格式的效果

05 启动行和列总计，具体操作步骤如图7-167所示。

文件
开始
插入
页面布局
公式
数据
审阅
视图
PDF工具集
分析
设计
分类汇总
总计
报表布局
空行
行标题
镶边行
列标题
镶边列
数据透视表样式
对行和列禁用(F)
对行和列启用(N)
仅对行启用(R)
仅对列启用(C)
B8
13697.4658
求和项:计划完成销售额(万元)
求和项:月完成率
1
2
3
4

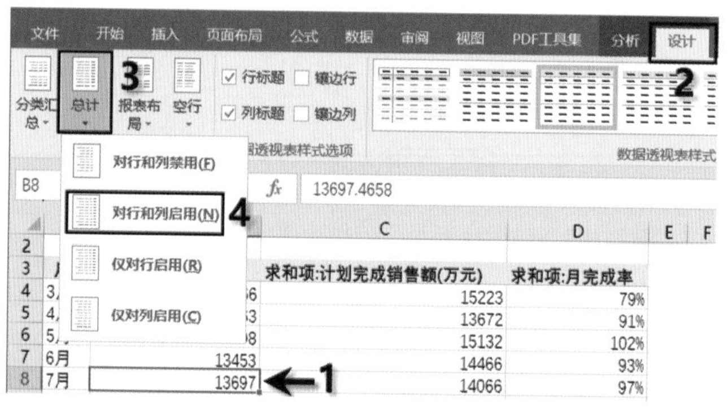

图7-167　对行和列启动总计

06 以4月为例创建月完成率图。选中B5:C5单元格区域，将其复制并粘贴链接到B12:C12单元格区域中，具体操作步骤如图7-168所示。

文件
开始
页面布局
公式
数据
审阅
视图
PDF工具集
剪切
复制
格式刷
粘贴
字体
对齐方式
自动换行
合并后居中
粘贴数值
其他粘贴选项
选择性粘贴(S)...
求和项:计划完成销售额(万元)
求和项:月完成率
总计 67176 72560 93%
4月
实售
计划
1
2
3
4
5
6

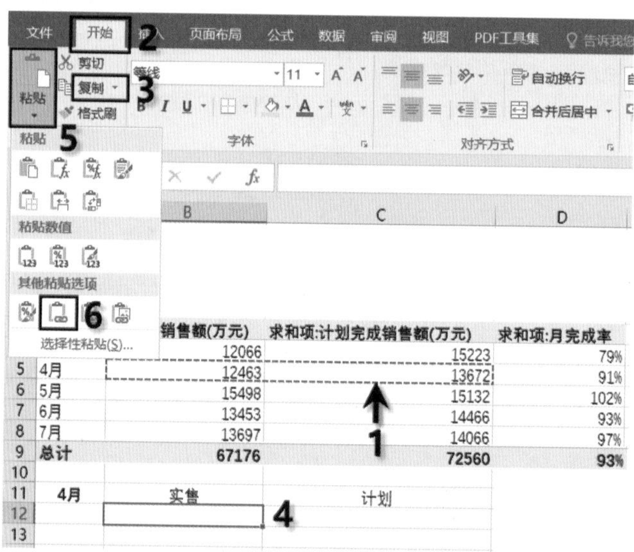

图7-168　将B5:C5单元格区域中的数据复制粘贴链接到B12:C12单元格区域中

07 选中B11:C12单元格区域，创建圆环图，具体操作步骤如图7-169所示，并对图表进行编辑和美化，效果如图7-170所示。

08 将月完成率添加至圆环的中心位置并加大字号突出显示。添加方法是：首先在圆环外插入一个横排文本框，然后按快捷键Ctrl＋X将文本框剪切；选定圆环图，按快捷键Ctrl＋V将文本框粘贴至圆环图中，这样文本框会随着圆环图的移动而移动；在编辑栏中输入“=”，单击

D5单元格，按回车键Enter键确认输入。这样，4月的月完成率即可显示在文本框中，如图7-171所示。

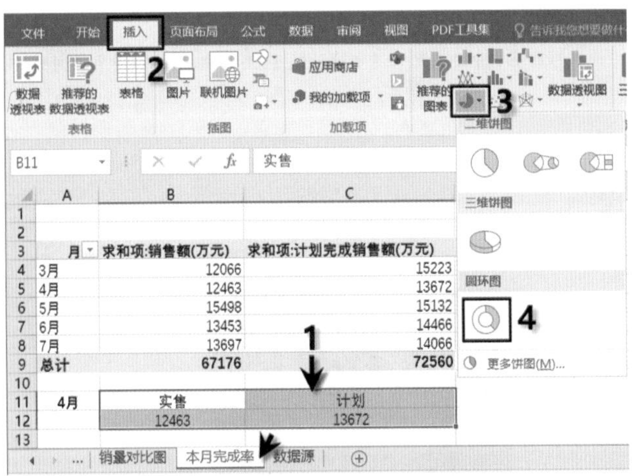

月	求和项:销售额(万元)	求和项:计划完成销售额(万元)
3月	12066	15223
4月	12463	13672
5月	15498	15132
6月	13453	14466
7月	13697	14066
总计	67176	72560

4月	实售	计划
	12463	13672

图7-169　以4月为例创建圆环图

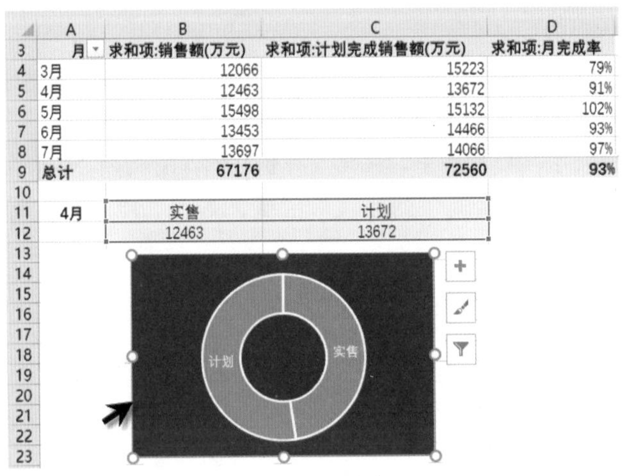

月	求和项:销售额(万元)	求和项:计划完成销售额(万元)	求和项:月完成率
3月	12066	15223	79%
4月	12463	13672	91%
5月	15498	15132	102%
6月	13453	14466	93%
7月	13697	14066	97%
总计	67176	72560	93%

4月	实售	计划
	12463	13672

图7-170　对图表进行编辑和美化的效果

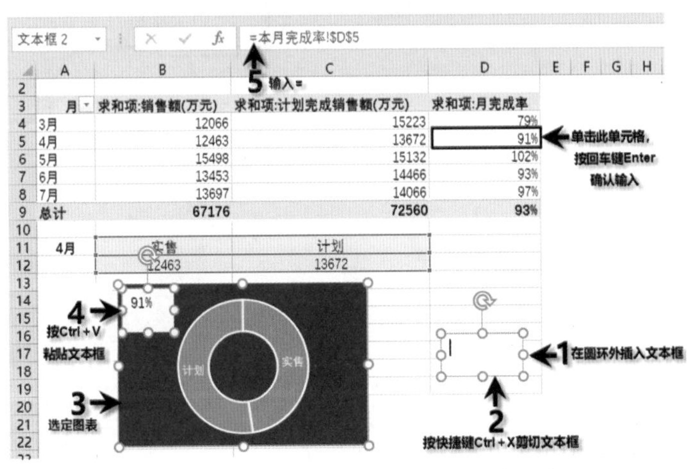

图7-171　在文本框中输入4月的月完成率

09 将文本框移动至圆环中心位置，设置文本框无填充色、无轮廓，设置字体颜色，加大字号，效果如图7-172所示。

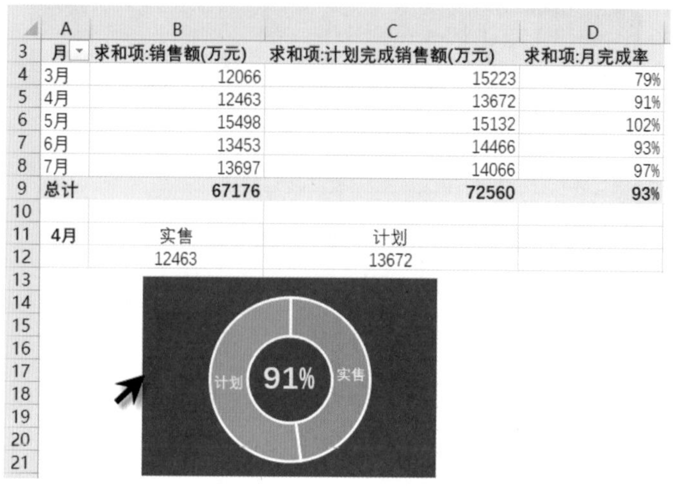

月	求和项:销售额(万元)	求和项:计划完成销售额(万元)	求和项:月完成率
3月	12066	15223	79%
4月	12463	13672	91%
5月	15498	15132	102%
6月	13453	14466	93%
7月	13697	14066	97%
总计	67176	72560	93%

4月	实售	计划
	12463	13672

图7-172　将4月的月完成率添加至圆环中心位置

4) 根据各渠道销售创建对比图

01 按住Ctrl键，鼠标指针指向工作表标签“本月完成率”，按住鼠标左键进行拖动，复制“本月完成率”工作表，并将工作表的名称更改为“各渠道销售对比图”。

02 在右侧“数据透视表字段”窗格中，拖动“月份”到“图例(系列)”区域，拖动“销售渠道”到“轴(类别)”区域；拖动“销售额”到“值”区域，如图7-173所示。此时，求和项是3月~7月这5个月各渠道的总销售额。

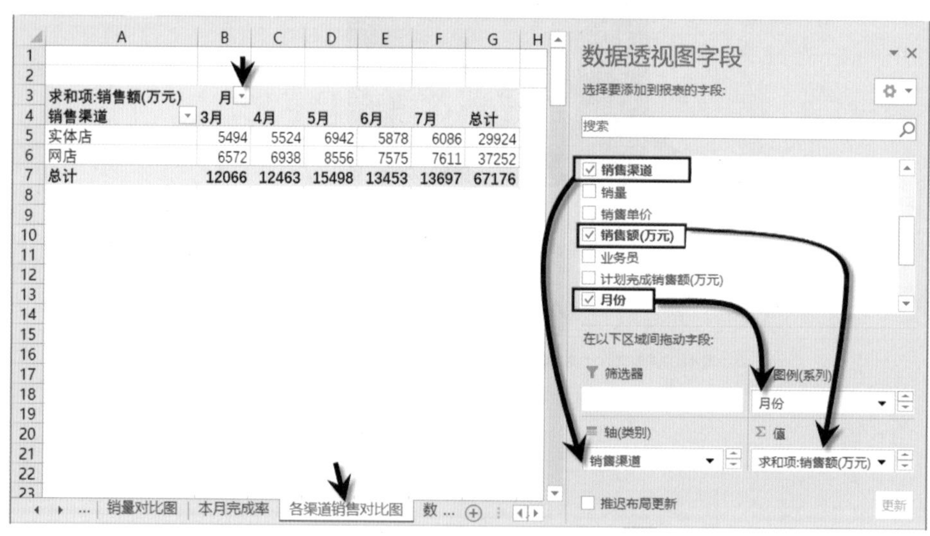

求和项:销售额(万元)	月					
销售渠道	3月	4月	5月	6月	7月	总计
实体店	5494	5524	6942	5878	6086	29924
网店	6572	6938	8556	7575	7611	37252
总计	12066	12463	15498	13453	13697	67176

图7-173　各渠道的总销售额

03 以4月为例创建各渠道销售对比图。首先从“月份”中筛选出4月各渠道的销售额，筛选方法是：单击“月份”右侧的下三角按钮，在打开的下拉列表框中只选中“4月”，如图7-174所示，单击“确定”按钮，即可筛选出4月各渠道的销售额，如图7-175所示。选中A5:B6单元格区域，插入柱形图，具体操作步骤如图7-176所示。

图 7-174　选中 4 月

图 7-175　筛选出 4 月各渠道的销售额

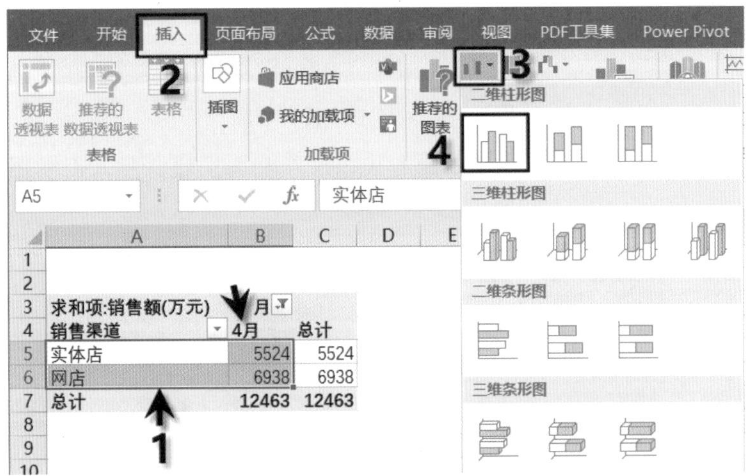

图 7-176　以 4 月为例创建各渠道销售额的柱形图

04 对图表进行编辑和美化，效果如图 7-177 所示。

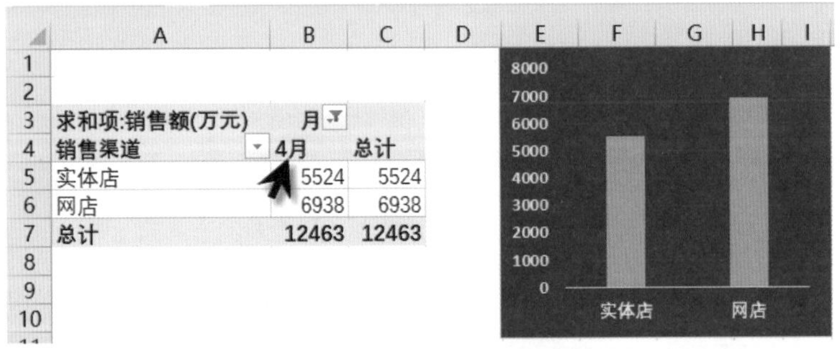

图 7-177　编辑和美化柱形图效果

5) 根据各分部销售创建比例图

01 按住Ctrl键，鼠标指针指向工作表标签“各渠道销售对比图”，按住鼠标左键进行拖动，复制“各渠道销售对比图”工作表，并将工作表的名称更改为“各分部销售比例图”。

02 在右侧“数据透视表字段”窗格中，拖动“月份”到“图例(系列)”区域，拖动“分部”到“轴(类别)”区域；拖动“销售额”到“值”区域，如图7-178所示。此时，求和项是4月各分部总销售额。若要显示所有月份各分部销售额，则单击“月份”右侧的筛选按钮，在打开的列表框中选中所有月份复选框，单击“确定”按钮。本例只需显示4月各分部总销售额。

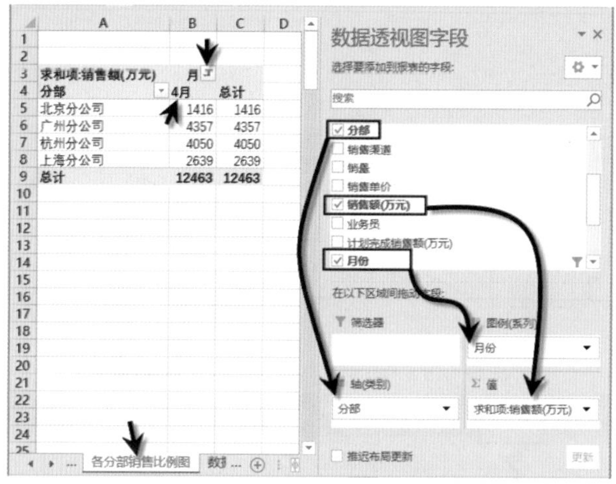

图7-178 各分部4月销售额

03 以4月为例创建各分部销售比例图。选中A5:B8单元格区域，插入面积图，具体操作步骤如图7-179所示。

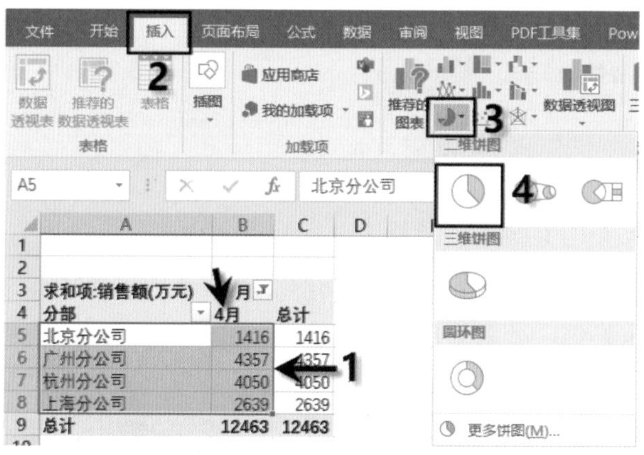

图7-179 以4月为例插入面积图

04 对图表进行编辑和美化，效果如图7-180所示。

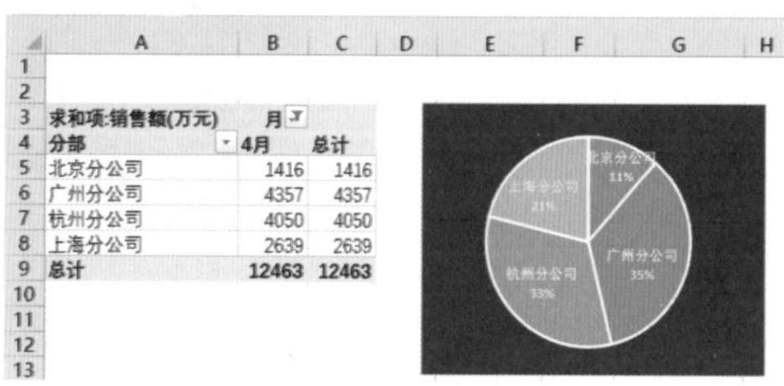

图7-180 编辑和美化面积图效果

6) 根据各商品销售创建对比图

01 按住Ctrl键，鼠标指针指向工作表标签“各分部销售比例图”，按住鼠标左键进行拖动，复制“各分部销售比例图”工作表，并将工作表的名称更改为“各商品销售对比图”。

02 在右侧“数据透视表字段”窗格中，拖动“月份”到“图例(系列)”区域，拖动“商品名称”到“轴(类别)”区域；拖动“销售额”到“值”区域，如图7-181所示。此时，求和项是4月各商品销售额。若要显示所有月份各商品销售额，则单击“月份”右侧的筛选按钮，在打开的列表框中选中所有月份复选框，单击“确定”按钮。本例只需显示4月各商品销售额。

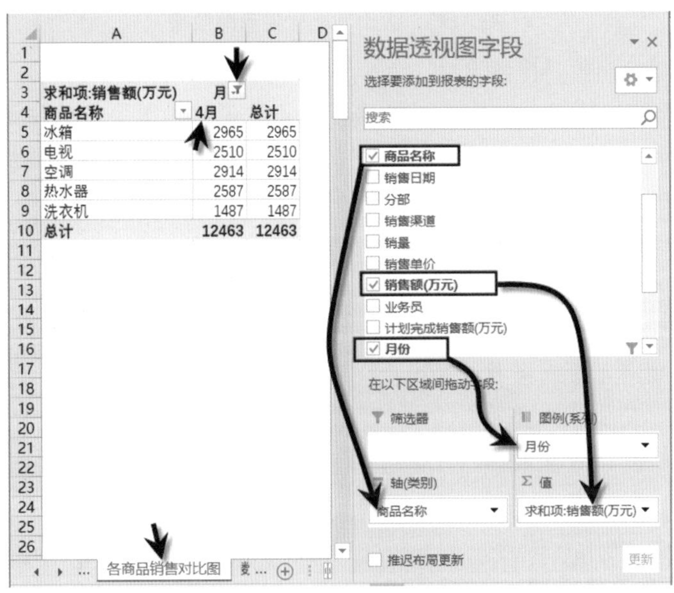

图7-181　4月各商品销售额

03 以4月为例创建各商品销售对比图。选中A5:B9单元格区域，插入条形图，具体操作步骤如图7-182所示。

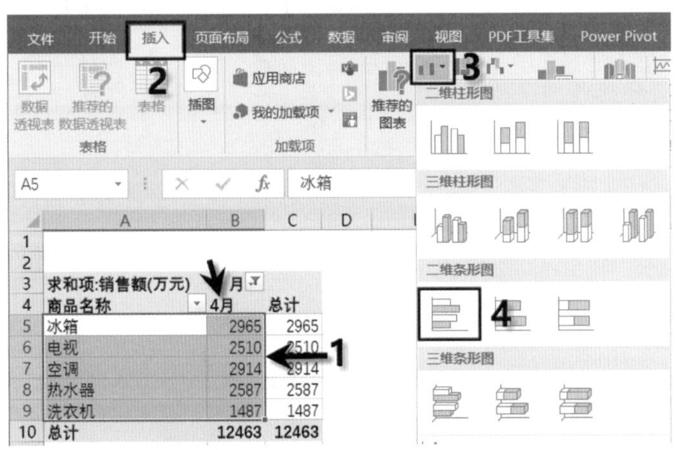

图7-182　以4月为例创建条形图

04 对图表进行编辑和美化，效果如图7-183所示。

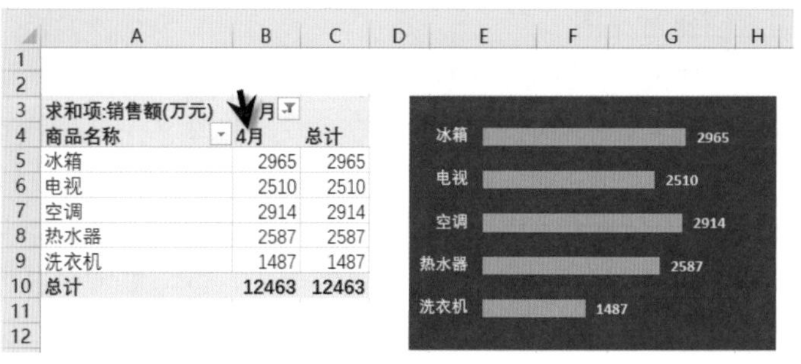

求和项:销售额(万元)	月	
商品名称	4月	总计
冰箱	2965	2965
电视	2510	2510
空调	2914	2914
热水器	2587	2587
洗衣机	1487	1487
总计	12463	12463

图7-183　编辑和美化条形图效果

7) 根据业务员销售创建对比排名图

01 按住Ctrl键，鼠标指针指向工作表标签“各商品销售对比图”，按住鼠标左键进行拖动，复制“各商品销售对比图”工作表，并将工作表的名称更改为“业务员销售对比图”。

02 在右侧“数据透视表字段”窗格中，拖动“月份”到“列”区域，拖动“业务员”到“行”区域；拖动“销售额”到“值”区域，如图7-184所示。此时，求和项是4月业务员销售额。若要显示所有月份业务员销售额，则单击“月份”右侧的筛选按钮，在打开的列表框中选中所有月份复选框，单击“确定”按钮。本例只需显示4月业务员销售额。

求和项:销售额(万元)	月	
业务员	4月	总计
廖元	22	22
齐爱华	26	26
徐华艺	40	40
平长	44	44
冯刚	59	59
刘毛易	60	60
郑婷	96	96
郝蕾	129	129
方明	146	146
毛新	151	151
李丽	154	154
王瑞	158	158
王一	159	159
王伟	178	178
李茂声	194	194
朱玲	212	212
存茹	221	221
陈晓	231	231
韩希	243	243
周长	259	259

图7-184　4月业务员销售额

03 以4月为例创建业务员销售对比排名图。选中A5:B42单元格区域，插入条形图，具体操作步骤如图7-185所示。

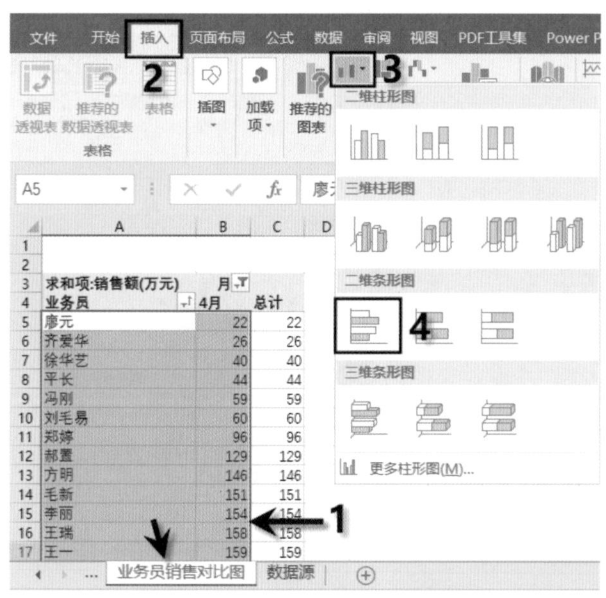

图7-185　以4月为例插入条形图

04 对业务员销售额进行排名，具体操作步骤如图 7-186 所示。

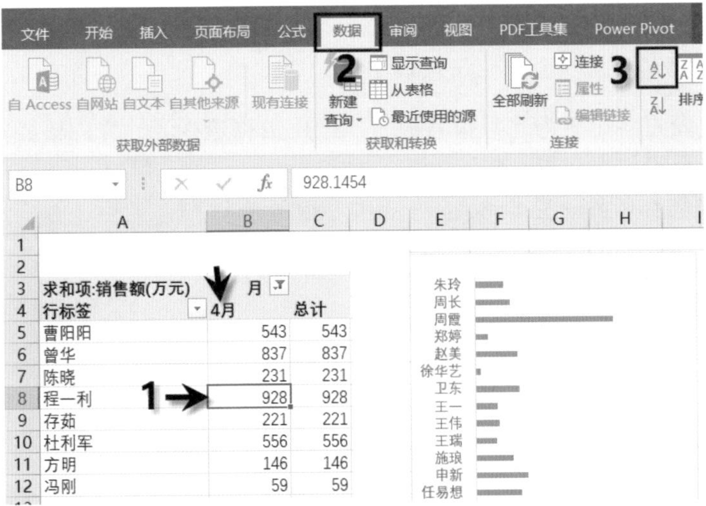

图 7-186　对业务员销售额按照从小到大排名

05 对图表进行编辑和美化，效果如图 7-187 所示。

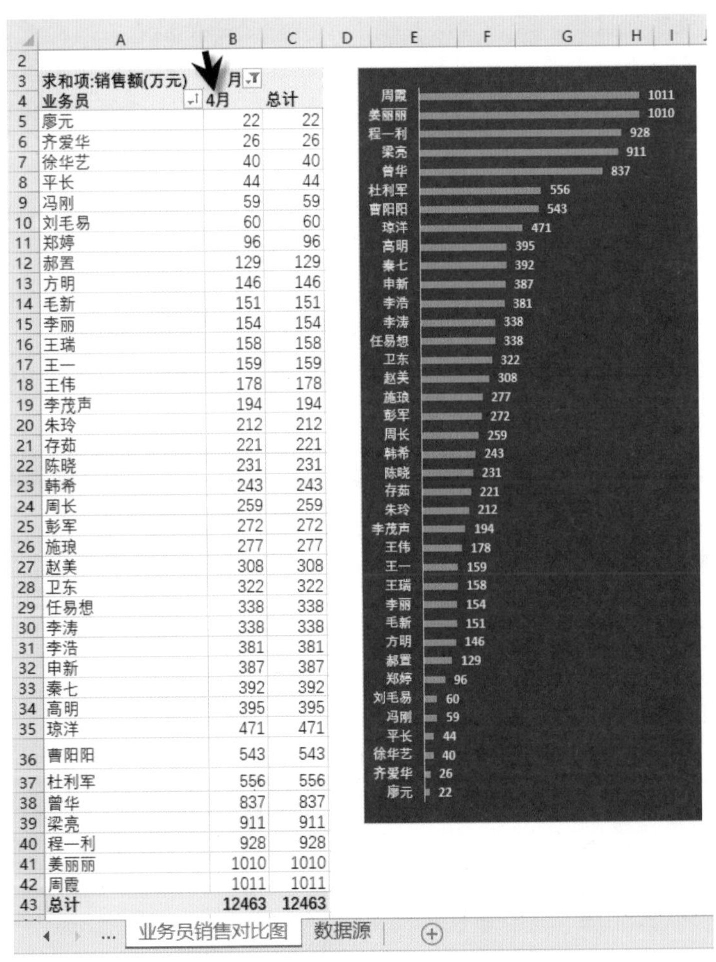

求和项:销售额(万元)	月	
业务员	4月	总计
廖元	22	22
齐爱华	26	26
徐华艺	40	40
平长	44	44
冯刚	59	59
刘毛易	60	60
郑婷	96	96
郝置	129	129
方明	146	146
毛新	151	151
李丽	154	154
王瑞	158	158
王一	159	159
王伟	178	178
李茂声	194	194
朱玲	212	212
存茹	221	221
陈晓	231	231
韩希	243	243
周长	259	259
彭军	272	272
施琅	277	277
赵美	308	308
卫东	322	322
任易想	338	338
李涛	338	338
李浩	381	381
申新	387	387
秦七	392	392
高明	395	395
琼洋	471	471
曹阳阳	543	543
杜利军	556	556
曾华	837	837
梁亮	911	911
程一利	928	928
姜丽丽	1010	1010
周霞	1011	1011
总计	12463	12463

图 7-187　编辑和美化条形图效果

经过上述操作，已经完成看板中7张动态图表的制作，接下来将相关数据和图表整合组织至看板中。

6. 将相关的数据和图表整合组织至看板中

新建一个工作表将其命名为“月报看板”，把用数据透视表计算的核心指标数据和图表按照构建好的布局整合组织在一起，步骤如下。

01 添加月报看板的标题并设置其格式，如图7-188所示。

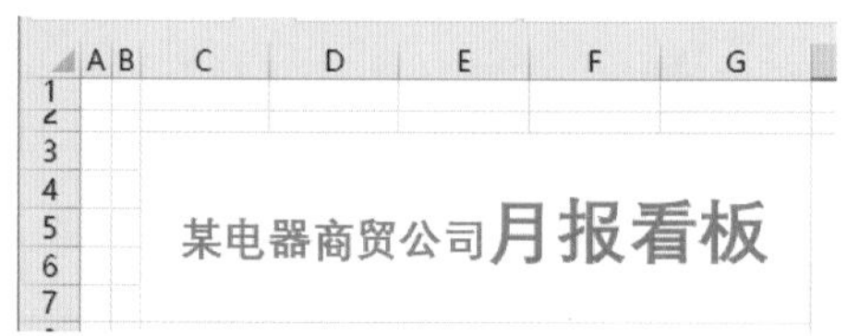

图7-188　添加月报看板的标题并设置其格式

02 切换到“本月总销售额”工作表，首先取消工作表中的网格线，然后选中D11:E11单元格区域，在选中的区域上右击，在弹出的快捷菜单中选择“复制”命令，如图7-189所示。再将其粘贴为带链接的图片到“月报看板”工作表中，粘贴方法如图7-190所示，并将其调整至合适位置。粘贴到看板中的数据，若要修改其格式，如调整字体格式、间距等，需要切换到“本月总销售额”工作表，在该工作表中对其进行修改，其在看板中的格式同步更新。

03 切换到“单天销售额极值”工作表，按照步骤2的方法，先取消工作表中的网格线，如图7-191所示，然后选中F35:G36单元格区域，在选定的区域上右击，在弹出的快捷菜单中选择“复制”命令，将其粘贴为带链接的图片到“月报看板”工作表中，粘贴方法如图7-192所示。按照相同的方法，切换到“本月总销量”工作表，将D11:E11单元格区域中的本月总销量复制粘贴为带链接的图片到“月报看板”工作表中；切换到“单天销量极值”工作表，将F35:G36单元格区域中的单天最高、最低销量复制粘贴为带链接的图片到“月报看板”工作表中，并在各数据后插入文本框添加销售额(单位为万元)和销量(单位为台)。添加方法见实例61中的图7-101，最终效果如图7-193所示。

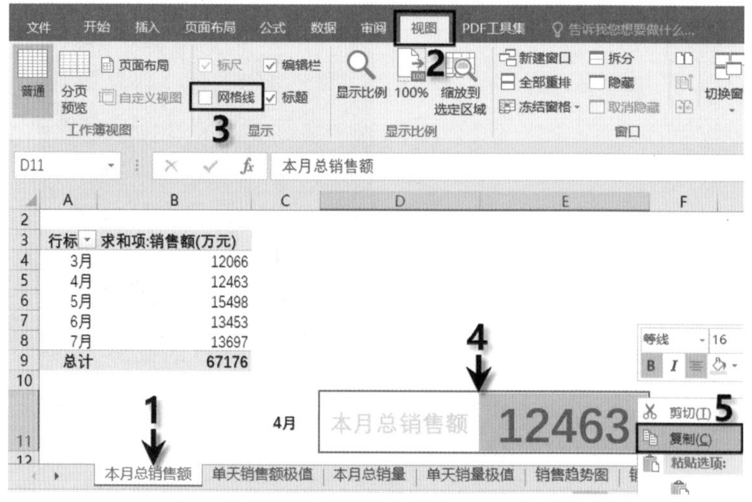

图7-189　复制选中区域中的内容

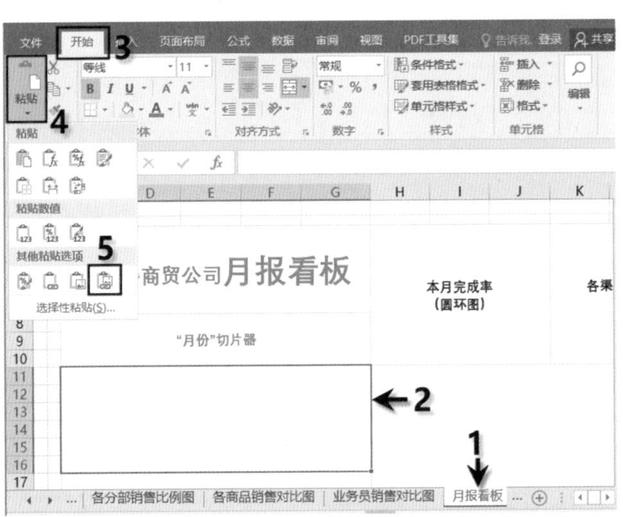

图 7-190　将选中区域中的内容粘贴为带链接的图片到“月报看板”工作表中

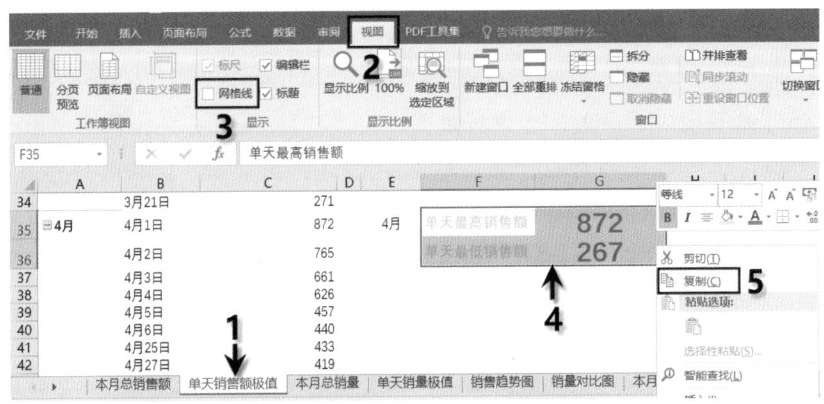

图 7-191　复制选中区域中的内容

图 7-192　将选中区域中的内容粘贴为带链接的图片到“月报看板”工作表中

图7-193　将本月总销量和单天最高、最低销量粘贴为带链接的图片到“月报看板”工作表中

04 切换到“销售趋势图”工作表，选中折线图，按快捷键Ctrl＋C将其复制，如图7-194所示，粘贴到“月报看板”工作表中的对应位置，按住Alt键调整图表大小，使其锁定在H11:S22单元格区域中，如图7-195所示。按照相同的方法将各工作表中的图表依次复制粘贴到月报看板中的对应位置，效果如图7-196所示。若要进一步编辑或美化图表，可直接在看板中进行操作。

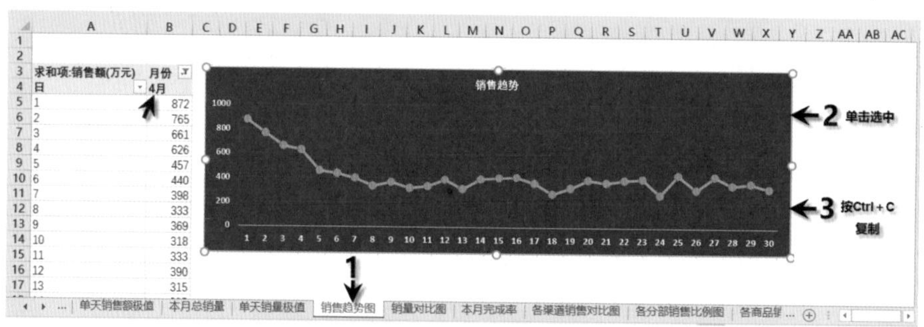

图7-194　复制折线图

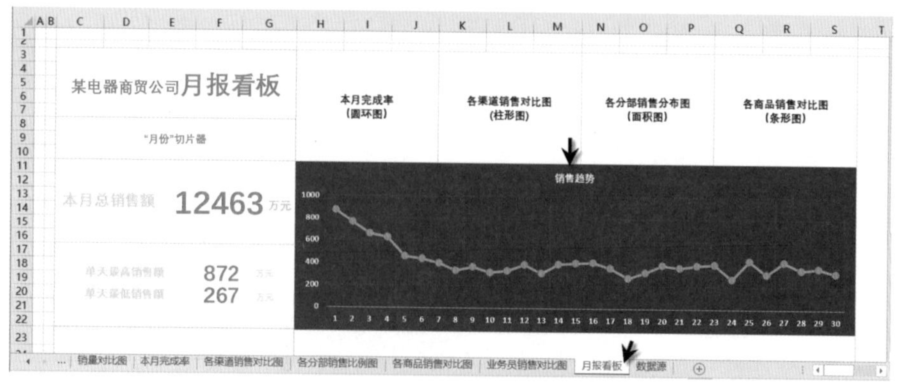

图7-195　将折线图粘贴到“月报看板”工作表

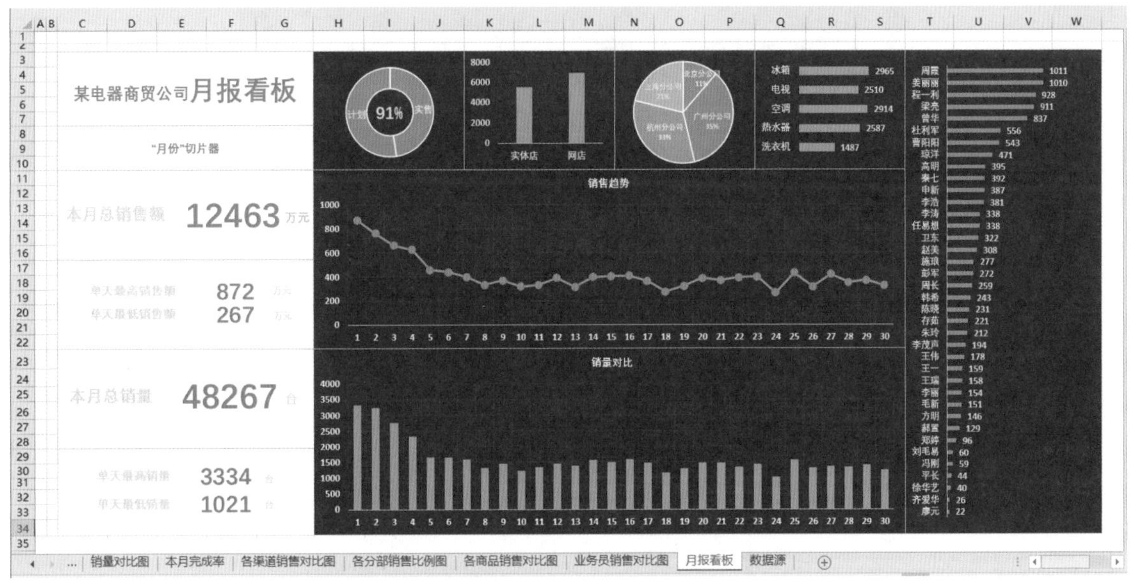

图 7-196　将所有图表粘贴到“月报看板”工作表中的效果

这样，将数据透视表计算的核心指标数据和图表都整合组织至看板的对应位置，若要使看板中的数据跟随选择的日期实现多数据联动，则需要插入“月份”切片器，即使用切片器进行多数据交互。下面介绍使用切片器进行多数据交互的方法。

7. 使用切片器进行多数据交互

使用切片器进行多数据交互需要两个步骤：一是插入“月份”切片器；二是使用“月份”切片器将需要交互的数据所在的多个报表进行连接。具体操作步骤如下。

01 在任意一个透视表中插入“月份”切片器，本例在“各商品销售对比图”工作表中插入“月份”切片器，操作步骤如图 7-197 所示。

图 7-197　插入“月份”切片器

02 在“选项”选项卡中，单击“报表连接”按钮，在弹出的对话框中，选中所有报表复选框，如图 7-198 所示。这样，通过切片器将多个报表连接在一起，报表中的数据也随之被连接在一起。

图7-198　将包含核心指标数据和图表的报表连接到筛选器

03 选中“月份”切片器，按快捷键Ctrl＋C将其复制，切换到“月报看板”工作表，按快捷键Ctrl＋V将其粘贴到对应位置，在“选项”选项卡中设置其5列显示，如图7-199所示，并将其调整为合适大小。

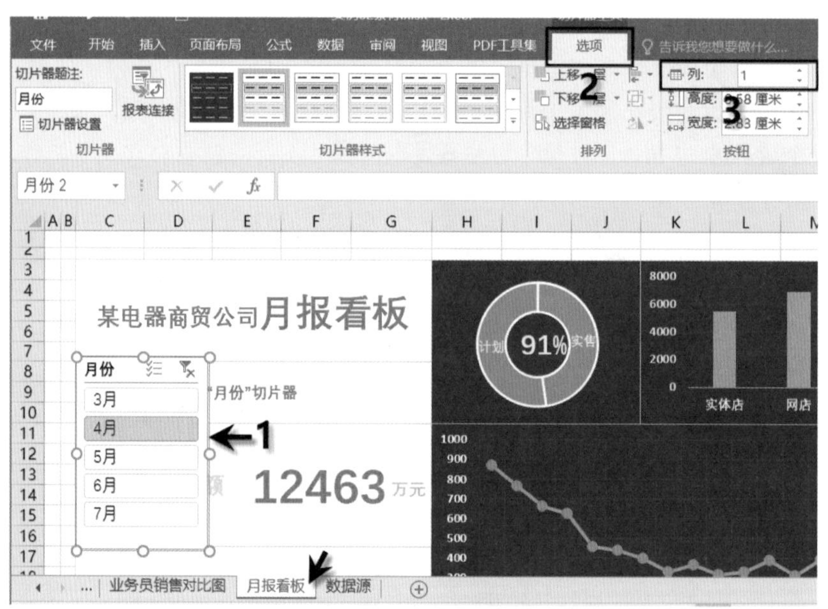

图7-199　将“月份”切片器复制粘贴到“月报看板”工作表中并设置5列显示

04 删除切片器顶端的页眉，让界面更为整洁，删除方法如图7-200所示。

单击“月份”切片器中的任意月份(如5月)，整个周报看板中的数据和图表随之联动更新展示，如图7-201所示，这样就完成了周报看板中的多数据交互设置。

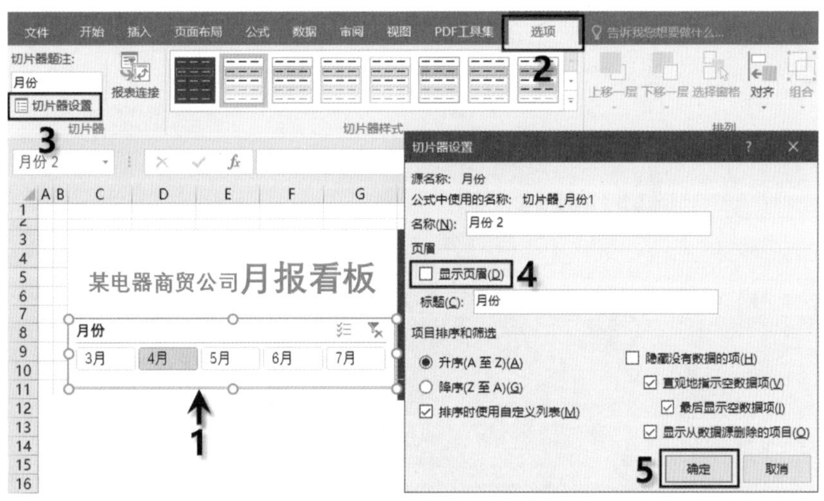

图 7-200　删除切片器页眉

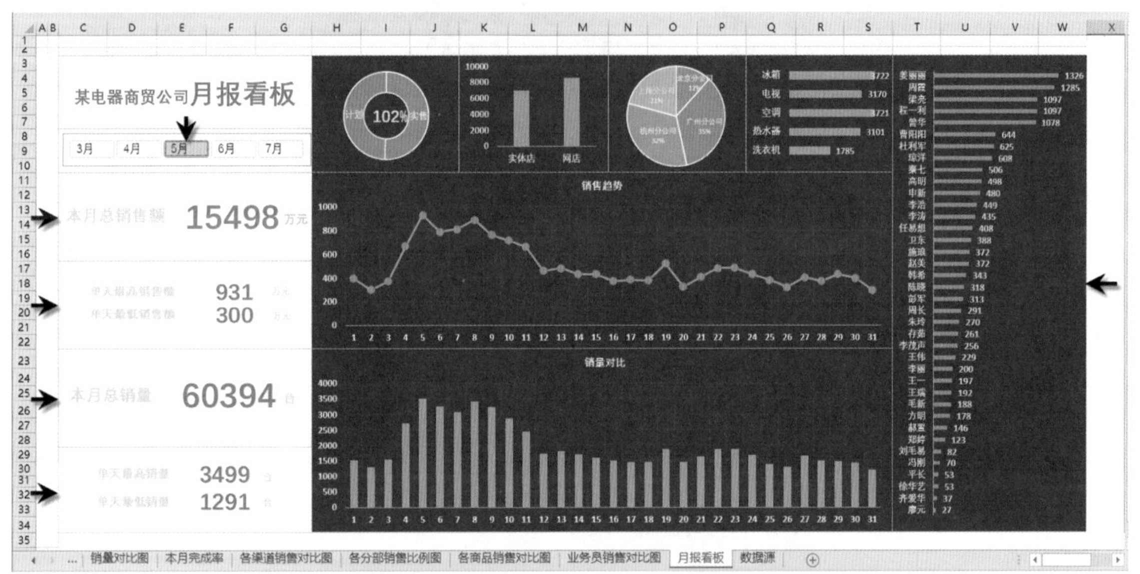

图 7-201　月报看板中的数据和图表随切片器中的选择联动更新

为了使看板美观大气，需要对其进行适当美化，完善看板页面排版，下面进行具体介绍。

8. 美化看板，完善看板页面排版

本例中的美化看板分为4部分：一是填充看板的背景；二是美化“月份”切片器；三是添加分割线，将看板分为上下两部分；四是删除工作表的网格线，隐藏标题。

1) 填充看板的背景

选中C3:W34单元格区域，打开“开始”选项卡，单击“填充颜色”右侧的下三角按钮，在打开的下拉列表中单击“深蓝”选项，如图7-202所示，将看板背景填充为与图表背景相同的颜色，使二者融为一体。

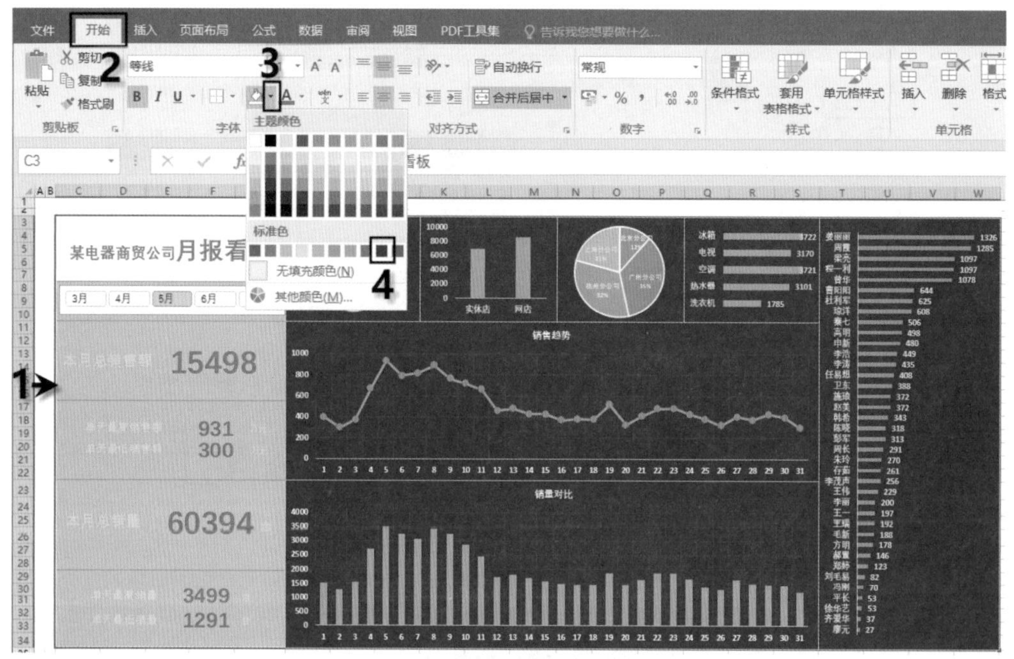

图7-202　为看板填充背景颜色

2) 美化“月份”切片器

设置切片器的背景颜色和字体颜色。选中切片器，在“选项”选项卡中，单击“切片器样式”右下角的“其他”按钮，在打开的下拉列表中单击“新建切片器样式(S)”选项，在弹出的对话框中进行设置，具体操作步骤见实例61中的图7-114至图7-116。设置结束后，新建的样式显示在“切片器样式”列表框中，单击新建的样式，即可将其应用到选中的切片器，如图7-203所示。

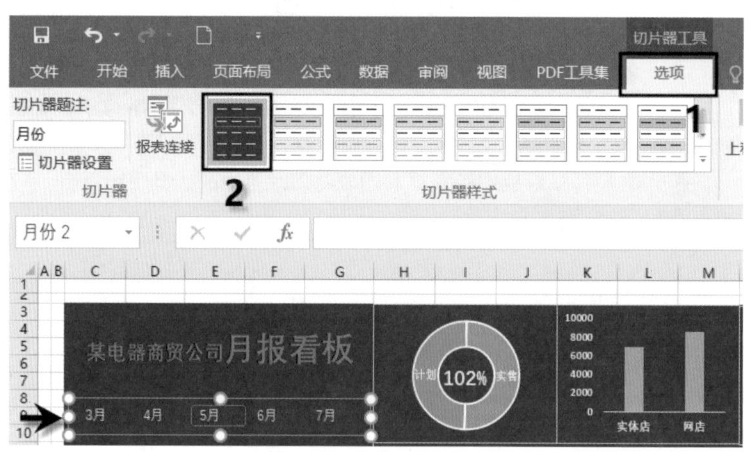

图7-203　设置切片器填充颜色

在切片器中，为了区分已选择和未选择的月份，可为已选择的月份设置特殊的标志(如填充颜色、添加边框等)以突出显示。本例为已选择的月份添加边框突出显示，以区分未选择的月份，添加边框的方法见实例61中的图7-118和图7-119。设置完成后，单击切片器中的某一月份(如3月)，该月则被添加边框，如图7-204所示。

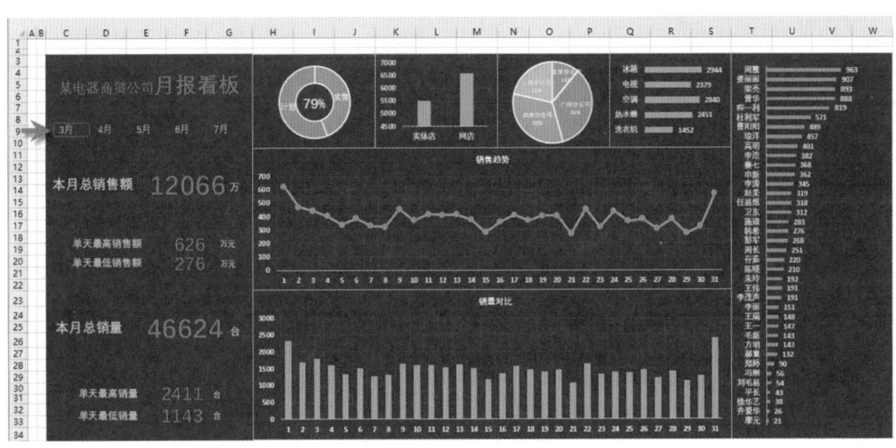

图 7-204　设置“已选择带有数据的项目”格式后的效果

3) 添加分割线，将看板分为上下两部分

打开“开始”选项卡，先设置分割线的颜色、线型，如图 7-205 所示。设置完成后，光标变成了笔形，按住鼠标左键在看板上分界点的位置绘制分割线，效果如图 7-206 所示。

图 7-205　设置分割线的颜色、线型

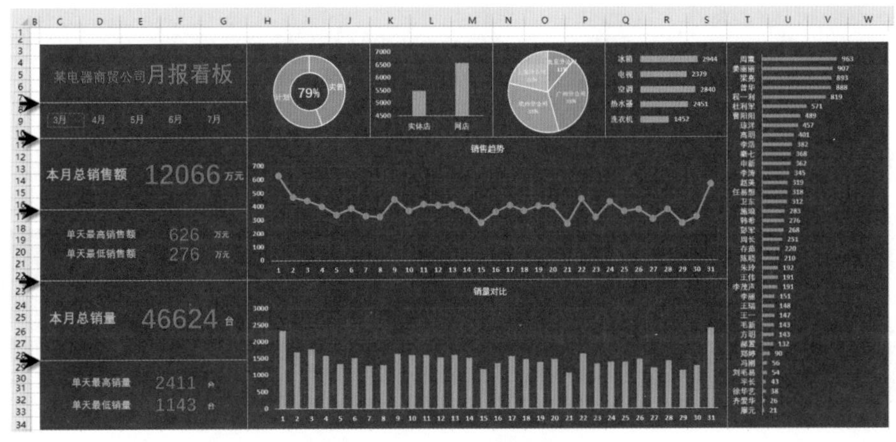

图 7-206　添加分割线的效果

4) 删除工作表的网格线，隐藏标题

为了使看板界面更为整洁，可删除工作表的网格线，隐藏工作表的标题(行号、列标)，操作步骤如图7-207所示。

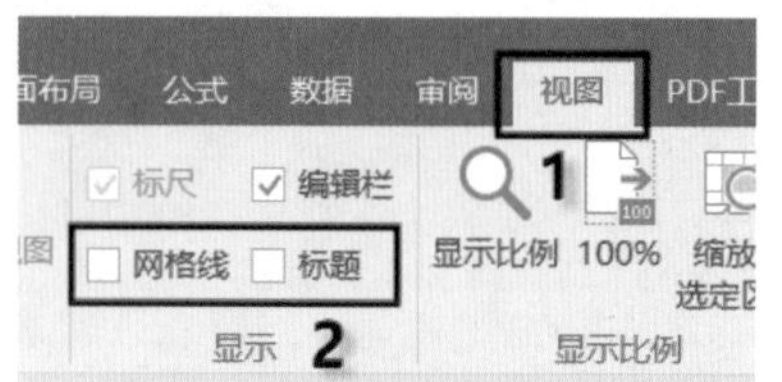

图7-207　删除网格线、隐藏标题

经过上述美化和完善，完成了月报看板制作，最终效果如图7-208所示。若要进一步调整核心数据的格式，可到其对应的透视表中进行调整，看板中的数据格式随透视表中格式的更改同步更新，例如，若要调整“本月总销售额”的字体格式、间距等，则切换到“本月总销售额”工作表，在该工作表中对其进行调整，其在看板中的格式随之同步更新。若要调整看板中图表的格式，可在看板中直接进行调整。

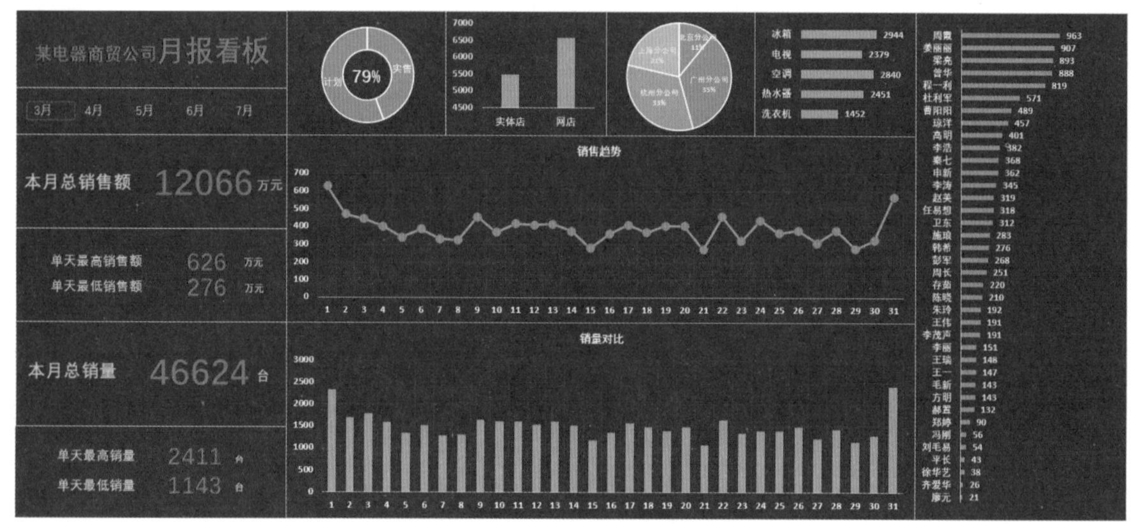

图7-208　月报看板最终效果

在实际工作中，可根据不同的业务需求在月报看板中添加更多核心指标、数据或图表，指标数据的计算方法及图表的创建可参照本实例。

第 8 章　Power BI 商务数据智能分析工具

Power BI(Power Business Intelligence)是一款独立的商业分析工具，它传承于Excel，例如，Power BI的核心功能Power Query和Power Pivot是Excel和Power BI通用的，Excel 2016之后的版本都有Power Query和Power Pivot，它们的语法都是相通的。因此，如果用户熟悉Excel表格，过渡到Power BI实际上是一件很容易的事情。Power BI之所以能够流行，是因为它能够覆盖数据分析的整个流程，从数据的获取、清洗、建模、计算分析到可视化，Power BI能够完成整个流程，这是它能够迅速发展的原因。Power BI 让一切变得前所未有地便捷。

Power BI 由 Power BI Desktop(桌面应用程序)、Power BI服务、Power BI移动端组成。其中，Power BI Desktop是一款可在本地计算机上安装的免费应用程序，可用于连接到数据、转换数据，并实现数据的可视化效果。Power BI服务需要注册企业邮箱(edu邮箱)后，获取更多的功能。Power BI移动端需要付费购买，用于发布报表文档、共享及权限管理等，这三个元素旨在使用户通过最有效的方式创建、共享和使用业务。

Power BI的核心功能是Power Query和Power Pivot。使用Power BI进行数据分析时，首先导入数据源，然后使用Power Query处理和清洗数据，再用Power Pivot新建度量值(计算)，最后用Power BI的图表库制作可视化效果。

下面结合实例介绍Power BI的具体用法。

实例 63　获取数据

安装 Power BI Desktop 后，启动Power BI Desktop，会显示“欢迎”界面，如图8-1所示。在“欢迎”界面中，可获取数据、查看最近使用的源、打开其他报表，或选择其他链接。单击界面右上角的“关闭”按钮，即可进入Power BI Desktop窗口，如图8-2所示。

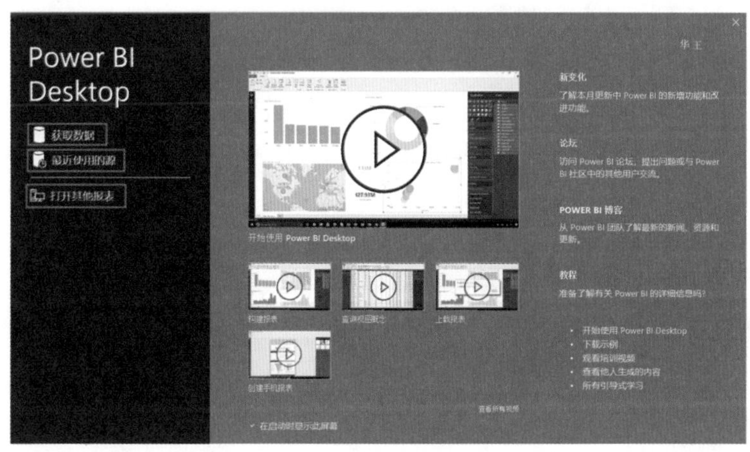

图8-1　Power BI Desktop的“欢迎”界面

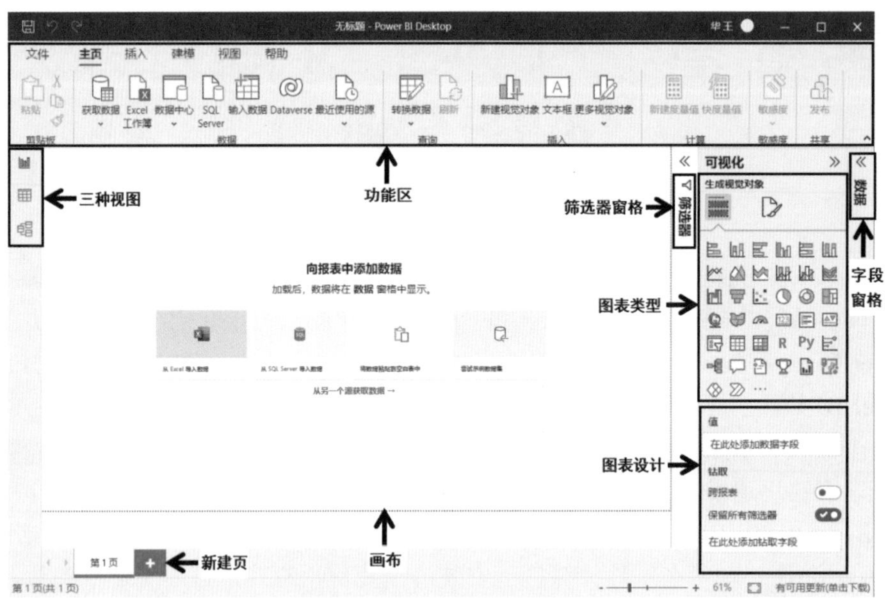

图 8-2　Power BI Desktop窗口

Power BI Desktop 中提供三种视图，它们位于画布的左侧，依次为报表视图、数据视图、模型视图，各视图的功能如下。

- 报表视图：用于创建报表和视觉对象，大部分创建时间都花费在这里。
- 数据视图：用于查看与报表关联的数据模型中使用的表、度量值和其他数据，并转换数据以便在报表的模型中充分利用。
- 模型视图：用于查看和管理数据模型中各表之间的关系。

进入Power BI Desktop窗口中，便可轻松地连接到任何数据源获取数据。若要查看所有的数据源，则在“主页”选项卡中，单击“获取数据”按钮，在打开的下拉列表中单击“更多”选项，弹出“获取数据”窗口，在“全部”列表框中拖动滚动条即可浏览全部数据源，如图8-3所示。 下面以连接到“Web”数据源为例介绍获取数据的方法。

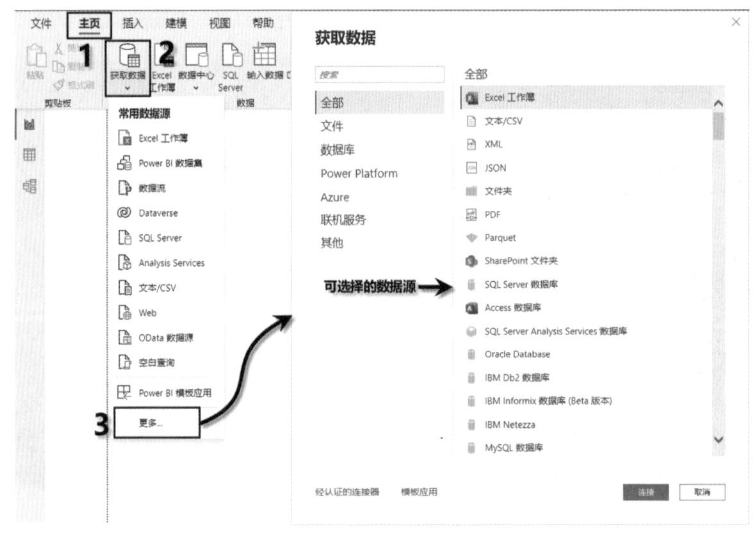

图 8-3　获取更多数据源

一位资深的球迷，想要获得2021至2022年英超联赛统计数据，其数据在网页中。使用Power BI Desktop，将此数据从网页导入报表中，导入步骤如下。

01 打开“主页”选项卡，单击“获取数据”按钮，在打开的下拉列表中单击“Web”，弹出“从Web”对话框，将网址粘贴到“URL”文本框中，单击“确定”按钮，如图8-4所示。Power BI Desktop的查询功能开始运行并访问Web资源，访问结果显示在“导航器”窗口中，如图8-5所示。

图8-4　从网页中获取数据

图8-5　“导航器”窗口

02 在“导航器”窗口中显示可用表的列表，选择任意表名称以预览其数据，如图8-6所示。此时，可以通过选择窗口底部的“加载”按钮来加载该表，也可以选择“转换数据”在表中进行更改，然后进行加载。

Column1	Column2	Column3	Column4	Column5	Column6	Column7
2021/8/15 23:30:00	托特纳姆热刺	1-0	曼彻斯特城	0-0	胜	5.23 4.00 1.58
2021/8/15 21:00:00	纽卡斯尔联	2-4	西汉姆联	2-1	负	3.11 3.41 2.16
2021/8/15 0:30:00	诺维奇	0-3	利物浦	0-1	负	8.37 5.33 1.30
2021/8/14 22:00:00	切尔西	3-0	水晶宫	2-0	胜	1.25 5.51 11.41
2021/8/14 22:00:00	莱斯特城	1-0	狼队	1-0	胜	1.63 3.72 5.24
2021/8/14 22:00:00	伯恩利	1-2	布莱顿	1-0	负	3.15 3.02 2.35
2021/8/14 22:00:00	埃弗顿	3-1	南安普顿	0-1	胜	1.90 3.51 3.71
2021/8/14 22:00:00	沃特福德	3-2	阿斯顿维拉	2-0	胜	3.18 3.33 2.17
2021/8/14 19:30:00	曼彻斯特联	5-1	利兹联	1-0	胜	1.53 4.29 5.48
2021/8/14 3:00:00	布伦特福德	2-0	阿森纳	1-0	胜	3.86 3.59 1.87

图8-6　在“导航器”窗口中预览表信息

03 如果数据符合用户的需求，则无须修改。单击“加载”按钮，表中的数据会自动加载到Power BI Desktop 的报表视图中，用户可以在“数据”窗格中看到加载的表及表中的字段名，如图 8-7 所示，在数据视图中可以看到加载的表数据，如图 8-8 所示。

如果数据不符合用户的需求，需要对数据进行修改，则在图8-6中单击“转换数据”按钮，进入Power Query编辑器窗口，即可对数据进行拆分、提取、整合等转换和清理。下面通过实例介绍使用Power Query编辑器进行数据转换和清理的方法。

图8-7　加载到报表视图中的表

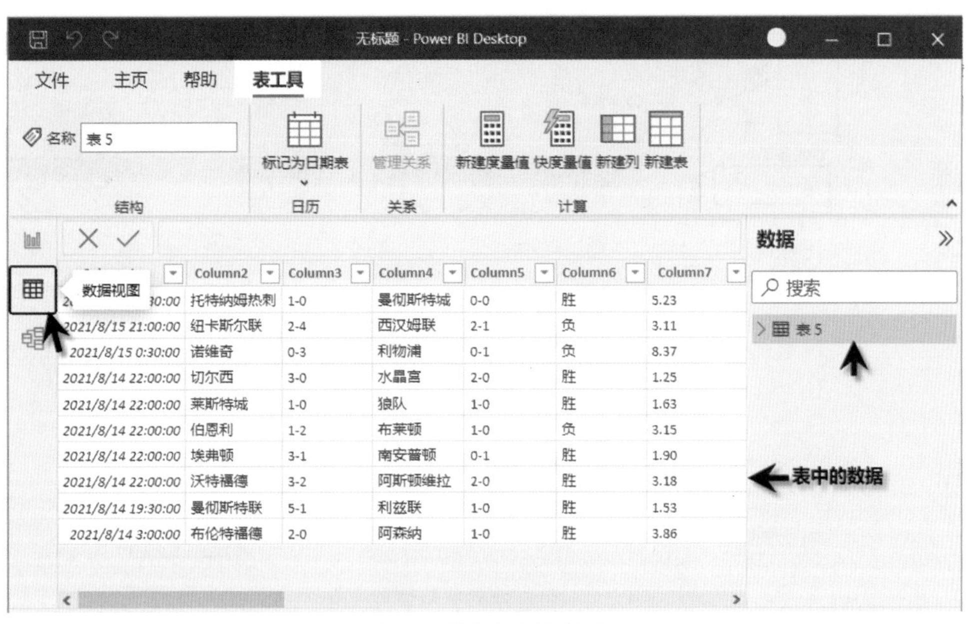

图 8-8　数据视图中的表

实例 64　拆分数据

图 8-9 是从某系统导出的数据，其中“数据”列的格式不规范，可以使用Power Query编辑器将“数据”列拆分为规范的格式，如图 8-10 所示，操作步骤如下。

	A	B
1	序号	数据
2	1	韩子薇,女,25
3	2	郝一晶,女,20
4	3	王宇加,男,22
5	4	郝宇淼,女,24
6	5	何雨润,男,21
7	6	胡静宜,男,19
8	7	胡玮鑫,女,22
9	8	胡宇晨,女,23
10	9	胡煜垚,男,22
11	10	胡子鸣,女,20
12	11	黄梦圆,女,21
13	12	黄圣雅,男,19
14	13	黄雨佳,男,22
15	14	黄梓童,女,22
16	15	吉祥,女,20

Sheet1

图 8-9　数据源

序号	姓名	性别	年龄
1	韩子薇	女	25
2	郝一晶	女	20
3	王宇加	男	22
4	郝宇淼	女	24
5	何雨润	男	21
6	胡静宜	男	19
7	胡玮鑫	女	22
8	胡宇晨	女	23
9	胡煜垚	男	22
10	胡子鸣	女	20
11	黄梦圆	女	21
12	黄圣雅	男	19
13	黄雨佳	男	22
14	黄梓童	女	22
15	吉祥	女	20

图 8-10　拆分后的效果

01 启动Power BI Desktop，在“主页”选项卡中单击“获取数据”按钮，在打开的下拉列表中单击“Excel工作簿”选项。然后在弹出的对话框中，选择要打开的文件并将其打开，如图 8-11 所示。

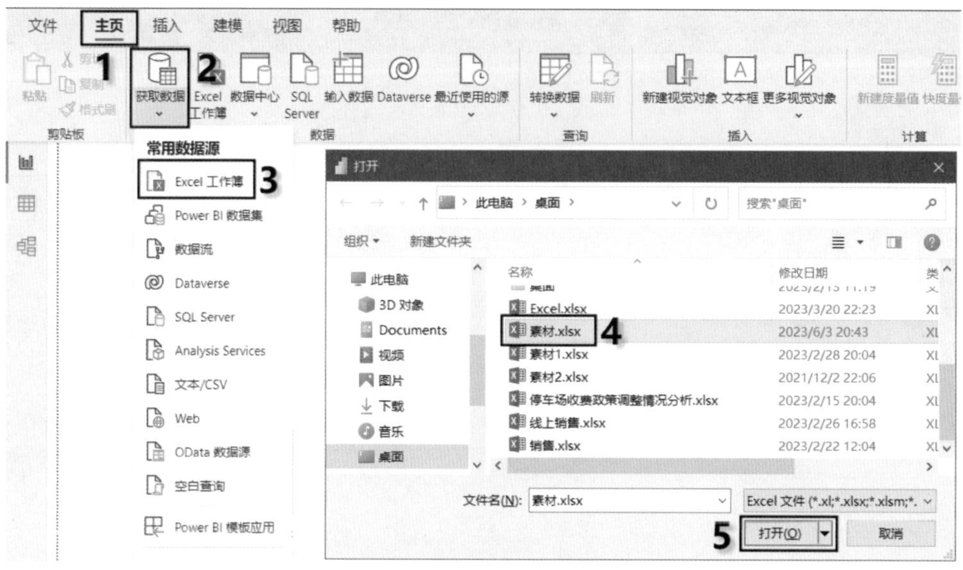

图8-11　打开要获取数据的文件

02 在“导航器”窗口中，选中“Sheet1”复选框，单击“转换数据”按钮，如图8-12所示，进入Power Query编辑器窗口。

图8-12　“导航器”窗格

03 选中要拆分的列，打开“主页”选项卡或“转换”选项卡，单击“拆分列”按钮，在打开的下拉列表中单击“按分隔符”选项，如图8-13所示。

04 在弹出的对话框中，由于姓名、性别和年龄之间使用逗号“,”分隔，所以分隔符选择“逗号”，拆分位置选择“每次出现分隔符时”单选按钮，单击“确定”按钮，如图8-14所示，拆分后的效果如图8-15所示。

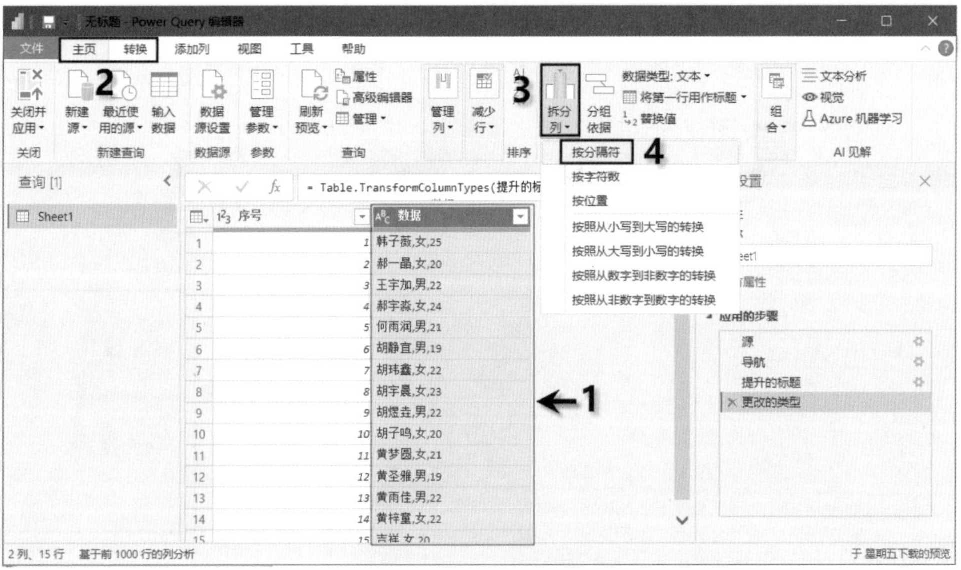

图 8-13　按分割符拆分列

图 8-14　设置按分隔符拆分列选项

	序号	数据.1	数据.2	数据.3
1	1	韩子薇	女	25
2	2	郝一晶	女	20
3	3	王宇加	男	22
4	4	郝宇淼	女	24
5	5	何雨润	男	21
6	6	胡静宜	男	19
7	7	胡玮鑫	女	22
8	8	胡宇晨	女	23
9	9	胡煜垚	男	22
10	10	胡子鸣	女	20
11	11	黄梦圆	女	21
12	12	黄圣雅	男	19
13	13	黄雨佳	男	22
14	14	黄梓童	女	22
15	15	吉祥	女	20

图 8-15　拆分列的效果

05 输入字段名。双击“数据1”，输入“姓名”，按照相同的方法，将“数据2”更改为“性别”，将“数据3”更改为“年龄”，效果如图8-16所示。

	序号	姓名	性别	年龄
1	1	韩子薇	女	25
2	2	郝一晶	女	20
3	3	王宇加	男	22
4	4	郝宇淼	女	24
5	5	何雨润	男	21
6	6	胡静宜	男	19
7	7	胡玮鑫	女	22
8	8	胡宇晨	女	23
9	9	胡煜垚	男	22
10	10	胡子鸣	女	20
11	11	黄梦圆	女	21
12	12	黄圣雅	男	19
13	13	黄雨佳	男	22
14	14	黄梓童	女	22
15	15	吉祥	女	20

图8-16　更改字段名

06 上述操作的每一个步骤(如按分隔符分列、重命名字段名等)依次记录在Power Query编辑器“查询设置”窗格中的“应用的步骤”区域，如图8-16右侧所示。用户可以选择每个步骤来查看其在Power Query编辑器中的效果。例如，单击“应用的步骤”区域中的“按分隔符拆分列”选项，即可查询到对应的表，如图8-17所示。如果要删除某个步骤，则在“应用的步骤”区域中单击该步骤前的×图标即可。此外，单击步骤前的×图标还可以恢复已删除的列。例如，在“年龄”列上右击，在弹出的快捷菜单中单击“删除”选项，删除“年龄”列。若要恢复“年龄”列，则在“应用的步骤”区域中单击该步骤前的×图标即可，如图8-18所示。

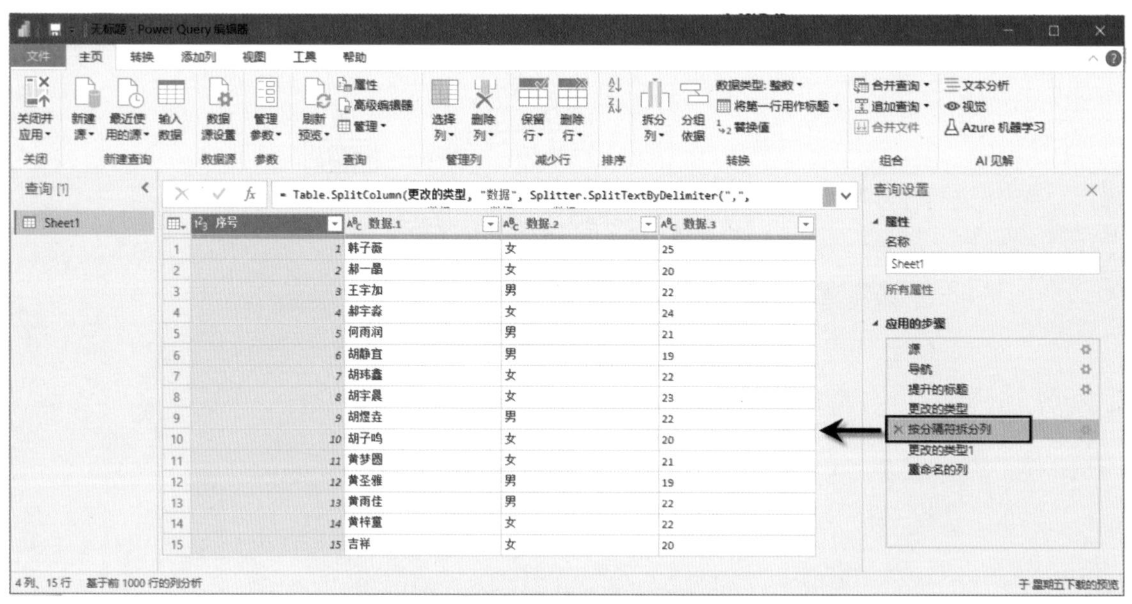

	序号	数据.1	数据.2	数据.3
1	1	韩子薇	女	25
2	2	郝一晶	女	20
3	3	王宇加	男	22
4	4	郝宇淼	女	24
5	5	何雨润	男	21
6	6	胡静宜	男	19
7	7	胡玮鑫	女	22
8	8	胡宇晨	女	23
9	9	胡煜垚	男	22
10	10	胡子鸣	女	20
11	11	黄梦圆	女	21
12	12	黄圣雅	男	19
13	13	黄雨佳	男	22
14	14	黄梓童	女	22
15	15	吉祥	女	20

图8-17　按照指定步骤查询对应表

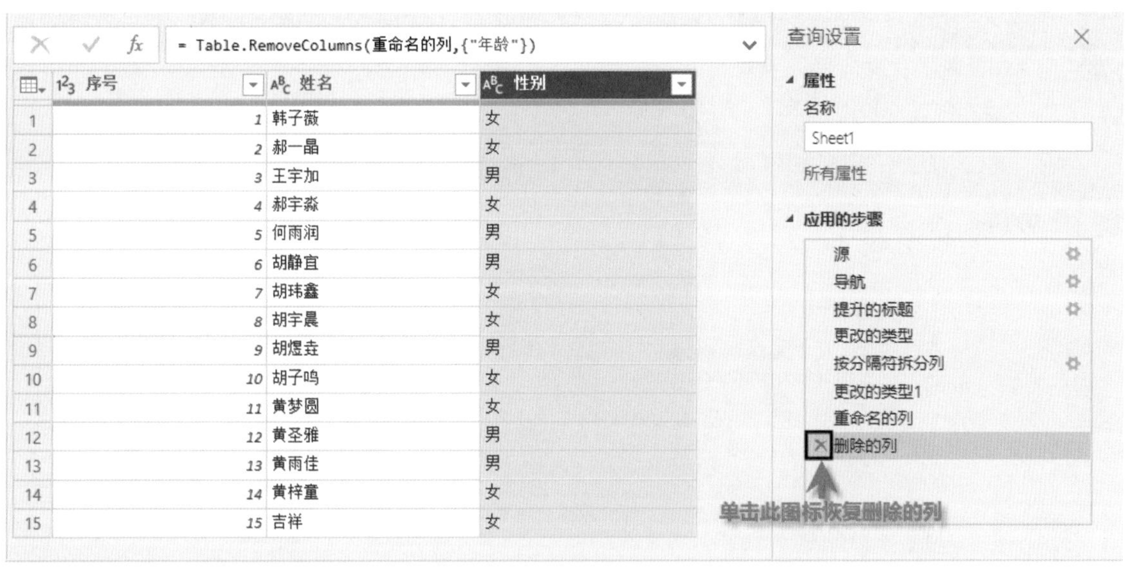

图8-18　恢复已删除的列

07 在 Power Query 编辑器中得到所需的结果之后，单击“主页”选项卡中的“关闭并应用”按钮，如图 8-19 所示，关闭Power Query 编辑器窗口，表中的编辑结果会自动加载到Power BI Desktop 的报表视图中，在“数据”窗格中可以看到加载的表及数据字段名，如图 8-20 所示。将字段拖动到画布上即可创建默认的图表，如图 8-21 所示。

08 若要从 Power BI Desktop 重新打开“Power Query 编辑器”，在 Power BI Desktop 功能区的“主页”选项卡上单击“转换数据”按钮即可，如图 8-22 所示。

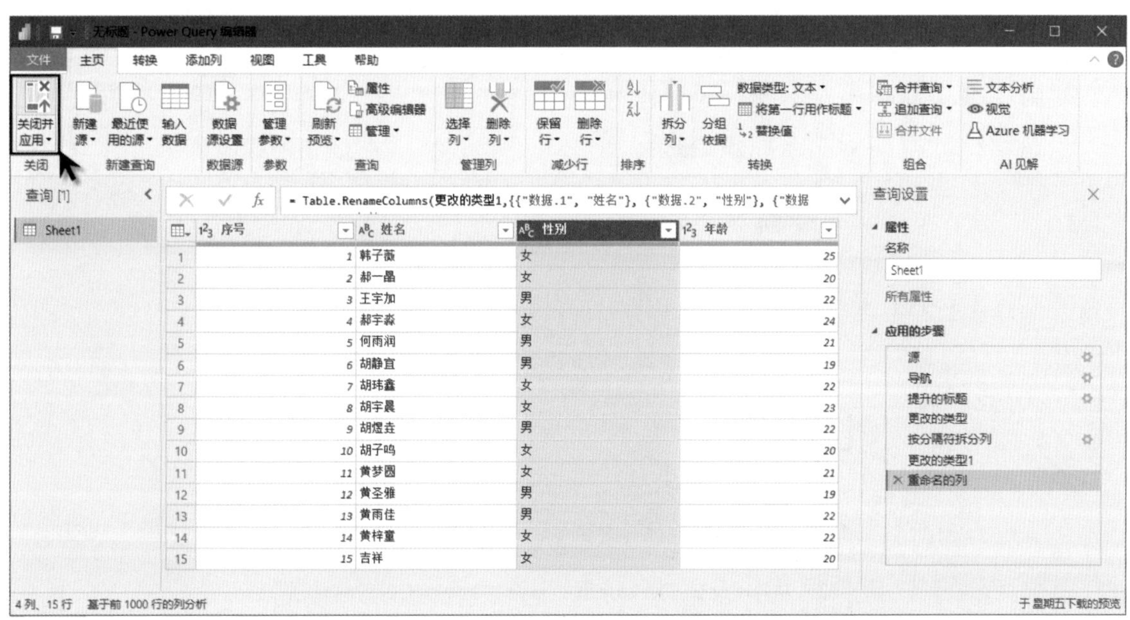

图 8-19　关闭Power Query编辑器窗口并应用编辑的结果

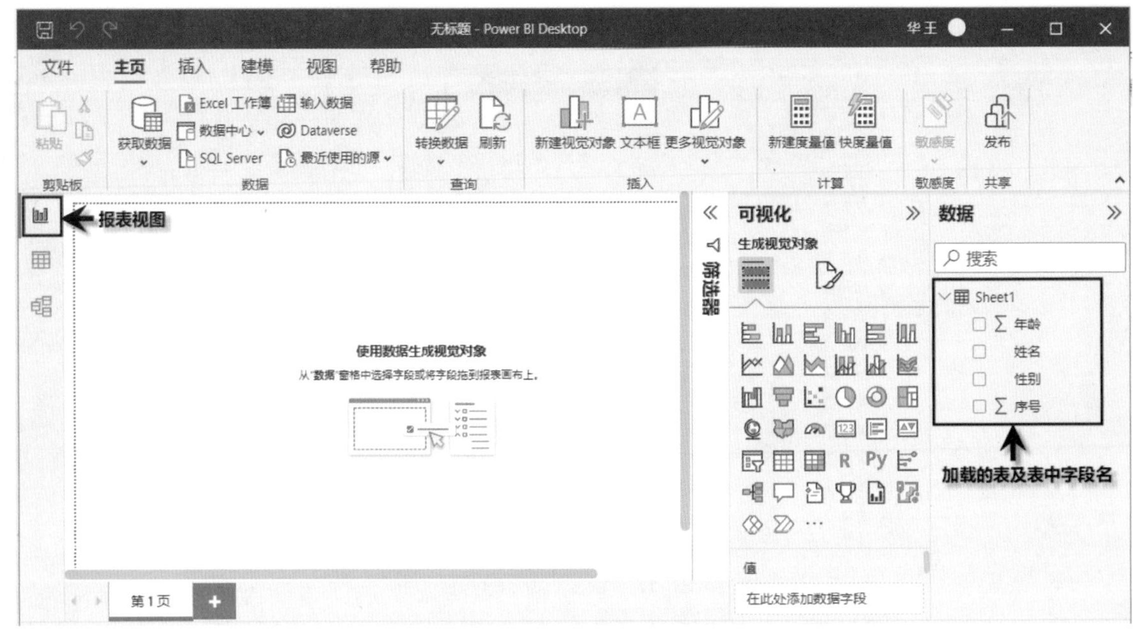

图8-20　加载的表及数据字段名

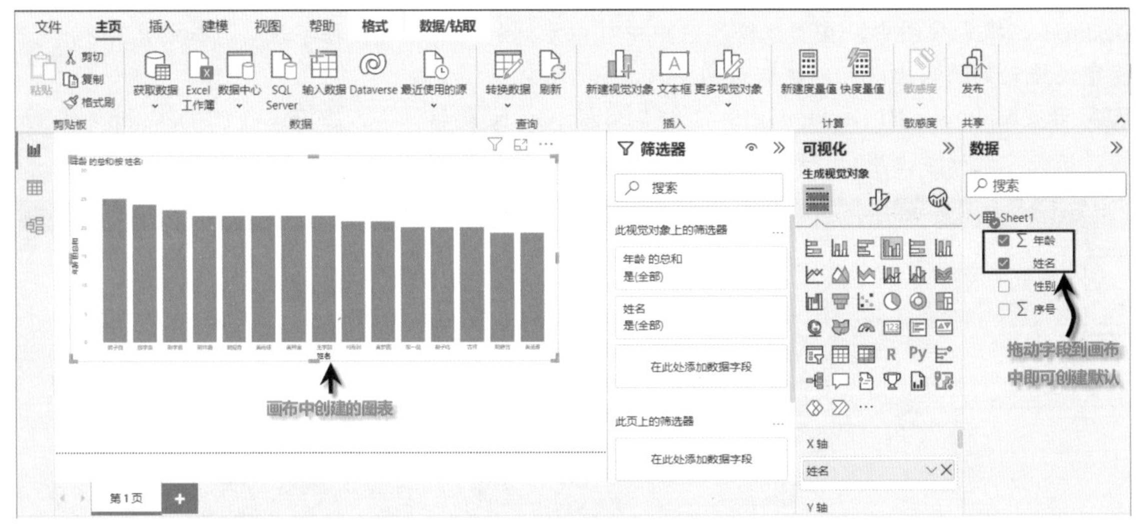

图8-21　创建默认的图表

图8-22　从Power BI Desktop重新打开“Power Query编辑器”

09 当数据源中的数据发生变化时(如增加一行信息)，只需单击报表中的“刷新”按钮，报表中的结果即可跟随数据源的变化而同步更新，如图8-23所示。

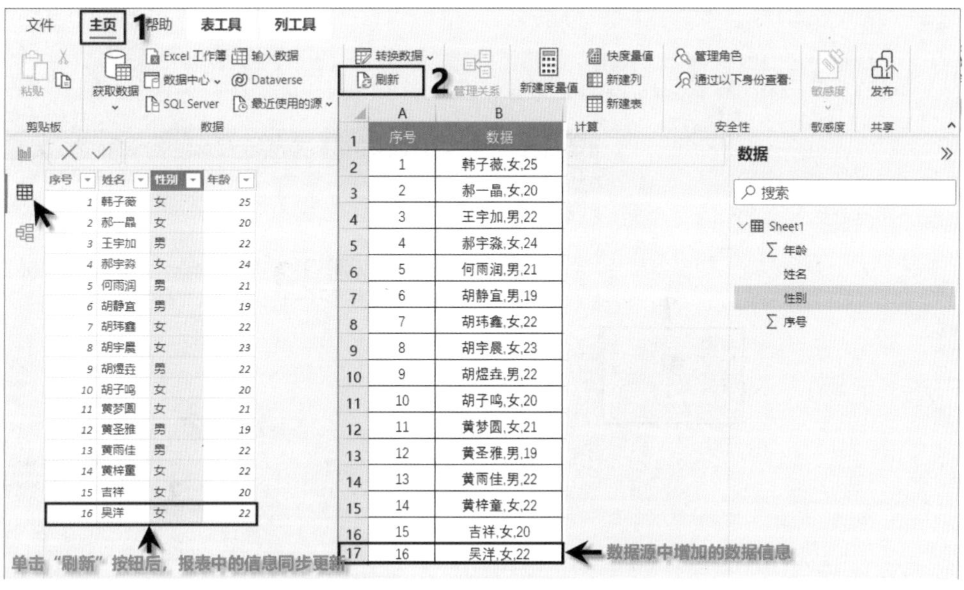

图 8-23　报表中的数据跟随数据源同步更新

Power Query 不但可以智能拆分数据，还可以智能提取数据，下面通过实例 65 具体介绍智能提取数据的相关操作。

实例 65　提取数据

从系统导出的数据中提取商品类别和商品代码，如图 8-24 所示。对于这类问题同样可以使用Power Query编辑器进行快速提取，尤其是当数据源变化时，提取结果会随数据源同步更新，免去从头再操作的麻烦，下面分步骤进行介绍。

数据源

	A	B
1	序号	商品类别&代码
2	1	计算机(NC001)
3	3	计算机(PC004)
4	6	电视(TV005)
5	8	空调(AC003)
6	10	冰箱(RF007)
7	11	冰箱(RF016)
8	12	热水器(WH002)
9	14	洗衣机(WM003)
10	17	计算机(NC007)
11	19	计算机(PC005)
12	23	电视(TV001)
13	25	空调(AC001)
14	28	热水器(WH008)
15	29	冰箱(RF005)

提取后的效果

序号	商品类别	商品代码
1	计算机	NC001
2	计算机	PC004
3	电视	TV005
4	空调	AC003
5	冰箱	RF007
6	冰箱	RF016
7	热水器	WH002
8	洗衣机	WM003
9	计算机	NC007
10	计算机	PC005
11	电视	TV001
12	空调	AC001
13	热水器	WH008
14	冰箱	RF005

图 8-24　数据源及提取数据后的效果

01 启动 Power BI Desktop，单击画布中的"从Excel导入数据"按钮，在弹出的对话框中，选择要打开的文件并将其打开，如图 8-25 所示。

图8-25　打开数据源

02 在“导航器”窗口中，选中“Sheet1”复选框，单击“转换数据”按钮，如图8-26所示，进入Power Query编辑器窗口。

图8-26　“导航器”窗口

03 提取商品类别。选中要提取的列，打开“添加列”选项卡，单击“提取”按钮，在打开的下拉列表中单击“分隔符之前的文本”选项，如图8-27所示。

04 在弹出的对话框中，由于商品类别和代码之间使用左括号“(”分隔，所以在“分隔符”文本框中输入英文半角形式的“(”，如图8-28所示，单击“确定”按钮，提取效果如图8-29所示。

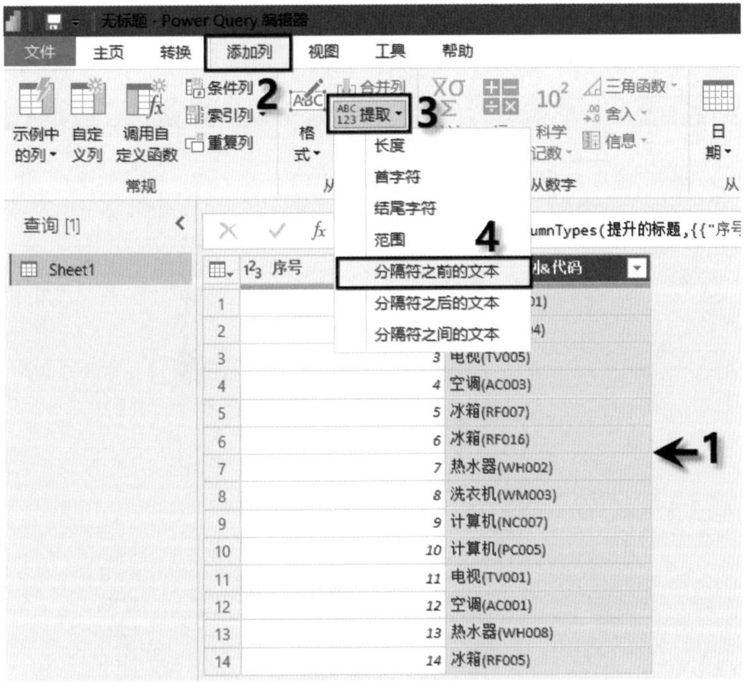

无标题 - Power Query 编辑器
文件
主页
转换
添加列
视图
工具
帮助
示例中的列
自定义列
调用自定义函数
条件列
索引列
重复列
常规
提取
长度
首字符
结尾字符
范围
分隔符之前的文本
分隔符之后的文本
分隔符之间的文本
三角函数
舍入
信息
科学记数
从数字
查询 [1]
Sheet1
序号
1
2
3
4
电视(TV005)
空调(AC003)
冰箱(RF007)
冰箱(RF016)
热水器(WH002)
洗衣机(WM003)
计算机(NC007)
计算机(PC005)
电视(TV001)
空调(AC001)
热水器(WH008)
冰箱(RF005)
图 8-27　提取分隔符之前的文本

分隔符之前的文本
输入标记要提取内容的结尾的分隔符。
分隔符
(
1
高级选项
2
确定
取消
图 8-28　输入分隔符

Sheet1
序号
商品类别&代码
分隔符之前的文本
1 计算机(NC001) 计算机
2 计算机(PC004) 计算机
3 电视(TV005) 电视
4 空调(AC003) 空调
5 冰箱(RF007) 冰箱
6 冰箱(RF016) 冰箱
7 热水器(WH002) 热水器
8 洗衣机(WM003) 洗衣机
9 计算机(NC007) 计算机
10 计算机(PC005) 计算机
11 电视(TV001) 电视
12 空调(AC001) 空调
13 热水器(WH008) 热水器
14 冰箱(RF005) 冰箱
图 8-29　提取后的效果

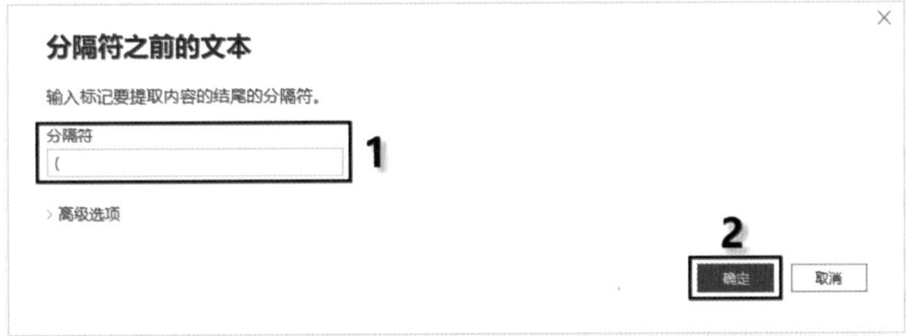

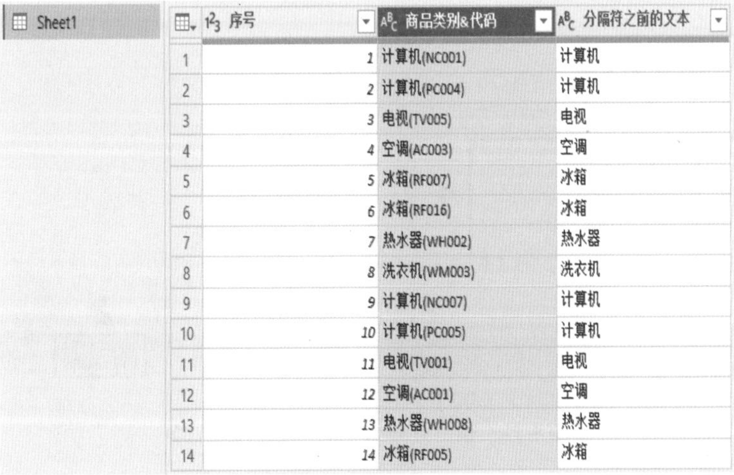

05 提取商品代码。选中要提取的列，打开“添加列”选项卡，单击“提取”按钮，在打开的下拉列表中单击“分隔符之间的文本”选项，如图8-30所示。

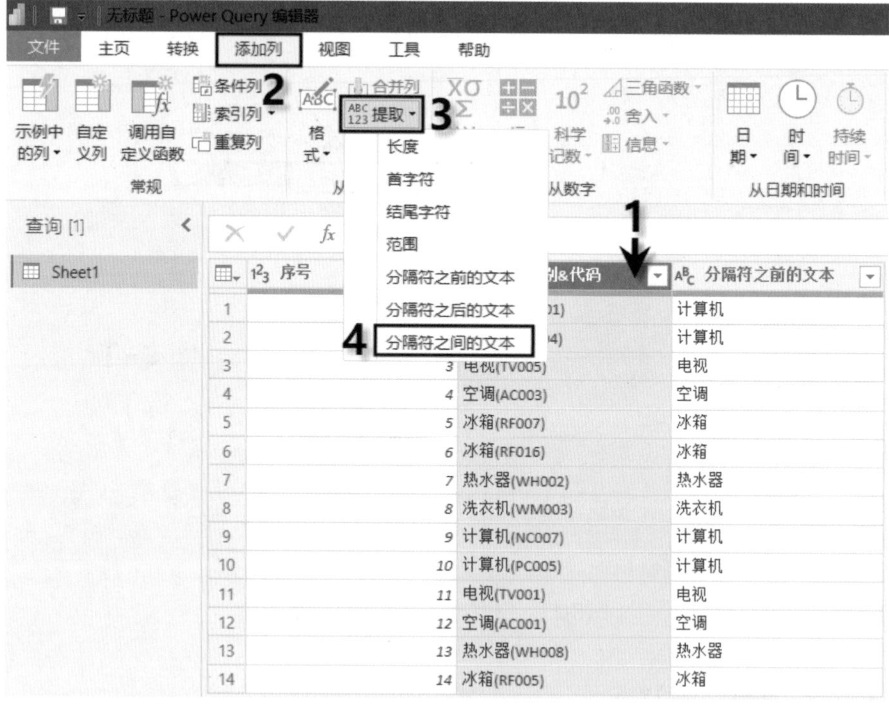

图8-30　提取分隔符之间的文本

06 由于商品代码在左括号“(”和右括号“)”之间，所以分别输入开始分隔符“(”和结束分隔符“)”，如图8-31所示，提取后的效果如图8-32所示。

07 输入字段名。双击“分隔符之前的文本”，输入“商品类别”，按照相同的方法将“分隔符之间的文本”更改为“商品代码”，如图8-33所示。

08 删除多余的列。选中“商品类别&代码”列，在选中的列上右击，在弹出的快捷菜单中单击“删除”选项，如图8-34所示。

图8-31　输入开始分隔符和结束分隔符

	序号	商品类别&代码	分隔符之前的文本	分隔符之间的文本
1	1	计算机(NC001)	计算机	NC001
2	2	计算机(PC004)	计算机	PC004
3	3	电视(TV005)	电视	TV005
4	4	空调(AC003)	空调	AC003
5	5	冰箱(RF007)	冰箱	RF007
6	6	冰箱(RF016)	冰箱	RF016
7	7	热水器(WH002)	热水器	WH002
8	8	洗衣机(WM003)	洗衣机	WM003
9	9	计算机(NC007)	计算机	NC007
10	10	计算机(PC005)	计算机	PC005
11	11	电视(TV001)	电视	TV001
12	12	空调(AC001)	空调	AC001
13	13	热水器(WH008)	热水器	WH008
14	14	冰箱(RF005)	冰箱	RF005

图8-32　提取后的效果

	序号	商品类别&代码	商品类别	商品代码
1	1	计算机(NC001)	计算机	NC001
2	2	计算机(PC004)	计算机	PC004
3	3	电视(TV005)	电视	TV005
4	4	空调(AC003)	空调	AC003
5	5	冰箱(RF007)	冰箱	RF007
6	6	冰箱(RF016)	冰箱	RF016
7	7	热水器(WH002)	热水器	WH002
8	8	洗衣机(WM003)	洗衣机	WM003
9	9	计算机(NC007)	计算机	NC007
10	10	计算机(PC005)	计算机	PC005
11	11	电视(TV001)	电视	TV001
12	12	空调(AC001)	空调	AC001
13	13	热水器(WH008)	热水器	WH008
14	14	冰箱(RF005)	冰箱	RF005

图8-33　输入字段名

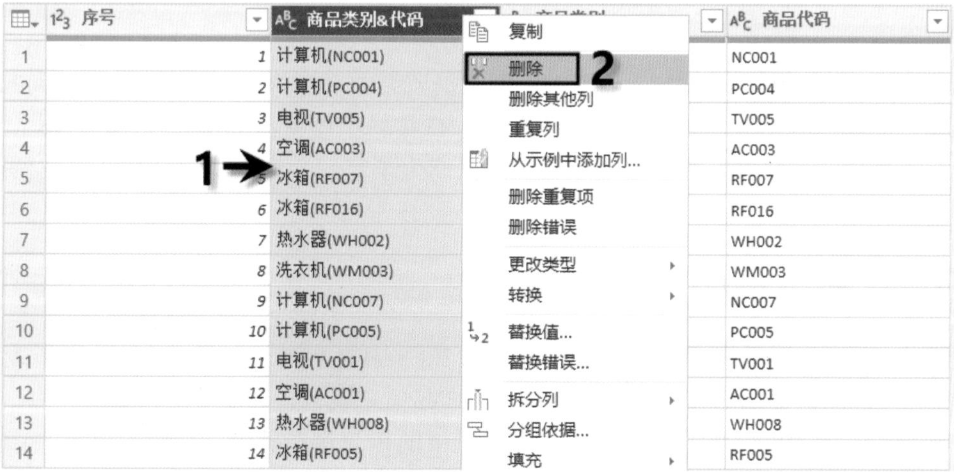

	序号	商品类别&代码	商品代码
1	1	计算机(NC001)	NC001
2	2	计算机(PC004)	PC004
3	3	电视(TV005)	TV005
4	4	空调(AC003)	AC003
5	5	冰箱(RF007)	RF007
6	6	冰箱(RF016)	RF016
7	7	热水器(WH002)	WH002
8	8	洗衣机(WM003)	WM003
9	9	计算机(NC007)	NC007
10	10	计算机(PC005)	PC005
11	11	电视(TV001)	TV001
12	12	空调(AC001)	AC001
13	13	热水器(WH008)	WH008
14	14	冰箱(RF005)	RF005

复制
删除 2
删除其他列
重复列
从示例中添加列...
删除重复项
删除错误
更改类型
转换
替换值...
替换错误...
拆分列
分组依据...
填充

1

图8-34　删除选中的列

09 Power Query 编辑器在“查询设置”窗格“应用的步骤”区域记录所做的任何更改，如图 8-35 所示，用户可以根据需要对其进行调整、重新访问、重新排列或删除。

图 8-35 “应用的步骤”区域记录所做的任何更改

10 在Power Query编辑器中得到所需的结果之后，单击“主页”选项卡中的“关闭并应用”按钮，关闭 Power Query 编辑器返回到Power BI Desktop窗口应用更改；若单击“应用”，如图 8-36所示，不关闭 Power Query 编辑器返回到Power BI Desktop 应用更改。

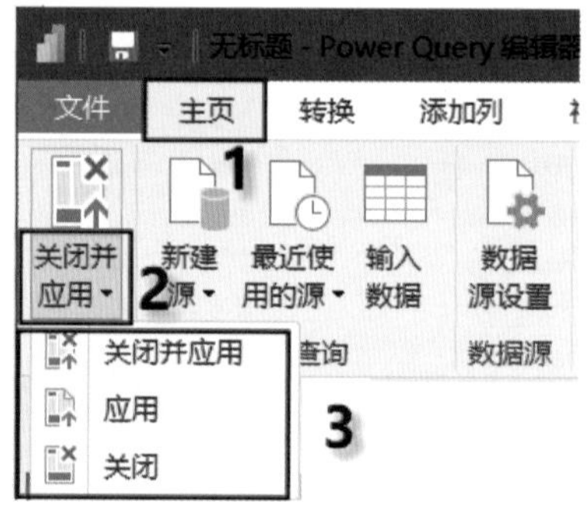

图 8-36 关闭并应用或应用

经过上述操作完成了使用Power Query快速提取数据，并将提取的数据加载到Power BI Desktop中，利用这些数据可以创建可视化效果。在实际工作中， Power BI Desktop 报表经常会连接到多个数据源并根据需要整合各种关系以产生丰富的数据模型，下面通过实例66具体介绍整合数据的相关操作。

实例 66 整合数据

某贸易企业的销售资料和产品信息分别存放在Excel的不同工作表中，销售资料表中包含标识符、销往国家、商品名称、订购数量信息，产品信息表包含商品类别、商品名称、产品编号、产品价格，如图8-37所示。现要求对两个表中的信息进行整合，在销售资料表中根据商品名称添加商品类别、产品价格信息。

销售资料表部分记录

	A	B	C	D
1	标识符	销往国家	商品名称	订购数量
2	315801	美国	立体车长裤	707
3	315802	德国	后视镜	749
4	315803	荷兰	儿童车	491
5	315804	美国	气网型袖套	647
6	315805	加拿大	马鞍包	1067
7	315806	日本	自行车车衣	666
8	315807	马来西亚	背包	1219
9	315808	法国	立体车长裤	651
10	315809	加拿大	多功能短裤	612
11	315810	日本	多功能短裤	703
12	315811	加拿大	头巾	686
13	315812	阿根廷	淑女车	488
14	315813	阿根廷	立体车长裤	621

销售资料　产品信息

产品信息表部分记录

	A	B	C	D
1	商品类别	商品名称	产品编号	产品价格
2	服饰配件	立体车长裤	102	86
3	服饰配件	气网型袖套	127	17
4	服饰配件	自行车车衣	127	57
5	服饰配件	多功能短裤	115	43
6	服饰配件	头巾	117	17
7	服饰配件	立体车短裤	145	63
8	日用品	背包	145	43
9	日用品	运动型水壶	132	13
10	日用品	运动型眼镜	114	94
11	日用品	护腕	137	7
12	日用品	安全帽	120	60
13	自行车款	儿童车	124	77
14	自行车款	淑女车	123	300

销售资料　产品信息

图 8-37　销售资料表和产品信息表

这种不同工作表中的信息整合使用Power Query编辑器进行处理最为适合，操作简单快捷又能够保证正确性。下面分步骤进行介绍。

01 启动 Power BI Desktop，单击画布中的“从Excel导入数据”按钮，在弹出的对话框中，选择要打开的文件将其打开，如图 8-38 所示。

图 8-38　打开文件

02 在“导航器”窗口中，选中“产品信息”和“销售资料”复选框，单击“转换数据”按钮，如图 8-39 所示，进入Power Query编辑器窗口。

图 8-39　“导航器”窗格

03 在Power Query编辑器窗口中，对导入的数据源进行整理和规范，删除产品信息表中的多余空行，操作步骤如图8-40所示，整理和规范后的表格如图8-41所示。

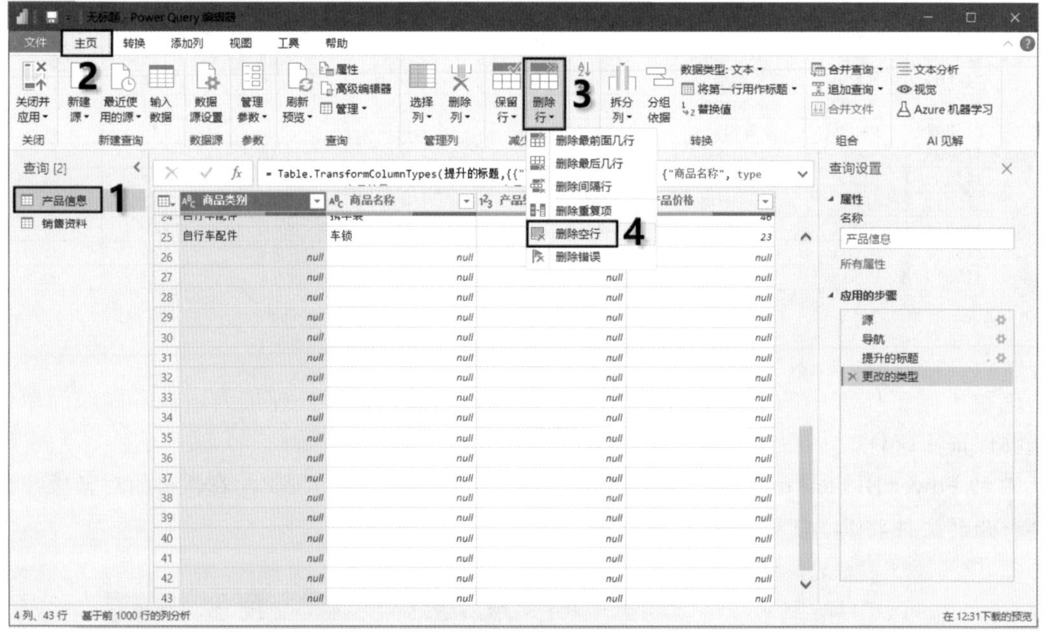

图8-40　删除空行

	商品类别	商品名称	产品编号	产品价格
1	服饰配件	立体车长裤	102	86
2	服饰配件	气网型袖套	127	17
3	服饰配件	自行车车衣	127	57
4	服饰配件	多功能短裤	115	43
5	服饰配件	头巾	117	17
6	服饰配件	立体车短裤	145	63
7	日用品	背包	145	43
8	日用品	运动型水壶	132	13
9	日用品	运动型眼镜	114	94
10	日用品	护腕	137	7
11	日用品	安全帽	120	60
12	自行车款	儿童车	124	77
13	自行车款	淑女车	123	300
14	自行车款	公路车	115	440
15	自行车款	无变速小折	140	206
16	自行车款	变速小折	122	243
17	自行车款	双人协力车	128	149
18	自行车款	登山车	145	480
19	自行车配件	后视镜	128	14
20	自行车配件	马鞍包	139	40
21	自行车配件	打气筒	139	15
22	自行车配件	自行车坐垫包	139	11
23	自行车配件	车头灯	121	34
24	自行车配件	携车袋	132	46
25	自行车配件	车锁	134	23

图8-41　整理和规范后的表格

04 由于企业要求在销售资料表中根据商品名称添加商品类别、产品价格，所以选中销售资料表进行合并查询，如图 8-42 所示。

图 8-42　进行合并查询

05 弹出“合并”对话框，上方已经默认选择了“销售资料”表，在下方选择“产品信息”表，如图 8-43 所示。

图 8-43　选择合并的表

06 由于两张表要根据“商品名称”字段进行整合，所以依次选中两张表中的“商品名称”匹配列进行外部连接，如图 8-44 所示。

07 合并后，Power Query 编辑器中新增“产品信息”列，如图 8-45 所示。

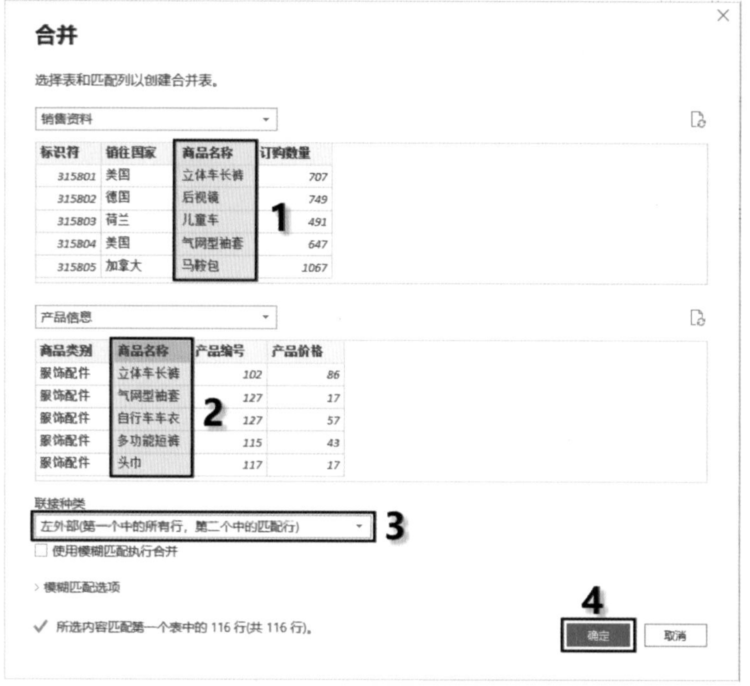

图8-44　选择匹配的列及连接种类

查询 [3]：产品信息、销售资料、合并1

= Table.NestedJoin(销售资料, {"商品名称"}, 产品信息, {"商品名称"}, "产品信息", JoinKind.LeftOuter)

	标识符	销往国家	商品名称	订购数量	产品信息
1	315801	美国	立体车长裤	707	Table
2	315802	德国	后视镜	749	Table
3	315803	荷兰	儿童车	491	Table
4	315804	美国	气网型袖套	647	Table
5	315805	加拿大	马鞍包	1067	Table
6	315806	日本	自行车车衣	666	Table
7	315807	马来西亚	背包	1219	Table
8	315808	法国	立体车长裤	651	Table
9	315809	加拿大	多功能短裤	612	Table
10	315810	日本	多功能短裤	703	Table
11	315811	加拿大	头巾	686	Table
12	315812	阿根廷	淑女车	488	Table

5 列、116 行　基于前 1000 行的列分析

图8-45　新增的列

08 展开“产品信息”列的字段信息，选中要添加到销售资料表中的字段复选框，如图8-46所示，添加字段后的效果如图8-47所示。

图8-46　选中要添加到销售资料表中的字段复选框

查询 [3]：产品信息　销售资料　合并1

= Table.RenameColumns(重排序的列,{{"商品名称", "产品信息.商品名称"}})

	标识符	销往国家	产品信息.商品类别	订购数量	产品信息.商品名称	产品信息.产品价格
1	315801	美国	服饰配件	707	立体车长裤	86
2	315802	德国	自行车配件	749	后视镜	14
3	315803	荷兰	自行车款	491	儿童车	77
4	315804	美国	服饰配件	647	气网型袖套	17
5	315805	加拿大	自行车配件	1067	马鞍包	40
6	315806	日本	服饰配件	666	自行车车衣	57
7	315807	马来西亚	日用品	1219	背包	43
8	315808	法国	服饰配件	651	立体车长裤	86
9	315809	加拿大	服饰配件	612	多功能短裤	43
10	315810	日本	服饰配件	703	多功能短裤	43
11	315811	加拿大	服饰配件	686	头巾	17
12	315812	阿根廷	自行车款	488	淑女车	300
13	315813	阿根廷	服饰配件	621	立体车长裤	86

6 列、116 行　基于前 1000 行的列分析

图8-47　添加字段后的效果

09 添加字段后“标识符”编号变为乱序排列，若要恢复原有数据顺序，需要对“标识符”进行升序排列，操作步骤如图8-48所示。

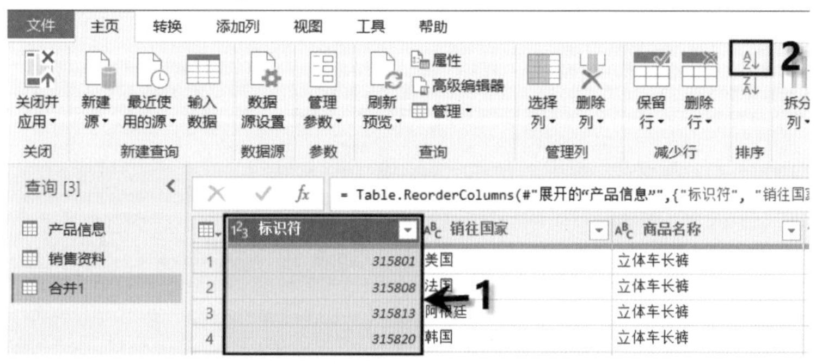

图8-48　对“标识符”升序排列

10 更改添加字段的名称和位置，使字段顺序符合逻辑。双击“产品信息.商品类别”字段名，输入“商品类别”。光标指向“商品类别”字段名，按住鼠标左键沿着字段名所在的行进行拖动，将其拖至“商品名称”字段前，按照相同的方法将“产品信息.产品价格”字段名更改为“产品价格”并拖至“订购数量”字段前，效果如图8-49所示。

查询 [3]：产品信息　销售资料　合并1

= Table.ReorderColumns(#"展开的"产品信息"",{"标识符", "销往国家", "商品类别", "商品名称", "产品价格", "订购数量"})

	标识符	销往国家	商品类别	商品名称	产品价格	订购数量
1	315801	美国	服饰配件	立体车长裤	86	707
2	315808	法国	服饰配件	立体车长裤	86	651
3	315813	阿根廷	服饰配件	立体车长裤	86	621
4	315820	韩国	服饰配件	立体车长裤	86	653
5	315821	韩国	服饰配件	立体车长裤	86	662
6	315802	德国	自行车配件	后视镜	14	749
7	315815	日本	自行车配件	后视镜	14	864
8	315804	美国	服饰配件	气网型袖套	17	647
9	315818	日本	服饰配件	气网型袖套	17	550
10	315803	荷兰	自行车款	儿童车	77	491
11	315806	日本	服饰配件	自行车车衣	57	666
12	315809	加拿大	服饰配件	多功能短裤	43	612
13	315810	日本	服饰配件	多功能短裤	43	703

图8-49　移动字段后的效果

11 在Power Query 编辑器中得到所需的结果后，关闭Power Query并应用更改。Power Query编辑器包含3个查询，其中“合并1”是整合后的查询，选中任意一个查询(如“合并1”)，单击“关闭并应用”按钮，如图8-50所示，关闭Power Query 编辑器窗口，3个查询的数据加载到Power BI Desktop 窗口中，如图8-51所示，使用加载数据可以进行计算或创建可视化图表。

图8-50　关闭并应用

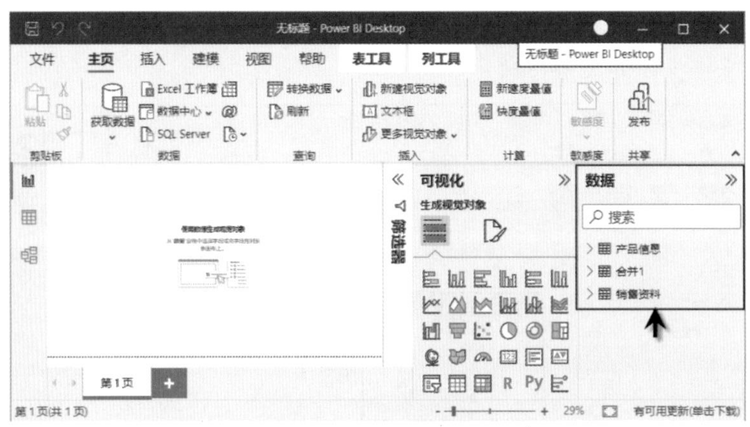

图8-51　加载到Power BI Desktop窗口中的数据

这样便通过合并查询实现了多个表的整合，整个操作过程既简单又快捷。在Power BI中，Power Query主要用于数据查询、清理转换，若要对数据进行分析和计算，需要使用Power BI中的Power Pivot。下面通过实例67具体介绍使用Power Pivot进行数据分析和计算的相关操作。

实例 67　数据计算

某企业要求根据销售资料和销售日期进行数据汇总分析，以获得各年各商品类别的总销售金额，如图8-52所示。

标识符	销往国家	商品类别	商品名称	产品价格	订购数量
315801	美国	服饰配件	立体车长裤	86	707
315802	德国	自行车配件	后视镜	14	749
315803	荷兰	自行车款	儿童车	77	491
315804	美国	服饰配件	气网型锁套	17	647
315805	加拿大	自行车配件	马鞍包	40	1067
315806	日本	服饰配件	自行车车衣	57	666
315807	马来西亚	日用品	背包	43	1219
315808	法国	服饰配件	立体车长裤	86	651
315809	加拿大	服饰配件	多功能短裤	43	612
315810	日本	服饰配件	多功能短裤	43	703
315811	加拿大	服饰配件	头巾	17	686
315812	阿根廷	自行车款	淑女车	300	488
315813	阿根廷	服饰配件	立体车长裤	86	621
315814	美国	自行车款	公路车	440	392
315815	日本	自行车配件	后视镜	14	864
315816	西班牙	自行车款	无变速小折	206	308
315817	意大利	日用品	运动型水壶	13	1299

销售资料　销售日期

+

标识符	日期
315801	2016/1/22
315802	2016/1/23
315803	2016/2/20
315804	2016/2/25
315805	2016/3/3
315806	2016/3/7
315807	2016/4/8
315808	2016/4/12
315809	2016/4/19
315810	2016/4/21
315811	2016/4/21
315812	2016/5/12
315813	2016/6/18
315814	2016/6/21
315815	2016/5/27
315816	2016/7/2
315817	2016/7/20

销售资料　销售日期

→

年	服饰配件	日用品	自行车款	自行车配件
2016	447762	363483	765432	188870
2017	178527	375730	394620	319165
2018	282616	917152	843527	247101

图8-52　数据源和汇总结果

在上述所提供的表中，销售资料表中仅有产品价格和订购数量信息没有日期信息，而销售日期表里仅有日期信息，没有销售金额信息。在这种情况下，若要汇总出各年各商品类别总销售金额，需要将两张表的信息整合在一起进行计算和分析。

因两张表中都包含“标识符”信息，且销售日期表中的每个“标识符”对应销售资料表中的每条销售记录，所以可以利用Power Pivot按照“标识符”将两个表中的数据进行关联。下面分步骤进行介绍。

01 启动 Power BI Desktop，单击画布中的“从Excel导入数据”按钮，在弹出的对话框中，选择要打开的文件将其打开，如图 8-53 所示。

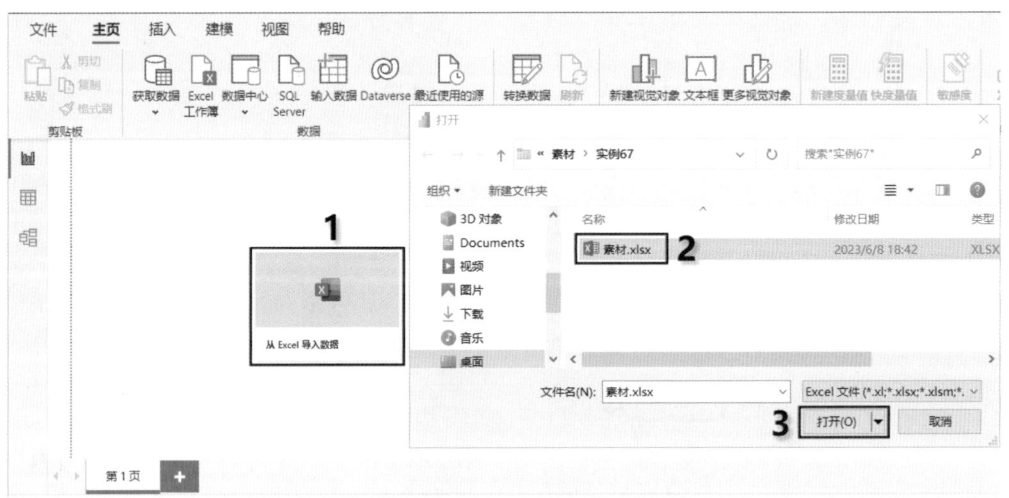

图8-53　打开文件

02 在“导航器”窗口中，选中“销售日期”和“销售资料”复选框，单击“转换数据”按钮，如图 8-54 所示，进入Power Query编辑器窗口。

标识符	销往国家	商品类别	商品名称	产品价格	订购数量
315801	美国	服饰配件	立体车长裤	86	707
315802	德国	自行车配件	后视镜	14	749
315803	荷兰	自行车款	儿童车	77	491
315804	美国	服饰配件	气网型袖套	17	647
315805	加拿大	自行车配件	马鞍包	40	1067
315806	日本	服饰配件	自行车车衣	57	666
315807	马来西亚	日用品	背包	43	1219
315808	法国	服饰配件	立体车长裤	86	651
315809	加拿大	服饰配件	多功能短裤	43	612
315810	日本	服饰配件	多功能短裤	43	703

图8-54　“导航器”窗口

03 在Power Query编辑器窗口中，对导入的数据源进行整理和规范。分别打开两个表查看数据，表中的数据都比较规范，无须整理，单击窗口左上角的“关闭并应用”按钮，如图 8-55 所示，关闭Power Query编辑器窗口，返回到Power BI Desktop 窗口中应用数据。

04 由于企业要求汇总的是总销售金额，而销售资料表中只有产品价格和订购数量，所以需要根据产品价格和订购数量计算出金额。计算公式为：金额=产品价格*订购数量。计算方法有两种：一是在表格中添加一列并将其命名为“金额”；二是添加一个度量值并将其命名为“金额”。两种方法的区别是：第一种方法(表中添加一列)添加的数据存在于表格中，占据内存容量；第二种方法(添加度量值)添加的数据临时存放在表格中，不占内存容量。如果添加的数据仅是为了创建图表而不参与计算，建议使用第二种方法。两种计算方法如下。

图8-55　关闭并应用数据

方法 1：在表格中添加一列计算金额

切换到数据视图，在“数据”窗格中选中“销售资料”，进行如图8-56所示的操作，在表格中添加一列。在编辑栏中输入：金额=[，弹出字段下拉列表，如图8-57所示，单击下拉列表中的“产品价格”即可将其输入公式中，继续输入乘号*和[，在弹出的下拉列表中单击“订购数量”选项，按Enter键，计算结果显示在添加的列中，如图8-58所示。

输入公式时要注意各符号使用英文半角符号，字段名用方括号“[]”括起来。

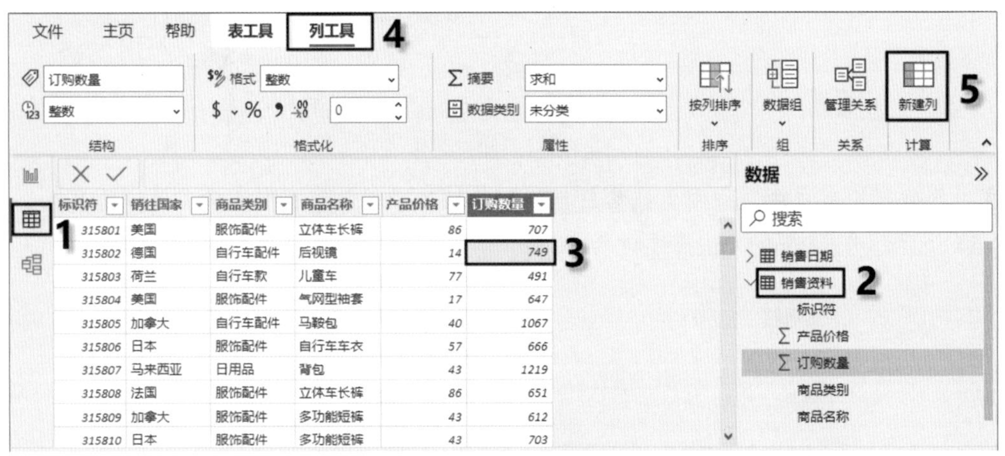

图8-56　在表格中添加一列

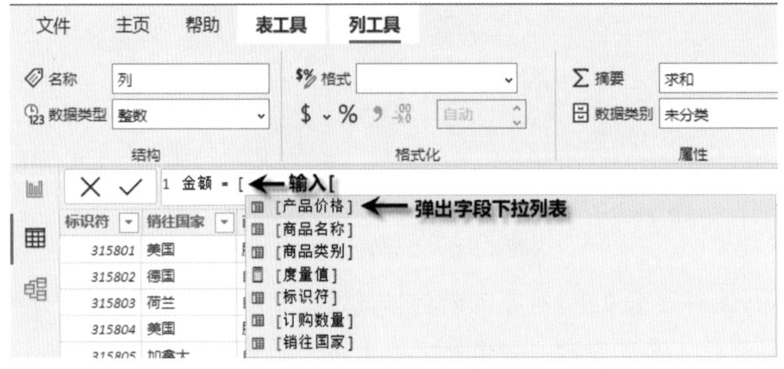

图8-57　输入方括号[，弹出字段下拉列表

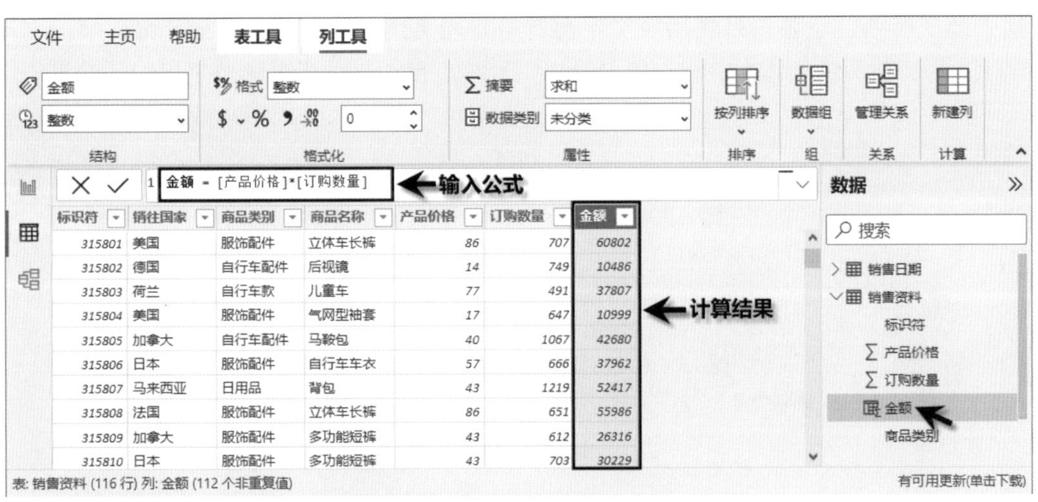

图 8-58　输入公式和计算结果

方法 2：添加度量值计算金额

在报表视图中，选中“数据”窗格中的“销售资料”，打开“表工具”选项卡，单击“新建度量值”按钮，在编辑栏中输入DAX公式：金额 = sumx(’销售资料’,’销售资料’[产品价格]*’销售资料’[订购数量])，如图 8-59 所示，按Enter键，计算结果显示在“数据”窗格中。

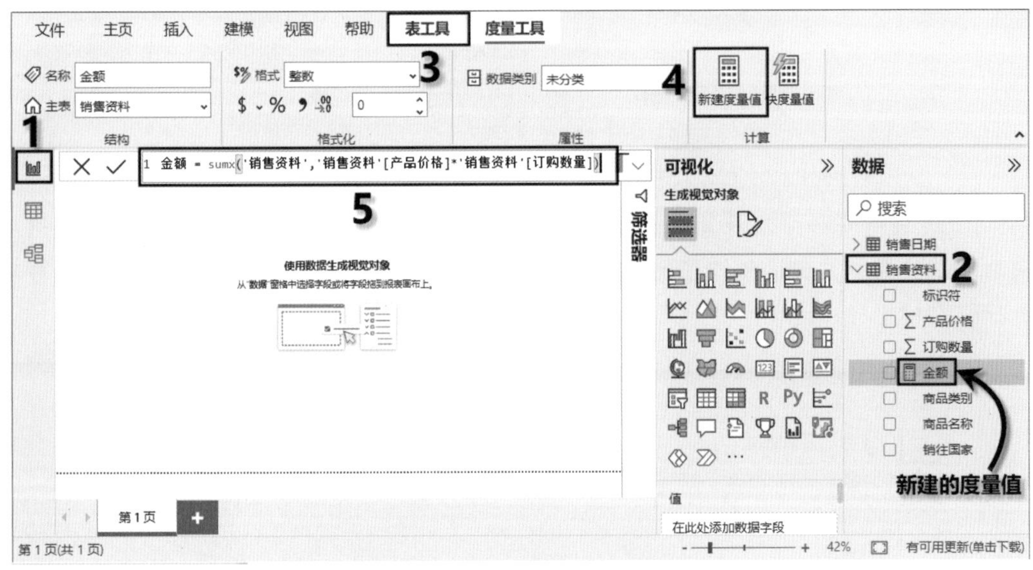

图 8-59　添加度量值计算金额

sumx是Power Pivot中的聚合函数(以X结尾的)，其语法结构为：sumx(表，表达式)，所以上述公式中的各项含义如图 8-60 所示。

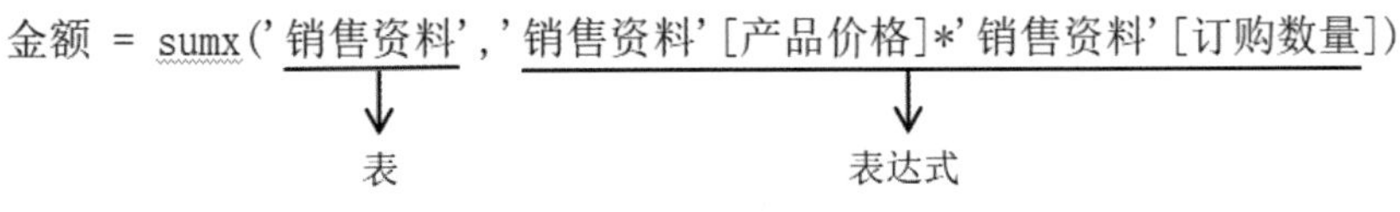

图 8-60　公式中的各项含义

输入公式时要注意各符号使用英文半角符号。表名用单引号“' ”括起来，字段名用方括号“[]”括起来。当在公式中输入单引号“' ”时，自动显示表名称及字段的下拉列表，如图8-61和图8-62所示，单击下拉列表中的对应项即可将其输入公式中，利用此技巧可以方便快捷地输入上述DAX公式。

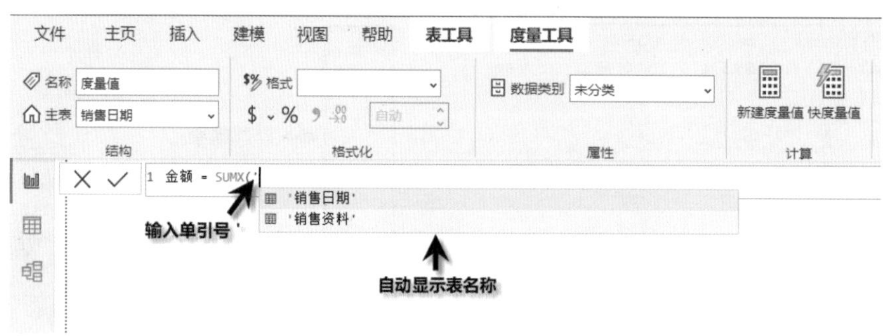

图8-61　在公式中输入单引号“' ”自动显示表名称

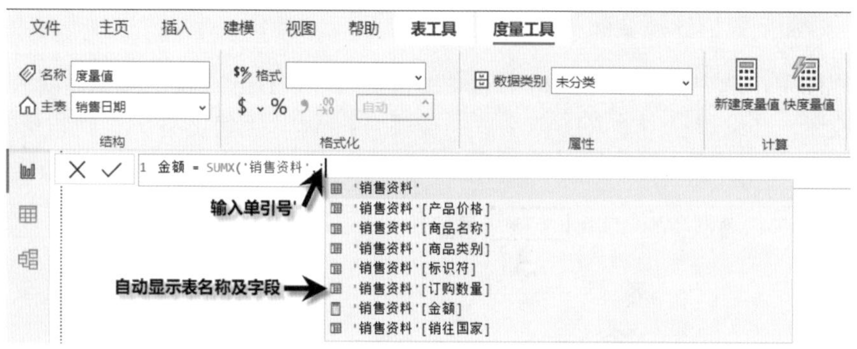

图8-62　在公式中输入单引号“' ”自动显示表名称和字段

05 使用上述任意一种方法计算出金额后，需要将销售日期表和销售资料表按照“标识符”进行关联。单击窗口左侧的模型视图按钮，如图8-63所示，可以看到Power BI Desktop自动将两张表按照“标识符”建立一对一关系。

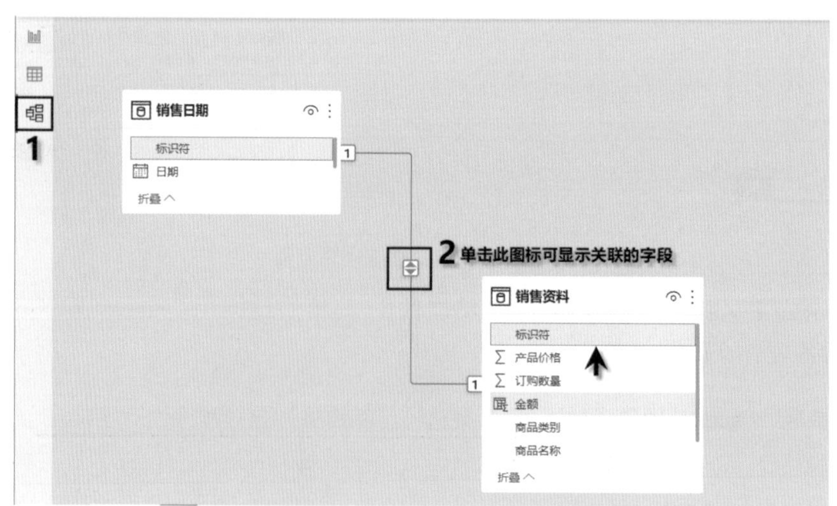

图8-63　在模型视图中按照“标识符”将两张表建立一对一关系

06 建立两张表的关联后，切换到报表视图中，插入矩阵(类似Excel中的透视图)，将“日期”“商品类别”和“金额”依次拖至“行”“列”和“值”框中，如图8-64所示，汇总结果显示在画布的表中。

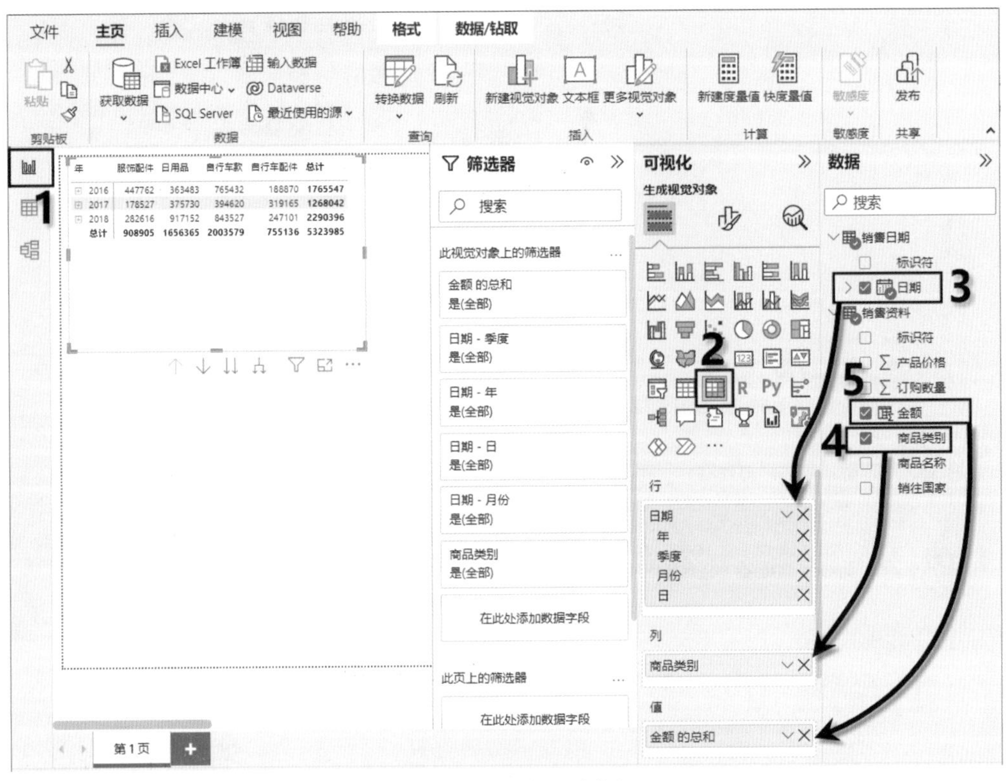

图8-64　插入表汇总数据

07 由于要汇总各年商品类别总销售金额，所以在“列”框中单击“日”“月份”和“季度”右侧的×图标，删除日期中的日、月份和季度，如图8-65所示。按年对商品类别汇总后的结果如图8-66所示。

08 拖动表周围控点将其调大，并将表中的字体设置为16号加大显示，操作步骤如图8-67所示。

09 删除行、列总计，操作步骤如图8-68所示。

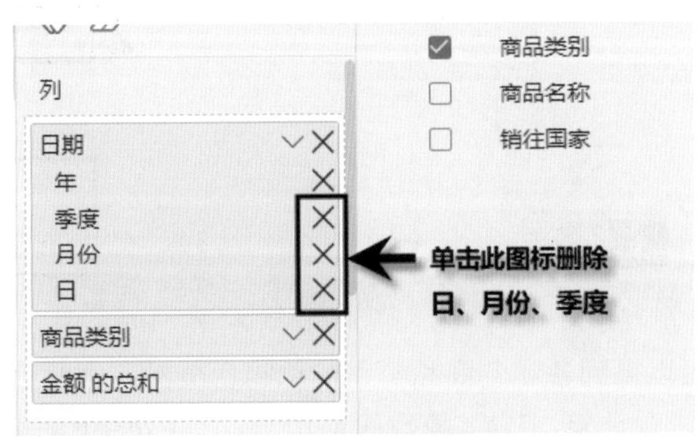

图8-65　删除日和月份

图8-66　按年对商品类别汇总的结果

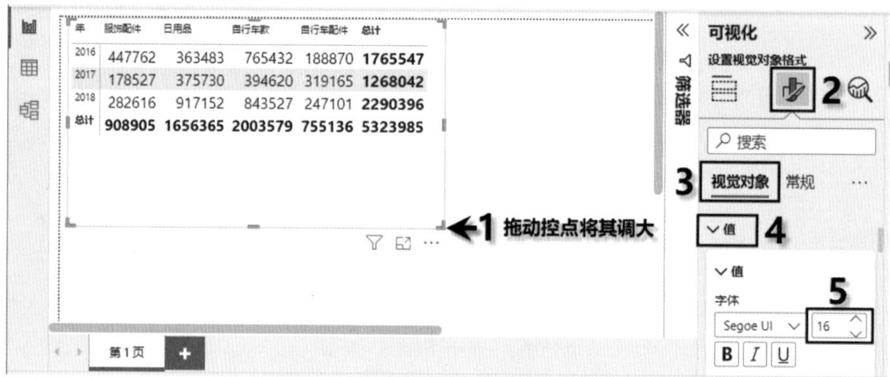

图8-67　调整表的大小和字体格式

图8-68　删除行、列总计

经过上述操作最终可以得到各年各商品类别的总销售金额。由此可以看出，在Power Pivot中使用DAX函数对数据进行计算，DAX函数的使用方法与Excel中的公式和函数相似。Power Pivot使用矩阵对数据进行分析，Power Pivot中的矩阵等同于Excel中的数据透视表，都可以对数据进行分类汇总等。所以只要熟悉Excel，便很容易就能使用Power Pivot对数据进行计算和分析。

Power Pivot中的DAX函数有几百个，核心函数大约分为四类，分别是聚合函数(以X结尾的)、筛选函数(calculate……)、时间函数(dateadd、totalytd……)、表关系函数(related、treatas……)。除了这四类比较重要的函数，还有其他函数类型，如信息函数、逻辑函数、财务函数等，这些函数无须特殊记忆，只需掌握少量核心函数知识，其余的可以在使用时到微软官方函数网站查询，或者到英文网站https://dax.guide/calculate/按关键词搜索函数，该网站不仅对函数有比较详尽的解释，而且在不断更新函数。

实例 68　创建报表

拥有数据后，即可将字段拖动到报表画布上以创建视觉对象。视觉对象是数据的图形表示形式，可以在Power BI Desktop中选择多个不同类型的视觉对象(如柱形图、条形图等)创建数据的各个方面。

一个Power BI Desktop文件中的视觉对象集合称为报表。报表可以有一个或多个页面，就如Excel文件可以有一个或多个工作表。借助 Power BI Desktop，可以将来自多个源的数据创建复杂且视觉效果丰富的报表，从而制成与组织中的其他人共享的多合一报表。下面通过实例介绍使用 Power BI创建报表的方法。

某对外贸易公司要求以季报形式展示公司对国外整体销售情况，该公司全年销售数据按照类别存放在5张工作表中，如图8-69所示。现要求根据销售数据查看本季度总订购数量、总销售额和总利润，各商品类别利润对比、各地区销售额占比、各年龄段订购数据对比、男女销售额占比、各商品销售对比排名。为了方便查看，将要查看的指标、数据、图表整合组织至一张报表上，如图8-70所示。

	A	B	C	D	E	F	G
1	标识符	销往国家	商品类别	商品名称	产品价格	订购数量	进价
2	315801	美国	服饰配件	立体车长裤	86	707	56
3	315802	德国	自行车配件	后视镜	14	749	8
4	315803	荷兰	自行车款	儿童车	77	491	53
5	315804	美国	服饰配件	气网型袖套	17	647	8
6	315805	加拿大	自行车配件	马鞍包	40	1067	28
7	315806	日本	服饰配件	自行车车衣	57	666	37
8	315807	马来西亚	日用品	背包	43	1219	28
9	315808	法国	服饰配件	立体车长裤	86	651	56
10	315809	加拿大	服饰配件	多功能短裤	43	612	29
11	315810	日本	服饰配件	多功能短裤	43	703	29
12	315811	加拿大	服饰配件	头巾	17	686	10
13	315812	阿根廷	自行车款	淑女车	300	488	210
14	315813	阿根廷	服饰配件	立体车长裤	86	621	56
15	315814	美国	自行车款	公路车	440	392	330
16	315815	日本	自行车配件	后视镜	14	864	8
17	315816	西班牙	自行车款	无变速小折	206	308	120

销售资料 | 产品信息 | 客户资料 | 销往国家 | 销售日期

图8-69　销售数据(部分)

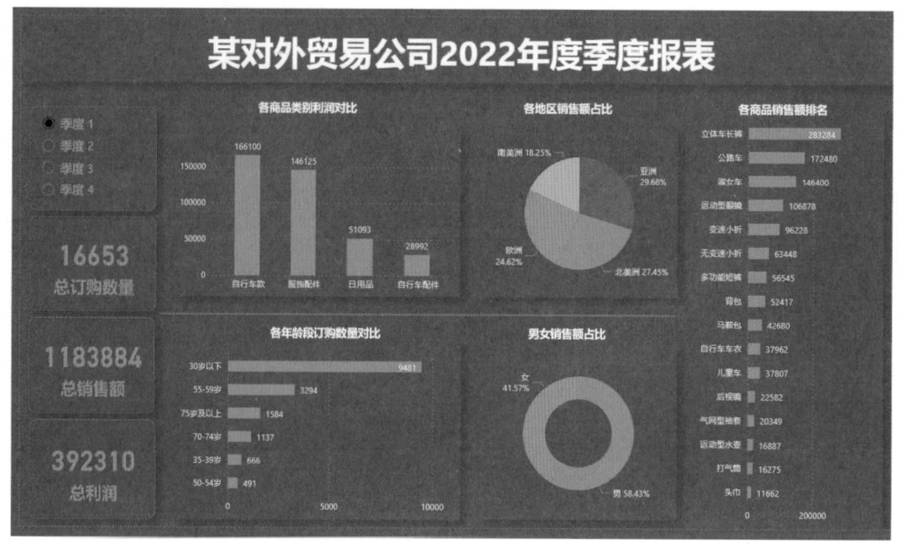

图8-70　制作完成的报表

这张报表不仅可以直观地显示各种指标的具体数值，还可以通过图表的方式动态地展示本季度各商品类别利润对比、各地区销售额占比、各年龄段订购数量对比、男女销售额占比、各商品销售额对比排名。更为方便的是，报表中的所有数据和图表跟随选择的季度同步联动更新。例如，在左上角的切片器中单击“季度4”单选按钮，报表中的数据和图表即刻联动更新，如图8-71所示。

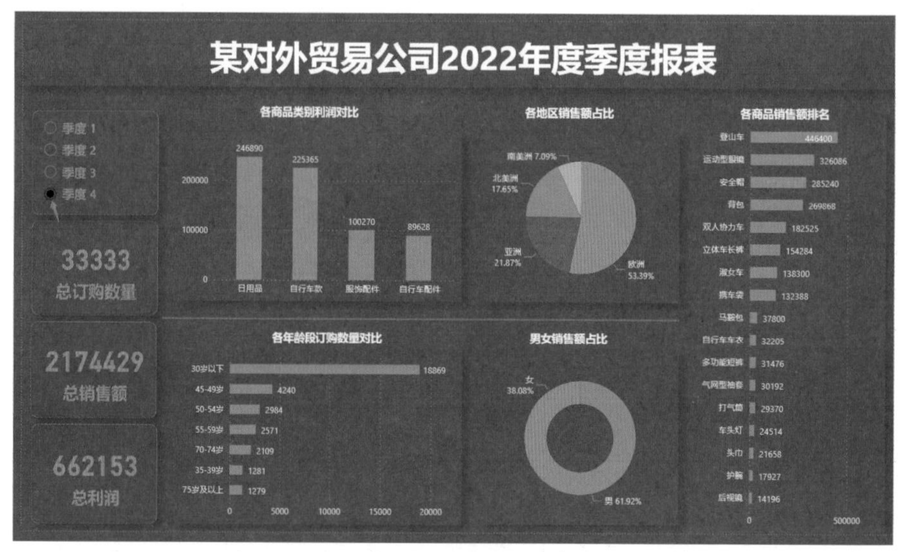

图8-71　季度4报表中的数据

这种动态报表的制作方法主要包括以下9个步骤。

- 确定分析需求和展示要素。
- 构建报表的整体布局。
- 数据导入、清洗、建模。
- 在模型中创建连接，将数据加载到模型中。

- 用 DAX 函数计算核心指标数据。
- 将相关的数据整合组织至报表中。
- 将相关的图表整合组织至报表中。
- 使用切片器进行多数据交互。
- 美化看板，完善看板页面排版。

下面分步骤进行具体介绍。

1. 确定分析需求和展示要素

在该例中，要求根据销售记录查看本季度总订购数量、总销售额和总利润，本季度各商品类别利润对比、各地区销售额占比、各年龄段订购数量对比、男女销售额占比、各商品销售额对比排名，所以按照查看需求明确要分析和展示的要素有以下 8 项。

- 本季度总订购数量。
- 本季度总销售额。
- 本季度总利润。
- 本季度各商品类别利润对比。
- 各地区销售额占比。
- 各年龄段订购数量对比。
- 男女销售额占比。
- 各业务员销售对比排名。

这些要素要以恰当的形式进行展示。本例中的前三项要素用大号数字的形式进行直观醒目展示，第五项至第八项要素用图表进行展示。此外，还需要插入切片器进行季度的切换，以便查看本季度的总订购数量、总销售额、总利润、本季度各商品类别利润对比等。

2. 构建报表的整体布局

明确了要分析的数据和要展示的要素，并清楚这些要素以什么形式进行展示后，接下来就是构建报表整体布局，即在什么位置展示什么数据，以什么形式展示最为适合，如图 8-72 所示。

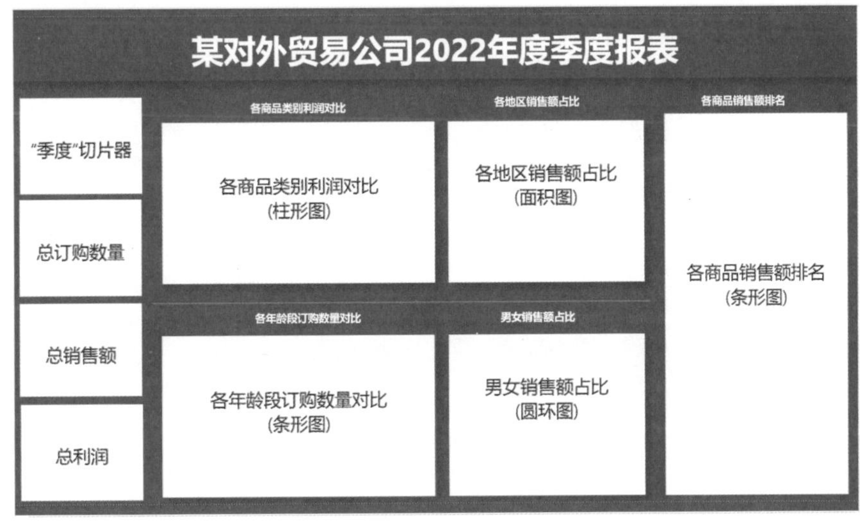

图 8-72　报表的整体布局

3. 数据导入、清洗、建模

在制作报表之前，首先要导入数据，查看数据源中的信息格式是否规范。若信息格式不规范，则需要转换为格式规范的数据。操作步骤如下。

01 启动 Power BI Desktop，打开“主页”选项卡，单击“获取数据”按钮，在弹出的对话框中，选择要打开的文件将其打开，如图 8-73 所示。

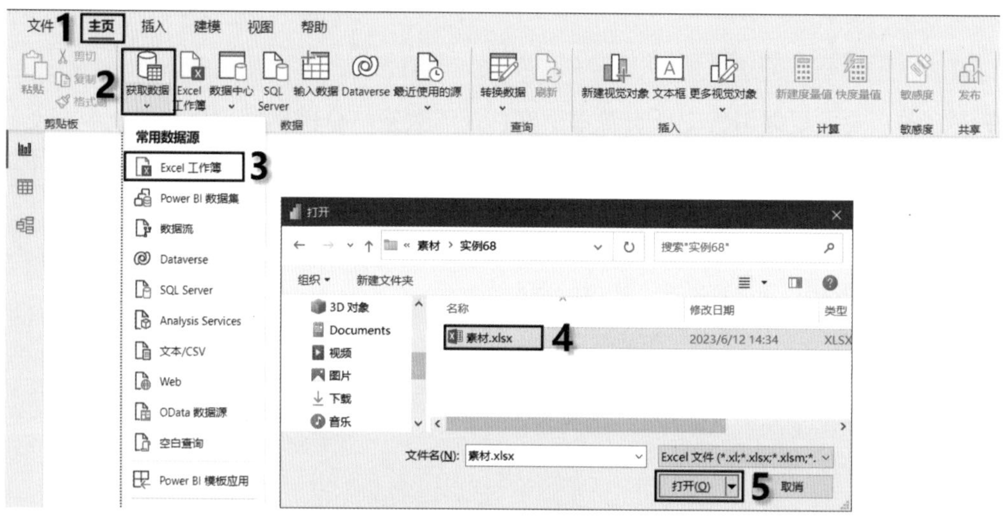

图 8-73　导入数据

02 在“导航器”窗口中，选中所有表复选框，单击“转换数据”按钮，如图 8-74 所示，进入Power Query编辑器窗口。

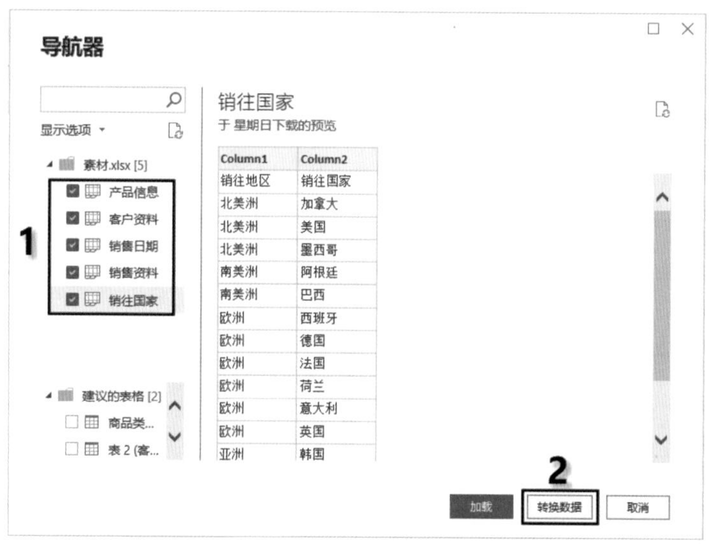

图 8-74　“导航器”窗口

03 在Power Query编辑器窗口中，对导入的数据源进行整理和清洗。分别打开每张表查看数据，在“销往国家”表中将第一行设置为标题，设置方法如图8-75所示。在“客户资料”表中删除空行，设置方法如图8-76所示，然后按照相同的方法，删除“产品信息”表中的空行。

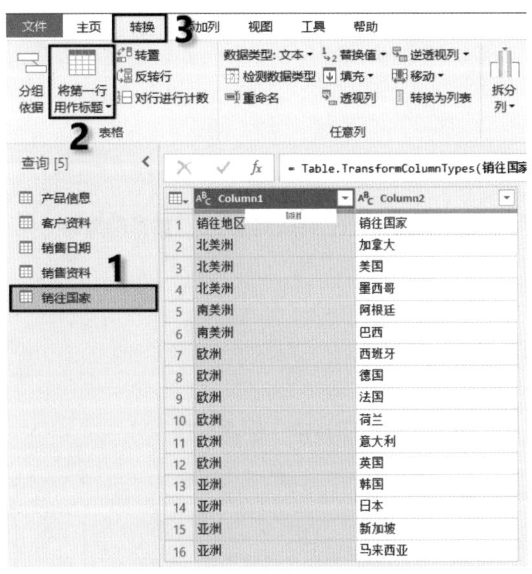

图8-75　将第一行设置为标题

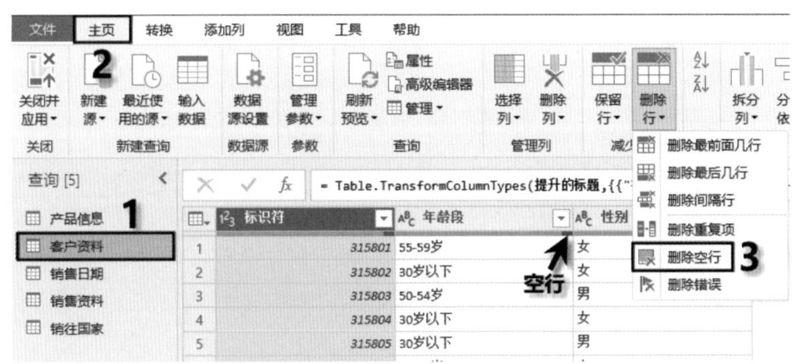

图8-76　删除空行

04 数据整理和清洗结束后，单击窗口左上角的“关闭并应用”按钮，关闭Power Query编辑器窗口，返回到Power BI Desktop 窗口中应用数据。

4. 在模型中创建连接，将数据加载到模型中

加载到Power BI Desktop 窗口中的数据，需要在模型视图中创建连接，将需要分析的数据关联在一起，这是非常重要的一步，如果关联不正确会影响之后的操作。在本例中创建的默认连接如图8-77所示，默认的连接能够满足本例分析需求，无须进行修改。若要修改连接，则打开“管理关系”对话框，单击“新建”或“编辑”按钮，创建新的连接或编辑已有的连接，如图8-78所示。

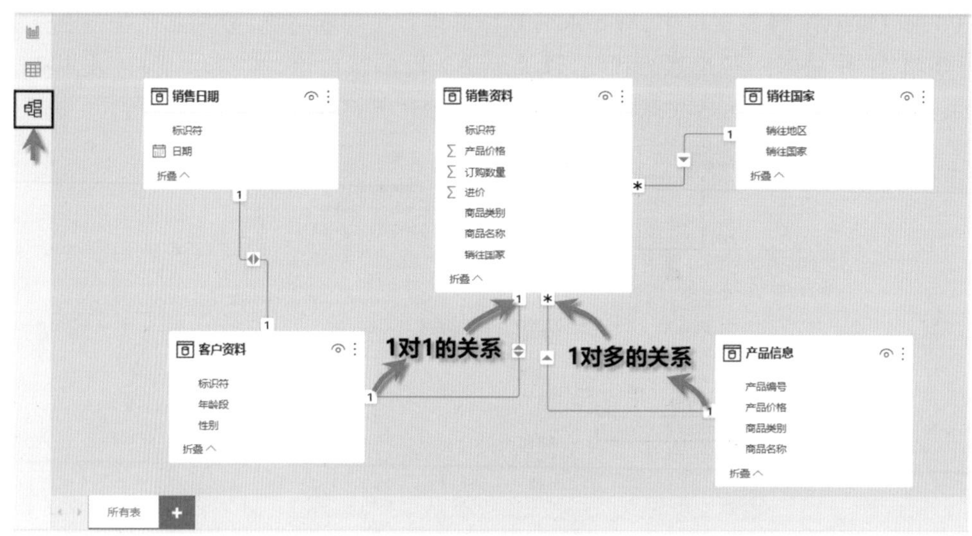

图8-77　创建连接

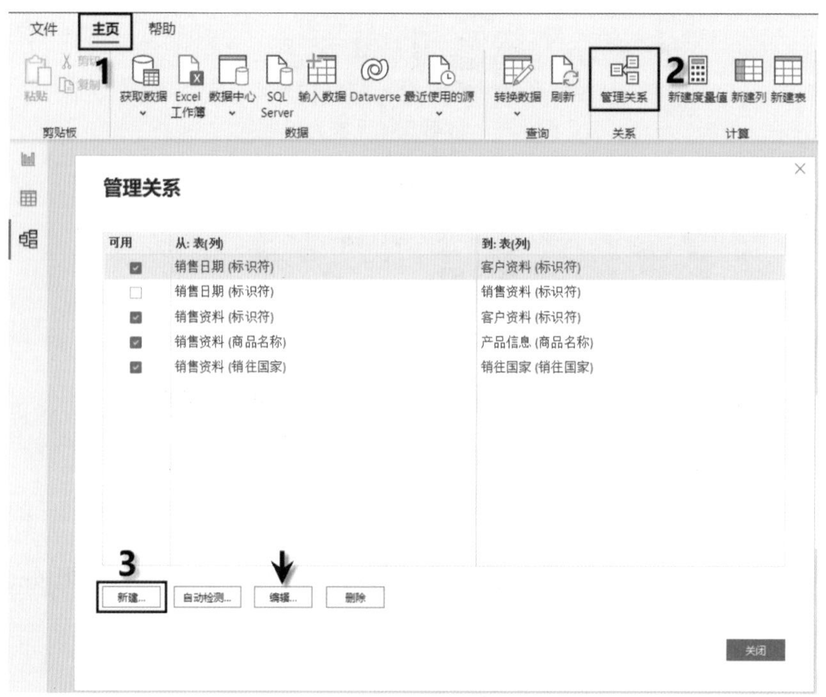

图8-78　新建连接或编辑已有连接

创建新的连接或编辑已有的连接中，连接线如果是虚线，如图8-79所示，表示关系不成立，需要重新编辑连接或删除连接。

创建新连接最快捷的方法是拖动共有的字段进行创建。例如，“销售日期”表和“销售资料”表中都有“标识符”字段，可将光标指向“销售日期”中的“标识符”，按住鼠标左键拖动至“销售资料”的“标识符”位置，即可在两个表之间创建连接。

在模型视图中创建分析所需的连接后(本例连接如图8-77所示)，接下来使用DAX函数计算核心指标数据。

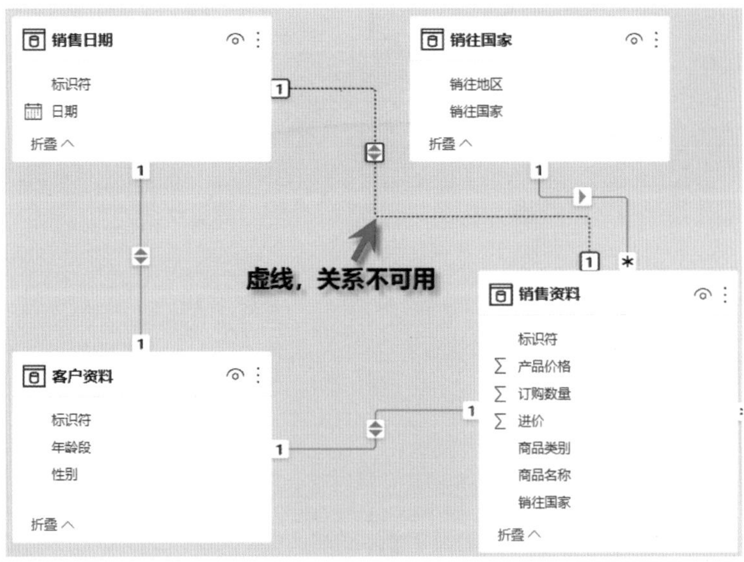

图 8-79　虚线连接关系不可用

5. 用 DAX 函数计算核心指标数据

本例需要计算的核心指标数据是总订购数量、总销售额、总利润，而在提供的数据源中没有销售额和利润，因此首先要计算出销售额和利润，计算步骤如下。

01 在数据视图中，选中“销售资料”表，新建一列，输入DAX公式：销售额 = [产品价格]*[订购数量]，按Enter键计算得到销售额，操作步骤如图 8-80 所示。

销售额 = [产品价格]*[订购数量]

标识符	销往国家	商品类别	商品名称	产品价格	订购数量	进价	销售额
315801	美国	服饰配件	立体车长裤	86	707	56	60802
315802	德国	自行车配件	后视镜	14	749	8	10486
315803	荷兰	自行车款	儿童车	77	491	53	37807
315804	美国	服饰配件	气网型袖套	17	647	8	10999
315805	加拿大	自行车配件	马鞍包	40	1067	28	42680
315806	日本	服饰配件	自行车车衣	57	666	37	37962
315807	马来西亚	日用品	背包	43	1219	28	52417
315808	法国	服饰配件	立体车长裤	86	651	56	55986
315809	加拿大	服饰配件	多功能短裤	43	612	29	26316
315810	日本	服饰配件	多功能短裤	43	703	29	30229
315811	加拿大	服饰配件	头巾	17	686	10	11662
315812	阿根廷	自行车款	淑女车	300	488	210	146400
315813	阿根廷	服饰配件	立体车长裤	86	621	56	53406
315814	美国	自行车款	公路车	440	392	330	172480
315815	日本	自行车配件	后视镜	14	864	8	12096
315816	西班牙	自行车款	无变速小折	206	308	120	63448
315817	意大利	日用品	运动型水壶	13	1299	7	16887

图 8-80　计算销售额

02 新建一列，输入DAX公式：进价金额 = [进价]*[订购数量]，按Enter键计算得到进价金额，操作步骤如图 8-81 所示。

03 新建一列，输入DAX公式：利润 = [销售额]-[进价金额]，按Enter键计算得到利润，操作步骤如图 8-82 所示。

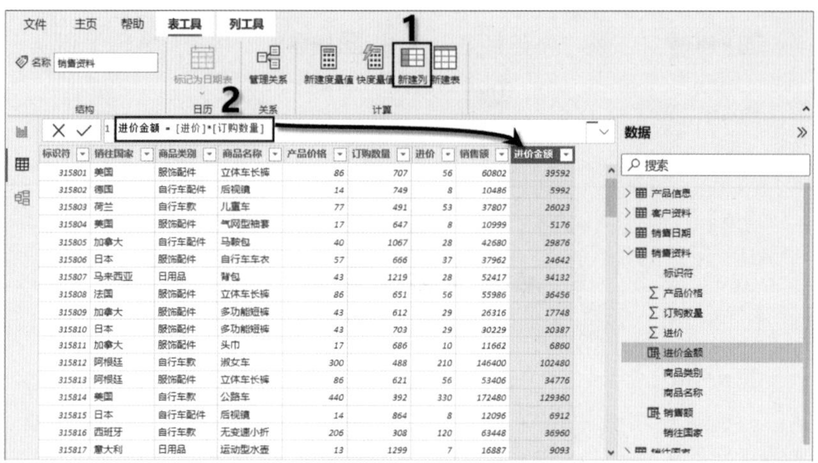

图8-81　计算进价金额

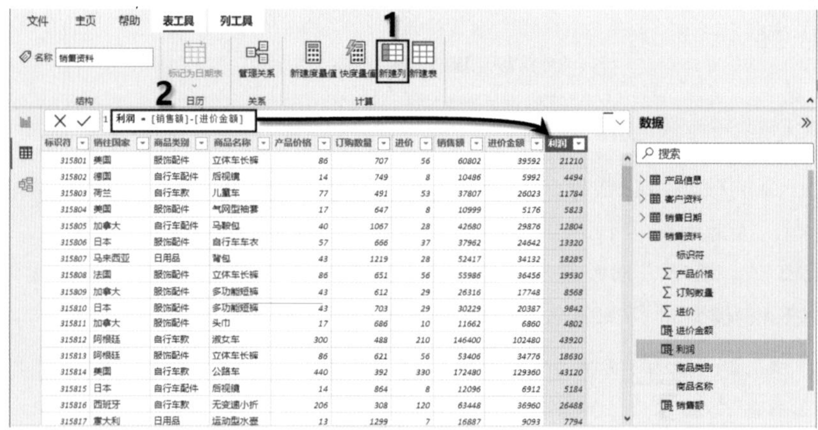

图8-82　计算利润

计算得到销售额和利润后，接下来计算本例需要的核心指标数据：总订购数量、总销售额、总利润。切换到报表视图，新建一个表，如图8-83所示，将本例中的3个核心指标数据放在该表中，以便管理和使用。

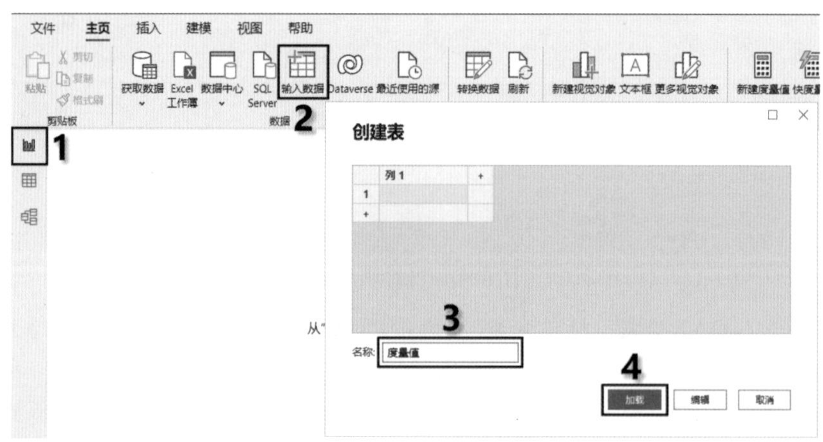

图8-83　创建表

1) 总订购数量

选中新建的表“度量值”，打开“表工具”选项卡，单击“新建度量值”按钮，输入DAX函数：总订购数量=SUM(‘销售资料’[订购数量])，如图8-84所示，按Enter键计算得到总订购数量。

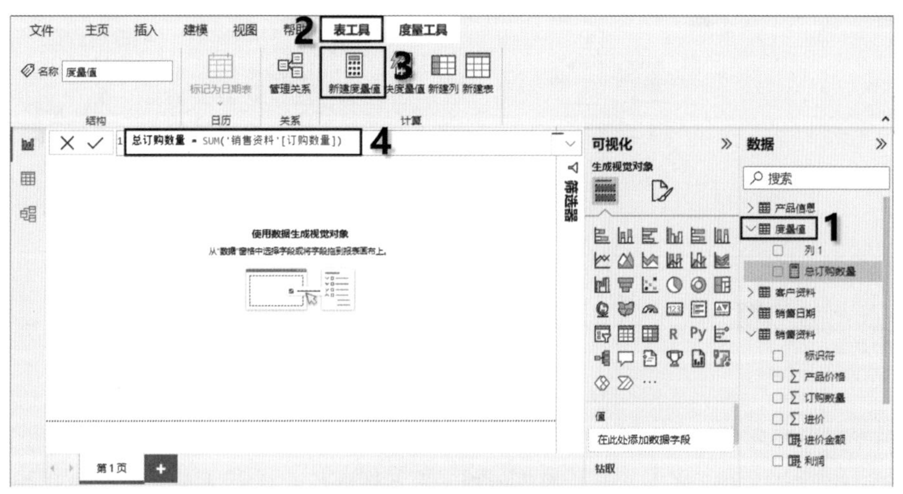

图8-84　计算总订购数量

2) 总销售额

单击“新建度量值”按钮，输入DAX函数：总订购数量=SUM(‘销售资料’[销售额])，如图8-85所示，按Enter键计算得到总销售额。

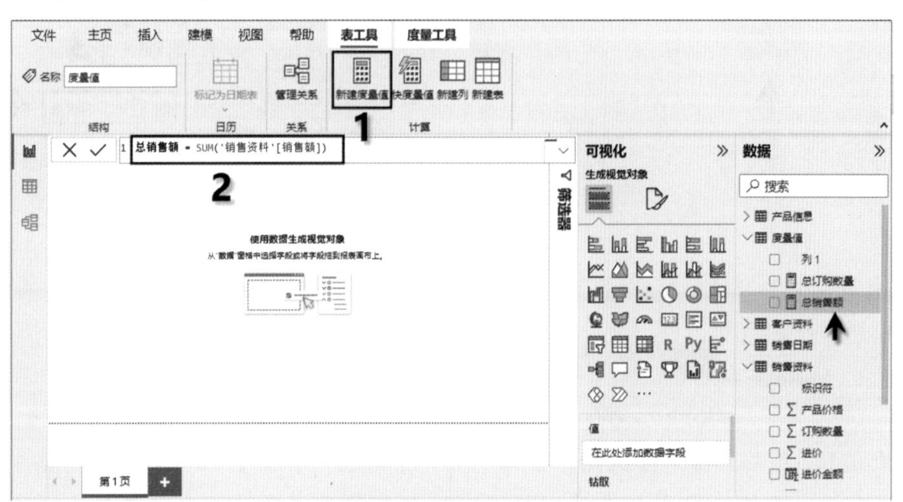

图8-85　计算总销售额

3) 总利润

单击“新建度量值”按钮，输入DAX函数：总利润=SUM(‘销售资料’[利润])，如图8-86所示，按Enter键计算得到总利润。

经过上述计算，得到本例所需的3个核心指标数据，接下来将这些指标数据整合到报表中。

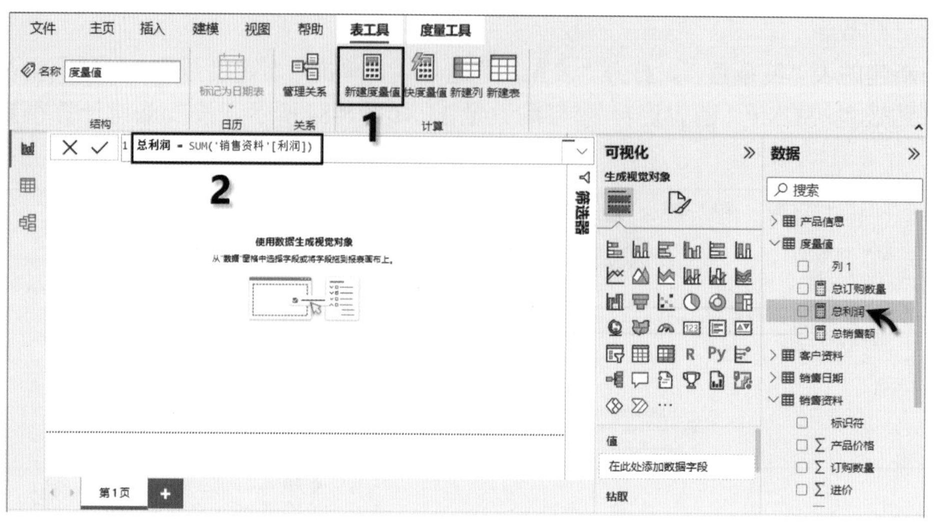

图8-86　计算总利润

6. 将相关的数据整合至报表中

01 在“可视化”窗格中，单击“卡片图”按钮，在“数据”窗格中选中“总订购数量”复选框，其值显示在画布的卡片图中，如图8-87所示，调整画布中卡片图的位置和大小。

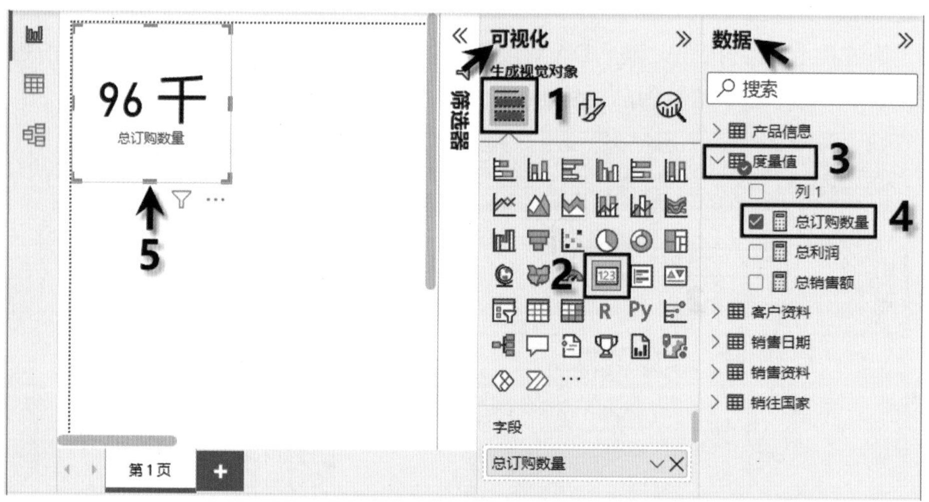

图8-87　插入卡片图将“总订购数量”整合至报表中

02 按照步骤1，再次单击“可视化”窗格中的“卡片图”按钮，在“数据”窗格中选中“总销售额”复选框，其值显示在画布的卡片图中，调整画布中卡片图的位置和大小，如图8-88所示。

03 按照相同的方法，再次单击“可视化”窗格中的“卡片图”按钮，在“数据”窗格中选中“总利润”复选框，其值显示在画布的卡片图中，调整画布中卡片图的位置和大小，如图8-89所示。

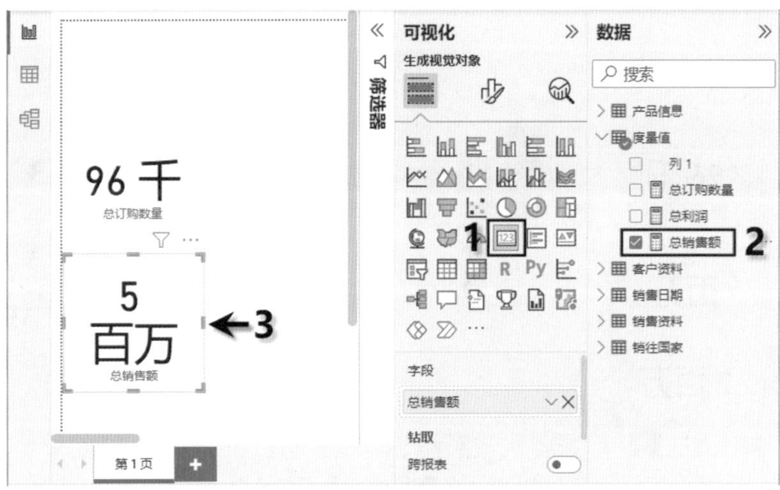

图8-88　插入卡片图将“总销售额”整合至报表中

图8-89　插入卡片图将“总利润”整合至报表中

7. 将相关的图表整合至报表中

1) 本季度各商品类别利润对比

在“可视化”窗格中，单击“簇状柱形图”按钮，在“数据”窗格中打开“销售资料”工作表，分别选中“商品类别”和“利润”复选框，或者将“商品类别”拖动到“X轴”列表框中，将“利润”拖动到“Y轴”列表框中，调整图表的位置和大小，如图8-90所示。

2) 各地区销售额占比

在“可视化”窗格中，单击“饼图”按钮，在“数据”窗格中分别选中“销售额”和“销售地区”复选框，或者将“销售额”拖动到“值”列表框，将“销售地区”拖到“图例”列表框，调整图表的位置和大小，如图8-91所示。

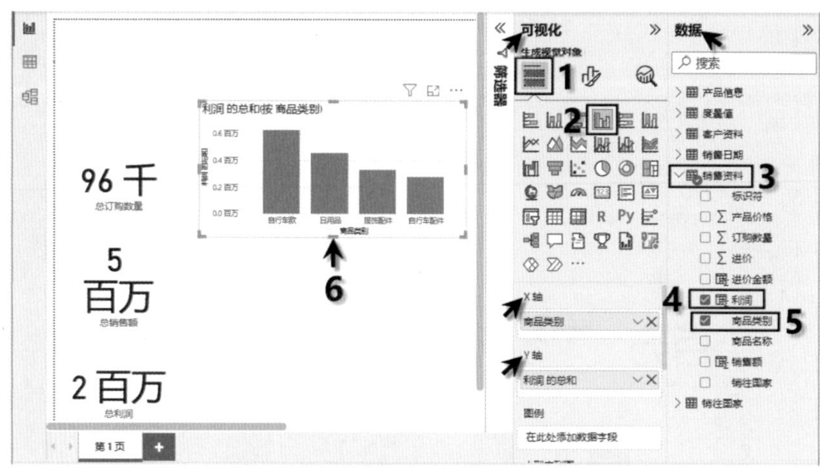

图8-90　各商品类别利润对比图

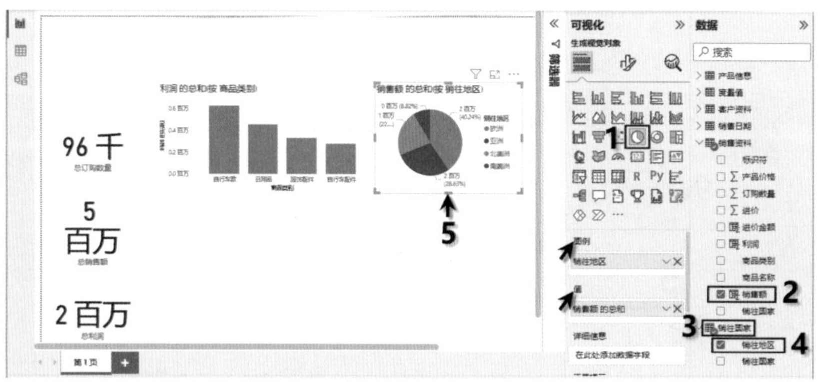

图8-91　各地区销售额占比

3) 各年龄段订购数量对比

在“可视化”窗格中，单击“条形图”按钮，在“数据”窗格中分别选中“年龄段”和“订购数量”复选框，或者将“年龄段”拖动到“Y轴”列表框，将“订购数量”拖动到“X轴”列表框，调整图表的位置和大小，如图8-92所示。

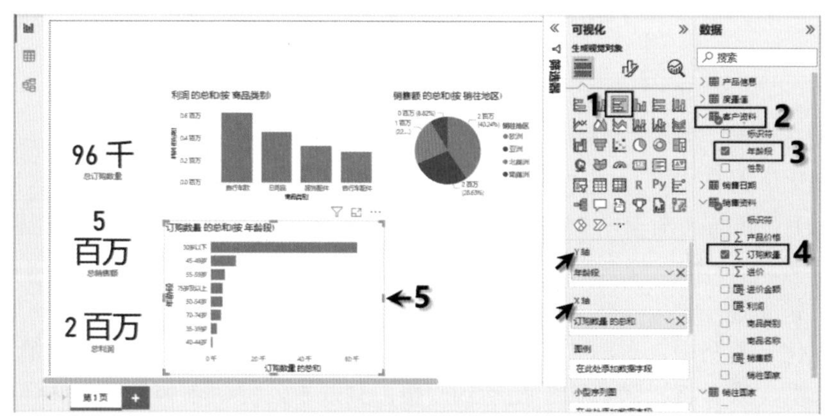

图8-92　各年龄段订购数量对比

4) 男女销售额占比

在“可视化”窗格中，单击“圆环图”按钮，在“数据”窗格中分别选中“性别”和“销售额”复选框，或者将“性别”拖动到“图例”列表框，将“销售额”拖动到“值”列表框，调整图表的位置和大小，如图8-93所示。

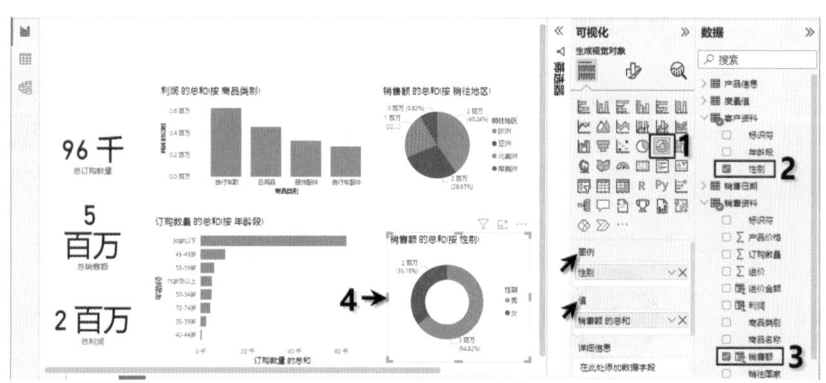

图8-93　男女销售额占比

5) 各业务员销售对比排名

在“可视化”窗格中，单击“条形图”按钮，在“数据”窗格中分别选中“商品名称”和“销售额”复选框，或者将“商品名称”拖动到“Y轴”列表框，将“销售额”拖动到“X轴”列表框，调整图表的位置和大小，如图8-94所示。

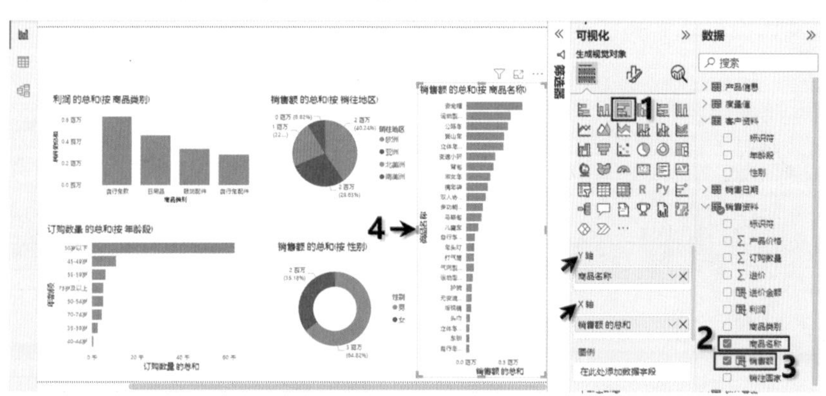

图8-94　各业务员销售对比排名

Power BI提供了丰富的图表，除了“可视化”窗格中的图表，还可以在线搜索更多的图表以满足工作需求。方法是：在“可视化”窗格中单击“获取更多视觉对象”按钮，在打开的列表中单击“获取更多视觉对象”选项，如图8-95所示，弹出“Power BI视觉对象”对话框，在“搜索”文本框中输入要查找的图表英文名称，如图8-96所示，下载后即可使用。

图8-95　“获取更多视觉对象”按钮

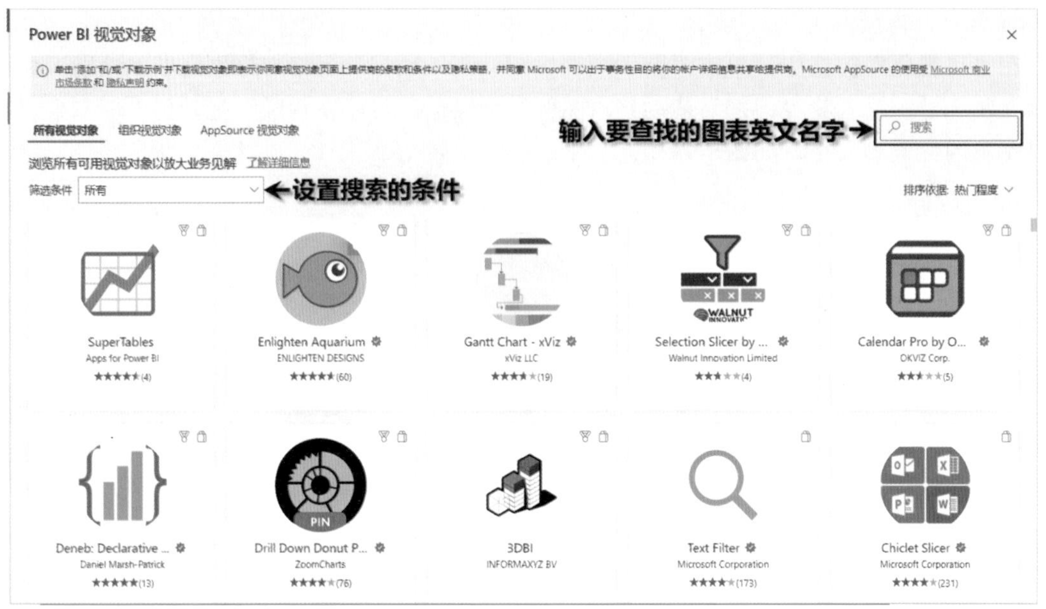

图 8-96　“Power BI视觉对象”对话框

8. 使用切片器进行多数据交互

在“可视化”窗格中，单击“切片器”按钮，在“数据”窗格中打开“销售日期”表，选中“季度”复选框，或者将“季度”拖动到“字段”列表框，调整切片器的位置和大小，如图8-97所示。

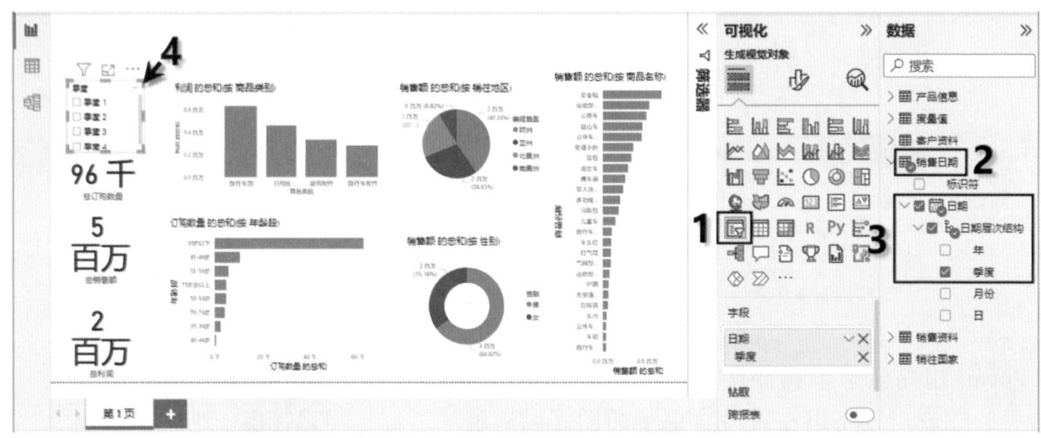

图 8-97　插入“季度”切片器

9. 美化报表，完善看板页面排版

本例中的美化看板分为6部分：一是填充报表背景；二是添加报表标题；三是美化“季度”切片器；四是美化指标数据；五是美化图表；六是添加分割线，将图表分为上下两部分。

1) 填充报表背景

在“可视化”窗格中，单击“设置报表页的格式”按钮，在“壁纸”区域中设置填充报表背景的颜色，如图 8-98 所示。

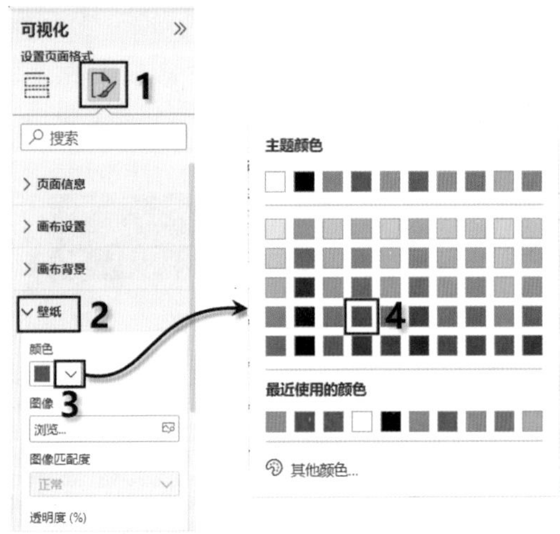

图 8-98　设置填充报表背景的颜色

2) 添加报表标题

01 打开“插入”选项卡，单击“文本框”按钮，在报表中插入文本框输入标题，设置字号为 36、加粗、居中，如图 8-99 所示。

图 8-99　插入文本框输入标题并设置格式

02 取消文本框的背景颜色，取消方法如图 8-100 所示。

图 8-100　设置文本框的填充颜色

03 将标题字体颜色设置为白色，如图 8-101 所示。

图8-101　设置字体颜色

04 选中文本框，设置阴影效果，如图8-102所示。

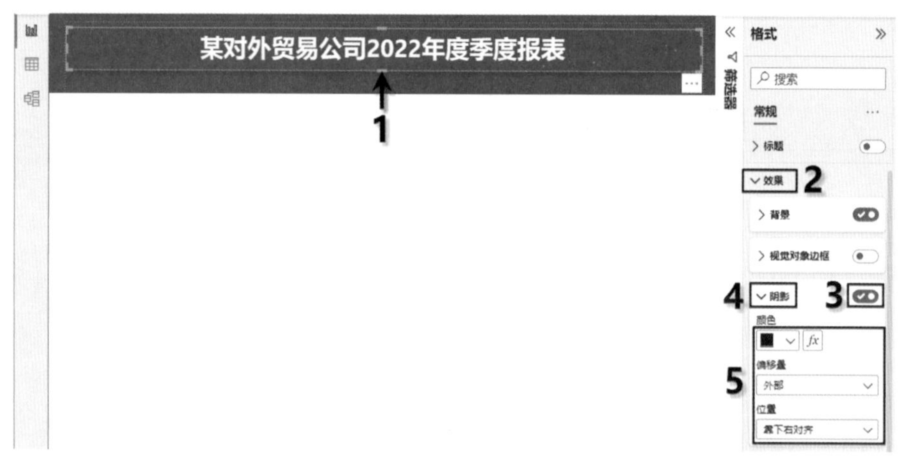

图8-102　设置文本框的阴影效果

3) 美化“季度”切片器

01 选中“季度”切片器，在“可视化”窗格中，单击“设置视觉对象格式”按钮，在展开的区域中设置切片器的选择、标头、值，如图8-103所示。

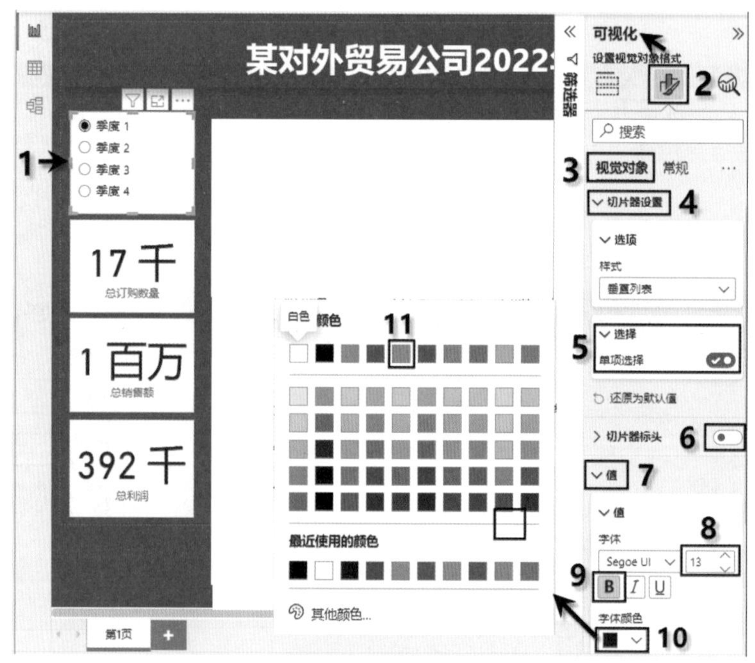

图8-103　设置切片器的选择、标头、值

02 单击“常规”按钮，在展开的区域中将切片器设置无背景，如图8-104所示。

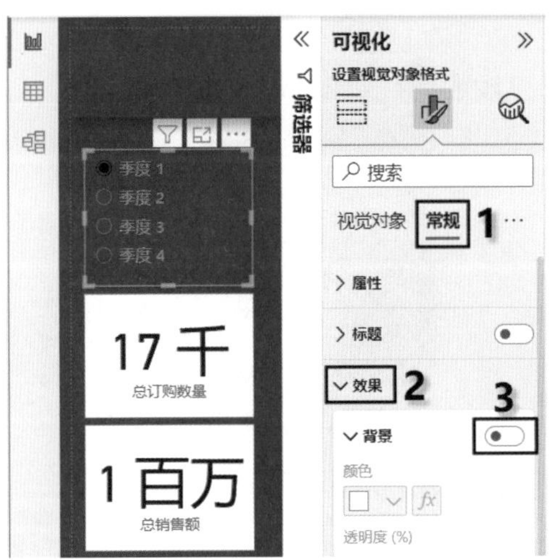

图8-104　设置切片器的填充颜色

03 设置切片器的边框颜色、圆角及阴影效果，如图8-105所示。

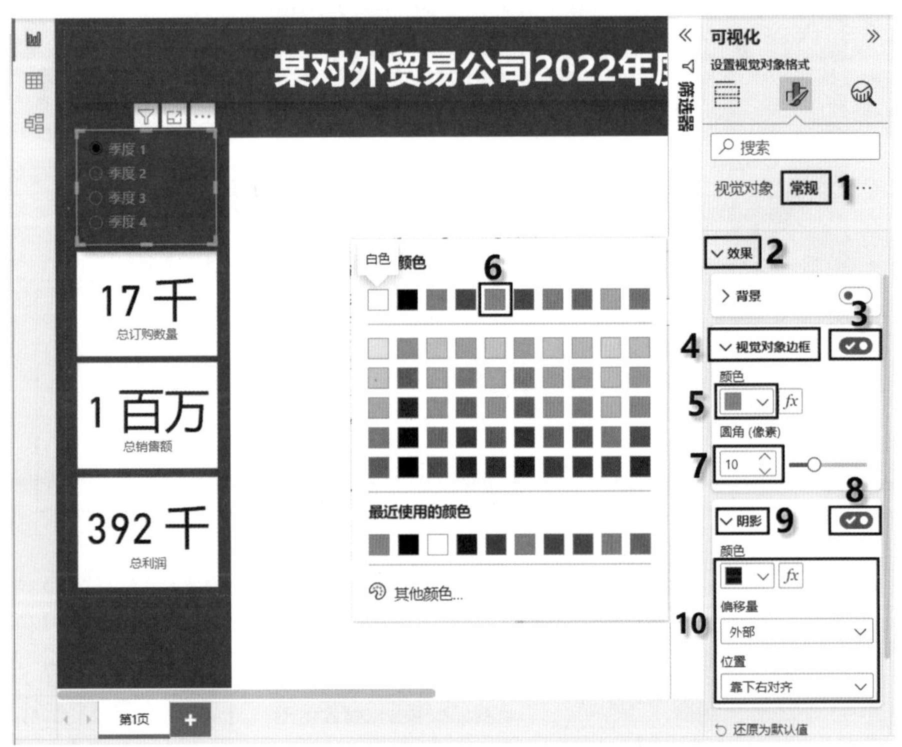

图8-105　设置切片器的边框及阴影效果

4) 美化指标数据

01 将“季度”切片器的格式复制给“总订购数量”卡片图。方法是：选中“季度”切片器，打开“主页”选项卡，单击“格式刷”按钮，此时光标变成了刷子的形状，单击“总订购数量”卡片图，即可将“季度”切片器的格式复制给“总订购数量”卡片图，如图8-106所示。

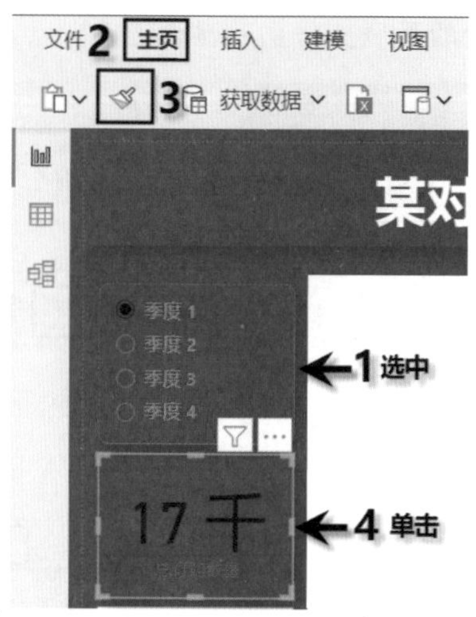

图8-106 使用格式刷将切片器复制给卡片图

02 选中"总订购数量"卡片图，在"可视化"窗格中，设置标注值和类别标签的格式，如图8-107所示。

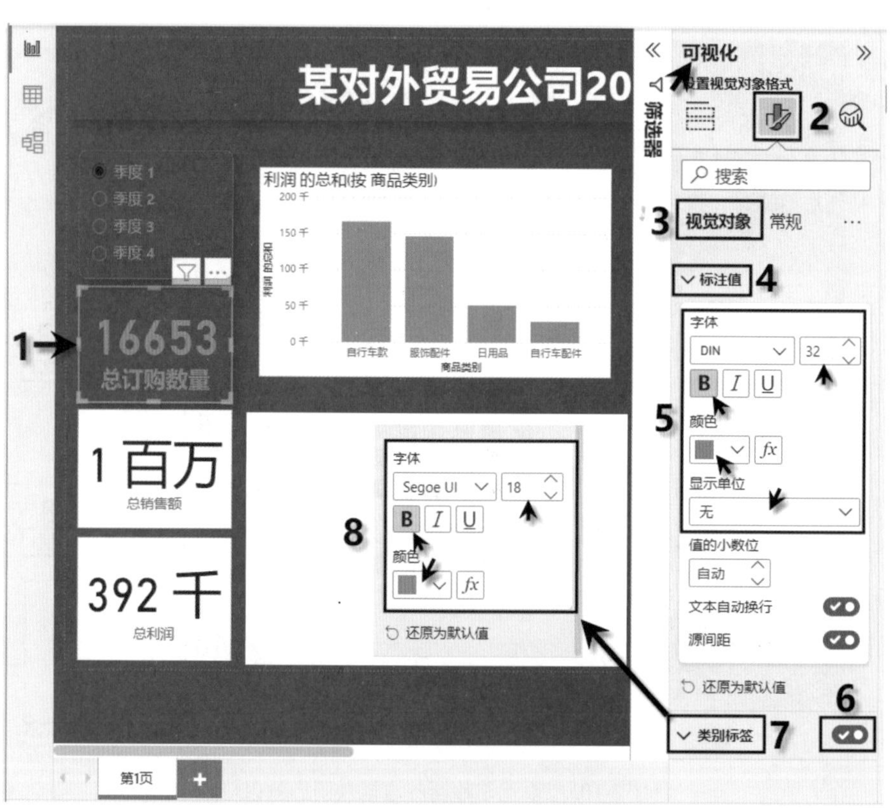

图8-107 设置标注值和类别标签的格式

03 使用格式刷将"总订购数量"卡片图的格式复制给其他两个卡片图，如图8-108所示。

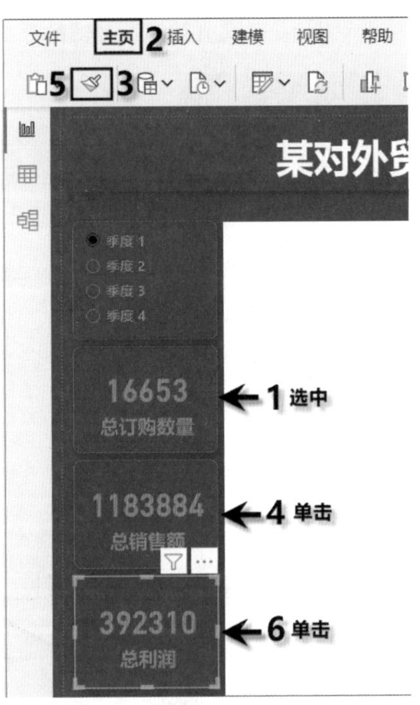

图 8-108　使用格式刷复制卡片图的格式

5) 美化图表

01 选定柱形图，在“可视化”窗格中，单击“设置视觉对象格式”按钮，在“常规”区域中设置图表的标题、背景、阴影，如图 8-109 所示。

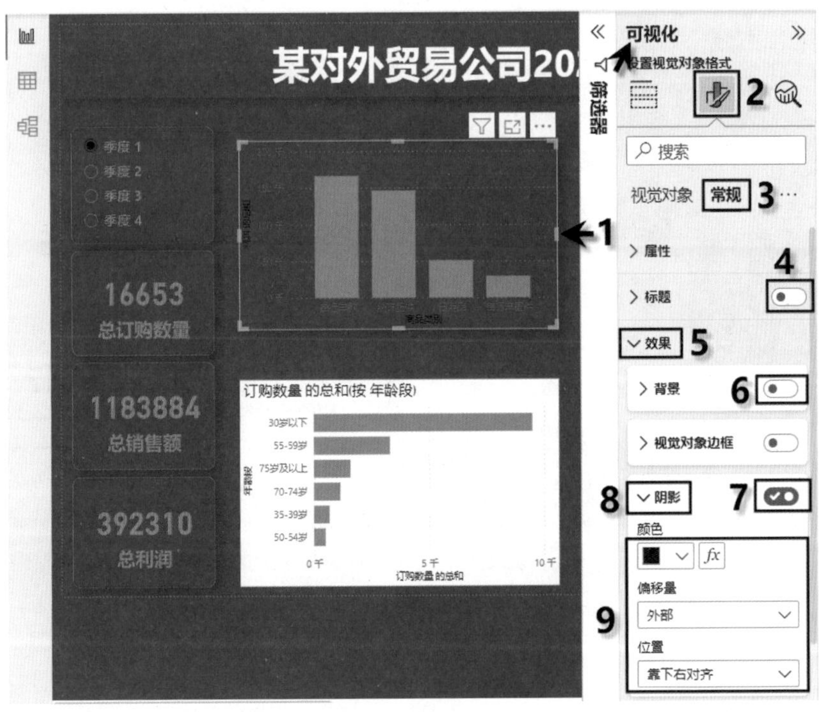

图 8-109　设置图表的标题、背景、阴影

02 单击"视觉对象"按钮，在展开的区域中设置X轴和Y轴的字体颜色、标题，如图8-110所示。

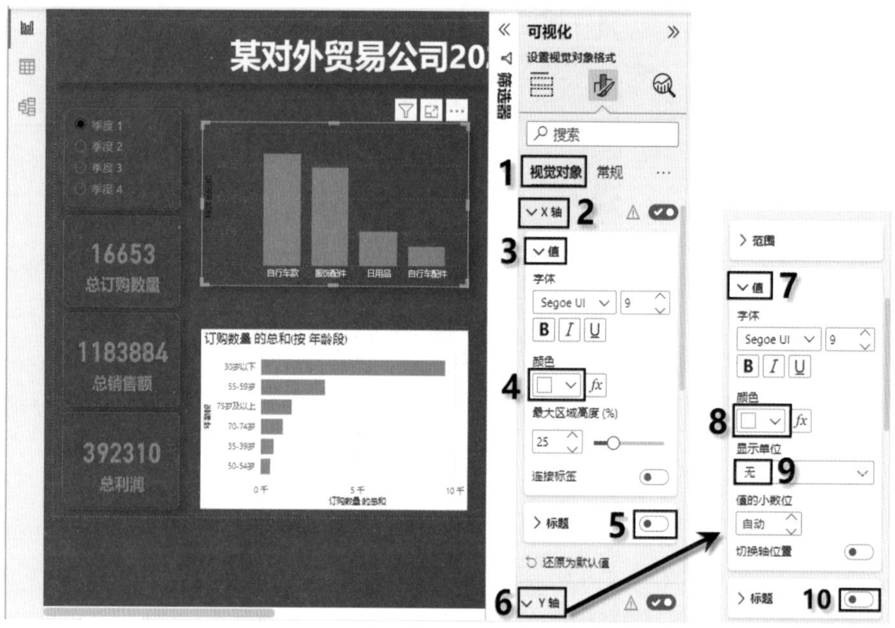

图8-110　设置X轴和Y轴的字体颜色、标题

03 设置列的间距、数据标签及格式，如图8-111所示。

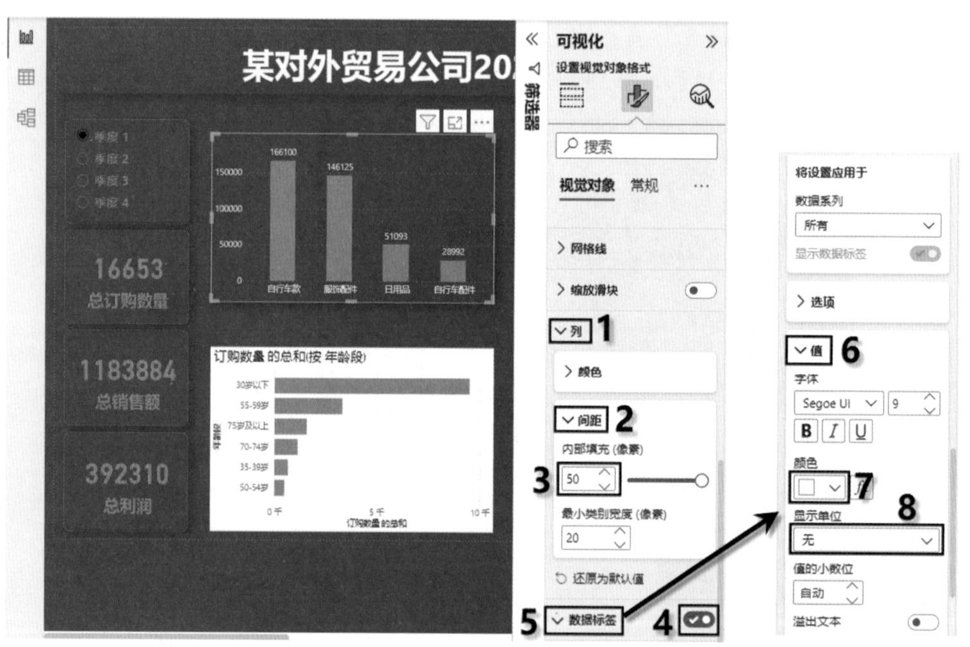

图8-111　设置列的间距、数据标签及格式

04 使用格式刷，将柱形图的格式依次复制给其他图表，效果如图8-112所示。

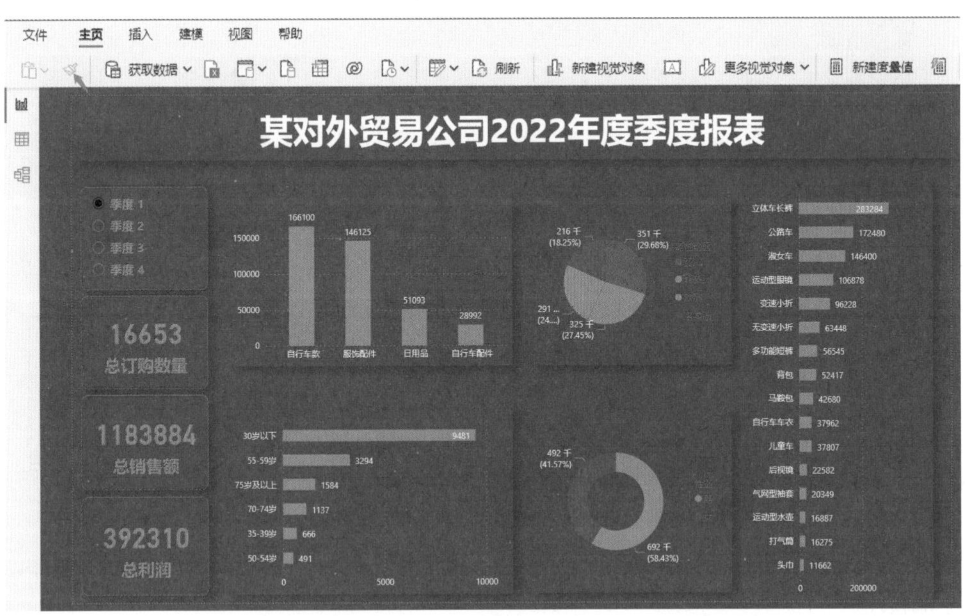

图8-112　使用格式刷将柱形图的格式依次复制给其他图表

05 选中面积图，单击“设置视觉对象格式”按钮，在“视觉对象”区域中设置图例、扇区、信息标签，如图8-113所示。

06 选中圆环图，按照步骤5设置图例、扇区、信息标签，如图8-114所示。

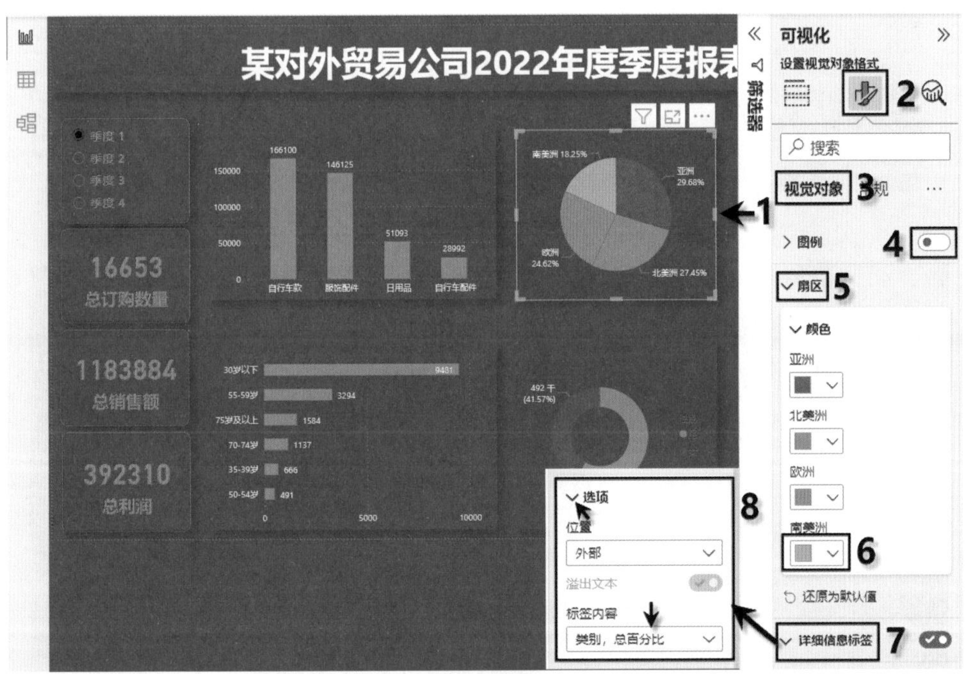

图8-113　设置面积图的图例、扇区、信息标签

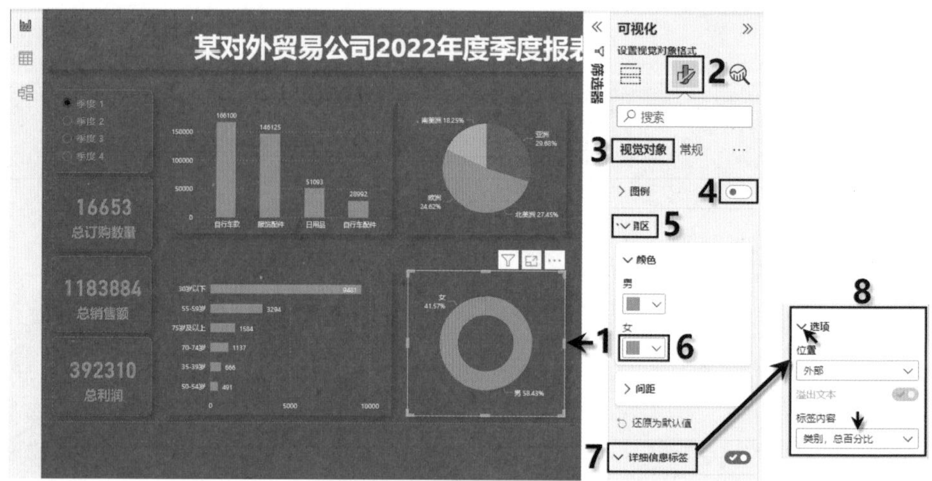

图8-114　设置圆环图的图例、扇区、信息标签

07 插入文本框，为柱形图添加标题，如图8-115所示。复制柱形图标题，为其他图表添加标题，效果如图8-116所示。

图8-115　插入文本框输入图表标题

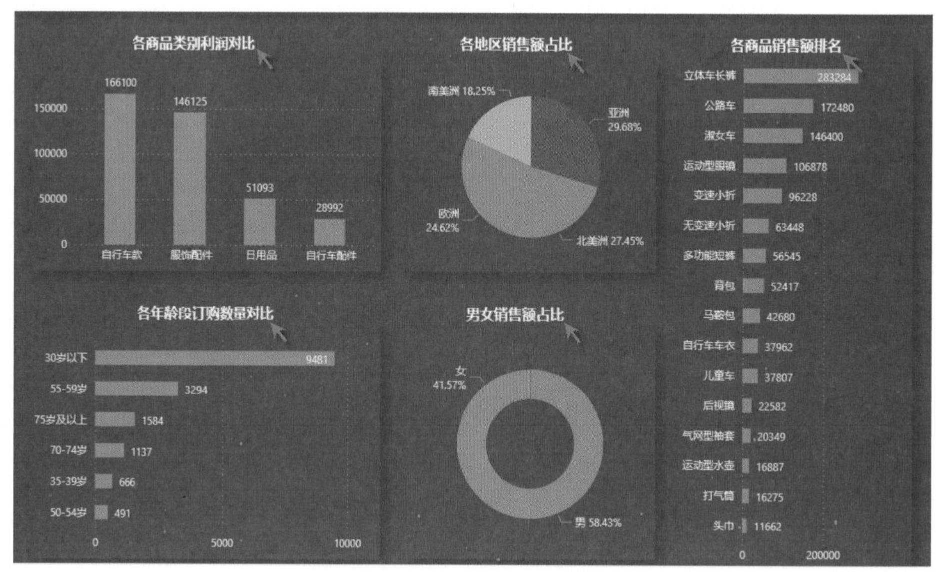

图8-116　输入各图表标题

08 插入直线，将报表中间区域的图表分为上下两部分，如图 8-117 所示。

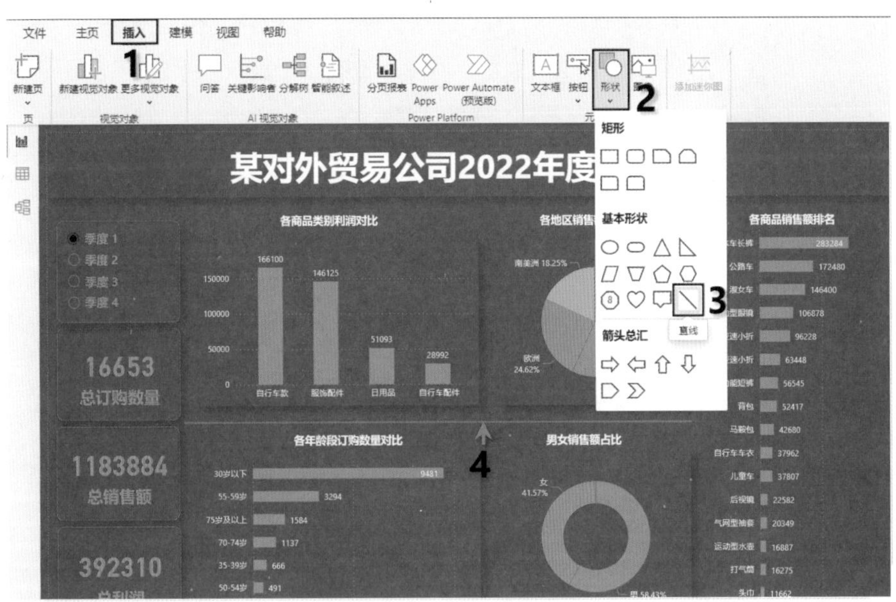

图 8-117　插入直线分割图表

通过上述操作完成了一个报表页的制作，最终效果如图 8-118 所示。在切片器中单击不同的季度，看板中的数据随之联动更新。如果报表由多张报表页构成，则按照上述方法，单击报表页底端的“新建页”按钮，在“报表视图”中可创建任意数量具有可视化内容的报表页。

如果要与其他人共享报表，则可将报表发布到 Power BI 服务，使其可供组织中拥有 Power BI使用权限的任何人随时随地通过报表快速协作，直观了解和共享数据。发布Power BI Desktop报表的方法是：打开“主页”选项卡，单击“发布”按钮，如图 8-119 所示，在弹出的对话框中选择要在Power BI 服务中共享报表的位置，如工作区、团队工作区或Power BI服务中的某个其他位置，如图 8-120 所示，单击“选择”按钮，只要拥有Power BI使用权限就可以将报表共享到 Power BI 服务中，供组织在Web和移动设备上使用。

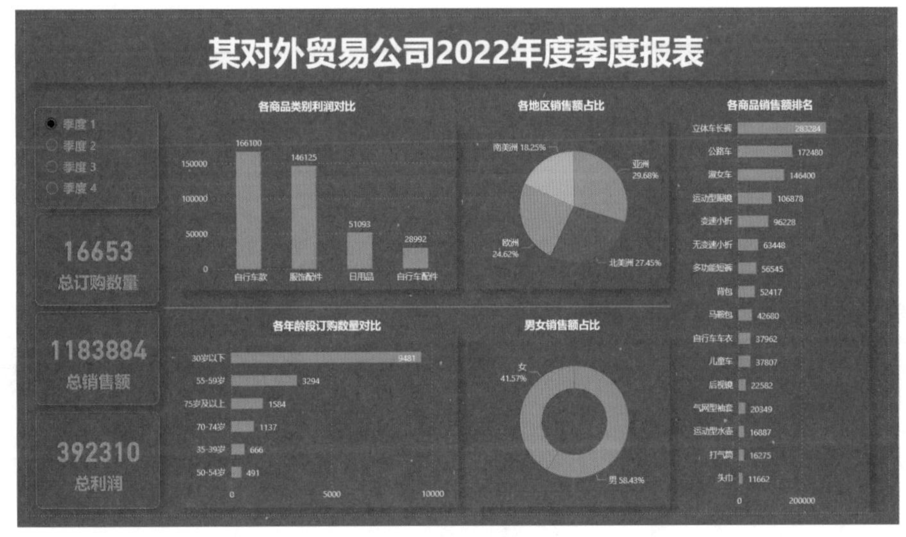

图 8-118　制作完成的报表

图8-119 “发布”按钮

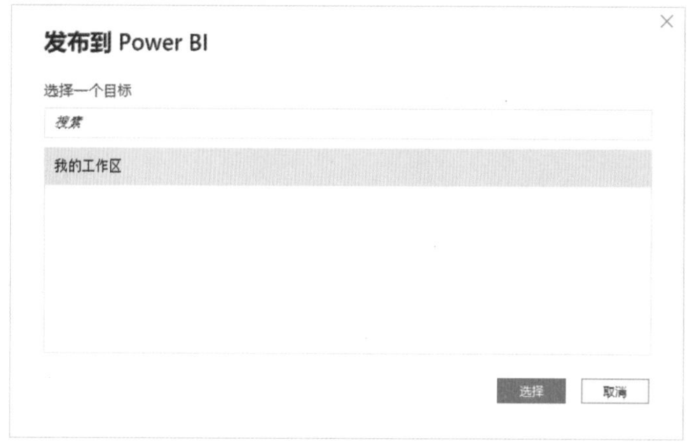

图8-120 “发布到Power BI”窗口

Power BI极大地简化了很多工作，用户可以在 Power BI 中灵活地与数据进行交互，使得创建可视化交互式数据报告的时间大大减少，让用户随时随地通过报表快速协作，Power BI 让一切变得前所未有地便捷。但并不能说Power BI可以完全取代Excel，二者各有优势。在进行数据分析时，应根据实际需求和使用者对两个工具的熟悉程度，选择适合并熟悉的工具进行分析。将 Power BI与Excel技术交互操作性能更佳，可以更高效地利用数据。